高等院校电气信息类规划教材

可编程控制器原理及应用

主　编　张　均　卢涵宇
副主编　邓福源　王永奇
参　编　莫树培　袁咏仪
主　审　王绪本

中国铁道出版社有限公司
CHINA RAILWAY PUBLISHING HOUSE CO., LTD.

内 容 简 介

本书以国内广泛使用的三菱公司FX系列PLC为背景，介绍了PLC的工作原理、特点、硬件结构、编程元件与指令系统，并从工程应用出发详细介绍了梯形图程序的常用设计方法、PLC系统设计与调试方法、PLC在实际应用中应注意的问题以及三菱FX PLC的特殊功能模块及其编程。

本书不仅介绍了PLC在开关量、模拟量控制系统中的应用，同时还突出了PLC网络通信、现场总线等新技术。为了便于学习，本书加强了实践训练部分的内容，且各章配有适量的习题。

本书可作为高等院校自动化、电气工程、电子信息、机电一体化及其他有关专业的教材，也可供工程技术人员自学或作为培训教材使用。

图书在版编目（CIP）数据

可编程控制器原理及应用 / 张均，卢涵宇主编. —北京：中国铁道出版社，2007.7（2021.7重印）
高等院校电气信息类规划教材
ISBN 978-7-113-08149-2

Ⅰ.可… Ⅱ.①张… ②卢… Ⅲ.可编程序控制器－高等学校－教材 Ⅳ.TP332.3

中国版本图书馆CIP数据核字（2007）第122716号

书　　名：可编程控制器原理及应用
作　　者：张　均　卢涵宇　等

策划编辑：严晓舟　秦绪好　　**编辑部电话：**（010）51873202
责任编辑：翟玉峰　王艳霞　　**封面制作：**白　雪
封面设计：高　洋　　**责任印制：**樊启鹏
责任校对：王　杰

出版发行：中国铁道出版社有限公司　（100054，北京市西城区右安门西街8号）
印　　刷：北京富资园科技发展有限公司
版　　本：2007年8月第1版　　2021年7月第3次印刷
开　　本：787×1092　1/16　**印张：**17　**字数：**396千
书　　号：ISBN 978-7-113-08149-2
定　　价：32.00元

FOREWORD

前　言

本书是根据机械部电类专业教学委员会审定的“可编程控制器及应用”教学大纲组织编写的教材。

可编程序控制器简称PLC，是以微处理器为核心的工业自动控制通用装置。它具有控制功能强、可靠性高、使用灵活方便、易于扩展、通用性强等一系列优点，不仅可以取代继电器控制系统，还可以进行复杂的生产过程控制和应用于工厂自动化网络，被誉为现代工业生产自动化的三大支柱之一。因此，学习和掌握PLC应用技术现已成为工程技术人员的紧迫任务。

本书编写时力求由浅入深、通俗易懂、理论联系实际和注重应用等原则，适用于高等院校自动化、电气工程、电子信息、机电一体化及相关专业的教学，也可作为工业自动化技术人员的培训教材和自学参考书。

本书凝聚了作者多年教学、科研和工程实践经验，从应用的角度出发，系统地介绍了PLC硬件组成、工作原理和性能指标，以国内使用较多的日本三菱公司FX系列PLC为背景，详细介绍了其指令系统及应用、PLC程序设计的方法与技巧、PLC控制系统设计应注意的问题。为了适应新的发展需要，本书还介绍了PLC在模拟量过程控制系统中的应用。

全书共分9章。主要内容包括：可编程控制器概述；可编程控制器的结构及工作原理；三菱FX系列PLC的编程元件及基本指令系统；顺序控制的梯形图程序设计方法；三菱FX系列PLC的功能指令；三菱FX系列PLC特殊功能模块及其编程；三菱可编程控制器通信与网络技术；可编程控制器控制系统的系统设计；PLC控制系统的实验和实训。每章后附有习题，供读者练习与上机实践。

本书由张均、卢涵宇主编。其中第1、8章及附录由张均（贵州大学）编写，第2章由莫树培（贵州工程科技职业学院）编写，第3章由王永奇（贵州电子信息职业技术学院）编写，第4章由袁咏仪（贵州省建材工业学校）编写，第5、7、9章由卢涵宇（贵州大学）编写，第6章由邓福源（贵州省建材工业学校）编写，最后全书由张均统稿。

本书参考了很多优秀教材和论文，在此对所有引用文献的作者表示衷心的感谢。

本书由成都理工大学博士生导师王绪本教授担任主审，他对本书的编审工作提出了许多宝贵的建议，在此表示衷心的感谢！

由于时间仓促，编者水平有限，书中的不足和疏漏之处在所难免，恳请读者给予批评指正，我们也会及时进行修订和补充。需要教学大纲和课件的老师可发送邮件到ok_2008@163.com与作者联系。

编　者

2007年7月

CONTENTS

目录

第1章 可编程控制器概述

本章内容提要

本章主要介绍可编程控制器基础知识。要求了解可编程控制器的发展、应用、特点和发展趋势；掌握可编程控制器的基本概念；了解世界上可编程控制器的主要生产厂家及主要产品。

1.1 可编程控制器的产生

可编程控制器（Programmable Controller）的英文缩写是 PC，容易同个人计算机（Personal Computer）混淆，因此通常都称其为可编程逻辑控制器（Programmable Logic Controller），简称 PLC。PLC 是在传统顺序控制器的基础上引入了微电子技术、计算机技术、自动控制技术和通信技术而形成的一代新型工业控制装置，目的是用来取代继电器、执行逻辑、定时、计数等顺序控制功能，建立柔性的程控系统。特别是由于 PLC 采用了依据继电器控制原理而开发的梯形图作为程序设计语言，使得不熟悉计算机的机电设计人员和工人中的技师均能较快地掌握梯形图的编程方法，极大地促进了 PLC 在工业生产中的推广应用。

在可编程控制器问世之前，工业控制中的顺序控制大多采用继电器逻辑控制系统。虽然继电器控制系统具有价格低廉、维护技术要求低的特点，但该系统的缺点也很明显。这种控制系统根据特定的控制要求进行设计，若控制要求发生变化，则控制柜的元器件和接线都必须做相应的改变。继电器控制系统设备体积大，触点寿命低，可靠性差；对于较复杂的控制系统来讲，维护不便，排除故障困难。

20 世纪 60 年代末，汽车工业竞争激烈，美国最大的汽车制造商通用汽车公司（GM）希望有一种“柔性”的汽车制造生产线来适应汽车型号不断更新的要求，为此公开向制造商招标，在公开招标中提出了十项招标指标，即：

（1）编程方便，现场可修改程序；

（2）维修方便，采用模块化结构；

（3）可靠性高于继电器控制装置；

（4）体积小于继电器控制装置；

（5）成本可与继电器控制装置竞争；

（6）数据可直接送入管理计算机；

（7）可直接用 115V 交流输入；

（8）输出为 115V，2 A 以上，能直接驱动电磁阀、接触器等；

（9）通用性强，易于扩展；

（10）用户程序存储器容量大于 4 KB。

中标的美国数字设备公司（DEC）根据以上要求，于 1969 年研制成功第一台 PLC，应用于美国通用汽车自动装配生产线，并取得了成功。

这种新型的智能化工业控制装置很快在美国其他工业控制领域推广使用，并迅速地被美国以外的国家各工业领域接受。1971 年，日本从美国引进了这项新技术。1973 年，西欧国家也相继研制成功了可编程控制器。我国从 1974 年开始研制、引进可编程控制器，1977 年开始生产并投入使用。目前，可编程控制器已成为增长速度最快的工业控制设备。

1.2 可编程控制器的定义

早期的可编程控制器为了取代传统的继电器控制线路，在设计上，采用存储器指令的方法完成顺序控制，其功能也只有逻辑运算、定时和计数等顺序控制功能，只能进行开关量逻辑控制。因此被称为可编程逻辑控制器。随着技术的发展，一些厂商采用微处理器（MPU）作为可编程控制器的中央处理单元（CPU），使可编程控制器不仅可以进行逻辑控制，还可以对模拟量进行控制。为了使这一新型工业控制装置的生产和发展标准化，国际电气制造商协会 NEMA（National Electrical Manufacturers Association）经过 4 年的调查，于 1980 年将其正式命名为可编程控制器（Programmable Controller），简称 PC。

1982 年 11 月，国际电工委员会（IEC）颁布了可编程控制器标准草案第一稿，1985 年 1 月发表了第二稿，1987 年 2 月又发表了第三稿，该草案对 PC 作了如下定义："可编程控制器是一种数字运算操作的电子系统，专为在工业环境下应用而设计，它采用可编程序的存储器，存储执行逻辑运算、顺序控制、定时、计数和算术运算等操作的面向用户的指令，并能通过数字或模拟输入/输出模块，控制各种类型的机械或生产过程。可编程控制器及其有关外部设备，都按易于与工业控制系统联成一个整体，易于扩充其功能的原则设计。"这就是说，PC 是一种特别适合于工业环境的，面向工程技术人员的"蓝领计算机"。20 世纪 90 年代，可编程控制器技术随着计算机技术，网络通信技术，自动控制技术的飞速发展而不再是传统意义上的可编程控制器，由于其数学处理能力、网络通信能力、智能控制能力等得到进一步发展。

1.3 可编程控制器的主要功能

随着自动化技术、计算机技术及网络通信技术的不断发展，可编程控制器的功能日益增多。目前的 PLC 已从小规模的单机顺序控制，发展到包括过程控制、位置控制等场合的所有控制领域，并能组成工厂自动化的 PLC 综合控制系统。其主要功能如下所述。

1. 基本控制功能

这是 PLC 最常用的功能，PLC 设置了与（AND）、或（OR）、非（NOT）等逻辑指令，能取代传统的继电器控制系统，实现逻辑控制、顺序控制。它可用于单机控制、多机群控制、自动化生产线的控制等。例如，注塑机、印刷机械、组合机床、包装流水线、电镀流水线等。

2. 定时控制功能

PLC 能为用户提供几十个甚至几千个计时器。计时器的计时值既可由用户在编制程序时设定，也可由操作人员在工业现场通过人机对话装置实时地设定。计时器的实际计时值也可以通过人机对话装置实时地读出和修改。例如，马达空载启动运行数秒后再加入额定负载；注塑机合模后经数分钟再开模等。

3. 计数控制功能

PLC 为用户提供了几十个甚至几千个计数器，其计数设定值的设定方式类似于计时器。一般计数器的计数频率较低，可以应用于如啤酒灌装生产线的计数装箱等。若需对频率较高的信号进行计数，则需选用高速计数模块，其最高计数频率可达 500kHz，如贝加莱公司的高速计数模块应用于电网监控系统对高次谐波的采样分析。具有内部高速计数模块的 PLC，如三菱公司的 FX 系列的 PLC，它可提供计数频率达 10 kHz 的内部高速计数器。

4. 过程控制功能

有些 PLC 具有模/数（A/D）转换和数/模（D/A）转换功能，能完成对模拟量的检测、控制和调节。例如，对温度、压力、流量等连续变化的模拟量的闭环 PID（Proportional Integral Derivative）控制。

5. 定位控制功能

定位控制是 PLC 不可缺少的控制之一。PLC 提供了高速计数模块、定位模块、脉冲输出模块等智能模块，以实现各种要求的定位控制，并广泛地应用于各种机械，如金属切削机床、金属成型机床、装配机械、机器人和电梯等。

6. 步进控制功能

PLC 专门为用户提供了用于步进控制的步进指令，编程使用特别方便。所谓步进控制，就是若干个移位寄存器，可用于步序控制，即一道工序完成后，再进行下一道工序。

7. 数据处理功能

现代的 PLC 具有数据处理功能。它能进行数学运算（矩阵运算、函数运算、逻辑运算等）、数据传递、数据转换、排序和查表、位操作等功能，还能完成数据采集、分析、处理。这些数据可通过通信接口传送到其他智能装置。

8. 网络通信功能

通过 RS-232C 接口可与各种 RS-232C 设备进行通信。PLC 的通信包括 PLC 相互之间、PLC 与上位计算机、PLC 与其他智能设备间的通信。PLC 系统与通用计算机可以直接或通过通信处理单元、通信转接器相连构成网络，从而实现信息的交换，并可构成“集中管理，分散控制”的分布式控制系统，满足工厂自动化系统的发展要求。

9. 显示监控功能

借助于编程器或人机界面（触摸屏），可直观地显示有关部分的运行状态，并可以方便地调整定时器、计数器的设定值，为调试和维护提供了方便。PLC 可以对系统异常情况进行识别、记忆，或在发生异常情况时自动终止运行

1.4 PLC 的特点

PLC 是一种面向用户的工业控制专用计算机，它与通用计算机相比有其自身的特点。PLC 的主要特点如下所述。

1. 编程软件简单易学

PLC 最常用的语言是面向控制的梯形图语言。它采用了与实际电气控制非常接近的图形编程形式，既继承了传统继电器控制线路清晰直观的特性，又考虑到大多数工矿企业电气技术人员的读图习惯，易学易用，不需要专门的计算机知识和语言，只要有一定的电工

和工艺知识即可在短时间内学会。对于企业中一般的电气技术人员和技术工人，由于这种面向生产、面向用户的编程方式，与常用的微机语言相比更容易被接受。尽管现代的 PLC 也用高级语言编制复杂的程序，但梯形图仍广泛地被使用。

2. 可靠性高、抗干扰能力强

PLC 采用了 LSI 芯片，组成 LSI 的电子组件都是由半导体电路组成。以这些电路充当的软继电器等开关是无触点的。这使得 PLC 的平均无故障时间可达几十万小时。为了保证 PLC 在工业现场环境恶劣的情况下能够可靠工作，在其设计和制造中采取了一系列硬件和软件的抗干扰措施，其主要方法是对所有输入/输出（I/O）接口电路均采用光电隔离，有效地抑制了外部干扰源对 PLC 的影响。

（1）各输入端均采用 R-C 滤波器，其滤波时间常数一般为 10～20ms，对于一些高速输入端则采用数字滤波，其滤波时间常数可用指令设定。

（2）各模块均采用屏蔽措施，防止辐射干扰。

（3）采用优良的开关电源。

（4）对器件进行严格的筛选。

（5）具有自诊断功能，一旦电源或软件、硬件发生异常情况，CPU 立即采取措施防止故障扩大。

（6）大型 PLC 还采取双 CPU 构成冗余结构或由三个 CPU 构成表决系统，使其可靠性进一步提高。目前的 PLC 可以承受幅值为 1000V，上升时间为 1ms，脉冲宽度为 1μs 的干扰脉冲。

3. 设计、安装容易，调试周期短，维护简单

PLC 已实现了产品的系列化、标准化、通用化，设计者可在规格繁多、品种齐全的 PLC 产品中选用高性价比的产品。PLC 用软件功能取代了继电器控制系统中大量的中间继电器、时间继电器、计数器等器件，从而使控制柜的设计、安装接线工作量大为减少。用户程序的大部分可以在实验室模拟进行，调试好后再将 PLC 控制系统放到生产现场联机调试，这样既快速又安全方便，从而大大缩短了设计和调试周期。在用户维护方面，由于 PLC 本身的故障率极低，维护的工作量很小，而且各种模块上均有运行状态和故障状态指示灯，便于用户了解运行情况和查找故障。又由于许多 PLC 采用模块式结构，因此一旦某模块发生故障，用户可通过更换模块的办法，使系统迅速恢复运行。有些 PLC 如贝加莱的产品还允许带电插拔 I/O 模块，但不允许带电插拔系统模块。

4. 模块品种丰富、通用性好、功能强大

除了单元式小型 PLC 外，多数 PLC 均采用模块式结构，并形成大、中、小系列产品。常见的模块有各类电源模块、CPU 模块、直流 I/O 模块、交流 I/O 模块、温度模块、数字量混合模块、模拟量混合模块、网络模块、接口模块、定位模块、PID 模块、空模块、高速计数模块、鼓序列发生器模块等。现代的 PLC 具有工业控制所要求的各种控制功能，它既可控制单台设备，又可控制一条生产线或全部生产工艺过程。PLC 具有通信联网功能，可与相同或不同厂家和类型的 PLC 联网，并可与上位机通信构成分布式控制系统。兼容性的优劣是判别 PLC 产品性能、质量的标准之一。

5. 体积小、能耗低

PLC 采用 LSI 或 VLSI 芯片，其产品结构紧凑、体积小、重量轻、功耗低，如三菱

FX2N-32MT 型 PLC 其外形尺寸只有 75mm × 90mm × 87mm，重量只有 400 克，功耗只有 20 瓦，这种微型 PLC 很容易嵌入机械设备内部，是实现机电一体化的理想控制设备。

1.5　PLC 与其他工业控制装置的比较

1.5.1　PLC 与继电器控制系统的比较

以下几个方面说明了 PLC 取代传统的继电器控制系统已成必然趋势。

1. 控制方式

继电器的控制是采用硬件接线实现的，它是利用继电器机械触点的串联或并联及延时继电器的滞后动作等组合形成控制逻辑，只能完成既定的逻辑控制。其连线多而复杂，且体积大，功耗大，一旦系统设计制造完成后，再想改变或增加功能将十分困难。此外，继电器触点数目有限，其灵活性和扩展性也很差。而 PLC 采用存储逻辑，其控制逻辑是以程序方式存储在内存中，要改变控制逻辑，只需改变程序即可，故称“软接线”。由于其连线少，体积小，且 PLC 中每只软继电器的触点理论上可使用无限次，因而其灵活性和扩展性极佳。又由于 PLC 是由大规模集成电路组成，所以功耗很小。

2. 控制速度

继电器控制逻辑是依靠触点的机械动作实现控制，其工作频率低，触点的开合动作一般在几十毫秒，此外机械触点还会出现抖动现象。而 PLC 是由程序指令控制半导体电路来实现控制，速度极快，一般一条用户指令的执行时间在微秒数量级。PLC 内部还有严格的同步，不会出现抖动问题。

3. 延时控制

继电器控制系统是靠时间继电器的滞后动作实现延时控制，而时间继电器定时精度不高，易受环境温度和湿度的影响，调整时间困难。PLC 用半导体集成电路做定时器，时基脉冲由晶体振荡器产生，精度高，用户可根据需要在程序中设定定时值，定时精度小于 10 ms，定时时间不受环境影响。

4. 其他控制方式

继电器控制系统一般只能进行开关量的逻辑控制，且没有计数功能。PLC 除了能进行开关量逻辑控制外，还能对模拟量进行控制，而且能完成多种复杂控制。

5. 设计与施工

用继电器实现一项控制工程，由于其设计、施工、调试必须依次进行，因而周期长，且修改困难，工程越大，这一点就越突出。用 PLC 完成一项控制工程，在系统设计完成以后，现场施工和控制逻辑的设计可以同时进行，其周期短，且调试和修改都很方便。

6. 可靠性和可维护性

继电器控制系统使用了大量的机械触点，连线也多。由于触点的开合会受到电弧的损坏，还有机械磨损，因而寿命短，可靠性和维护性都差。而 PLC 采用微电子技术，大量的开合动作由无触点的半导体电路来完成，因此寿命长，可靠性高。又由于 PLC 具有自检和监测功能，为现场调试和维护提供了方便。

7. 价格

使用继电器控制价格便宜，而用PLC价格较高。但若把维护费用、故障造成的停产损失等因素考虑进去，使用PLC可能更为合理。

1.5.2 PLC与微型计算机的比较

1. 应用范围

微机除了用于控制领域外，其主要用于科学计算、数据处理、计算机通信等方面。而PLC则主要用于工业控制。

2. 使用环境

微机对环境要求较高，一般要在干扰小，具有一定温度和湿度要求的机房内使用。而PLC适用于工程现场环境。

3. 输入和输出

微机系统的I/O设备与主机之间采用微电联系，一般不需电气隔离，但外部控制信号需经A/D，D/A转换后方可与微机相连。PLC一般可控制强电设备，无需再做A/D，D/A转换，且由于PLC内部有光-电耦合电路进行电气隔离，输出采用继电器、可控硅或大功率晶体管进行功率放大，因而可直接驱动执行机构。

4. 程序设计

微机具有丰富的程序设计语言，要求使用者具有一定的计算机硬件和软件知识。PLC有面向工程技术人员的梯形图语言和语句表，一些高级PLC具有高级编程语言。

5. 系统功能

微机系统一般配有较强的系统软件，并有丰富的应用软件，而PLC的软件则相对简单。

6. 运算速度和存储容量

微机运算速度快，一般为微秒级，为适应大的系统软件和丰富的应用软件，其存储容量很大。PLC因接口的响应速度慢而影响数据处理速度，PLC的软件少，编程也短，内存容量小。

1.5.3 PLC与单板机的比较

1. 单板机的优点

单板机结构简单，价格便宜，一般用于数据采集，数据处理和工业控制，它在数据采集和数据处理方面优于PLC。但它与PLC相比还有一些缺点。

2. 单板机的缺点

（1）不如PLC容易掌握：单板机一般用机器指令或助记符编程，要求设计者具有一定的计算机硬件和软件知识。

（2）不如PLC使用简单：用单板机来实现自动控制，一般要在输入、输出接口上做大量的工作。例如，要考虑现场与单板机的连接，接口的扩展，输入/输出信号的处理，接口的工作方式等。其调试也比较麻烦。

（3）不如PLC可靠：用单板机进行工业控制，其突出问题在于抗干扰能力差，可靠性低。

1.5.4 PLC 与集散系统的比较

（1）PLC 是由继电器逻辑控制发展而来的，而集散系统（DCS）是由回路仪表控制发展而来，但两者的发展均与计算机控制技术有关。

（2）早期的 PLC 在开关量控制、顺序控制方面有一定优势，而集散系统在回路调节、模拟量控制方面有一定的优势。

现在，二者相互渗透，互为补充。PLC 与 DCS 的差别已不明显，它们都能构成复杂的分级控制，从趋势来看，二者的统一将组成全分布式计算机控制系统。

1.6 PLC 的发展趋势

自从美国数字设备公司（DEC）于 1969 年研制出第一台 PLC，PLC 已经经过了将近 40 年的发展，现在已发展到第五代。随着微电子技术的迅猛发展，以单片机或其他 16 位、32 位的微处理器作为 PLC 的主控芯片将更多地应用于 PLC。今后，PLC 主要朝以下几个方面发展。

1．高速化

目前，PLC 的处理速度与计算机相比还比较慢，其最高级的 CPU 也不过是 80486，将来会全面使用 64 位的 RISC 芯片，采用多 CPU 并行处理、分时处理或分任务处理方式，将各种模块智能化，部分系统程序用门阵列电路固化，这样可使 PLC 的处理速度达到纳秒级。

2．模块种类将丰富多彩

为了适应各种特殊功能的需要，各种智能模块将层出不穷。智能模块是以微处理器为基础的功能部件，它们的 CPU 与 PLC 的 CPU 并行工作，占用主机的 CPU 时间很少，有利于提高 PLC 的扫描速度和完成特殊的控制要求。

3．可靠性进一步提高

随着 PLC 进入过程控制领域，对可靠性的要求进一步提高，纠错能力将进一步得到加强。除通过 PLC 的自诊断功能检测故障外，各 PLC 生产厂家还在发展专门用于检测外部故障的专用智能模块，以进一步提高 PLC 系统的可靠性。

4．统一化、标准化

PLC 发展已将近 40 年，一直没有一个统一标准，这为各个生产厂家及用户带来极大的不便，随着 PLC 的高速发展，这种矛盾更加突出。其标准化一方面保证了产品的出厂质量，另一方面也保证了各厂家产品的相互兼容。

5．小型化、低成本

小型 PLC 的基本特点是价格低，简单可靠，适用于回路或设备的单机控制，便于机电一体化。除此之外，小型 PLC 有灵活的组态特性，能与其他机型连用。

6．编程语言的高级化

除了梯形图，语句表，流程图外，一些 PLC 增加了 BASIC，C 等编程语言。另外，将出现通用的、功能更强的组态软件，进一步改善开发环境，提高开发效率。

1.7 PLC 的分类

PLC 产品种类繁多，其规格和性能也各不相同。对 PLC 的分类，通常根据其结构形式的不同、功能的差异和 I/O 点数的多少等进行大致分类。

1. 按结构形式分类

根据 PLC 的结构形式，可将 PLC 分为整体式和模块式两类。

（1）整体式 PLC：整体式又叫箱体式。整体式 PLC 是将电源、CPU、I/O 接口等部件都集中装在一个机箱内，安装在一个金属或塑料机壳的基本单元内，机壳的上下两侧是输入/输出接线端子，并配有反映输入/输出状态的微型发光二极管。具有结构紧凑、体积小、价格低的特点，适合于嵌入控制设备的内部，常用于单机控制。一般小型 PLC 采用这种结构。整体式 PLC 由不同 I/O 点数的基本单元（又称主机）和扩展单元组成。基本单元内有 CPU、I/O 接口、与 I/O 扩展单元相连的扩展口，以及与编程器或 EPROM 写入器相连的接口等。扩展单元内只有 I/O 和电源等，没有 CPU。基本单元和扩展单元之间一般用扁平电缆连接。整体式 PLC 一般还可配备特殊功能单元，如模拟量单元、位置控制单元等，使其功能得以扩展。

（2）模块式 PLC：模块式结构的 PLC 是将各组成部分分成若干个单独的模块，如 CPU 模块、I/O 模块、电源模块（有的含在 CPU 模块中）以及各种功能模块，各模块做成插件式，插入机架底板的插座上。用户可以根据控制要求，选用不同档次的 CPU 模块、各种 I/O 模块和其他特殊模块，构成不同功能的控制系统。一般大、中型 PLC 采用这种结构。有的小型 PLC 也采用这种结构。这种模块式 PLC 的特点是配置灵活、装配方便、便于扩展和维修，缺点是结构较为复杂，造价也较高。

还有一些 PLC 将整体式和模块式的特点结合起来，构成所谓叠装式 PLC。叠装式 PLC 其 CPU、电源、I/O 接口等也是各自独立的模块，但它们之间是靠电缆进行连接，并且各模块可以一层层地叠装。这样，不但系统可以灵活配置，还可使得体积小巧。

2. 按功能分类

根据 PLC 所具有的功能不同，可将 PLC 分为低档、中档、高档三类。

（1）低档 PLC：具有逻辑运算、定时、计数、移位以及自诊断、监控等基本功能，还可有少量模拟量输入/输出、算术运算、数据传送和比较、通信等功能。主要用于逻辑控制、顺序控制或少量模拟量控制的单机控制系统。

（2）中档 PLC：除具有低档 PLC 的功能外，还具有较强的模拟量输入/输出、算术运算、数据传送和比较、数制转换、远程 I/O、子程序、通信联网等功能。有些还可增设中断控制、PID 控制等功能，适用于复杂控制系统。

（3）高档 PLC：除具有中档机的功能外，还增加了带符号算术运算、矩阵运算、位逻辑运算、平方根运算及其他特殊功能函数的运算、制表及表格传送功能等。高档 PLC 机具有更强的通信联网功能，可用于大规模过程控制或构成分布式网络控制系统，实现工厂自动化。

3. 按 I/O 点数分类

按 PLC 的 I/O 点数的多少、存储容量，可将 PLC 分为小型、中型和大型三类。

（1）小型 PLC：I/O 点数一般在 64～128 点；单 CPU、8 位或 16 位处理器、用户存储器容量在 2～4KB 之间。小型 PLC 具有逻辑运算、定时和计数等功能，适合于开关量控制、定时和计数控制等场合，常用于代替继电器控制的单机线路中。

例如：

美国通用电气（GE）公司的 GE-I 型；

日本三菱电气公司的 FX1S-32MT；

日本三菱电气公司的 F、F1、F2；

日本立石公司（欧姆龙）的 C20、C40；

德国西门子公司的 S7-200；

日本东芝公司的 EX20、EX40。

（2）中型 PLC：中型 PLC 的用户存储器容量一般在 4KB～16KB 之间，I/O 点数一般在 128～512 点之间。除具有逻辑运算、定时和计数功能外，还具有算术运算、数据传送、通信联网和模拟量输入/输出功能。适用于既有开关量又有模拟量的较为复杂的控制系统。

例如：

德国西门子公司的 S7-300；

中外合资无锡华光电子工业有限公司的 SR-400；

德国西门子公司的 SU-5、SU-6；

日本立石公司的 C-500；

GE 公司的 GE-Ⅲ。

（3）大型 PLC：大型 PLC 的 I/O 点数为 256～2048 点；一般由两个或两个以上的 CPU，16 位、32 位处理器，用户存储器容量一般在 16KB～64KB 之间。除具有以上中型机的功能外，还具有多种类、多信道的模拟量控制及强大的通信联网、远程控制等功能。可用于大规模的过程控制、分布式控制系统和工厂自动化网络等场合。如三菱的 AnA/AnN/QnA、K3、德国西门子公司的 S7-400、立石公司的 C-2000 大型系列 PLC。

世界上 PLC 产品可按地域分成三大流派：一个流派是美国产品，一个流派是欧洲产品，一个流派是日本产品。美国和欧洲的 PLC 技术是在相互隔离情况下独立研究开发的，因此美国和欧洲的 PLC 产品有明显的差异性。而日本的 PLC 技术是由美国引进的，对美国的 PLC 产品有一定的继承性，但日本的主推产品定位在小型 PLC 上。美国和欧洲以大中型 PLC 而闻名，而日本则以小型 PLC 著称。

1.7.1　我国 PLC 产品

我国有许多厂家、科研院所从事 PLC 的研制与开发，如中国科学院自动化研究所的 PLC-0088，北京联想计算机集团公司的 GK-40，上海机床电器厂的 CKY-40，上海起重电器厂的 CF-40MR/ER，苏州电子计算机厂的 YZ-PC-001A，原机电部北京机械工业自动化研究所的 MPC-001/20、KB-20/40，杭州机床电器厂的 DKK02，天津中环自动化仪表公司的 DJK-S-84/86/480，上海自立电子设备厂的 KKI 系列，上海香岛机电制造有限公司的 ACMY-S80、ACMY-S256，无锡华光电子工业有限公司（合资）的 SR-10、SR-20/21 等。

自 1982 年以来，先后有天津、厦门、大连、上海等地相关企业与国外著名 PLC 制造厂商进行合资或引进技术、生产线等，这将促进我国的 PLC 技术在赶超世界先进水平的道路上快速发展。

1.7.2 美国 PLC 产品

美国是 PLC 生产大国，有 100 多家 PLC 厂商，著名的有 A-B 公司、通用电气（GE）公司、莫迪康（MODICON）公司、德州仪器（TI）公司、西屋公司等。其中 A-B 公司是美国最大的 PLC 制造商，其产品约占美国 PLC 市场的一半。

A-B 公司产品规格齐全、种类丰富，其主推的大、中型 PLC 产品是 PLC-5 系列。该系列为模块式结构，CPU 模块为 PLC-5/10、PLC-5/12、PLC-5/15、PLC-5/25 时，属于中型 PLC，I/O 点配置范围为 256～1 024 点；当 CPU 模块为 PLC-5/11、PLC-5/20、PLC-5/30、PLC-5/40、PLC-5/60、PLC-5/40L、PLC-5/60L 时，属于大型 PLC，I/O 点最多可配置到 3 072 点。该系列中 PLC-5/250 功能最强，最多可配置到 4 096 个 I/O 点，具有强大的控制和信息管理功能。大型机 PLC-3 最多可配置到 8 096 个 I/O 点。A-B 公司的小型 PLC 产品有 SLC500 系列等。

GE 公司的代表产品是：小型机 GE-1、GE-1/J、GE-1/P 等，除 GE-1/J 外，均采用模块结构。GE-1 用于开关量控制系统，最多可配置到 112 个 I/O 点。GE-1/J 是更小型化的产品，其 I/O 点最多可配置到 96 点。GE-1/P 是 GE-1 的增强型产品，增加了部分功能指令（数据操作指令）、功能模块（A/D、D/A 等）、远程 I/O 功能等，其 I/O 点最多可配置到 168 点。中型机 GE-Ⅲ，它比 GE-1/P 增加了中断、故障诊断等功能，最多可配置到 400 个 I/O 点。大型机 GE-Ⅴ，它比 GE-Ⅲ增加了部分数据处理、表格处理、子程序控制等功能，并具有较强的通信功能，最多可配置到 2 048 个 I/O 点。GE-Ⅵ/P 最多可配置到 4 000 个 I/O 点。

德州仪器（TI）公司的小型 PLC 新产品有 510、520 和 TI100 等，中型 PLC 新产品有 TI300、5TI 等，大型 PLC 产品有 PM550、530、560、565 等系列。除 TI100 和 TI300 无联网功能外，其他 PLC 都可实现通信，构成分布式控制系统。

莫迪康（MODICON）公司有 M84 系列 PLC。其中 M84 是小型机，具有模拟量控制与上位机通信功能，最多 I/O 点为 112 点。M484 是中型机，其运算功能较强，可与上位机通信，也可与多台联网，最多可扩展 I/O 点为 512 点。M584 是大型机，其容量大、数据处理和网络能力强，最多可扩展 I/O 点为 8 192 点。M884 增强型中型机，它具有小型机的结构、大型机的控制功能，主机模块配置两个 RS-232C 接口，可方便地进行组网通信。

1.7.3 日本 PLC 产品

日本的小型 PLC 最具特色，在小型机领域中颇具盛名，某些使用欧美的中型机或大型机才能实现的控制，日本的小型机就可以解决。在开发较复杂的控制系统方面明显优于欧美的小型机，所以格外受用户欢迎。日本有许多 PLC 制造商，如三菱、欧姆龙、松下、富士、日立、东芝等，在世界小型 PLC 市场上，日本产品约占有 70%的份额。

三菱公司的 PLC 是较早进入中国市场的产品。其小型机 F1/F2 系列是 F 系列的升级产品，早期在我国的销量也不小。F1/F2 系列加强了指令系统，增加了特殊功能单元和通信功能，比 F 系列有了更强的控制能力。继 F1/F2 系列之后，20 世纪 80 年代末三菱公司又推出 FX 系列，在容量、速度、特殊功能、网络功能等方面都有了全面的加强。FX2 系列是在 20 世纪 90 年代开发的整体式高功能小型机，它配有各种通信适配器和特殊功能单元。FX2N 是近几年推出的高功能整体式小型机，它是 FX2 的换代产品，各种功能都有了全面的提升。近年来还不断推出满足不同要求的微型 PLC，如 FX0S、FX1S、FX0N、FX1N 及 α 系列等产品。

三菱公司的大中型机有 A 系列、QnA 系列、Q 系列，具有丰富的网络功能，I/O 点数可达 8 192 点。其中 Q 系列具有超小的体积、丰富的机型、灵活的安装方式、双 CPU 协同处理、多存储器、远程口令等特点，是三菱公司现有 PLC 中最高性能的 PLC。

欧姆龙（OMRON）公司的 PLC 产品，大、中、小、微型规格齐全。微型机以 SP 系列为代表，其体积极小，速度极快。小型机有 P 型、H 型、CPM1A 系列、CPM2A 系列、CPM2C、CQM1 等。P 型机现已被性价比更高的 CPM1A 系列所取代，CPM2A/2C、CQM1 系列内置 RS-232C 接口和实时时钟，并具有软 PID 功能，CQM1H 是 CQM1 的升级产品。中型机有 C200H、C200HS、C200HX、C200HG、C200HE、CS1 系列。C200H 是前些年畅销的高性能中型机，配置齐全的 I/O 模块和高功能模块，具有较强的通信和网络功能。C200HS 是 C200H 的升级产品，指令系统更丰富、网络功能更强。C200HX/HG/HE 是 C200HS 的升级产品，有 1 148 个 I/O 点，其容量是 C200HS 的 2 倍，速度是 C200HS 的 3.75 倍，有品种齐全的通信模块，是适应信息化的 PLC 产品。CS1 系列具有中型机的规模、大型机的功能，是一种极具推广价值的新机型。大型机有 C1000H、C2000H、CV（CV500/CV1000/CV2000/CVM1）等。C1000H、C2000H 可单机或双机热备运行，安装带电插拔模块，C2000H 可在线更换 I/O 模块；CV 系列中除 CVM1 外，均可采用结构化编程，易读、易调试，并具有更强大的通信功能。

松下公司的 PLC 产品中，FP0 为微型机，FP1 为整体式小型机，FP3 为中型机，FP5/FP10、FP10S（FP10 的改进型）、FP20 为大型机，其中 FP20 是最新产品。松下公司近几年 PLC 产品的主要特点是：指令系统功能强；有的机型还提供可以用 FP-BASIC 语言编程的 CPU 及多种智能模块，为复杂系统的开发提供了软件手段；FP 系列各种 PLC 都配置通信机制，由于它们使用的应用层通信协议具有一致性，这为构成多级 PLC 网络和开发 PLC 网络应用程序带来方便。

1.7.4 欧洲 PLC 产品

德国的西门子（SIEMENS）公司、AEG 公司、法国的 TE 公司是欧洲著名的 PLC 制造商。德国的西门子电子产品以性能精良而久负盛名。在中、大型 PLC 产品领域与美国的 A-B 公司齐名。

西门子 PLC 主要产品是 S5、S7 系列。在 S5 系列中，S5-90U、S-95U 属于微型整体式 PLC；S5-100U 是小型模块式 PLC，最多可配置到 256 个 I/O 点；S5-115U 是中型 PLC，最多可配置到 1 024 个 I/O 点；S5-115UH 是中型机，它是由两台 SS-115U 组成的双机冗余系统；S5-155U 为大型机，最多可配置到 4 096 个 I/O 点，模拟量可达 300 多路；SS-155H 是大型机，它是由两台 S5-155U 组成的双机冗余系统。而 S7 系列是西门子公司在 S5 系列 PLC 基础上近年推出的新产品，其性价比高，其中 S7-200 系列属于微型 PLC、S7-300 系列属于中小型 PLC、S7-400 系列属于中高性能的大型 PLC。

本章小结

本章介绍了 PLC 的产生、定义、发展概况、可编程控制器的应用、特点及发展趋势；PLC 的分类及世界 PLC 产品。在可编程控制器控制概念一节中应掌握可编程控制器在控制系统中的作用。

习　题

1.1 PLC 是在什么情况下产生的？
1.2 PLC 的标准定义是什么？
1.3 PLC 有哪些主要功能？
1.4 PLC 有哪些特点？
1.5 PLC 分为哪些类型？
1.6 简述 PLC 的发展趋势。
1.7 分别指出我国、美国、日本、欧洲的 PLC 两个产品型号。

第 2 章 可编程控制器的结构及工作原理

本章内容提要

本章主要介绍可编程控制器的结构及各部分的作用，硬件系统，软件系统，基本工作原理，扫描工作原理及特点，以及可编程控制器的等效电路。最后介绍可编程控制器系统与电气控制系统的区别。

2.1 可编程控制器的基本结构及各部分的作用

2.1.1 可编程控制器的硬件系统及各部分的作用

PLC 专为工业场合设计，采用了典型的计算机结构，硬件电路主要由 CPU、电源、存储器和专门设计的输入输出接口电路以及编程器等外设接口组成。图 2-1 为一典型 PLC 结构简图。其中，CPU 是 PLC 的核心，输入单元与输出单元是连接现场输入/输出设备与 CPU 的接口电路，通信接口用于与编程器、上位计算机等外设连接。

对于整体式 PLC，所有部件都装在同一机壳内，其组成框图如图 2-1 所示，对于模块式 PLC，各部件独立封装成模块，各模块通过总线连接，安装在机架或导轨上，其组成框图如图 2-2 所示。无论哪种结构类型的 PLC，都可根据用户需要进行配置与组合。

尽管整体式与模块式 PLC 的结构不太一样，但各部分的功能作用是相同的，下面对 PLC 主要组成各部分进行简单介绍。

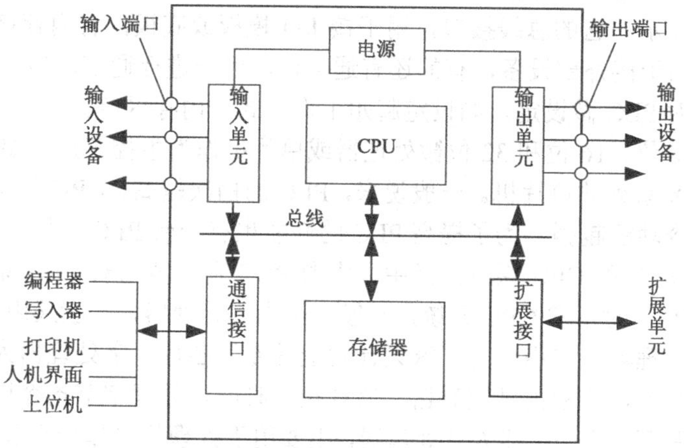

图 2-1 整体式 PLC 组成框图

1. 微处理器（CPU）

PLC 中的 CPU 是 PLC 的核心，起神经中枢的作用，每台 PLC 至少有一个 CPU，它按 PLC 的系统程序赋予的功能接收并存贮用户程序和数据，用扫描的方式采集由现场输入装置送来的状态或数据，并存入规定的寄存器中，同时，诊断电源和 PLC 内部电路的工作状态和编程过程中的语法错误等。运行后，从用户程序存储器中逐条读取指令，经分析后再按指令规定的任务产生相应的控制信号，去指挥有关的控制电路。

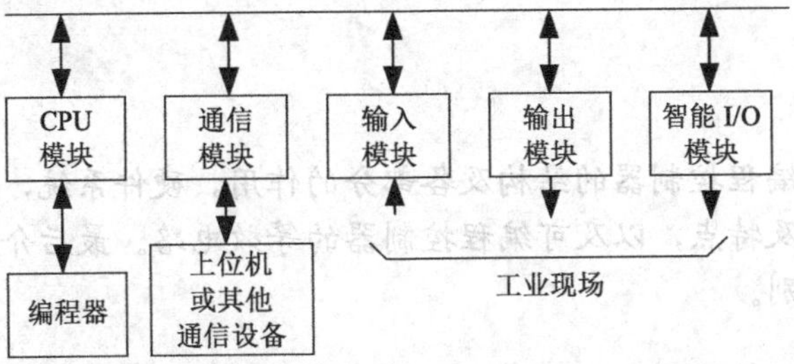

图 2-2 模块式 PLC 组成框图

与通用计算机一样，CPU 主要由运算器、控制器、寄存器及实现它们之间联系的数据、控制及状态总线构成，还有外围芯片、总线接口及有关电路等。它确定进行控制的规模、工作速度、内存容量等。内存主要用于存储程序及数据，是 PLC 不可缺少的组成单元。

CPU 的控制器控制 CPU 工作，由它读取指令、解释指令及执行指令。但工作节奏由振荡信号控制。

CPU 的运算器用于进行数字或逻辑运算，在控制器指挥下工作。

CPU 的寄存器参与运算，并存储运算的中间结果，它也是在控制器指挥下工作。

CPU 虽然划分为以上几个部分，但 PLC 中的 CPU 芯片实际上就是微处理器，由于电路的高度集成，对 CPU 内部的详细分析已无必要，只要弄清它在 PLC 中的功能与性能，能正确地使用就够了。

CPU 模块的外部表现就是它工作状态的种种显示、种种接口及设定或控制开关。一般讲，CPU 模块总要有相应的状态指示灯，如电源显示、运行显示、故障显示等。箱体式 PLC 的主箱体也有这些显示。它的总线接口，用于接 I/O 模板或底板，有内存接口，用于安装内存，有外设口，用于接外部设备，有的还有通信口，用于进行通信。CPU 模块上还有许多设定开关，用以对 PLC 做设定，如设定起始工作方式、内存区等。

PLC 大多采用 8 位、16 位和 32 位微处理器或单片机作为主控芯片，如 Intel 80X 系列的 CPU，Atmel89SX 系列的单片机。一般说来，PLC 的档次越高，CPU 的位数也越多，运算速度也越快，指令功能越强。为了提高 PLC 的性能也有一台 PLC 采用多个 CPU 的。

目前，小型 PLC 为单 CPU 系统，而中、大型 PLC 则大多为双 CPU 系统，甚至有些 PLC 中多达 8 个 CPU。对于双 CPU 系统，一般一个为字处理器，一般采用 8 位或 16 位处理器；另一个为位处理器，采用由各厂家设计制造的专用芯片。字处理器为主处理器，用于执行编程器接口功能，监视内部定时器，监视扫描时间，处理字节指令以及对系统总线和位处理器进行控制等。位处理器为从处理器，主要用于处理位操作指令和实现 PLC 编程语言向机器语言的转换。位处理器的采用，提高了 PLC 的速度，使 PLC 可以更好地满足实时控制要求。

2．存储器（ROM 和 RAM）

与通用计算机一样，PLC 系统中也主要有两种存储器：一种是可读/写操作的随机存储器 RAM，另一种是只读存储器 ROM、PROM、EPROM 和 EEPROM。在 PLC 中，存储器主要用于存放系统程序、用户程序及工作数据。ROM 用来存放系统程序，使软件固化的载体，相当于通用计算机的 BIOS；RAM 则用来存放用户的应用程序。

在系统程序存储区中存放有由 PLC 的制造厂家编写的系统程序，它和 PLC 的硬件组成有关，包括监控程序、管理程序、功能自程序、命令解释程序、系统诊断自程序等，主要完成系统诊断、命令解释、功能子程序调用管理、逻辑运算、通信及各种参数设定等功能，提供 PLC 运行的平台。系统程序也叫系统软件，有 PLC 制造商将其固化在 EPROM 存储器中，用户不能对其修改、存取，它和硬件一起决定了该 PLC 的性能。

用户程序存储区存放用户编制的用户程序。是随 PLC 的控制对象而定的，由用户根据对象生产工艺的控制要求而编制的应用程序。PLC 用得比较多的是 CMOS RAM。它的特点是制造工艺简单、集成度高、功耗低、价格便宜，所以适宜于存放用户程序和数据，以便于用户读出、检查和修改程序，这种存储器一般用锂电池作为后备电源，以保证掉电时不会丢失信息。由于 COMS RAM 需要锂电池支持，才能保证 RAM 内数据掉电不丢，而且经常使用的锂电池的寿命，通常在 2~5 年左右，这些给用户带来不便，所以近年来有许多 PLC 直接采用 EEPROM 作为用户存储器。

工作数据是 PLC 运行过程中经常变化、经常存取的一些数据。存放在 RAM 中，以满足随机存取的要求。在 PLC 的工作数据存储器中，设有存放输入输出继电器、辅助继电器、定时器、计数器等逻辑器件的存储区，这些器件的状态都是由用户程序的初始设置和运行情况而确定的。根据需要，部分数据在掉电时用后备电池维持其现有的状态，这部分在掉电时可保存数据的存储区域称为保持数据区。

由于系统程序及工作数据与用户无直接联系，所以在 PLC 产品样本或使用手册中所列存储器的形式及容量是指用户程序存储器。当 PLC 提供的用户存储器容量不够用时，许多 PLC 还提供有存储器扩展功能。

注意：系统程序直接关系到 PLC 的性能，不能由用户直接存取，所以，通常 PLC 产品资料中所指的存储器形式或存储方式及容量，是指用户程序存储器而言。

3. I/O（输入/输出）单元

PLC 的对外功能，主要是通过各种 I/O 接口模块与外界联系，按 I/O 点数确定模块规格及数量，I/O 模块可多可少，但其最大数受 CPU 所能管理的基本配置能力的限制，即受最大的底板或机架槽数限制。I/O 模块集成了 PLC 的 I/O 电路，其输入暂存器反映输入信号状态，输出点反映输出锁存器状态。

输入/输出单元通常也称 I/O 单元或 I/O 模块，是 PLC 与工业生产现场输入设备（如限位开关、操作按钮、选择开关、行程开关、主令开关等）、输出设备（如驱动电磁阀、接触器、电动机等执行机构）或其他外部设备之间的连接部件。PLC 通过输入接口可以检测所需的过程信息，又可将处理后的结果传送给外部设备，驱动各种执行机构，实现生产过程的控制。

由于外部输入设备和输出设备所需的信号电平是多种多样的，而 PLC 内部 CPU 处理的信息只能是标准电平，正是通过 I/O 接口实现这种信号的转换。I/O 接口一般都具有光电隔离和滤波功能，以提高 PLC 的抗干扰能力。另外，I/O 接口上通常还有状态指示，工作状况直观，便于维护。

PLC 提供了多种操作电平和具有驱动能力的 I/O 接口，有各种各样功能的 I/O 接口供用户选用。I/O 接口的主要类型有：数字量（开关量）输入、数字量（开关量）输出、模拟量输入、模拟量输出等。

常用的开关量输入接口按其使用的电源不同有三种类型：直流输入接口、交流输入接口和交/直流输入接口，其基本原理电路如图 2-3 所示。

PLC 的开关量输出接口按输出开关器件不同分为三种类型：继电器输出、晶体管输出和双向晶闸管输出，其基本原理电路如图 2-4 所示。继电器输出接口可驱动交流或直流负载，但其响应时间长，动作频率低；而晶体管输出和双向晶闸管输出接口的响应速度快，动作频率高，但前者只能用于驱动直流负载，后者只能用于交流负载。

PLC 的 I/O 接口所能接受的输入信号个数和输出信号个数称为 PLC 输入/输出（I/O）点数。I/O 点数是选择 PLC 的重要依据之一。当系统的 I/O 点数不够时，可通过 PLC 的 I/O 扩展接口对系统进行扩展。

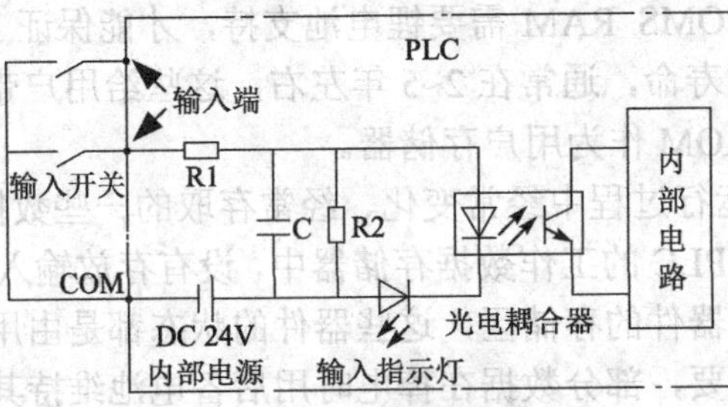

（a）直流输入

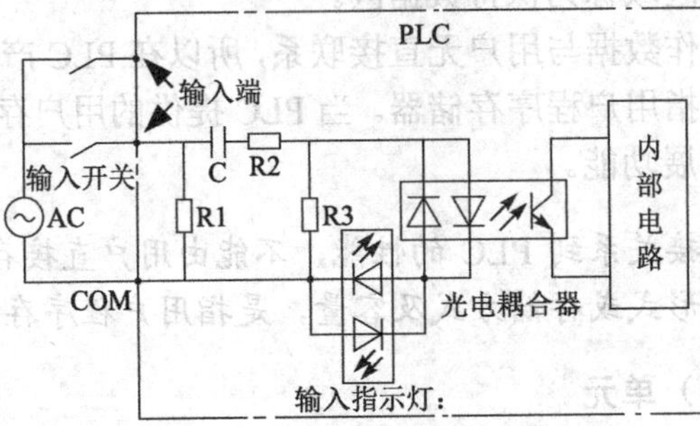

（b）交流输入

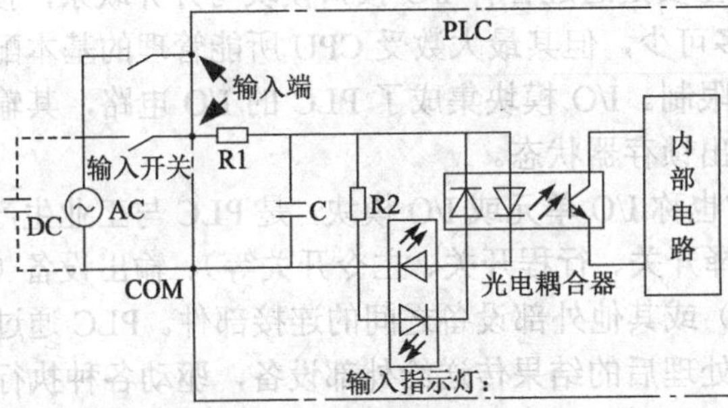

（c）交/直流输入

图 2-3　PLC 的输入模块

4. 电源模块

电源模块在 PLC 中所起的作用是极为重要的，因为 PLC 内部各部件都需要它来提供稳定的直流电压和电流。PLC 内部有一个高性能的稳压电源，有些是与 CPU 模块合二为一的，有些是分开的，其主要用途是为 PLC 各模块的集成电路提供工作电源，并备有锂电池（备用电池），保证外部电源故障时内部重要数据不致丢失。另外，有的电源还为输入电路提供 24V 的工作电压。电源按其输入类型分为：交流电源，加的为交流 220VAC 或 110VAC，直流电源，加的为直流电压，常用的为 24V。三菱 FX 系列 PLC 的电源范围较宽，例如，三菱 FX1S 系列 PLC 电源的电压规格为：

额定电压：AC100～240V；

电压允许范围：AC85～264V；

传感器电源：DC24V/400mA。

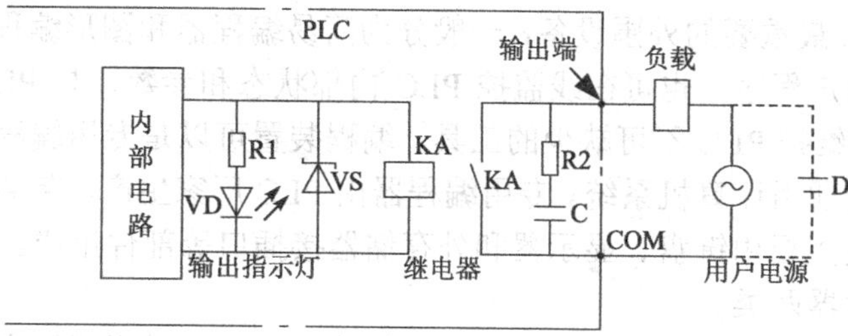

（a）继电器输出

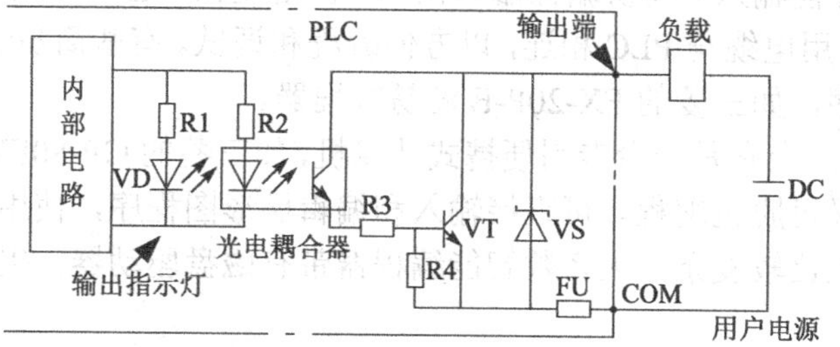

（b）晶体管输出

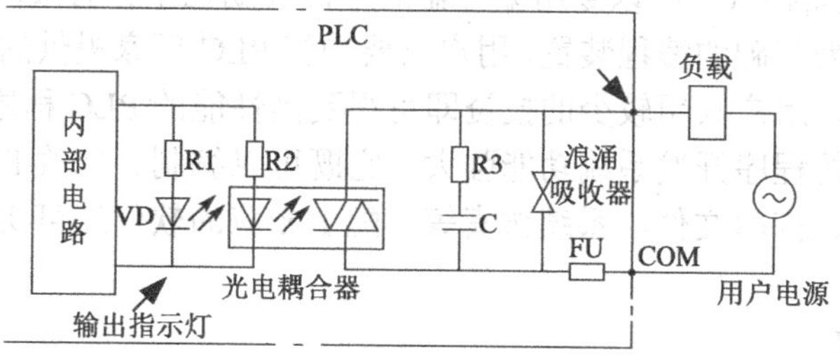

（c）晶闸管输出

图 2-4　开关量输出接口

5．PLC 的通信联网

PLC 具有通信联网功能，它使 PLC 与 PLC 之间、PLC 与上位计算机以及其他智能设备之间能够交换信息，形成一个统一的整体，实现分散集中控制。现在几乎所有的 PLC 新产品都有通信联网功能，它和计算机一样具有 RS-232 接口，通过双绞线、同轴电缆或光缆，可以在几千米甚至几十千米的范围内交换信息。

当然，PLC 之间的通信网络是各厂家专用的，PLC 与计算机之间的通信，一些生产厂家采用工业标准总线，并向标准通信协议靠拢，这将使不同机型的 PLC 之间、PLC 与计算机之间可以方便地进行通信与联网。

6. 智能接口模块

智能接口模块是一独立的计算机系统，它有自己的CPU、系统程序、存储器以及与PLC系统总线相连的接口。它作为PLC系统的一个模块，通过总线与PLC相连，进行数据交换，并在PLC的协调管理下独立地进行工作。

PLC的智能接口模块种类很多，如：高速计数模块、闭环控制模块、运动控制模块、中断控制模块等。

7. 编程器

编程器是PLC最重要的外围设备，一般分为简易编程器和图形编程器两类。作用是编辑、调试、输入用户程序，也可在线监控PLC内部状态和参数，与PLC进行人机对话。它是开发、应用、维护PLC不可缺少的工具。编程装置可以是专用编程器，也可以是配有专用编程软件包的通用计算机系统。专用编程器由PLC厂家生产，专供该厂家生产的某些PLC产品使用，它主要由键盘、显示器和外存储器接插口等部件组成。专用编程器有简易编程器和智能编程器两类。

简易型编程器只能联机编程，而且不能直接输入和编辑梯形图程序，需将梯形图程序转化为指令表程序才能输入。简易编程器体积小、价格便宜，它可以直接插在PLC的编程插座上，或者使用专用电缆与PLC相连，以方便编程和调试。有些简易编程器带有存储盒，可用来储存用户程序，如三菱的FX-20P-E简易编程器。

图形编程器，本质上它是一台专用便携式计算机，如三菱的GP-80FX-E智能型编程器。它既可联机编程，又可脱机编程。可直接输入和编辑梯形图程序，使用更加直观、方便，但价格较高，操作也比较复杂。大多数智能编程器带有磁盘驱动器，提供录音机接口和打印机接口。

专用编程器只能对指定厂家的几种PLC进行编程，使用范围有限，价格较高。同时，由于PLC产品不断更新换代，所以专用编程器的生命周期也十分有限。因此，现在的趋势是使用以个人计算机为基础的编程装置，用户只要购买PLC厂家提供的编程软件和相应的硬件接口装置。这样，用户只用较少的投资即可得到高性能的PLC程序开发系统。

基于个人计算机的程序开发系统功能强大。它既可以编制、修改PLC的梯形图程序，又可以监视系统运行、打印文件、系统仿真等。配上相应的软件还可实现数据采集和分析等许多功能。

8. 其他外部设备

除了以上所述的部件和设备外，PLC还有许多外部设备，如EPROM写入器、外存储器、人/机接口装置等。

EPROM写入器是用来将用户程序固化到EPROM存储器中的一种PLC外部设备。为了使调试好的用户程序不易丢失，经常用EPROM写入器将PLC用户程序保存到EPROM中。

PLC内部的半导体存储器称为内存储器。有时可用外部的磁带、磁盘和用半导体存储器做成的存储盒等来存储PLC的用户程序，这些存储器件称为外存储器。外存储器一般是通过编程器或其他智能模块提供的接口，与内存储器之间相互传送用户程序。

人/机接口装置用来实现操作人员与PLC控制系统的对话。最简单、最普遍的人/机接口装置由安装在控制台上的按钮、转换开关、拨码开关、指示灯、LED显示器、声光报警器等器件构成。对于PLC系统，还可采用半智能型CRT人/机接口装置和智能型终端人/

机接口装置。半智能型 CRT 人/机接口装置可长期安装在控制台上，通过通信接口接收来自 PLC 的信息并在 CRT 上显示出来；而智能型终端人/机接口装置有自己的微处理器和存储器，能够与操作人员快速交换信息，并通过通信接口与 PLC 相连，也可作为独立的节点接入 PLC 网络。

2.1.2　可编程控制器的软件系统

PLC 的软件由系统程序和用户程序组成。

系统程序由 PLC 制造厂商设计编写，并存入 PLC 的系统存储器中，用户不能直接对其读写与更改。系统程序一般包括系统诊断程序、输入处理程序、编译程序、信息传送程序、监控程序等。

PLC 的用户程序是用户利用 PLC 的编程语言，根据控制要求编制的程序。在 PLC 的应用中，最重要的是用 PLC 的编程语言来编写用户程序，以实现控制目的。由于 PLC 是专门为工业控制而开发的装置，其主要使用者是广大电气技术人员，为了满足他们的传统习惯，PLC 的主要编程语言采用比计算机语言相对简单、易懂、形象的专用语言。

PLC 编程语言是多种多样的，对于不同生产厂家、不同系列的 PLC 产品采用的编程语言的表达方式也不相同，但基本上可归纳为两种类型：一是采用字符表达方式的编程语言，如语句表等；二是采用图形符号表达方式的编程语言，如梯形图等。

以下简要介绍几种常见的 PLC 编程语言。

1. 梯形图语言

梯形图语言是一种以图形符号及图形符号在图中的相互关系表示控制关系的编程语言，是在传统电器控制系统中常用的接触器、继电器等图形表达符号的基础上演变而来的。它与电器控制线路图相似，继承了传统电器控制逻辑中使用的框架结构、逻辑运算方式和输入输出形式，具有形象、直观、实用的特点，电气技术人员容易接受，是 PLC 的第一编程语言。

如图 2-5 所示是传统的电器控制线路图和 PLC 梯形图。

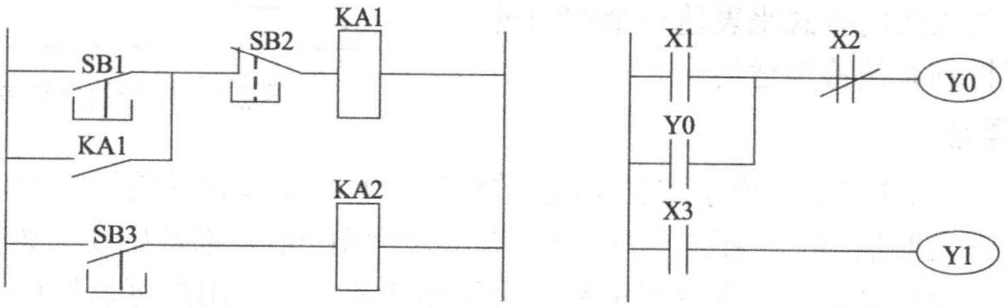

（a）电器控制线路图　　（b）PLC 梯形图

图 2-5　电器控制线路图与梯形图

从图中可看出，两种图基本表示思想是一致的，具体表达方式有一定区别。PLC 的梯形图使用的是内部继电器，定时/计数器等，都是由软件来实现，使用方便，修改灵活，是原电器控制线路硬接线无法比拟的。

2. 指令语句表编程语言

指令语句表也叫语句表，是一种与汇编语言类似的助记符编程语言。指令表语言与梯形图有严格的对应关系。在 PLC 应用中，经常采用简易编程器，而这种编程器中没有 CRT 屏幕显示，或没有较大的液晶屏幕显示。因此，就用一系列 PLC 操作命令组成的语句表将梯形图描述出来，再通过简易编程器输入到 PLC 中。需要指出的是各个 PLC 生产厂家的语句表形式不尽相同，但基本功能相差无几。以下是与图 2-5 中梯形图对应的（FX 系列 PLC）语句表程序。

步序号	指令	数据
0	LD	X1
1	OR	Y0
2	ANI	X2
3	OUT	Y0
4	LD	X3
5	OUT	Y1

可以看出，语句是语句表程序的基本单元，每个语句和微机程序语句一样也由地址（步序号）、操作码（指令）和操作数（数据）三部分组成。

3．功能块图编程语言

功能块图是一种类似于数字逻辑电路结构的编程语言，由与门、或门、非门、定时器、计数器、触发器等逻辑符号组成。熟悉数字电路的人员较容易掌握，框的左侧为逻辑运算的输入变量、右侧为输出变量，信号自左向右流动，就像电路图一样，如图 2-6 所示。

4．顺序功能图编程语言

顺序功能图语言（SFC 语言）属于图形语言，是一种较新的编程方法，又称状态转移图语言。它将一个完整的控制过程分为若干阶段，各阶段具有不同的动作，阶段间有一定的转换条件，转换条件满足就实现阶段转移，上一阶段动作结束，下一阶段动作开始。顺序功能图编程语言用功能表图的方式来表达一个控制过程，对于顺序控制系统特别适用。

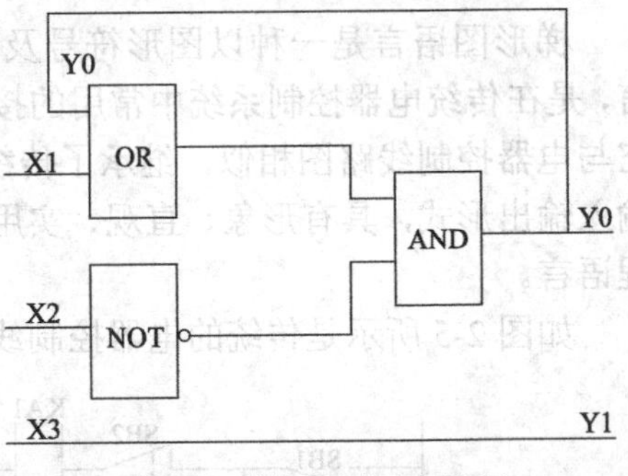

图 2-6　功能块图语言编程

5．高级语言

随着 PLC 技术的发展，为了增强 PLC 的运算、数据处理及通信等功能，以上编程语言无法很好地满足要求。近年来推出的 PLC，尤其是大型 PLC，都可用高级语言，如 BASIC 语言、C 语言、PASCAL 语言等进行编程。采用高级语言后，用户可以像使用普通微型计算机一样操作 PLC，使 PLC 的各种功能得到更好的发挥。

2.2 可编程控制器的基本工作原理

PLC 源于用计算机控制来取代继电器、接触器，所以 PLC 与通用计算机具有相同之处，如具有相同的基本结构和相同的指令执行原理。但是，两者在工作方式上却有着很大的区别，不同点体现在 PLC 的 CPU 采用循环扫描工作方式，集中输入采样，集中进行输出刷新。I/O 映像区分别存放执行程序之前的各输入状态和执行过程中各结果的状态。

2.2.1　可编程控制器的扫描工作原理及特点

PLC 采用循环扫描工作方式，这个工作过程一般包括五个阶段：内部处理、与编程器等的通信处理、输入扫描、用户程序执行、输出处理，其工作过程如图 2-7 所示。

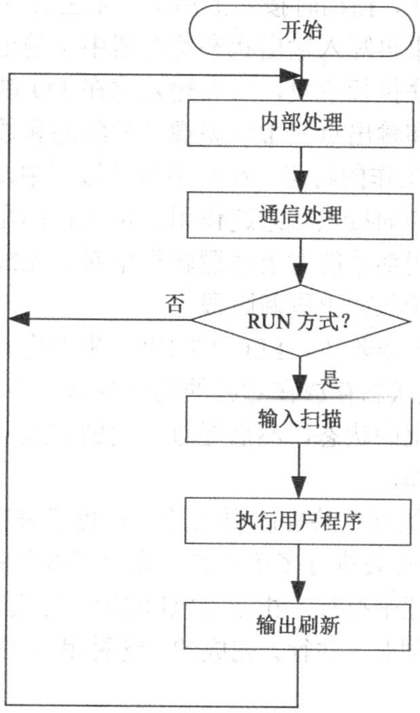

图 2-7　PLC 的工作过程

图 2-7 中当 PLC 方式开关置于 RUN（运行）时，执行所有阶段；当方式开关置于 STOP（停止）时，不执行后 3 个阶段，此时可进行通信处理，如对 PLC 联机或离线编程。

可编程序控制器的输入处理、执行用户程序和输出处理过程的原理如图 2-8 所示。

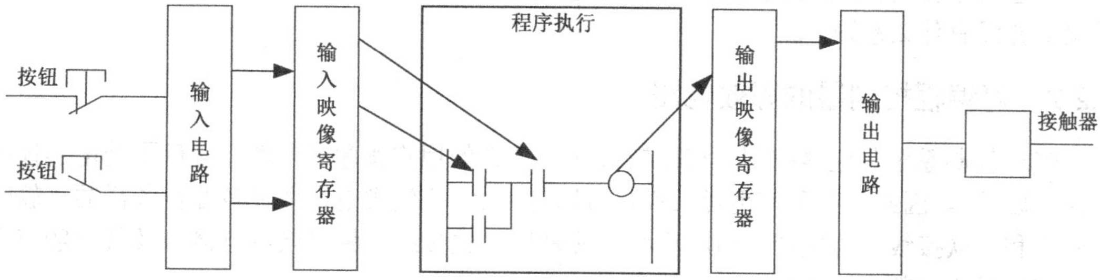

图 2-8　程序执行原理图

PLC 执行的五个阶段，称为一个扫描周期，PLC 完成一个周期后，又重新执行上述过程，开始下一轮新的扫描，扫描周而复始地进行。在下一轮扫描过程中，必经历输入采样、程序执行和输出刷新三个阶段。此时，不经历前两个阶段。

PLC 在输入采样阶段：在输入采样阶段，PLC 的 CPU 顺序地扫描各个输入端，顺序读取各个输入端的状态，并将其存入输入映像区单元中，此时，输入映像寄存器被刷新。随即关闭输入端口，进入程序执行阶段。在程序执行阶段或输出阶段，输入映像寄存器与外界隔离，即使外部输入信号发生改变，输入映像寄存器的内容也不会随之改变。直到下一个扫描周期的输入采样阶段，才重新写入输入端得新内容。因此，为了保证输入状态能被正确读入，要求输入脉冲宽度必须大于一个扫描周期。

PLC 在程序执行阶段：在程序执行阶段，PLC 的 CPU 从用户程序的第 0 步开始，顺序地逐条扫描用户梯形图程序，扫描时按先上后下、先左后右的顺序进行扫描（执行）。经相应的运算和处理后，其结果再写入输出状态寄存器中，输出状态寄存器中所有的内容随着程序的执行而改变。在程序执行阶段，只有输入端在 I/O 映像区存放的输入采样值不会发生改变，而其他各软组件和输出点在 I/O 映像区的状态和数据都有可能随着程序的执行而变化。要注意 PLC 非并行工作的特点，在程序执行过程中，上面逻辑行中线圈状态的改变，会对其下面逻辑行中对应的接点状态起作用。反之，排在下面的逻辑行中线圈状态的改变，只能等到下一个扫描周期才能对上面逻辑行中对应此线圈的接点状态起作用。当所有指令都扫描处理完后，即转入输出刷新阶段。

输出刷新阶段：在输出刷新阶段，PLC 的 CPU 集中将元件映像寄存器中的输出元件（即输出继电器）的状态（此状态存放在对应的输出映像寄存器中）转存到输出锁存器中，刷新其内容，该变输出端子上的状态，然后通过一定的方式（继电器、晶体管或晶闸管）输出，驱动相应输出设备工作。

当 PLC 运行时，是通过执行反映控制要求的用户程序来完成控制任务的，需要执行众多的操作，但 CPU 不可能同时去执行多个操作，它只能按分时操作（串行工作）方式，每一次执行一个操作，按顺序逐个执行。由于 CPU 的运算处理速度很快，所以宏观上来看，PLC 外部出现的结果似乎是同时（并行）完成的。这种串行工作过程称为 PLC 的扫描工作方式。

PLC 的扫描工作方式与电器控制的工作原理明显不同。电器控制装置采用硬逻辑的并行工作方式，如果某个继电器的线圈通电或断电，那么该继电器的所有常开和常闭触点不论处在控制线路的哪个位置上，都会立即同时动作；而 PLC 采用扫描工作方式（串行工作方式），如果某个软继电器的线圈被接通或断开，其所有的触点不会立即动作，必须等扫描到该位置时才会动作。但由于 PLC 的扫描速度快，通常 PLC 与电器控制装置在 I/O 的处理结果上并没有什么差别。

2.2.2 可编程控制器的等效电路

PLC 控制系统与电器控制系统比较可知，PLC 的用户程序（软件）代替了继电器控制电路（硬件）。因此，对于使用者来说，可以将 PLC 等效成是许许多多各种各样的“软继电器”和“软接线”的集合，而用户程序就是用“软接线”将“软继电器”及其“触点”按一定要求连接起来的“控制电路”。

为了更好地理解这种等效关系，下面通过一个例子来说明。如图 2-9 所示为三相异步电动机单向起动运行的电器控制系统。其中，由输入设备 SB1、SB2、FR 的触点构成系统的输入部分，由输出设备 KM 构成系统的输出部分。

如果用 PLC 来控制这台三相异步电动机，组成一个 PLC 控制系统，根据上述分析可知，系统主电路不变，只要将输入设备 SB1、SB2、FR 的触点与 PLC 的输入端连接，输出设备 KM 线圈与 PLC 的输出端连接，就构成 PLC 控制系统的输入、输出硬件线路。而控制部分的功能则由 PLC 的用户程序来实现，其等效电路如图 2-10 所示。

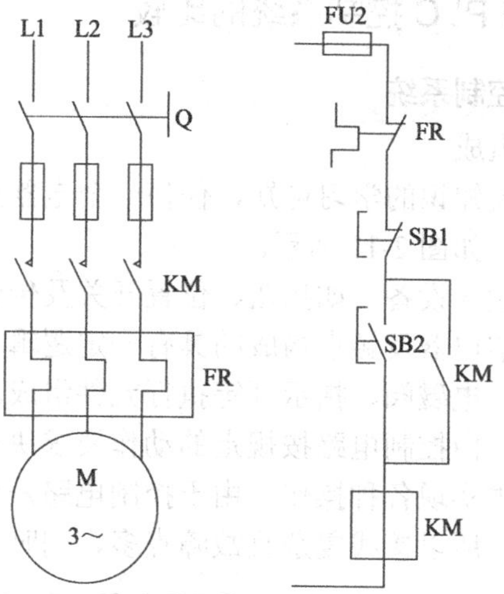

（a）主电路　（b）控制电路

图 2-9 三相异步电动机单向运行电器控制系统

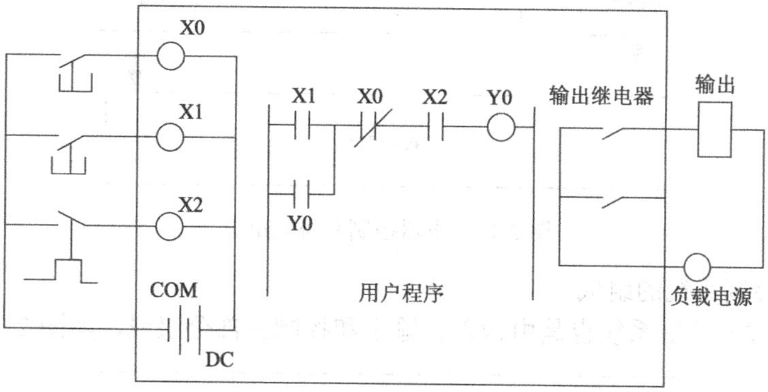

图 2-10 PLC 的等效电路

图中，输入设备 SB1、SB2、FR 与 PLC 内部的“软继电器”X0、X1、X2 的“线圈”对应，由输入设备控制相对应的“软继电器”的状态，即通过这些“软继电器”将外部输入设备状态变成 PLC 内部的状态，这类“软继电器”称为输入继电器；同理，输出设备 KM 与 PLC 内部的“软继电器”Y0 对应，由“软继电器”Y0 状态控制对应的输出设备 KM 的状态，即通过这些“软继电器”将 PLC 内部状态输出，以控制外部输出设备，这类“软继电器”称为输出继电器。

因此，PLC 用户程序要实现的是：如何用输入继电器 X0、X1、X2 来控制输出继电器 Y0。当控制要求复杂时，程序中还要采用 PLC 内部的其他类型的“软继电器”，如辅助继电器、定时器、计数器等，以达到控制要求。

要注意的是，PLC 等效电路中的继电器并不是实际的物理继电器，它实质上是存储器单元的状态。单元状态为“1”，相当于继电器接通；单元状态为“0”，则相当于继电器断开。因此，我们称这些继电器为“软继电器”。

2.2.3 电器控制系统与PLC控制系统的比较

1. 电气控制和PLC控制系统

（1）电器控制系统的组成

通过电器控制系统相关知识的学习可知，任何一个电器控制系统，都是由输入部分、输出部分和控制部分组成，如图2-11所示。

其中输入部分由各种输入设备，如按钮、位置开关及传感器等组成；控制部分是按照控制要求设计的，由若干继电器及触点构成的具有一定逻辑功能的控制电路；输出部分由各种输出设备，如接触器、电磁阀、指示灯等执行元件组成。电器控制系统是根据操作指令及被控对象发出的信号，由控制电路按规定的动作要求决定执行什么动作或动作执行的顺序，然后驱动输出设备去实现各种操作。由于控制电路是采用硬接线将各种继电器及触点按一定的要求连接而成，所以接线复杂且故障点多，同时不易灵活改变。

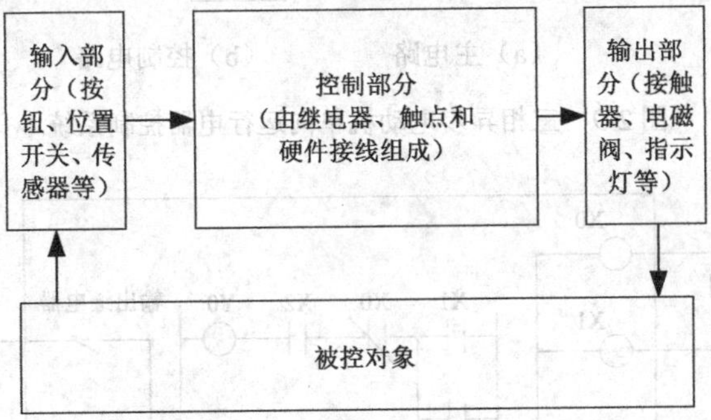

图2-11 电器控制系统的组成

（2）PLC控制系统的组成

由PLC构成的控制系统也是由输入、输出和控制三部分组成，如图2-12所示。

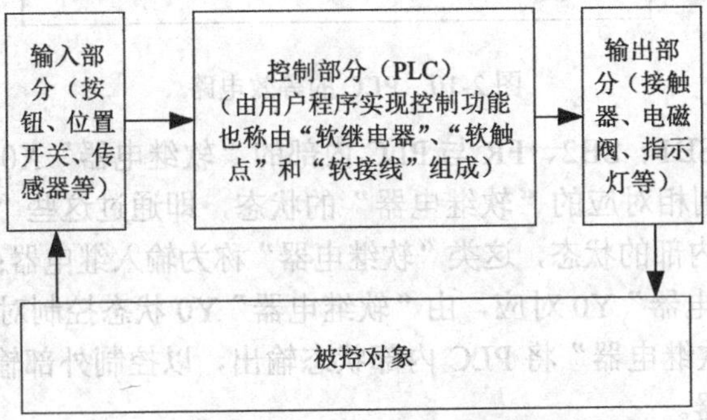

图2-12 PLC控制系统的组成

从图中可以看出，PLC控制系统的输入、输出部分和电器控制系统的输入、输出部分基本相同，但控制部分是采用“可编程”的PLC，而不是实际的继电器线路。因此，PLC控制系统可以方便地通过改变用户程序，以实现各种控制功能，从根本上解决了电器控制系统控制电路难以改变的问题。同时，PLC控制系统不仅能实现逻辑运算，还具有数值运算及过程控制等复杂的控制功能。

2. PLC 控制系统与电器控制系统的比较

PLC 控制系统与电器控制系统相比，有许多相似之处，也有许多不同之处。不同之处主要在以下几个方面：

（1）从控制方法上看，电器控制系统控制逻辑采用硬件接线，利用继电器机械触点的串联或并联等组合成控制逻辑，其连线多且复杂、体积大、功耗大，系统构成后，想再改变或增加功能较为困难。另外，继电器的触点数量有限，所以电器控制系统的灵活性和可扩展性受到很大限制。而 PLC 采用了计算机技术，其控制逻辑是以程序的方式存放在存储器中，要改变控制逻辑只需改变程序，因而很容易改变或增加系统功能。系统连线少、体积小、功耗小，而且 PLC 所谓"软继电器"实质上是存储器单元的状态，所以"软继电器"的触点数量是无限的，PLC 系统的灵活性和可扩展性好。

（2）从工作方式上看，在继电器控制电路中，当电源接通时，电路中所有继电器都处于受制约状态，即该吸合的继电器都同时吸合，不该吸合的继电器受某种条件限制而不能吸合，这种工作方式称为并行工作方式。而 PLC 的用户程序是按一定顺序循环执行，所以各软继电器都处于周期性循环扫描接通中，受同一条件制约的各个继电器的动作次序决定于程序扫描顺序，这种工作方式称为串行工作方式。

（3）从控制速度上看，继电器控制系统依靠机械触点的动作以实现控制，工作频率低，机械触点还会出现抖动问题。而 PLC 通过程序指令控制半导体电路来实现控制，速度快，程序指令执行时间在微秒级，且不会出现触点抖动问题。

（4）从定时和计数控制上看，电器控制系统采用时间继电器的延时动作进行时间控制，时间继电器的延时时间易受环境温度和温度变化的影响，定时精度不高。而 PLC 采用半导体集成电路作定时器，时钟脉冲由晶体振荡器产生，精度高，定时范围宽，用户可根据需要在程序中设定定时值，修改方便，不受环境的影响，且 PLC 具有计数功能，而电器控制系统一般不具备计数功能。

（5）从可靠性和可维护性上看，由于电器控制系统使用了大量的机械触点，存在机械磨损、电弧烧伤等问题，寿命短，系统的连线多，所以可靠性和可维护性较差。而 PLC 大量的开关动作由无触点的半导体电路来完成，其寿命长、可靠性高，PLC 还具有自诊断功能，能查出自身的故障，随时显示给操作人员，并能动态地监视控制程序的执行情况，为现场调试和维护提供了方便。

本 章 小 结

本章主要介绍了 PLC 的结构及工作原理。要求掌握 PLC 的循环扫描工作方式。在扫描梯形图时，总是按先上后下、先左后右的顺序进行扫描。逻辑行间作用特点是：上对下，立即影响；下对上等待下次。扫描工作方式是产生输入输出响应滞后现象的主要原因。掌握扫描周期的计算。了解 PLC 控制与电器控制的异同点。

习　　题

2.1 PLC 的硬件由哪几部分组成？试简述各部分的作用？

2.2 PLC 主要有哪些外部设备？各有什么作用？

2.3 PLC 的软件由哪几部分组成？各有什么作用？
2.4 PLC 主要的编程语言有哪几种？各有什么特点？
2.5 PLC 开关量输出接口按输出开关器件的种类不同，有哪几种形式？各有什么特点？
2.6 PLC 采用什么样的工作方式？特点是什么？
2.7 什么是 PLC 的扫描周期？其扫描过程分为哪几个阶段，各阶段完成什么任务？
2.8 PLC 扫描过程中输入映像寄存器和元件映像寄存器各起什么作用？
2.9 试指出 PLC 控制与电器控制有哪些不同？

第3章　三菱小型可编程控制器的编程元件及基本指令系统

本章内容提要

本章主要介绍三菱可编程控制器，FX系列可编程控制器型号命名的基本格式，三菱FX系列PLC内部软组件，这些软组件是编写程序的基础，必须熟练掌握。还介绍了三菱FX系列PLC的20或27条基本指令和两条步进指令，这些指令功能十分强大，已经可以解决一般的继电器接触控制问题。

3.1　三菱小型可编程控制器简介

PLC的性能指标有很多，但主要指以下几个方面。

（1）输入/输出点数：输入/输出点数是PLC组成控制系统时所能接入的输入输出信号的最大数量，表示PLC组成系统时可能的最大规模。在I/O总点数中，输入点与输出点是按一定比例设置的，往往是输入点数大于输出点数，也可能是输入点数相等。

（2）应用程序的存储容量：应用程序的存储容量是存放用户程序的存储容量。通常用K字表示，1K字也叫1 024步。一般小型PLC机的应用程序存储容量为1K到几K。

（3）扫描速度：通常PLC的扫描速度是以执行1 000条基本逻辑指令所需的时间来衡量的。单位是ms/千步。也有的以执行一步指令的时间来衡量。一般PLC的逻辑指令与功能指令的执行时间有较大差别。

三菱小型可编程控制器分为F、F1/F2、FX0、FX2、FX0N、FX2C几个系列，其中F系列是早期产品。

FX系列PLC是三菱公司近年来推出的高性能小型可编程控制器，以逐步替代三菱公司原F、F1、F2系列PLC产品。其中FX2是1991年推出的产品，FX0是在FX2之后推出的超小型 PLC，近几年来三菱公司又连续推出了将众多功能凝集在超小型机壳内的FX0S、FX1S、FX0N、FX1N、FX2N、FX2NC等系列PLC，具有较高的性能价格比，应用广泛。它们采用整体式和模块式相结合的叠装式结构。

在使用FX系列PLC之前，需对其主要性能指标进行认真查阅，只有选择了符合要求的产品才能达到既可靠又经济的要求。

3.1.1　FX系列PLC性能比较

尽管FX系列中FX0S、FX1S、FX1N、FX2N等在外形尺寸上相差不多，但在性能上有较大的差别，其中FX2N和FX2NC子系列，在FX系列PLC中功能最强、性能最好。FX系列PLC主要产品的性能比较如表3-1所示。

表 3-1 FX 系列 PLC 主要产品的性能比较

型　号	I/O 点数	基本指令执行时间	功能指令	模拟模块量	通　信
FX0S	10～30	1.6～3.6μs	50	无	无
FX0N	24～128	1.6～3.6μs	55	有	较强
FX1N	14～128	0.55～0.7μs	177	有	较强
FX2N	16～256	0.08μs	298	有	强

3.1.2 FX 系列 PLC 的技术指标

1. 三菱 FX 系列 PLC 的环境指标

FX 系列 PLC 的环境指标要求如表 3-2 所示。

表 3-2 FX 系列 PLC 的环境指标

项　目	环境要求
环境温度	使用温度 0～55℃，储存温度-20～70℃
环境湿度	使用时 35%～85%RH（无凝露）
防震性能	JISC0911 标准，10～55Hz，0.5mm（最大 2G），3 轴方向各 2 次（但用 DIN 导轨安装时为 0.5G）
抗冲击性能	JISC0912 标准，10G，3 轴方向各 3 次
抗噪声能力	用噪声模拟器产生电压为 1000V（峰－峰值）、脉宽 1μs、30～100Hz 的噪声
绝缘耐压	AC 1500V，1min（接地端与其他端子间）
绝缘电阻	5MΩ以上（DC 500V 兆欧表测量，接地端与其他端子间）
接地电阻	第三种接地，如接地有困难，可以不接
使用环境	无腐蚀性气体，无尘埃

2. FX 系列 PLC 的输入技术指标

FX 系列 PLC 对输入信号的技术要求如表 3-3 所示。

表 3-3 FX 系列 PLC 的输入技术指标

输入端项目	X0～X3（FX0S）	X4～X17（FX0S） X0～X7（FX0N、FX1S、FX1N、FX2N）	X10～（FX0N、FX1S、FX1N、FX2N）	X0～X3（FX0S）	X4～X17（FX0S）
输入电压	DC 24V±10%			DC 12V±10%	
输入电流	8.5mA	7mA	5mA	9mA	10mA
输入阻抗	2.7kΩ	3.3 kΩ	4.3 kΩ	1 kΩ	1.2 kΩ
输入 ON 电流	4.5mA 以上	4.5mA 以上	3.5mA 以上	4.5mA 以上	4.5mA 以上
输入 OFF 电流	1.5mA 以下	1.5mA 以下	1.5mA 以下	1.5mA 以下	1.5mA 以下
输入响应时间	约 10ms， 其中：FX0S、FX1N 的 X0～X17 和 FX0N 的 X0～X7 为 0～15ms 可变，FX2N 的 X0～X17 为 0～60ms 可变				
输入信号形式	无电压触点，或 NPN 集电极开路晶体管				
电路隔离	光电耦合器隔离				
输入状态显示	输入 ON 时 LED 灯亮				

3. FX 系列 PLC 的输出技术指标

FX 系列 PLC 对输出信号的技术要求如表 3-4 所示。

表 3-4　FX 系列 PLC 的输出技术指标

项　目	继电器输出	晶闸管输出	晶体管输出
外部电源	AC 250V 或 DC 30V 以下	AC 85～240V	DC 5～30V
最大电阻负载	2A/1 点、8A/4 点、8A/8 点	0.3A/点、0.8A/4 点 （1A/1 点、2A/4 点）	0.5A/1 点、0.8A/4 点 （0.1A/1 点、0.4A/4 点） （1A/1 点、2A/4 点） （0.3A/1 点、1.6A/16 点）
最大感性负载	80VA	15VA/AC 100V、 30VA/AC 200V	12W/DC 24V
最大灯负载	100W	30W	1.5W/DC 24V
开路漏电流	–	1mA/AC 100V 2mA/AC 200V	0.1mA 以下
响应时间	约 10ms	ON：1ms，OFF：10ms	ON：<0.2ms、OFF：<0.2ms 大电流 OFF 为 0.4ms 以下
电路隔离	继电器隔离	光电晶闸管隔离	光电耦合器隔离
输出动作显示	输出 ON 时 LED 亮		

3.1.3　FX 系列 PLC 型号的说明

FX 系列 PLC 型号的含义如图 3-1 所示。

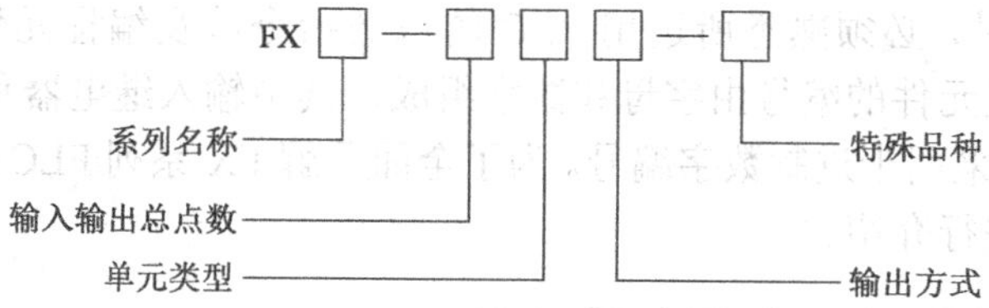

图 3-1　FX 系列 PLC 型号的含义

其中，系列名称：如 0、2、0S、1S、0N、1N、2N、2NC 等

单元类型：M —— 基本单元

E —— 输入输出混合扩展单元

EX —— 扩展输入模块

EY —— 扩展输出模块

输出方式：R —— 继电器输出

S —— 晶闸管输出

T —— 晶体管输出

特殊品种：D —— DC 电源，DC 输出

A1 —— AC 电源，AC（AC100～120V）输入或 AC 输出模块

H —— 大电流输出扩展模块

V —— 立式端子排的扩展模块

C —— 接插口输入输出方式

F —— 输入滤波时间常数为 1ms 的扩展模块

如果特殊品种一项无符号，为 AC 电源、DC 输入、横式端子排、标准输出。

例如，FX2N-32MT-D 表示 FX2N 系列，32 个 I/O 点基本单位，晶体管输出，使用直流电源，24V 直流输出型。

3.2 三菱小型可编程控制器的内部编程元件

PLC 在软件设计中需要各种各样的逻辑器件和运算器件，我们把它们称为编程元件。这些编程元件完成程序所赋予的逻辑运算、算术运算、定时、计数功能。下面着重介绍三菱公司的 FX 系列产品的一些编程元件及其功能。FX 系列产品内部的编程元件，也就是支持该机型编程语言的软元件，按通俗叫法分别称为继电器、定时器、计数器等，但它们与真实元件有很大的差别，一般称它们为“软继电器”。软件电器（软元件）就是用户使用的每一个输入输出端子及内部的每一个存储单元。各种元件具有各种功能和规定的地址编号。每一种机型的元件数量和种类是固定的，其数量多少决定了 PLC 整个系统的规模和数据的处理能力。这些编程用的继电器，其工作线圈没有工作电压等级、功耗大小和电磁惯性等问题；触点没有数量限制、没有机械磨损和电蚀等问题。在不同的操作指令下，其工作状态可以无记忆，也可以有记忆，还可以作为脉冲数字元件使用。一般情况下，X 代表输入继电器，Y 代表输出继电器，M 代表辅助继电器，SPM 代表专用辅助继电器，T 代表定时器，C 代表计数器，S 代表状态继电器，D 代表数据寄存器，MOV 代表传输等。

不同厂家、不同系列的 PLC，其内部软继电器（编程元件）的功能和编号也不相同，因此用户在编制程序时，必须熟悉所选用 PLC 的每条指令涉及编程元件的功能和编号。

FX 系列 PLC 编程元件的编号由字母和数字组成，其中输入继电器和输出继电器用八进制数字编号，其他均采用十进制数字编号。为了全面了解 FX 系列 PLC 的内部软继电器，本节以 FX2N 为背景进行介绍。

3.2.1 三菱 FX 系列 PLC 输入继电器（X）

PLC 的输入端子是从外部开关接受信号的窗口，PLC 内部与输入端子连接的输入继电器 X 是用光电隔离的电子继电器，它们的编号与接线端子编号一致（按八进制输入），线圈的吸合或释放只取决于 PLC 外部触点的状态。内部有常开/常闭两种触点供编程时随时使用，且使用次数不限。输入电路的时间常数一般小于 10ms。各基本单元都是八进制输入的地址，输入为 X000～X007，X010～X017，X020～X027。它们一般位于机器的上端。如图 3-2 所示为输入继电器 X1 的等效电路。

FX2N 输入继电器的编号范围为 X000～X267（184 点）。

注意：基本单元输入继电器的编号是固定的，扩展单元和扩展模块是由距基本单元最近的位置开始按顺序进行编号。例如，基本单元 FX2N-64M 的输入继电器编号为 X000～X037（32 点），如果接有扩展单元或扩展模块，则扩展的输入继电器从 X040 开始编号。

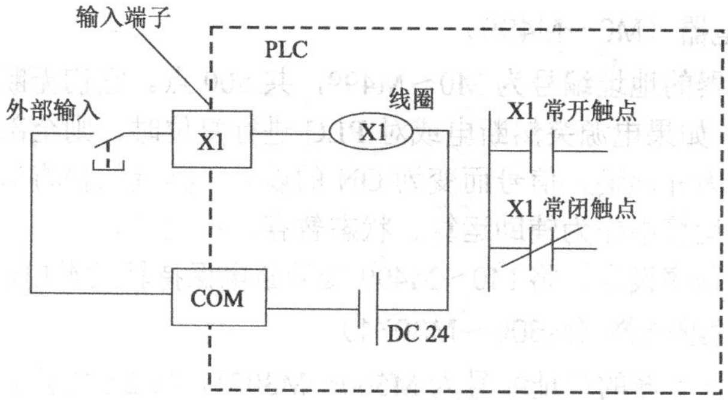

图 3-2　输入继电器的等效电路

3.2.2　三菱 FX 系列 PLC 输出继电器（Y）

PLC 的输出端子是向外部负载输出信号的窗口。输出继电器的线圈由程序控制，输出继电器的外部输出主触点接到 PLC 的输出端子上供外部负载使用，其余常开/常闭触点供内部程序使用。输出继电器的电子常开/常闭触点使用次数不限。每个输出继电器在输出单元中都对应有唯一一个常开触点，但在程序中供编程的输出继电器输出电路的时间常数是固定的。各基本单元都是八进制输出，输出为 Y000～Y007，Y010～Y017，Y020～Y027。它们一般位于机器的下端。如图 3-3 所示为输出继电器 Y0 的等效电路。

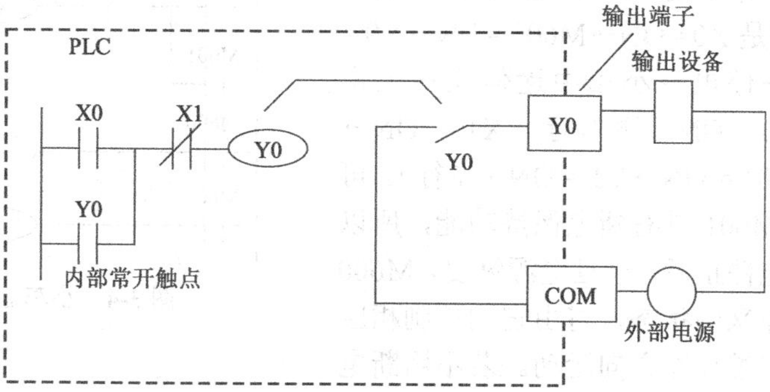

图 3-3　输出继电器的等效电路

FX2N 编号范围为 Y000～Y267（184 点）。与输入继电器一样，基本单元的输出继电器编号是固定的，扩展单元和扩展模块的编号也是由距基本单元最近的位置开始，按顺序进行编号。

在实际使用中，输入、输出继电器的数量，要看具体系统的配置情况。

3.2.3　三菱 FX 系列 PLC 辅助继电器（M）

PLC 内有很多的辅助继电器，其线圈与输出继电器一样，由 PLC 内各软元件的触点驱动。辅助继电器也称中间继电器，它没有向外的任何联系，只供内部编程使用。它的电子常开/常闭触点使用次数不受限制。但是，这些触点不能直接驱动外部负载，外部负载的驱动必须通过输出继电器来实现。在 FX2N 中通用型采用 M0～M499，共 500 点辅助继电器，其地址号按十进制编号。辅助继电器采用 M 与十进制数共同组成编号（只有输入输出继电器才用八进制数）。PLC 内部辅助继电器一般有以下三种类型。

1．通用辅助继电器（M0～M499）

通用型辅助继电器的地址编号为M0～M499，共500点。它们无断电保持功能，也就是说在PLC运行时，如果电源突然断电或对PLC进行复位时，则全部线圈均断开。当电源再次接通时，除了因外部输入信号而变为ON的以外，其余的仍将保持断开状态。通用辅助继电器常在逻辑运算中作为辅助运算、状态暂存、移位等。

根据需要可通过程序设定，将M0～M499变为断电保持辅助继电器。

2．断电保持辅助继电器（M500～M3071）

断电保持型辅助继电器的地址编号为M500～M3071，共2 572点。它与普通辅助继电器不同的是具有断电保持功能，即能记忆电源中断瞬时的状态，并在重新通电后再现其状态。有些控制系统要求有些信号、状态保持断电瞬时的状态，就必须使用断电保持型辅助继电器。这类辅助继电器依靠PLC中的锂电池保持它们映像寄存器中的内容。

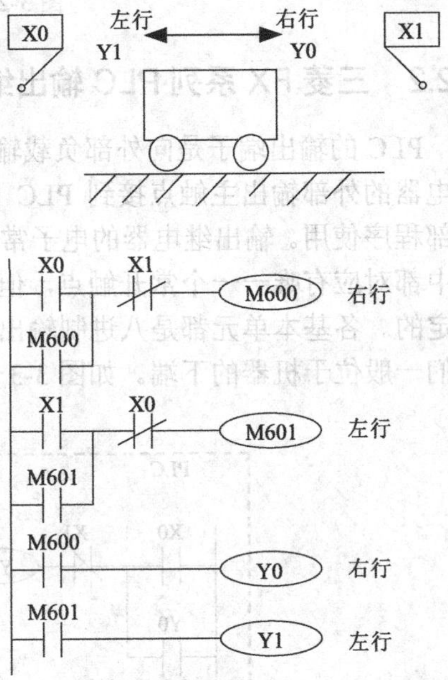

图3-4 小车运行梯形图

下面通过控制小车往复运动来说明断电保持辅助继电器的应用，如图3-4所示。

小车的正反向运动中，用M600、M601控制输出继电器驱动小车运动。X1、X0为限位输入信号。运行的过程是X0=ON→M600=ON→Y0=ON→小车右行→停电→小车中途停止→上电（M600=ON→Y0=ON）再右行→X1=ON→M600=OFF、M601=ON→Y1=ON（左行）。可见由于M600和M601具有断电保持功能，所以在小车中途因停电停止后，一旦电源恢复，M600或M601仍记忆原来的状态，将由它们控制相应输出继电器使小车继续原方向运动。若不用断电保持辅助继电器当小车中途断电后，再次通电小车也不能运动。

3．特殊辅助继电器

FX系列PLC内有M8000～M8255共256点特殊辅助继电器，它们都有各自的特殊功能。这256个辅助继电器区间是不连续的，有些辅助继电器是根本不存在的，对这些没有定义的继电器无法进行有意义的操作。在256个特殊辅助继电器中有定义的继电器可分成触点型和线圈型两大类

（1）触点型：其线圈由PLC自动驱动，用户只能使用其触点，不能对其驱动。例如：

M8000：PLC一运行，它就接通，M8001与M8000相反逻辑。

M8002：初始脉冲，仅在运行开始时瞬间接通一个扫描中期，M8003与M8002相反逻辑。

M8011、M8012、M8013和M8014分别是产生10ms、100ms、1s和1min时钟脉冲的特殊辅助继电器。

M8020：加减运算结果为0时接通，否则断开。

M8060：F0地址出错时置位。例如对不存在的X或Y进行了操作。

M8000、M8002、M8012 的波形图如图 3-5 所示。

（2）线圈型：由用户程序驱动线圈后 PLC 执行特定的动作。例如：

M8030：当 M8030 接通时，即使锂电池的电压降低，PLC 面板上的指示灯也不会亮。

M8033：若使其线圈通电，则 PLC 停止时保持输出映像存储器和数据寄存器内容。

M8034：若使其线圈通电，则将 PLC 的输出全部禁止。

M8039：若使其线圈通电，则 PLC 按 D8039 中指定的扫描时间工作。

M8050：当 M8050 接通时禁止 I0XX 中断。

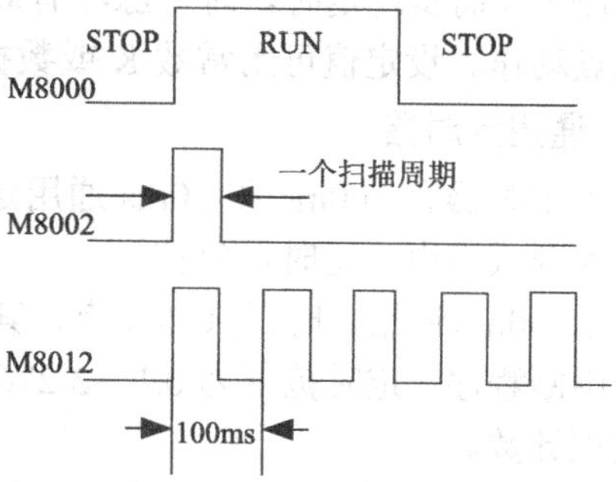

图 3-5　M8000、M8002、M8012 波形图

3.2.4　状态器（S）

状态器 S 是构成状态转移图的重要软组件，它在步进顺控程序中使用，用来记录系统运行中的状态。它与后述的步进顺控指令 STL 配合应用。

如图 3-6 所示，用机械手动作简单介绍状态器 S 的作用。当启动信号 X0 有效时，机械手下降，到下降限位 X1 开始夹紧工件，夹紧到位信号 X2 为 ON 时，机械手上升到上限位 X3 则停止。整个过程可分为三步，每一步都分别用一个状态器 S20、S21、S22 记录。每个状态器都有各自的置位和复位信号（如 S21 由 X1 置位，X2 复位），并有各自要执行的操作（驱动 Y0、Y1、Y2）。从启动开始由上至下随着状态动作的转移，下一状态动作开始则上一状态自动返回原状。这样使得每一步的工作互不干扰，不必考虑不同步之间元件的互锁，设计清晰简洁。

状态器有五种类型：

（1）初始状态器 S0～S9 共 10 点。

（2）回零状态器 S10～S19 共 10 点。

（3）通用状态器 S20～S499 共 480 点。

（4）具有状态断电保持功能的状态器有 S500～S899，共 400 点。

（5）供报警用的状态器（可用作外部故障诊断输出）S900～S999 共 100 点。

第 5 种类型的状态器是专为报警指示所编程序的错误设置的。不用步进顺序控制指令时，状态器 S 可以作为辅助继电器 M 在程序中使用。

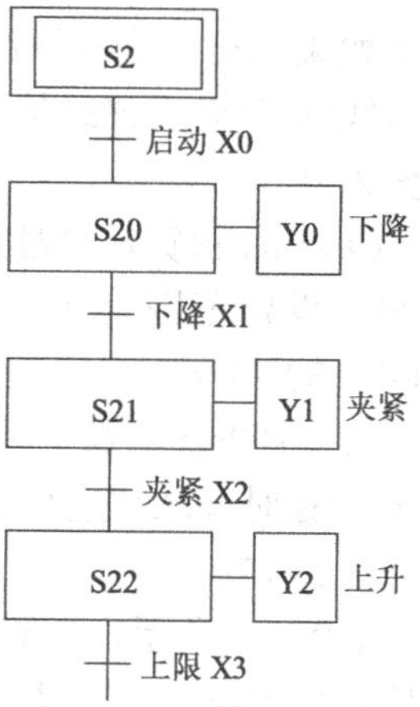

图 3-6　状态器（S）的作用

3.2.5　三菱 FX 系列 PLC 定时器（T）

PLC 中的定时器（T）相当于继电器控制系统中的通电型时间继电器。它可以提供无限对常开/常闭延时触点。定时器中有一个设定值寄存器（一个字长），一个当前值寄存器（一个字长）和一个用来存储其输出触点的映像寄存器（一个二进制位），这三个量使用同一地址编号。但使用场合不一样，意义也不同。

FX2N 系列中定时器可分为通用定时器、积算定时器两种。它们通过对一定周期的时钟脉冲进行累计而实现定时，时钟脉冲有周期为1ms、10ms、100ms 三种，当计数达到设定值时触点动作。设定值可用常数 K 或数据寄存器 D 的内容来设置。

1．通用定时器

通用定时器有 100ms 和 10ms 通用定时器两种。特点是不具备断电保持功能，即当输入电路断开或停电时定时器复位。

（1）100ms 通用定时器共 200 点，其地址编号为 T0～T199，其中 T192～T199 用于子程序和中断程序。定时范围为 0.1～3 276.7s，设定值为 1～32 767。这类定时器是对 100ms 时钟累积计数。

（2）10ms 通用定时器共 46 点，地址编号为 T200～T245，定时范围为 0.01～327.67s，设定值为 1～32 767。这类定时器是对 10ms 时钟累积计数。

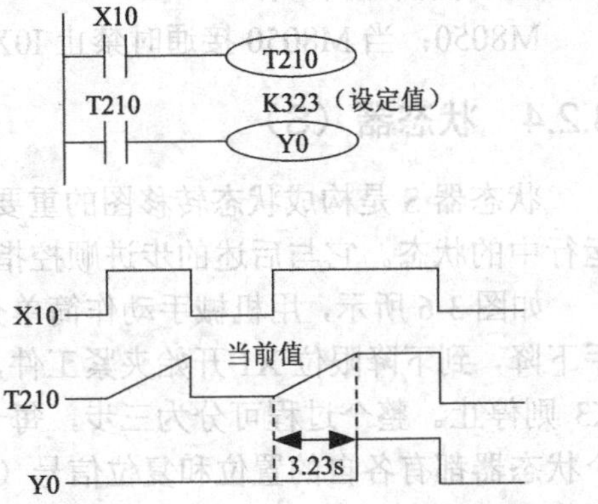

图 3-7　通用定时器工作原理图

下面举例说明通用定时器的工作原理。如图 3-7 所示，当输入 X10 接通时，定时器 T210 从 0 开始对 10ms 时钟脉冲进行累积计数，当计数值与设定值 K323 相等时，定时器的常开触点接通 Y0，经过的时间为 $323 \times 0.01s = 3.23s$。当 X10 断开后定时器复位，计数值变为 0，其常开触点断开，Y0 也随之变为 OFF 状态。若外部电源断电，定时器也将复位。

2．积算定时器

积算定时器具有计数累积的功能。在定时过程中如果断电或定时器线圈 OFF，积算定时器将保持当前的计数值（当前值），通电或定时器线圈 ON 后继续累积，即其当前值具有保持功能，只有将积算定时器复位，当前值才变为 0。

（1）1ms 积算定时器共 4 点，其地址编号为 T246～T249，设定范围为 0～32 767，定时的时间范围为 0.001～32.767s。

（2）100ms 积算定时器（T250～T255）共 6 点，对 100ms 时钟脉冲进行累积计数的定时，时间范围为 0.1～3 276.7s。

如图 3-8 所示，当 X0 接通时，T253 当前值计数器开始累积 100ms 的时钟脉冲个数。当 X0 经 t0 后断开，而 T253 尚未计数到设定值 K345 时，其计数的当前值保留。当 X0 再次接通，T253 从保留的当前值开始继续累积，经过 t1 时间，当前值达到 K345 时，定时器的触点动作。累积时间为 $t0 + t1 = 0.1s \times 345 = 34.5s$。当复位输入 X1 接通时，定时器才复位，当前值变为 0，触点也随之复位。

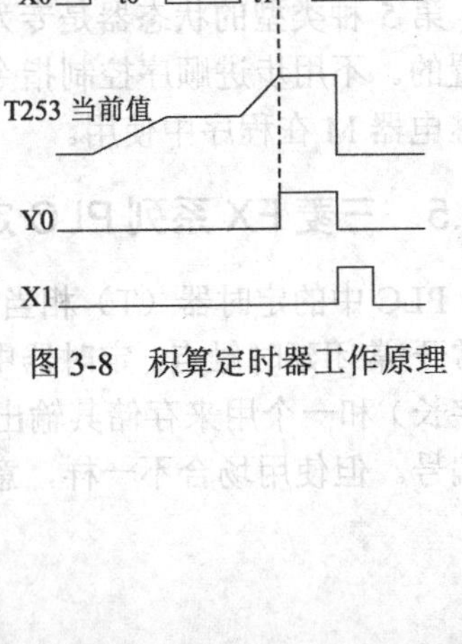

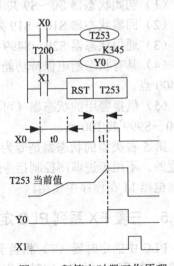

图 3-8　积算定时器工作原理

3.2.6　三菱 FX 系列 PLC 计数器（C）

FX2N 系列计数器分为内部计数器和高速计数器两类。

1．内部计数器

内部计数器在执行扫描操作时对内部信号（如 X、Y、M、S、T 等）进行计数。内部输入信号的接通和断开时间应比 PLC 的扫描周期稍长些。

（1）16 位增计数器（C0～C199）共 200 点，其中 C0～C99 为通用型，C100～C199 共 100 点为断电保持型（断电保持型即断电后能保持当前值待通电后继续计数）。这类计数器为递增计数，应用前首先对其设置一设定值，当输入信号（上升沿）个数累加到设定值时，计数器动作，其常开触点闭合、常闭触点断开。计数器的设定值为 1～32 767（16 位二进制），设定值除了用常数 K 设定外，还可间接通过指定数据寄存器设定。

下面举例说明通用型 16 位增计数器的工作原理。如图 3-9 所示，X10 为复位信号，当 X10 为 ON 状态时 C0 复位。X11 是计数输入，每当 X11 接通一次计数器当前值增加 1（注意 X10 断开，计数器不会复位）。当计数器计数到当前值为设定值 10 时，计数器 C0 的输出触点动作，Y0 被接通。此后既使输入 X11 再接通，计数器的当前值也保持不变。当复位输入 X10 接通时，执行 RST 复位指令，计数器复位，输出触点也复位，Y0 被断开。

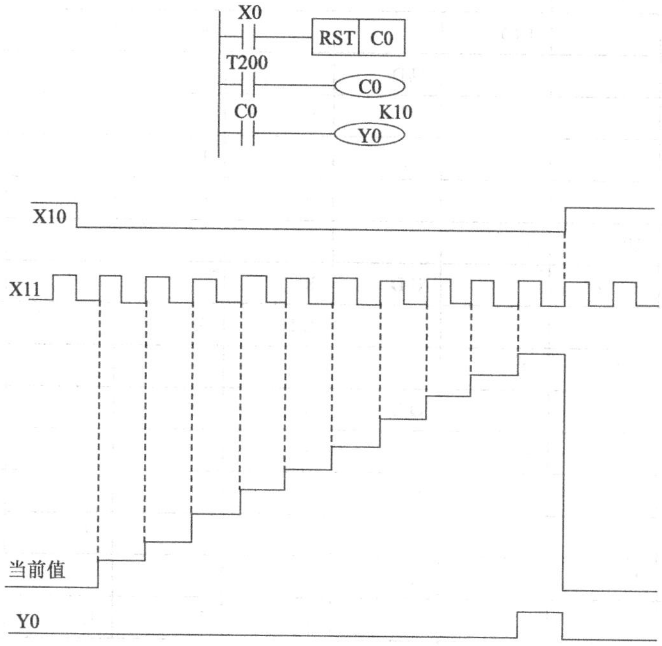

图 3-9　16 位增计数器的工作原理

（2）32 位增/减计数器（C200～C234）共 35 点，其中 C200～C219（共 20 点）为通用型，C220～C234（共 15 点）为断电保持型。这类计数器与 16 位增计数器除位数不同外，还在于它能通过控制实现加/减双向计数。设定值范围均为–214 783 648～+214 783 647（32 位）。

C200～C234 是增计数还是减计数，分别由特殊辅助继电器 M8200～M8234 设定。对应的特殊辅助继电器被置为 ON 状态时为减计数，置为 OFF 状态时为增计数。

计数器的设定值与16位计数器一样，可直接用常数K或间接用数据寄存器D的内容作为设定值。在间接设定时，要用编号紧连在一起的两个数据计数器。

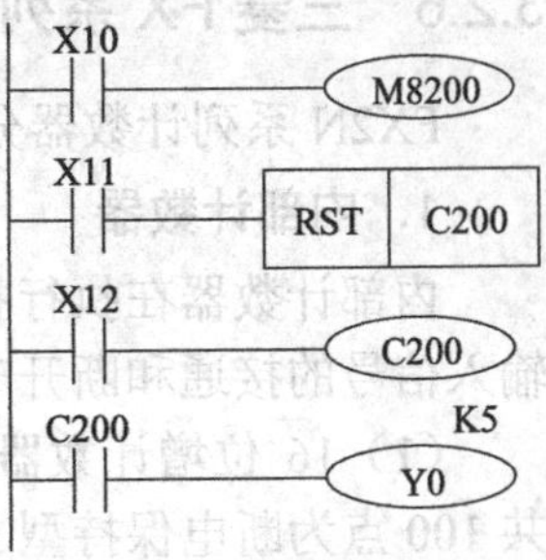

图3-10 32位增/减计数器

如图3-10所示，X10用来控制M8200，X10闭合时为减计数方式。X12为计数输入，C200的设定值为5（可正、可负）。设C200置为增计数方式（M8200为OFF），当X12计数输入累加由4→5时，计数器的输出触点动作。当前值大于5时计数器仍为ON状态。只有当前值由5→4时，计数器才变为OFF状态。只要当前值小于4，输出则保持为OFF状态。复位输入X11接通时，计数器的当前值变为0，输出触点也随之复位。

2. 高速计数器（C235～C255）

FX2N有C235～C255共21点高速计数器。适合用来做为高速计数器输入的PLC输入端口有X0～X7。X0～X7不能重复使用，即某一个输入端已被某个高速计数器占用，它就不能再用于其他高速计数器，也不能用作他用。各高速计数器对应的输入端如表3-5所示。

表3-5 高速计数器简表

输入计数器		X0	X1	X2	X3	X4	X5	X6	X7
单相单计数输入	C235	U/D	–	–	–	–	–	–	–
	C236	–	U/D	–	–	–	–	–	–
	C237	–	–	U/D	–	–	–	–	–
	C238	–	–	–	U/D	–	–	–	–
	C239	–	–	–	–	U/D	–	–	–
	C240	–	–	–	–	–	U/D	–	–
	C241	U/D	R	–	–	–	–	–	–
	C242	–	–	U/D	R	–	–	–	–
	C243	–	–	–	U/D	R	–	–	–
	C244	U/D	R	–	–	–	–	S	–
	C245	–	–	O/D	R	–	–	–	S
单相双计数输入	C246	U	D	–	–	–	–	–	–
	C247	U	D	R	–	–	–	–	–
	C248	–	–	–	U	D	R	–	–
	C249	U	D	R		–	–	S	–
	C250	–	–	–	U	D	R	–	S
双相	C251	A	B	–	–	–	–	–	–
	C252	A	B	R	–	–	–	–	–
	C253	–	–	–	A	B	R	–	–
	C254	A	B	R	–	–	–	S	–
	C255	–	–	–	A	B	R	–	S

注：1. U表示加计数输入；2. D表示减计数输入；3. B表示B相输入；4. A表示A相输入；5. R表示复位输入；6. S表示启动输入；7. X6、X7只能用作启动信号，而不能用作计数信号。

高速计数器可分为三类：

（1）单相单计数输入高速计数器（C235～C245）：其触点动作与 32 位增/减计数器相同，可进行增或减计数（取决于 M8235～M8245 的状态）。

如图 3-11（a）所示为无启动/复位端单相单计数输入高速计数器的应用。当 X10 断开时，M8235 为 OFF 状态，此时 C235 为增计数方式（反之为减计数）。由 X12 选中 C235，从表 3-5 中可知其输入信号来自于 X0，C235 对 X0 信号增计数，当前值达到 1 234 时，C235 接通，Y0 通电。X11 为复位信号，当 X11 接通时，C235 复位。

如图 3-11（b）所示为带启动/复位端单相单计数输入高速计数器的应用。由表 3-5 可知，X1 和 X6 分别为复位输入端和启动输入端。利用 X10 通过 M8244 可设定其增/减计数方式。当 X12 接通，且 X6 也接通时，开始计数，计数的输入信号来自于 X0，C244 的设定值由 D0 和 D1 指定。除了可用 X1 立即复位外，也可用梯形图中的 X11 复位。

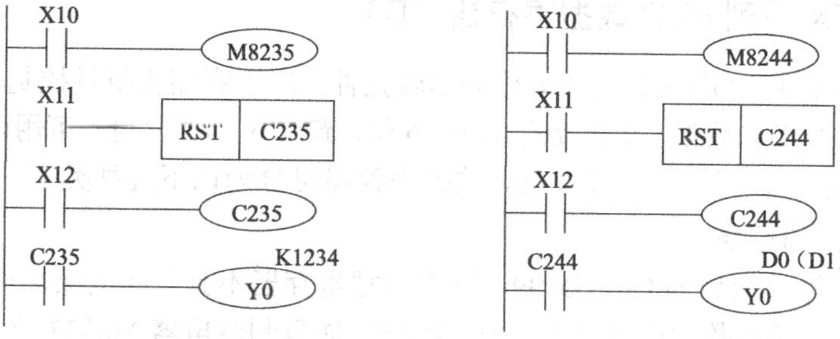

（a）无启动/复位端　　（b）带启动/复位端

图 3-11　单相单计数输入高速计数器

（2）单相双计数输入高速计数器（C246～C250）：这类高速计数器具有两个输入端，一个为增计数输入端，另一个为减计数输入端。利用 M8246～M8250 的 ON/OFF 动作可监控 C246～C250 的增计数/减计数动作。

如图 3-12 所示，X10 为复位信号，其有效（ON）则 C248 复位。由表 3-5 知，也可利用 X5 对其复位。当 X11 接通时，选中 C248，输入信号来自 X3 和 X4。

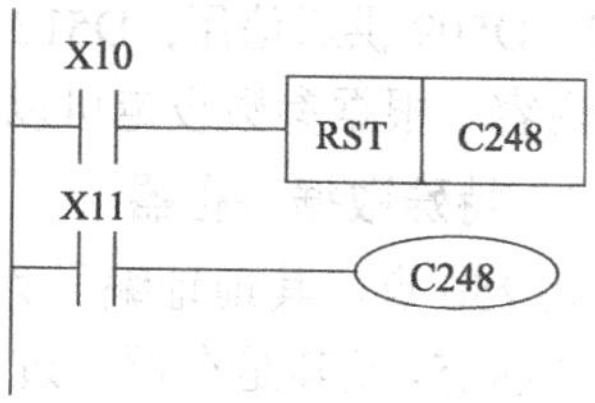

图 3-12　单相双计数输入高速计数器

（3）双相高速计数器（C251～C255）：A 相和 B 相信号决定计数器是增计数还是减计数。当 A 相为 ON 状态时，B 相由 OFF 状态到 ON 状态，则为增计数；当 A 相为 ON 状态时，若 B 相由 ON 状态变到 OFF 状态，则为减计数，如图 3-13（a）所示。

如图 3-13（b）所示，当 X12 接通时，C251 计数开始。由表 3-5 可知，其输入来自 X0（A 相）和 X1（B 相）。只有当计数使得当前值超过设定值时，Y2 才变为 ON 状态。如果 X11 接通，则计数器复位。根据不同的计数方向，Y3 为 ON（增计数）或为 OFF（减计数）状态，即用 M8251～M8255，可监视 C251～C255 的加/减计数状态。

注意： 高速计数器的计数频率较高，其输入信号的频率受两方面的限制。一是全部高速计数器的处理时间。因其采用中断方式，所以计数器用的越少，则可计数频率就越高；二是输入端的响应速度，其中 X0、X2、X3 最高频率为 10kHz，X1、X4、X5 最高频率为 7kHz。

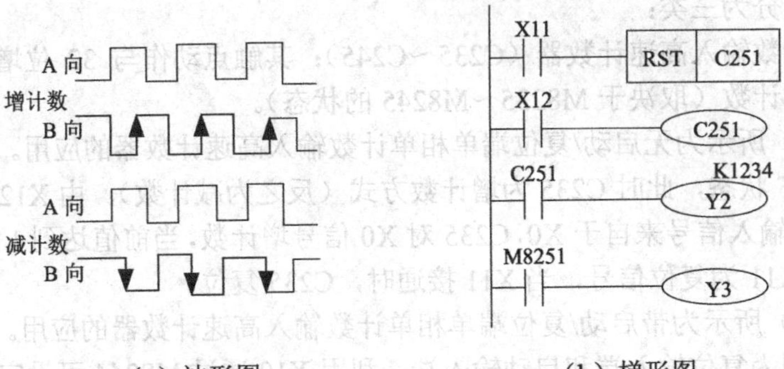

（a）波形图 （b）梯形图

图 3-13 双相高速计数器

3.2.7 三菱 FX 系列 PLC 数据寄存器（D）

数据寄存器是 PLC 用来存储数值数据的软元件。用于存储模拟量控制、位置控制、数据 I/O 时的参数及工作数据。数据寄存器为 16 位，最高位为符号位。可用两个数据寄存器来存储 32 位数据，最高位仍为符号位。数据寄存器可分为以下几种类型：

1．通用数据寄存器

共 200 点。地址编号为 D0～D199，这类数据寄存器不具有断电保持功能，当 PLC 停止运行或断电时，所有数据即被清零（但当特殊功能复制继电器 M8033 位接通时，则可保持）。通过参数设定，可以将其变为断电保持型。

2．断电保持数据寄存器

共 7800 点，地址编号为 D200～D7999，其中 D200～D511（共 12 点）有断电保持功能，可以利用外部设备的参数设定改变通用数据寄存器与有断电保持功能的数据寄存器的分配；D490～D509 供通信用；D512～D7999 的断电保持功能不能用软件改变，但可用指令清除它们的内容。根据参数设定可以将 D1000 以上的断电保持数据寄存器做为文件寄存器。

3．特殊数据寄存器

共 256 点，其地址编号为 D8000～D8255。这些寄存器的内容反映了 PLC 中各个组件的工作状态，尤其是在调试过程中，可通过读取这些寄存器的内容来监控 PLC 的当前状态。未加定义的特殊数据寄存器，用户不能使用。具体说明可参见用户手册。

4．变址寄存器（V/Z）

FX2N 系列 PLC 有 V0～V7 和 Z0～Z7 共 16 个变址寄存器，它们都是 16 位的寄存器。变址寄存器 V/Z 实际上是一种特殊用途的数据寄存器，其作用相当于微机中的变址寄存器，用于改变元件的编号（变址），例如 Z0=8，则执行 M10Z0 时，被执行的编号为 M18（M10+8）。变址寄存器可以像其他数据寄存器一样进行读写，需要进行 32 位操作时，可将 V、Z 串联使用（Z 为低位，V 为高位）。

3.2.8 三菱 FX 系列 PLC 指针（P、I）

在 FX 系列中，指针用来指示分支指令的跳转目标和中断程序的入口标号，分为分支用指针、输入中断指针及定时中断指针和计数中断指针。

1．分支用指针（P0～P127）

FX2N 有 P0～P127 共 128 点分支用指针。分支指针用来指示跳转指令（CJ）的跳转目标或子程序调用指令（CALL）调用子程序的入口地址。

如图 3-14 所示，当 X1 常开触点接通时，执行跳转指令 CJ P0，PLC 跳到标号为 P0 处之后的程序去执行。

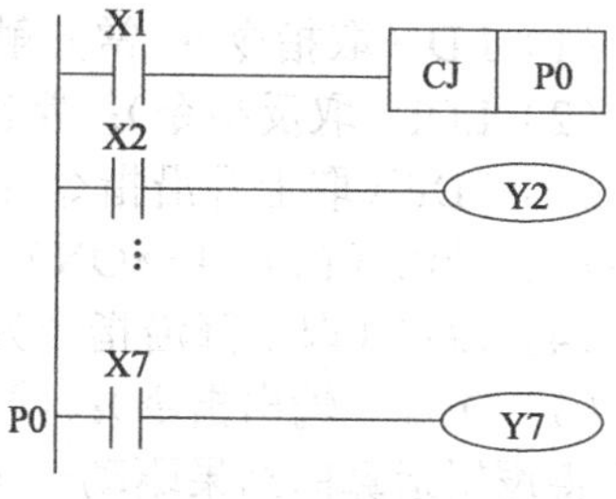

图 3-14　分支用中断指针

2．中断指针（I0□□～I8□□）

中断指针用来指示某一中断程序的入口位置。执行中断后遇到 IRET（中断返回）指令，则返回主程序。中断用指针有以下三种类型：

（1）输入中断用指针（I00□～I50□）共 6 点，用来指示由特定输入端的输入信号而产生中断的中断服务程序的入口位置，这类中断不受 PLC 扫描周期的影响，可以及时处理外界信息。输入中断用指针的编号格式如下：

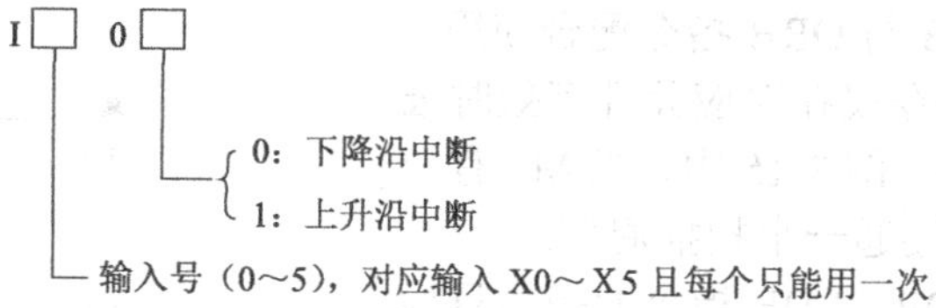

例如：I301 为当输入 X3 从 OFF→ON 变化时，执行 I301 标号后面的中断程序，并遇到 IRET 指令返回。

（2）定时器中断用指针（I6□□～I8□□）共 3 点，用来指示周期定时中断的中断服务程序的入口位置，这类中断的作用是 PLC 以指定的周期定时执行中断服务程序，定时循环处理某些任务。处理的时间也不受 PLC 扫描周期的限制。□□表示定时范围，可在 10～99ms 中选择。

（3）计数器中断用指针（I010～I060）共 6 点，根据可编程控制器内置的高速计数器的比较结果，执行中断服务程序。用于利用高速计数器优先处理计数结果的场合。该类中断指针只适用于 FX2N 和 FX2NC 系列 PLC。

3.2.9　三菱 FX 系列 PLC 常数（K、H）

PLC 使用的常数有十进制常数 K 和十六进制常数 H。K 主要用来指定定时器或计数器的设定值及应用功能指令操作数中的数值；H 主要用来表示应用功能指令的操作数值。例如 50 用十进制表示为 K50，用十六进制则表示为 H32。

3.3　三菱 FX 系列 PLC 的基本逻辑指令及步进指令

基本逻辑指令是 PLC 中最基本的编程语言，掌握了它也就初步掌握了 PLC 的使用方法，各种型号的 PLC 的基本逻辑指令都大同小异，现在针对 FX2N 系列，逐条学习其指令的功能和使用方法。FX2N 共有 27 条基本逻辑指令，其中包含了有些子系列 PLC 的 20 条基本逻辑指令。

3.3.1 三菱 FX 系列 PLC 的基本逻辑指令

1. 取指令与输出指令（LD/LDI/LDP/LDF/OUT）

（1）LD（取指令）：常开触点与母线连接指令。

（2）LDI（取反指令）：常闭触点与左母线连接指令。

（3）LDP（取上升沿指令）：与左母线连接的常开触点的上升沿检测指令，仅在指定位元件的上升沿（由 OFF→ON）时接通一个扫描周期。

（4）LDF（取下降沿指令）：与左母线连接的常闭触点的下降沿检测指令。

（5）OUT（输出指令）：线圈进行驱动指令，用于将逻辑运算的结果驱动一个指定的线圈。

取指令与输出指令的使用如图 3-15 所示。

取指令与输出指令的使用说明：

（1）LD、LDI 指令用于接点与输入左母线相连，在分支开始处，这两条指令还可以作为分支的起点，与后续的 ANB 与 ORB 指令配合使用。

（2）LDP、LDF 指令仅在对应元件有效时维持一个扫描周期的接通。图 3-15 中，当 M1 有一个下降沿时，则 Y3 只接通一个扫描周期。

（3）LD、LDI、LDP、LDF 指令的操作目标元件为 X、Y、M、T、C、S。

（4）OUT 指令可以并行输出（相当于线圈并联），对于定时器和计数器，在 OUT 指令之后应设置常数 K 或数据寄存器。注意，输出线圈不能串联使用。

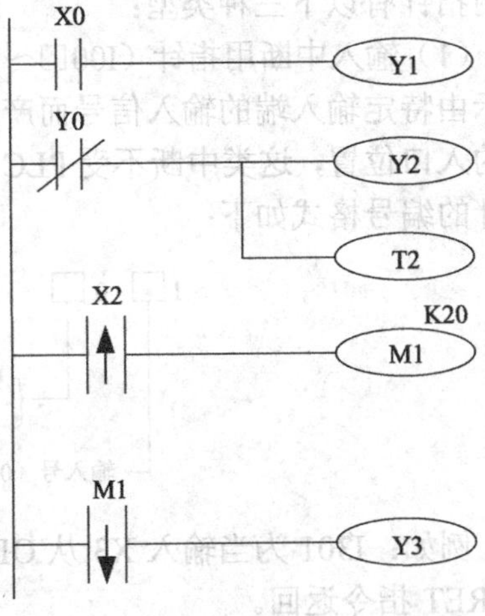

图 3-15 取指令与输出指令的使用

（5）OUT 指令的操作目标元件为 Y、M、T、C 和 S，切记不能用于 X。

2. 三菱 FX 系列 PLC 触点串联指令（AND/ANI/ANDP/ANDF）

（1）AND（与指令）：常开触点串联连接指令，完成逻辑“与”运算。

（2）ANI（与反指令）：常闭触点串联连接指令，完成逻辑“与非”运算。

（3）ANDP：上升沿检测串联连接指令。

（4）ANDF：下降沿检测串联连接指令。

触点串联指令的使用如图 3-16 所示。

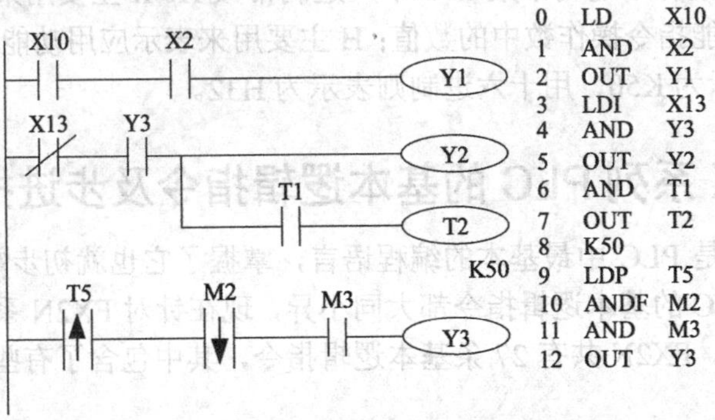

图 3-16 触点串联指令的使用

触点串联指令的使用说明：

（1）AND、ANI、ANDP、ANDF 指令用于单个触点串联连接的指令，串联次数没有限制，可反复使用。其目标元件为 X、Y、M、T、C 和 S。

（2）执行 OUT 指令后，通过接点对其他线圈执行 OUT 指令，称为“连续输出”，如图 3-16 中紧接 OUT Y2 后，通过接点 T1 可以 OUT T2。只要电路设计顺序正确，连续输出可以多次使用。但是若 Y2 与 T1 和 T2 交换，则不可以，要用后面介绍的 MPS 和 MPP 指令。

3. 三菱 FX 系列 PLC 触点并联指令（OR/ORI/ORP/ORF）

（1）OR（或指令）：单个常开触点的并联指令，实现逻辑“或”运算。

（2）ORI（或非指令）：单个常闭触点的并联指令，实现逻辑“或非”运算。

（3）ORP：上升沿检测并联连接指令。

（4）ORF：下降沿检测并联连接指令。

触点并联指令的使用如图 3-17 所示。

触点并联指令的使用说明：

（1）OR、ORI、ORP、ORF 指令都是指单个触点的并联，并联触点的左端接到 LD、LDI、LDP 或 LPF 处，右端与前一条指令对应触点的右端相连。触点并联指令连续使用的次数不限。

（2）OR、ORI、ORP、ORF 指令的目标元件为 X、Y、M、T、C、S。

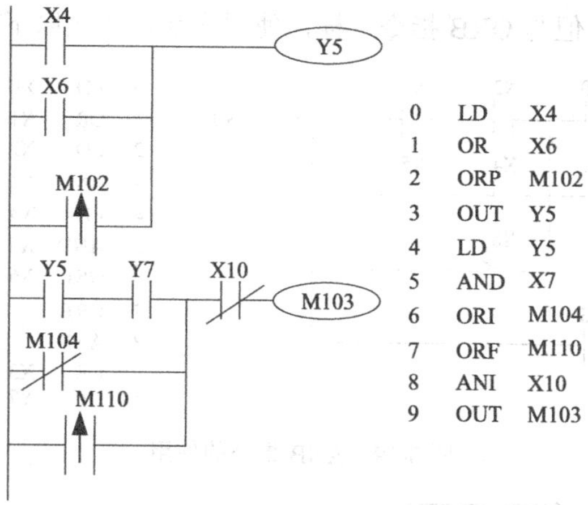

图 3-17　触点并联指令的使用

4. 三菱 FX 系列 PLC 块操作指令（ORB / ANB）

（1）ORB（串联电路块或）：将两个或两个以上的串联电路块并联连接指令。ORB 指令的使用如图 3-18 所示。

ORB 指令的使用说明：

① 两个或两个以上触点串联的电路称为串联电路块。

② 几个串联电路块并联连接时，每个串联电路块开始时应该用 LD 或 LDI 指令。

③ 有多个电路块并联的回路，如对每个电路块使用 ORB 指令，则并联的电路块数量没有限制。

④ ORB 指令也可以连续使用，但这种程序写法不推荐使用，LD 或 LDI 指令的使用次数不得超过 8 次，即 ORB 指令只能连续使用 8 次以下，ORB 指令不带操作数，其后不跟任何软元件编号。

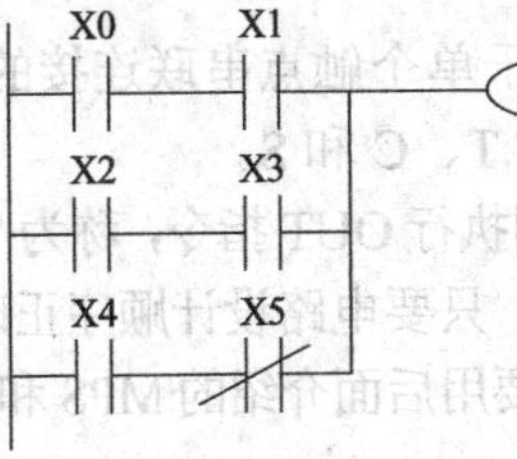

推荐使用			不推荐使用		
0	LD	X0	0	LD	X0
1	AND	X1	1	AND	X1
2	LD	X2	2	LD	X2
3	AND	X3	3	AND	X3
4	ORB		4	LD	X4
5	LD	X4	5	ANI	X5
6	ANI	X5	6	ORB	
7	ORB		7	ORB	
8	OUT	X6	8	OUT	X6

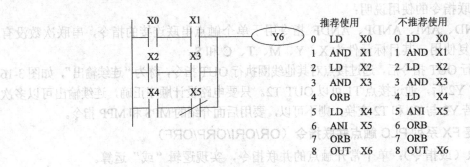

图 3-18 ORB 指令的使用

（2）ANB（并联电路块与）：将两个或两个以上并联电路块串联连接指令。ANB 指令的使用说明如图 3-19 所示。

ANB 指令的使用说明：

① 两个或两个以上触点并联的电路块称为并联电路块。

② 并联电路块串联连接时，并联电路块的开始均用 LD 或 LDI 指令，ANB 指令不带操作数，其后不跟任何软元件编号。

③ 多个并联回路块按顺序和前面的回路串联时，ANB 指令的使用次数没有限制。也可连续使用 ANB 指令，但与 ORB 指令一样，使用次数在 8 次以下。

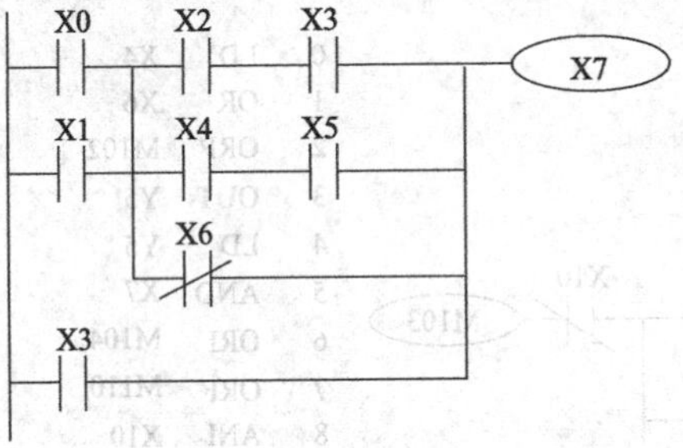

0	LD	X0
1	OR	X1
2	LD	X2
3	AND	X3
4	LD	X4
5	AND	X5
6	ORI	X6
7	ORB	
8	ANB	
9	OR	X3
10	OUT	Y7

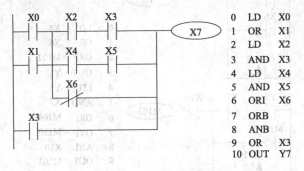

图 3-19 ANB 指令的使用

5. 置位与复位指令（SET/RST）

（1）SET（置位）：置位指令。

（2）RST（复位）：复位指令。

SET、RST 指令的使用如图 3-20 所示。当 X0 常开触点接通时，Y0 变为 ON 状态并一直保持该状态，即使 X0 常开触点断开 Y0 的 ON 状态仍保持不变；只有当 X1 的常开常开触点闭合时，Y0 才变为 OFF 状态并保持，即使 X1 常开触点断开，Y0 也仍为 OFF 状态。

SET、RST 指令的使用说明：

（1）SET 指令的目标元件为 Y、M、S，RST 指令的目标元件为 Y、M、S、T、C、D、V、Z。RST 指令常被用来对 D、Z、V 的内容清零，还用来复位积算定时器和计数器。

（2）对于同一目标元件，SET、RST 可多次使用，顺序也可随意，但最后执行者有效。

（3）SET 指令和 RST 指令具有自保持功能。

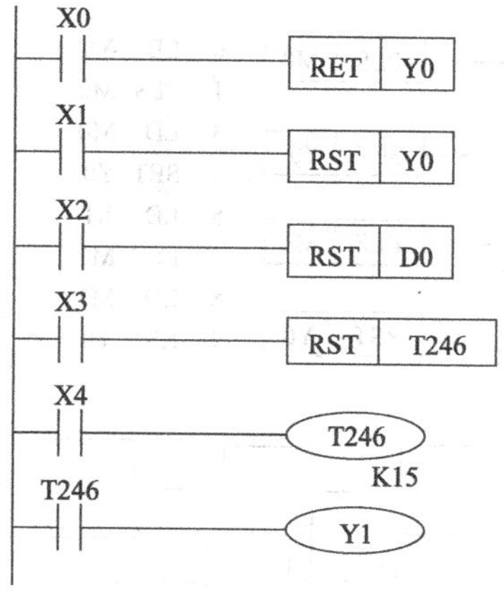


```
0  LD   X0
1  SET  Y0
2  LD   X1
3  RST  Y0
4  LD   X2
5  RST  D0
6  LD   X3
7  RST  T246
8  LD   X4
9  OUT  T246
   K15
12 LD   T246
13 OUT  Y1
```

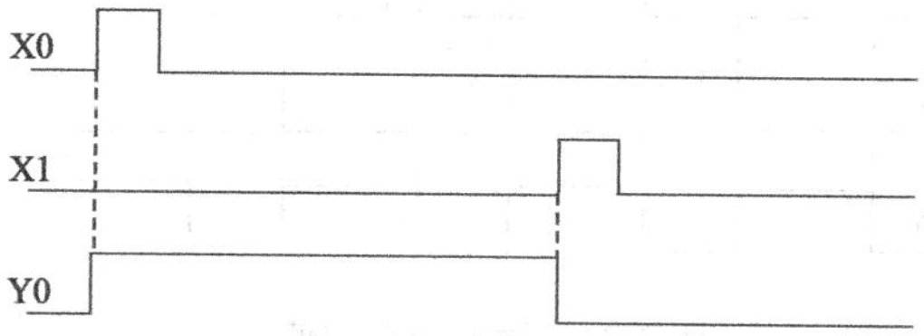

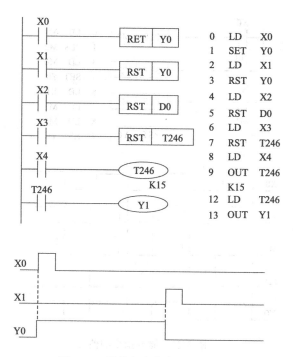

图 3-20　置位与复位指令的使用

6. 三菱 FX 系列 PLC 微分指令（PLS/PLF）

（1）PLS（上升沿微分指令）：在输入信号上升沿产生一个扫描周期的脉冲输出。

（2）PLF（下降沿微分指令）：在输入信号下降沿产生一个扫描周期的脉冲输出。

微分指令的使用如图 3-21 所示，利用微分指令检测到信号的边沿，通过置位和复位指令控制 Y0 的状态。

PLS、PLF 指令的使用说明：

（1）PLS、PLF 指令的目标元件为 Y 和 M。

（2）使用 PLS 指令时，仅在驱动输入为 ON 状态后的一个扫描周期内目标元件为 ON 状态，如图 3-21 所示，M0 仅在 X0 的常开触点由断开到接通时的一个扫描周期内为 ON 状态；使用 PLF 指令时只是利用输入信号的下降沿驱动，其他与 PLS 指令相同。

7. 三菱 FX 系列 PLC 主控指令（MC/MCR）

（1）MC（主控指令）：用于公共串联触点的连接。执行 MC 指令后，左母线移到 MC 触点的后面。

（2）MCR（主控复位指令）：它是 MC 指令的复位指令，即利用 MCR 指令恢复原左母线的位置。

编程时常会出现这样的情况，多个线圈同时受一个或一组触点控制，如果在每个线圈的控制电路中都串入同样的触点，将占用很多存储单元，使用主控指令就可以解决这一问题。MC、MCR 指令的使用如图 3-22 所示，利用 MC N0 M100 实现左母线右移，使 Y0、Y1 都在 X0 的控制之下，其中 N0 表示嵌套等级，在无嵌套结构中 N0 的使用次数无限制，利用 MCR N0 恢复到原左母线状态。如果 X0 断开则会跳过 MC、MCR 之间的指令向下执行。

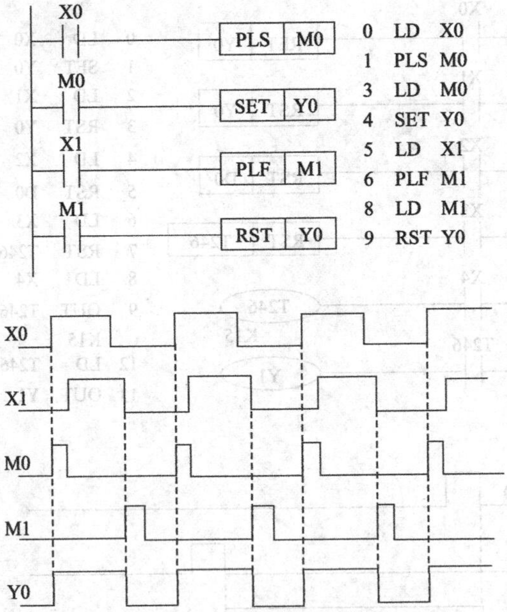

图 3-21 微分指令的使用

MC、MCR 指令的使用说明：

（1）MC、MCR 指令的目标元件为 Y 和 M，但不能用特殊辅助继电器。MC 占 3 个程序步，MCR 占 2 个程序步。

（2）主控触点在梯形图中与一般触点垂直（如图 3-22 中的 M100）。主控触点是与左母线相连的常开触点，是控制一组电路的总开关。与主控触点相连的触点必须用 LD 或 LDI 指令。

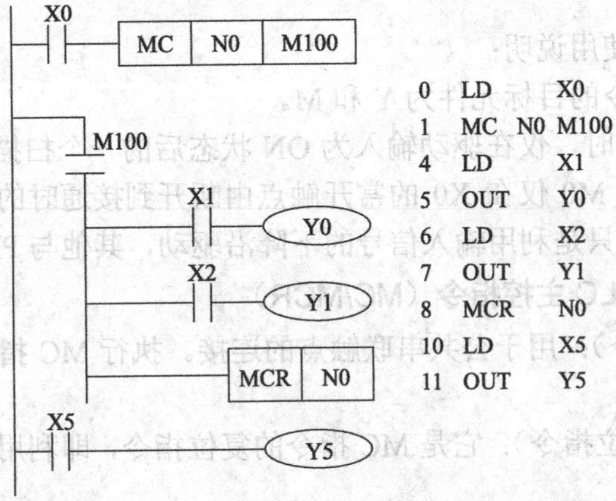

图 3-22 主控指令的使用

（3）MC 指令的输入触点断开时，在 MC 和 MCR 之内的积算定时器、计数器、用复位/置位指令驱动的元件保持其之前的状态不变。非积算定时器和计数器，用 OUT 指令驱动的元件将复位，如图 3-22 中当 X0 断开，Y0 和 Y1 即变为 OFF 状态。

（4）在一个 MC 指令区内若再使用 MC 指令称为嵌套。嵌套级数最多为 8 级，编号按 N0→N1→N2→N3→N4→N5→N6→N7 顺序增大，每级的返回用对应的 MCR 指令，从编号大的嵌套级开始复位。

8. 三菱 FX 系列 PLC 堆栈指令（MPS/MRD/MPP）

堆栈指令是 FX 系列中新增的基本指令，用于多重输出电路，为编程带来便利。在 FX 系列 PLC 中有 11 个存储单元，它们专门用来存储程序运算的中间结果，被称为栈存储器。

（1）MPS（进栈指令）：将运算结果送入栈存储器的第一段，同时将先前送入的数据依次移到栈的下一段。

（2）MRD（读栈指令）：将栈存储器的第一段数据（最后进栈的数据）读出且该数据继续保存在栈存储器的第一段，栈内的数据不发生移动。

（3）MPP（出栈指令）：将栈存储器的第一段数据（最后进栈的数据）读出且该数据从栈中消失，同时将栈中其他数据依次上移。

堆栈指令的使用如图 3-23 所示，其中图 3-23（a）为一层栈，进栈后的信息可无限使用，最后一次使用 MPP 指令弹出信号；图 3-23（b）为二层栈，它用了两个栈单元。

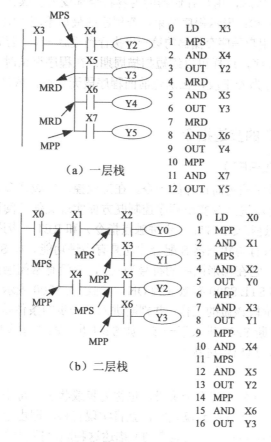

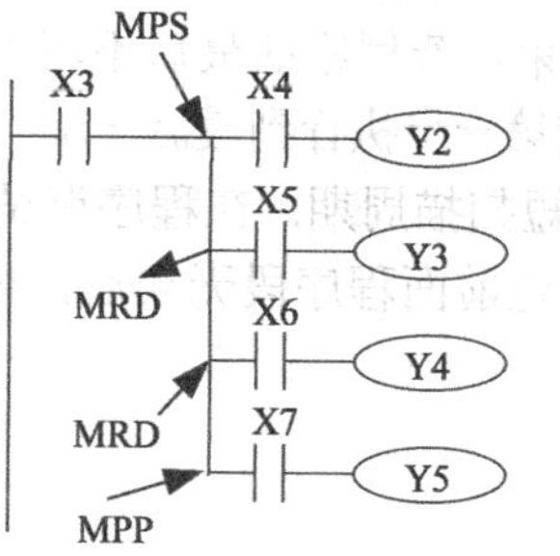


```
0  LD   X3
1  MPS
2  AND  X4
3  OUT  Y2
4  MRD
5  AND  X5
6  OUT  Y3
7  MRD
8  AND  X6
9  OUT  Y4
10 MPP
11 AND  X7
12 OUT  Y5
```

（a）一层栈

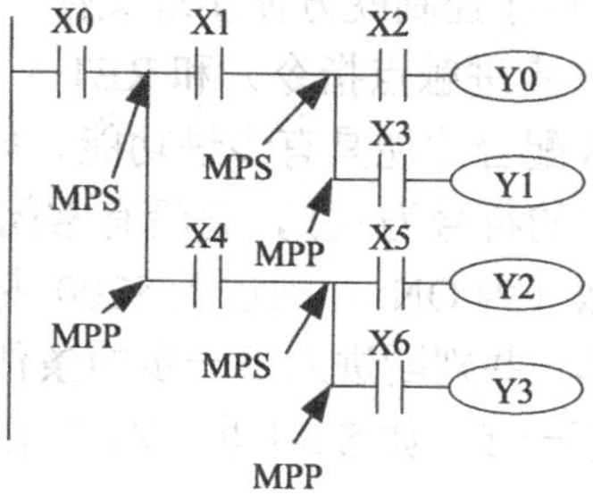


```
0  LD   X0
1  MPP
2  AND  X1
3  MPS
4  AND  X2
5  OUT  Y0
6  MPP
7  AND  X3
8  OUT  Y1
9  MPP
10 AND  X4
11 MPS
12 AND  X5
13 OUT  Y2
14 MPP
15 AND  X6
16 OUT  Y3
```

（b）二层栈

图 3-23 堆栈指令的使用

堆栈指令的使用说明：

（1）堆栈指令没有目标元件。

（2）MPS 和 MPP 必须配对使用。

（3）由于栈存储单元只有 11 个，所以栈的层次最多为 11 层。

9. 三菱 FX 系列 PLC 逻辑反、空操作与结束指令（INV/NOP/END）

（1）INV（反指令）：执行该指令后将原来的运算结果取反。反指令的使用如图 3-24 所示，如果 X0 断开，则 Y0 为 ON 状态，否则 Y0 为 OFF 状态。使用时应注意 INV 不能像指令表中的 LD、LDI、LDP、LDF 指令那样与母线连接，也不能像指令表中的 OR、ORI、ORP、ORF 指令那样单独使用。

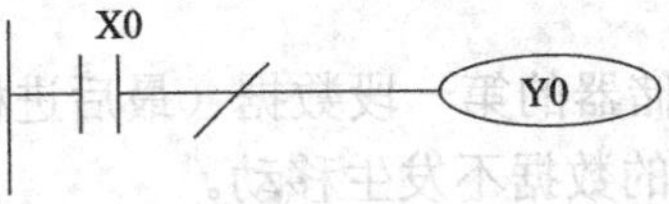

0	LD	X0
1	INV	
2	OUT	Y0

图 3-24　反指令的使用

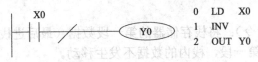

（2）NOP（空操作指令）：不执行操作，但占一个程序步。执行 NOP 指令时并不做任何操作，有时可用 NOP 指令短接某些触点或用 NOP 指令将不需要的指令覆盖。当 PLC 执行了清除用户存储器操作后，用户存储器的内容将全部变为空操作指令。

（3）END（结束指令）：表示程序结束。若程序的最后不写 END 指令，则 PLC 不管实际用户程序多长，都从用户程序存储器的第一步执行到最后一步；若有 END 指令，当扫描到 END 时，则结束执行程序，这样可以缩短扫描周期。在程序调试时，可在程序中插入若干 END 指令，将程序划分为若干段，在确定前面程序段无误后，依次删除 END 指令，直至调试结束。

3.3.2　FX 系列 PLC 的步进指令

1. 步进指令（STL/RET）

步进指令是专为顺序控制而设计的指令。在工业控制领域许多控制过程都可用顺序控制的方式来实现，使用步进指令实现顺序控制既方便实现又便于阅读修改。

FX2N 中有两条步进指令：STL（步进触点指令）和 RET（步进返回指令）。

STL 和 RET 指令只有与状态器 S 配合才能具有步进功能。如 STL S200 表示状态常开触点，称为 STL 触点，它在梯形图中的符号为 ⊣⊢，它没有常闭触点。我们用每个状态器 S 记录一个工步，例如 STL S200 有效（为 ON），则进入 S200 表示的一步（类似于本步的总开关），开始执行本阶段该做的工作，并判断进入下一步的条件是否满足。一旦结束本步信号为 ON 状态，则关断 S200 进入下一步，如 S201 步。RET 指令用来复位 STL 指令，执行 RET 后将重回母线，退出步进状态。

2. 状态转移图

一个顺序控制过程可分为若干个阶段，也称为步或状态，每个状态都有不同的动作。当相邻两状态之间的转移条件得到满足时，就将实现转移，即由上一个状态转移到下一个状态执行。我们常用状态转移图（功能表图）描述这种顺序控制过程。如图 3-25 所示，用状态器 S 记录每个状态，X 为转换条件。如当 X1 为 ON 状态时，则系统由 S20 状态转为 S21 状态。

有关状态图的相关知识后面专门有一章内容进行介绍，在这不再详述。

状态转移图中的每一步包含三个内容：本步驱动的内容，转移条件及指令的转换目标。如图 3-25 中 S20 步驱动 Y0，当 X1 有效为 ON 状态时，则系统由 S20 状态转为 S21 状态，X1 即为转移条件，转换的目标为 S21 步。状态转移图与梯形图的对应关系也显示在图 3-25 中。

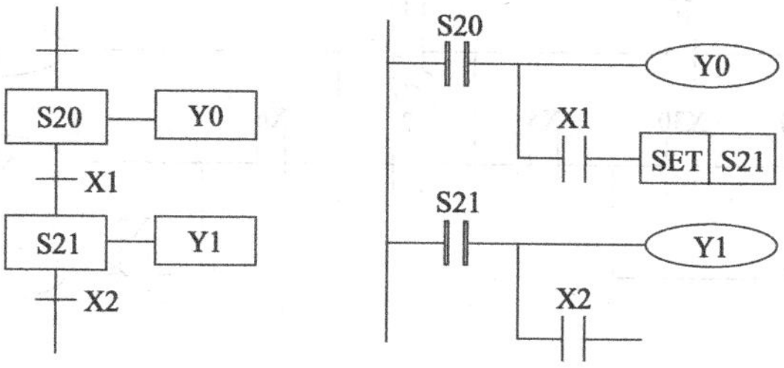

（a）状态转移图　　（b）梯形图

图 3-25　状态转移图与步进指令

3．指令的使用说明

（1）STL 触点是与左侧母线相连的常开触点，某 STL 触点接通，则对应的状态为活动步。

（2）与 STL 触点相连的触点应用 LD 或 LDI 指令，只有执行完 RET 指令后才返回左侧母线。

（3）STL 触点可直接驱动或通过其他触点驱动 Y、M、S、T 等元件的线圈。

（4）由于 PLC 只执行活动步对应的电路块，所以使用 STL 指令时允许双线圈输出（顺控程序在不同的步可多次驱动同一线圈）。

（5）STL 触点驱动的电路块中不能使用 MC 和 MCR 指令，但可以使用 CJ 指令。

（6）在中断程序和子程序内，不能使用 STL 指令。

本章小结

本章首先归纳三菱 FX 系列 PLC 的编程组件，为后续编程和指令学习提供方便。接着介绍了三菱 FX 系列 PLC 的基本逻辑指令及步进指令，它们是 PLC 学习的基础。

FX 系列 PLC 共有 20 条或 27 条基本指令及两条步进指令，这些指令已经能解决一般的继电器、接触器控制问题，要求熟练掌握。对于 20 条或 27 条基本指令及步进指令，应当注意掌握每条指令的助记符名称、操作功能、梯形图、目标组件和程序步数。

习　题

3.1 PLC 的性能指标有哪些？

3.2 FX 系列 PLC 型号命名格式中各符号代表什么？

3.3 FX2N 系列 PLC 共有几种定时器？各是什么？它们的运行方式有什么不同?

3.4 FX2N 系列 PLC 共有几种计数器？对它们执行复位指令后，其当前值和位状态是什么?

3.5 FX2N 系列高速计速器有几种类型？哪些输入端可作为其计数输入？

3.6 FX 系列 PLC 的编程元件中有哪些常数？

3.7 FX2N 共有几条基本指令？各条的含义是什么？

3.8 FX2N 系列 PLC 的步进指令有几条？其主要用途是什么？

3.9 写出如图 3-26 所示梯形图的语句表。

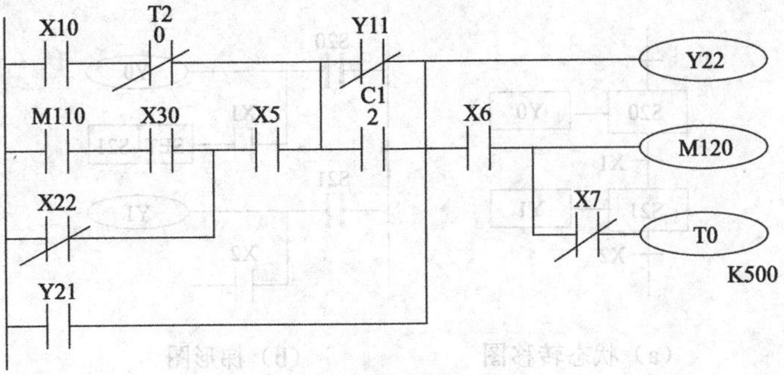

图 3-26 题 3.9 图

3.10 写出如图 3-27 所示梯形图的语句表。

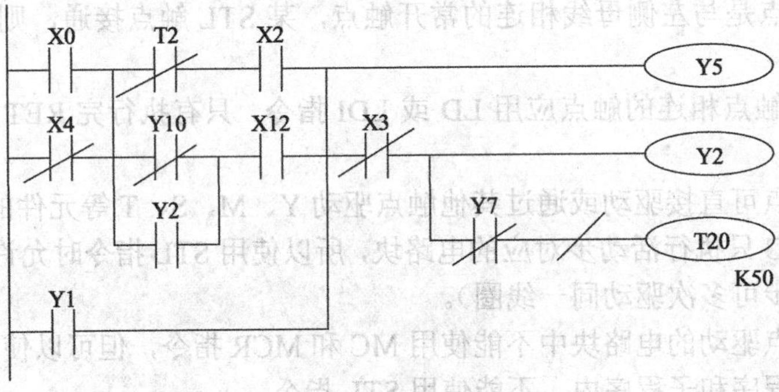

图 3-27 题 3.10 图

3.11 用栈存储器指令写出如图 3-28 所示梯形图的语句表。

3.12 用栈存储器指令写出如图 3-29 所示梯形图的语句表。

3.13 写出如图 3-30 所示梯形图的语句表。

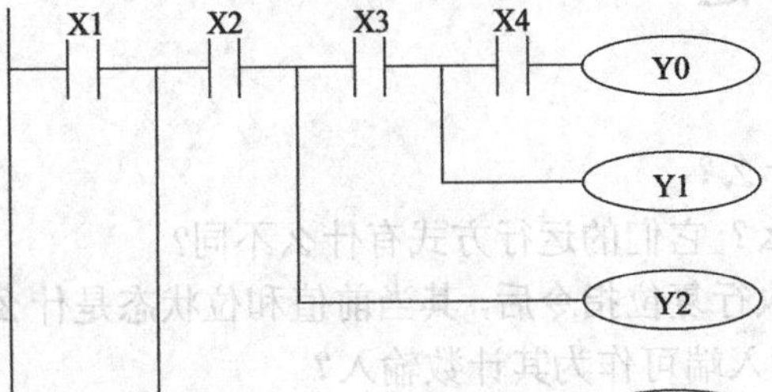

图 3-28 题 3.11 图

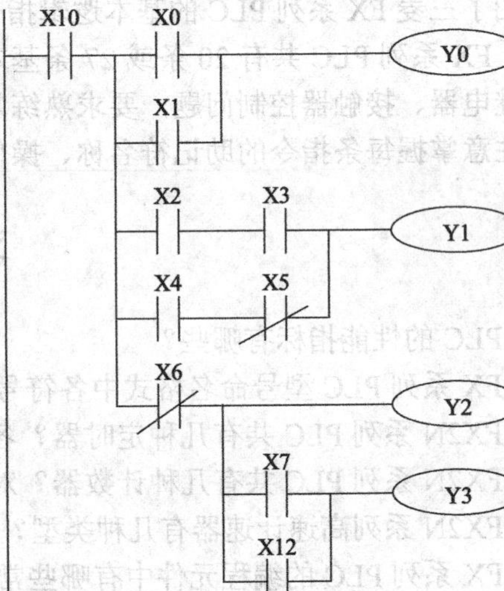

图 3-29 题 3.12 图

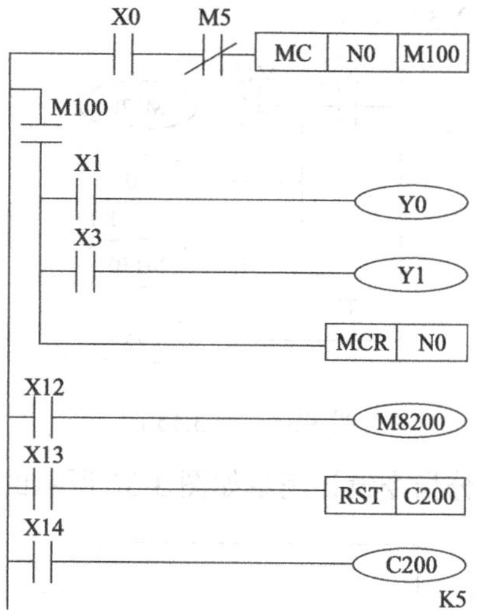

图 3-30　题 3.13 图

3.14 画出下列指令表程序对应的梯形图。

（1）

```
LD   X000
OR   Y001
ORI  M0
LD   X001
OR   X005
ORB
OUT  Y000
LDI  Y000
AND  X002
OR   M1
ANI  X003
OR   M2
OUT  M1
```

（2）

```
LD   X000
AND  X001
MPS
AND  X002
OUT  Y000
MPP
OUT  Y001
LD   X003
MPS
AND  X004
OUT  Y002
MRD
AND  X005
OUT  Y003
MRD
AND  X006
OUT  Y004
MPP
AND  X007
OUT  Y005
LDI  X010
AND  M3
OUT  Y006
```

3.15 画出图 3-31 中 M120 和 Y3 波形。

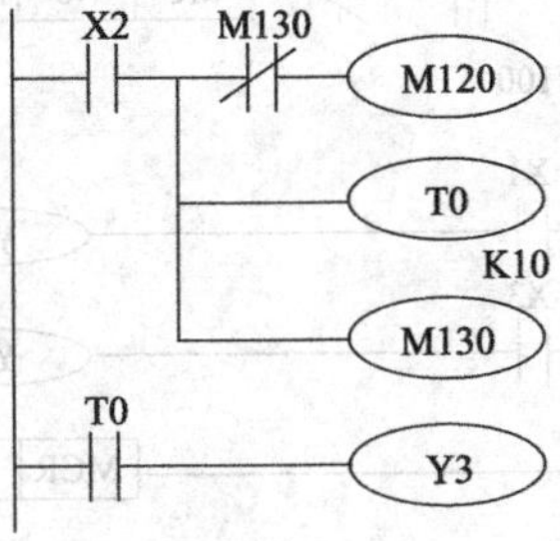

图 3-31 题 3.15 图

3.16 用 SET、RST 指令和微分指令设计满足如图 3-32 所示的梯形图。

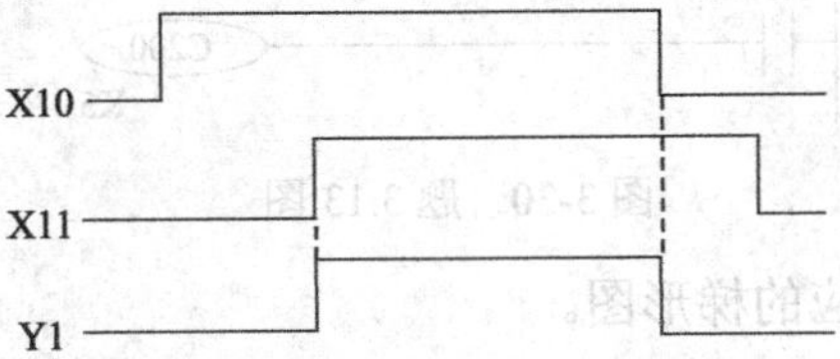

图 3-32 题 3.16 图

3.17 试设计一个 3 小时 40 分钟的长延时电路程序。

3.18 设计一振荡电路的梯形图和语句表。当输入接通时，输出 Y0 闪烁，接通和断开交替进行。接通时间为 1s，断开时间为 2s。

3.19 当按钮 X0 按下后 Y1 变为 1 状态并自保持，X1 输入 3 个脉冲后（用 C1 计数）T37 开始定时，5s 后 Y2 变为 0 状态，同时 C1 被复位，在可编程控制器刚开始执行用户程序时，C1 也被复位，试设计梯形图。

3.20 试设计一个照明灯的控制程序。当按下接在 X0 上的按钮后，接在 Y0 上的照明灯可发光 30s，如果在这段时间内又有人按下按钮，则时间间隔从头开始。这样可确保在最后一次按完按钮后，灯光可维持 30s 照明。

第 4 章　顺序控制的梯形图程序设计方法

本章内容提要

本章先归纳 PLC 的常用编程语言，然后详细地介绍梯形图的编写方法。其中主要介绍了功能表图的绘制方法，以及由功能表图转化为梯形图的方法。最后介绍了复杂 PLC 控制程序的编写。通过本章的学习，读者基本上可以利用梯形图语言编写出各种简单或较为复杂的 PLC 控制程序。

4.1　梯形图的编程规则

PLC 是专为工业环境而设计的自动控制装置，其主要使用对象是广大电气技术人员及操作维护人员，为了满足他们的传统习惯和掌握能力，通常 PLC 不采用微机编程语言，而常常采用面向控制过程、面向问题的“自然语言”编程。这些编程语言有功能表图（Sequential Function Chart）、梯形图（Ladder Diagram）、功能块图（Function Black Diagram）、指令表（Instruction List）、结构文本（Structured Text）、逻辑方程式或布尔代数式等。梯形图和功能块图为图形语言，指令表和结构文本为文字语言，功能表图是一种结构块控制流程图。

4.1.1　梯形图概述

梯形图是一种使用最多的图形语言，它在形式上类似于传统的继电器控制电路，但它比继电器控制电路增加了许多功能强而又灵活的指令符号。梯形图是一种形象化的语言，它用接点的连接组合表示条件，用线圈的输出表示结果，从而绘制出若干逻辑行组成顺控电路，具有直观易懂的优点，很容易被工厂电气人员掌握，特别适用于开关量逻辑控制。梯形图常被称为电路或程序。

梯形图编程中，用到以下四个基本概念：

1. 软继电器

PLC 梯形图中的某些编程元件沿用了继电器这一名称，如输入继电器、输出继电器、等，但是它们不是真实的硬件继电器，而是一些存储单元（软继电器），每一个软继电器与 PLC 存储器中映像寄存器的一个存储单元相对应。该存储单元如果为“1”状态，则表示梯形图中对应软继电器的线圈“通电”，其常开触点接通，常闭触点断开。以后我们称这种状态为该编程元件接通。如果该存储单元为“0”状态，对应的编程元件的线圈和触点的状态与上述的相反，称为该编程元件断开。

2. 母线

梯形图两侧的垂直公共线称为公共母线（Bus Bar），在分析梯形图的逻辑关系时，为了借用继电器电路图的分析方法，假设二者之间有左正右负的直流电源电压，母线之间有“能流”从左向右流动。右母线可以不画出。

如图 4-1 所示触点 1、2 接通时，有一个假想的“概念电流”或“能流”（Power Flow）从左向右流动，这一方向与执行用户程序时逻辑运算的顺序是一致的。能流只能从左向右流动。利用能流这一概念，可以帮助我们更好地理解和分析梯形图。图 4-1（a）中可能有两个方向的能流流过触点 5（经过触点 1、5、4 或经过触点 3、5、2），这不符合能流只能从左向右流动的原则，因此应改为如图 4-1（b）所示的梯形图。

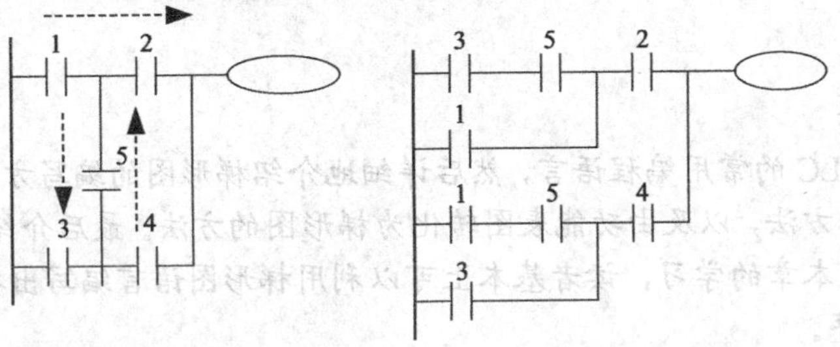

（a）错误的梯形图　　（b）正确的梯形图

图 4-1　梯形图

3．梯形图的逻辑解算

根据梯形图中各触点的状态和逻辑关系，求出与图中各线圈对应的编程元件的状态，称为梯形图的逻辑解算。梯形图中逻辑解算是按从左至右、从上到下的顺序进行的。解算的结果，可以马上被后面的逻辑解算所利用。

4.1.2　梯形图的编程规则

梯形图是各种 PLC 通用的编程语言，尽管各厂家的 PLC 所使用的指令符号等不太一致，但梯形图的设计与编程方法基本上大同小异。

1．确定各元件的编号，分配 I/O 地址

利用梯形图编程，首先必须确定所使用的编程元件编号，PLC 是按编号来区别操作元件的。FX2N 型号的 PLC，其内部元件的地址编号，使用时一定要明确，每个元件在同一时刻决不能担任几个角色。一般讲，配置好的 PLC，其输入点数与控制对象的输入信号数总是相应的，输出点数与输出的控制回路数也是相应的（如果有模拟量，则模拟量的路数与实际的也要相当），故 I/O 的分配实际上是把 PLC 的入、出点号分配给实际的 I/O 电路，编程时按点号建立逻辑或控制关系，接线时按点号“对号入坐”进行接线。可以参考 FX 系列的编程手册。

2．梯形图的编程规则

（1）每个继电器的线圈和它的触点均用同一编号，每个元件的触点使用时没有数量限制。

（2）梯形图每一行都是从左边开始，线圈接在最右边（线圈右边不允许再有接触点），如图 4-1（a）错，图 4-1（b）正确。

（3）线圈不能直接接在左边母线上。

（4）在一个程序中，同一编号的线圈如果使用两次，称为双线圈输出，这样很容易引起误操作，应尽量避免。

（5）在梯形图中没有真实的电流流动，为了便于分析 PLC 的周期扫描原理和逻辑上的因果关系，假定在梯形图中有“电流”流动，这个“电流”只能在梯形图中单方向流动，即从左向右流动，层次的改变只能从上向下。

（6）有几个串联电路相并联时，应将串联触点多的回路放在上方，如图 4-2（a）所示。在有几个并联电路相串联时，应将并联触点多的回路放在左方，如图 4-2（b）所示。这样所编制的程序简洁明了，语句较少。

另外，在设计梯形图时输入继电器的触点状态最好按输入设备全部为常开进行设计，这样设计更为合适，不易出错。建议用户尽可能用输入设备的常开触点与 PLC 输入端连接，如果某些信号只能用常闭输入，可先按输入设备为常开来设计，然后将梯形图中对应的输入继电器触点状态取反（常开改成常闭、常闭改成常开）。

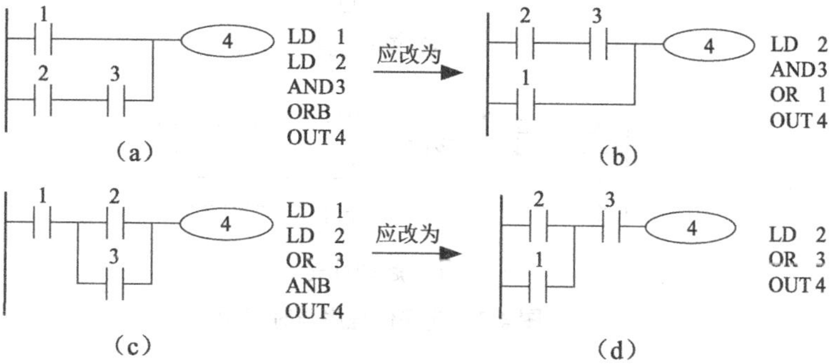

图 4-2　梯形图之二

4.2　典型单元的梯形图程序

PLC 应用程序往往是一些典型的控制环节和基本单元电路的组合，熟练掌握这些典型环节和基本单元电路，可以使程序的设计变得简单。本节主要介绍一些常见的典型单元梯形图程序。

1．具有自锁、互锁功能的程序

（1）具有自锁功能的程序

利用自身的常开触点使线圈持续保持通电即 ON 状态的功能称为自锁。如图 4-3 所示的起动、保持和停止程序（简称起保停程序）就是典型的具有自锁功能的梯形图，X1 为起动信号，X2 为停止信号。

图 4-3（a）为停止优先程序，即当 X1 和 X2 同时接通时，Y1 断开。图 4-3（b）为起动优先程序，即当 X1 和 X2 同时接通时，Y1 接通。起保停程序也可以用置位（SET）和复位（RST）指令来实现。在实际应用中，起动信号和停止信号可能由多个触点组成的串、并联电路提供。

（2）具有互锁功能的程序

利用两个或多个常闭触点来保证线圈不会同时通电的功能称为互锁。三相异步电动机的正反转控制电路即为典型的互锁电路，如图 4-4 所示。其中 KM1 和 KM2 分别是控制正转运行和反转运行的交流接触器。

如图 4-5 所示为采用 PLC 控制三相异步电动机正反转的外部 I/O 接线图和梯形图。实现正反转控制功能的梯形图由两个起保停的梯形图再加上两者之间的互锁触点构成。

应该注意的是虽然在梯形图中已经有了软继电器的互锁触点（X1 与 X0、Y1 与 Y0），但在 I/O 接线图的输出电路中还必须使用 KM1、KM2 的常闭触点进行硬件互锁，因为 PLC 软继电器互锁只相差一个扫描周期，而外部硬件接触器触点的断开时间往往大于一个扫描周期，来不及响应，且触点的断开时间一般较闭合时间长。例如 Y0 虽然断开，可能 KM1 的触点还未断开，在没有外部硬件互锁的情况下，KM2 的触点可能接通，引起主电路短路，因此必须采用软硬件双重互锁。采用了双重互锁，同时也避免因接触器 KM1 或 KM2 的主触点熔焊引起电动机主电路短路。

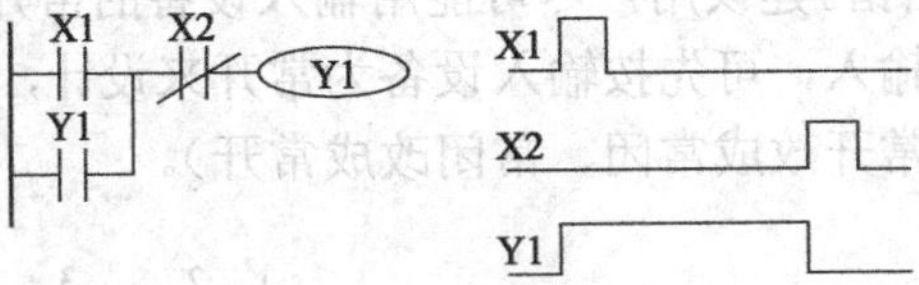

（a）停止优先

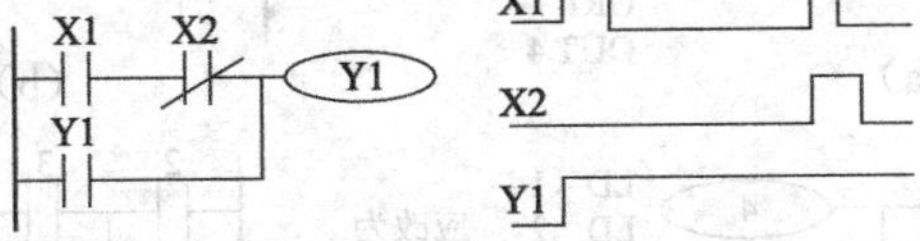

（b）起动优先

图 4-3　起保停程序与时序图

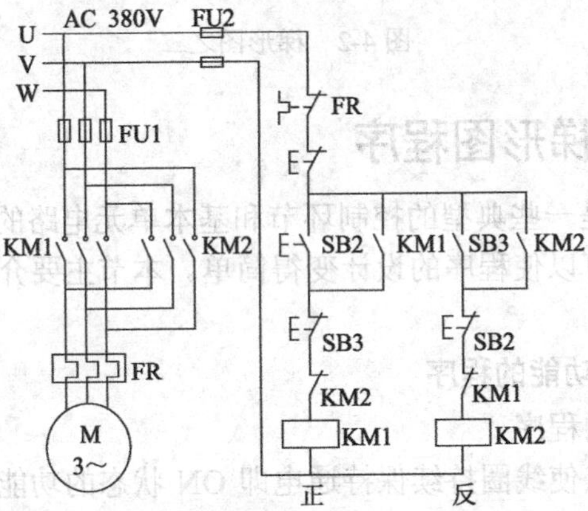

图 4-4　三相异步电动机的正反转控制电路

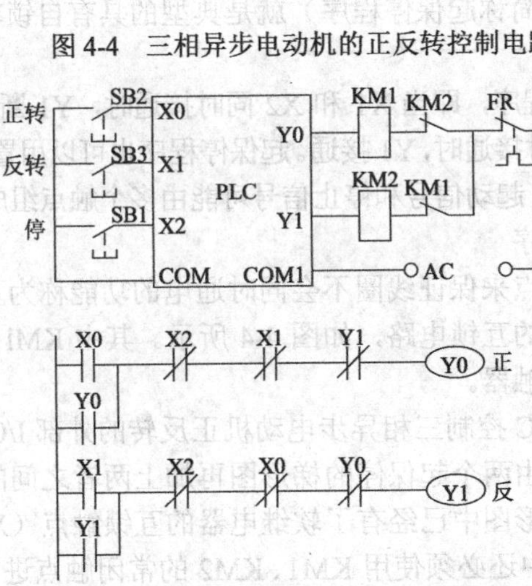

图 4-5　用 PLC 控制电动机正反转的 I/O 接线图和梯形图

2. 定时器应用程序

（1）产生脉冲的程序

① 周期可调的脉冲信号发生器

如图 4-6 所示采用定时器 T0 产生一个周期可调节的连续脉冲。当 X0 常开触点闭合后，第一次扫描到 T0 常闭触点时，它是闭合的，于是 T0 线圈通电，经过 1s 的延时，T0 常闭触点断开。T0 常闭触点断开后的下一个扫描周期中，当扫描到 T0 常闭触点时，因为它已断开，使 T0 线圈断电，T0 常闭触点又随之恢复闭合。这样，在下一个扫描周期扫描到 T0 常闭触点时，又使 T0 线圈通电，重复以上动作，T0 的常开触点连续闭合、断开，就产生了脉宽为一个扫描周期、脉冲周期为 1s 的连续脉冲。改变 T0 的设定值，就可改变脉冲周期。

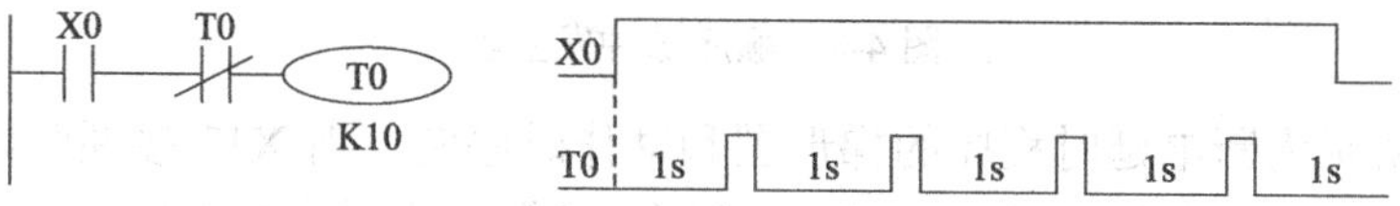

（a）梯形图　　　　（b）时序图

图 4-6　周期可调的脉冲信号发生器

② 占空比可调的脉冲信号发生器

如图 4-7 所示，采用两个定时器产生连续脉冲信号，脉冲周期为 5s，占空比为 3：2（接通时间：断开时间）。接通时间为 3s，由定时器 T1 设定，断开时间为 2s，由定时器 T0 设定，用 Y0 作为连续脉冲输出端。

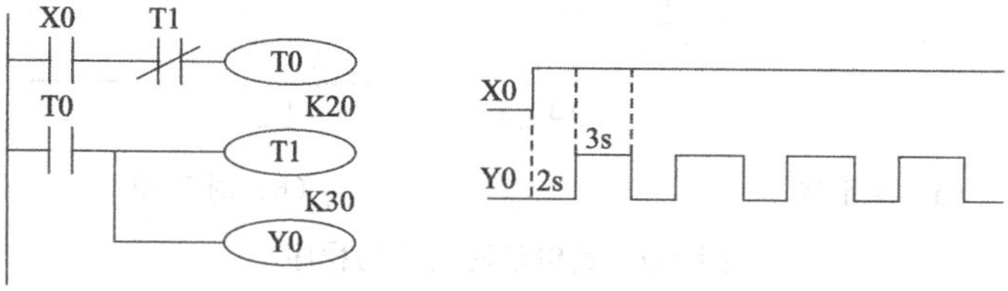

（a）梯形图　　　　（b）时序图

图 4-7　占空比可调的脉冲信号发生器

③ 顺序脉冲发生器

如图 4-8（a）所示为用三个定时器产生一组顺序脉冲的梯形图程序，顺序脉冲波形如图 4-8（b）所示。当 X4 接通，T40 开始延时，同时 Y31 通电，定时 10s 时间到，T40 常闭触点断开，Y31 断电。T40 常开触点闭合，T41 开始延时，同时 Y32 通电，T41 定时 15s 时间到，Y32 断电。T41 常开触点闭合，T42 开始延时。同时 Y33 通电，T42 定时 20s 时间到，Y33 断电。如果 X4 仍接通，重新开始产生顺序脉冲，直至 X4 断开。当 X4 断开时，所有的定时器全部断电，定时器触点复位，输出 Y31、Y32 及 Y33 全部断电。

（2）断电延时动作的程序

大多数 PLC 的定时器均为接通延时定时器，即定时器线圈通电后开始延时，待定时间到，定时器的常开触点闭合、常闭触点断开。在定时器线圈断电时，定时器的触点立刻复位。

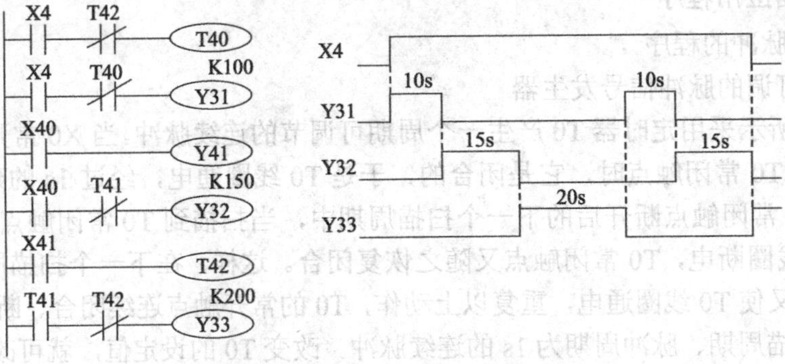

（a）梯形图　　　　　　　　（b）时序图

图 4-8　顺序脉冲发生器

如图 4-9 所示为断电延时程序的梯形图和动作时序图。当 X13 接通时，M0 线圈接通并自锁，Y3 线圈通电，这时 T13 由于 X13 常闭触点断开而没有接通定时；当 X13 断开时，X13 的常闭触点恢复闭合，T13 线圈通电，开始定时。经过 10s 延时后，T13 常闭触点断开，使 M0 复位，Y3 线圈断电，从而实现从输入信号 X13 断开，经 10s 延时后，输出信号 Y3 才断开的延时功能。

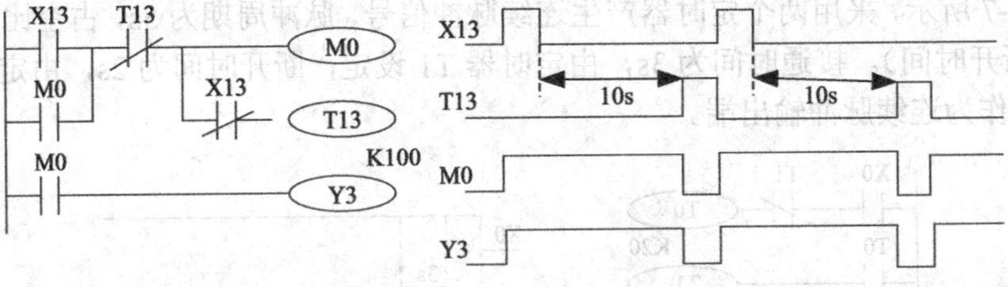

（a）梯形图　　　　　　　　（b）时序图

图 4-9　断电延时动作的程序

（3）多个定时器组合的延时程序

一般 PLC 的一个定时器的延时时间都较短，如 FX 系列 PLC 中一个 0.1s 定时器的定时范围为 0.1～3 276.7s，如果需要延时时间更长的定时器，可采用多个定时器串级使用来实现长时间延时。定时器串级使用时，其总的定时时间为各定时器定时时间之和。

如图 4-10 所示为定时时间为 1h 的梯形图及时序图，辅助继电器 M1 用于定时启停控制，采用两个 0.1s 的定时器 T14 和 T15 串级使用。当 T14 开始定时后，经 1 800s 延时，T14 的常开触点闭合，使 T15 再开始定时，又经 1 800s 的延时，T15 的常开触点闭合，Y4 线圈接通。从 X14 接通，到 Y4 输出，其延时时间为 1 800s + 1 800s = 3 600s = 1h。

3．计数器应用程序

（1）应用计数器的延时程序

只要提供一个时钟脉冲信号作为计数器的计数输入信号，计数器就可以实现定时功能，时钟脉冲信号的周期与计数器的设定值相乘即是定时时间。时钟脉冲信号，可以由 PLC 内部特殊继电器产生（如 FX 系列 PLC 的 M8011、M8012、M8013 和 M8014 等），也可以由连续脉冲发生程序产生，还可以由 PLC 外部时钟电路产生。

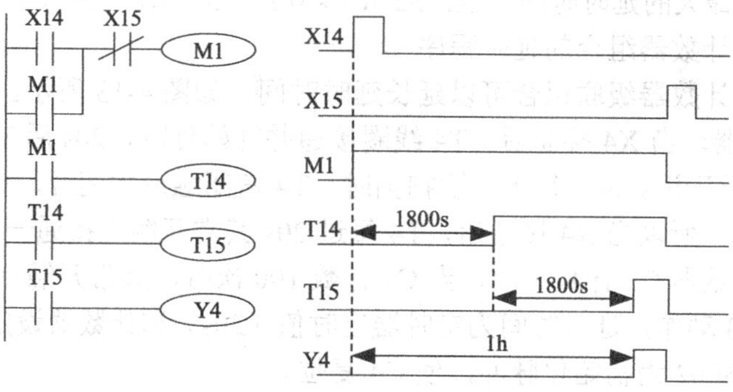

（a）梯形图 （b）时序图

图 4-10 定时器串级的长延时程序

如图 4-11 所示为采用计数器实现延时的程序，由 M8012 产生周期为 0.1s 的时钟脉冲信号。当启动信号 X15 闭合时，M2 通电并自锁，M8012 时钟脉冲加到 C0 的计数输入端。当 C0 累计到 18 000 个脉冲时，计数器 C0 动作，C0 常开触点闭合，Y5 线圈接通，Y5 的触点动作。从 X15 闭合到 Y5 动作的延时时间为 18 000 × 0.1s = 1800s。延时误差和精度主要由时钟脉冲信号的周期决定，要提高定时精度，就必须用周期更短的时钟脉冲作为计数信号。

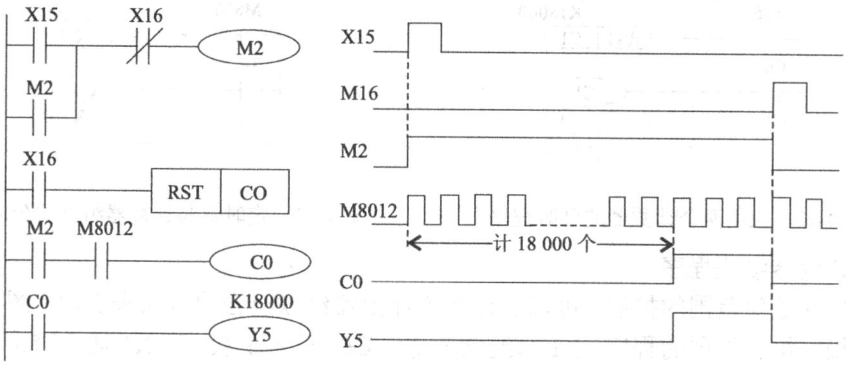

（a）梯形图 （b）时序图

图 4-11 应用一个计数器的延时程序

延时程序最大延时时间受计数器的最大计数值和时钟脉冲的周期限制，如图 4-11 所示计数器 C0 的最大计数值为 32 767，所以最大延时时间为：32 767 × 0.1s = 3 276.7s。要延长延时时间，可以增大时钟脉冲的周期，但这又使定时精度下降。为获得更长时间的延时，同时又能保证定时精度，可采用两级或多级计数器串级计数。如图 4-12 所示为采用两级计数器串级计数延时的一个例子。图中由 C0 构成一个 1 800s（30min）的定时器，其常开触点每隔 30min 闭合一个扫描周期。这是因为 C0 的复位输入端并联了一个 C0 常开触点，当 C0 累计到 18 000 个脉冲时，计数器 C0 动作，C0 常开触点闭合，C0 复位，C0 计数器动作一个扫描周期后又开始计数，使 C0 输出一个周期为 30min、脉宽为一个扫描周期的时钟脉冲。C0 的另一个常开触点作为 C1 的计数输入，C0 常开触点接通一次，C1 输入一个计数脉冲，当 C1 计数脉冲累计到 10 个时，计数器 C1 动作，C1 常开触点闭合，使 Y5 线圈接通，Y5 触点动作。从 X15 闭合，到 Y5 动作，其延时时间为 18 000 × 0.1s × 10 = 18 000s（5h）。计数器

C0 和 C1 串级后，最大的延时时间可达：$32\,767 \times 0.1\text{s} \times 32\,767 = 29\,824.34\ \text{h} = 1\,242.68$ 天。

（2）定时器与计数器组合的延时程序

利用定时器与计数器级联组合可以延长延时时间，如图 4-13 所示。图中 T4 形成一个 20s 的自复位定时器，当 X4 接通后，T4 线圈接通并开始延时，20s 后 T4 常闭触点断开，T4 定时器的线圈断开并复位，待下一次扫描时，T4 常闭触点才闭合，T4 定时器线圈又重新接通并开始延时。所以当 X4 接通后，T4 每过 20s 其常开触点接通一次，为计数器输入一个脉冲信号，计数器 C4 计数一次，当 C4 计数 100 次时，其常开触点接通 Y3 线圈。可见从 X4 接通到 Y3 动作，延时时间为定时器定时值（20s）和计数器设定值（100）的乘积（2 000s）。图中 M8002 为初始化脉冲，使 C4 复位。

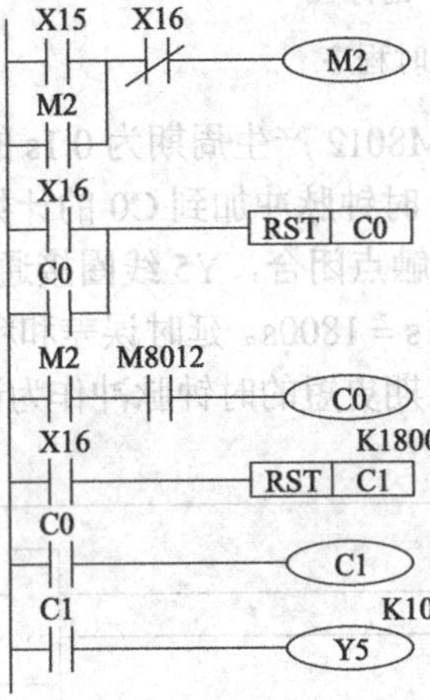

图 4-12 应用两个计数器的延时程序

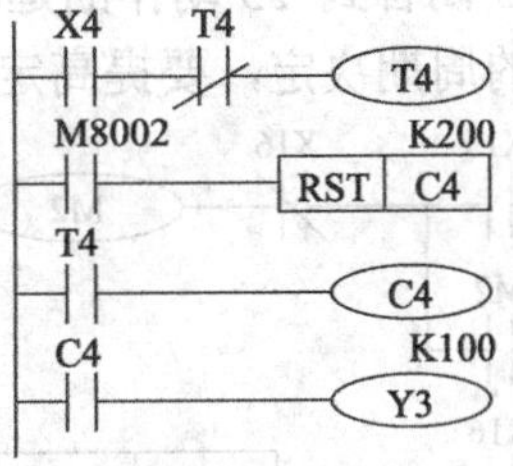

图 4-13 定时器与计数器组合的延时程序

（3）计数器级联程序

计数器计数值范围的扩展，可以通过多个计数器级联组合的方法来实现。图 4-14 为两个计数器级联组合扩展的程序。X1 每通/断一次，C60 计数 1 次，当 X1 通/断 50 次时，C60 的常开触点接通，C61 计数 1 次，与此同时 C60 另一对常开触点使 C60 复位，重新从零开始对 X1 的通/断进行计数，每当 C60 计数 50 次时，C61 计数 1 次，当 C61 计数到 40 次时，X1 总计通/断 $50 \times 40 = 2\,000$ 次，C61 常开触点闭合，Y31 接通。可见本程序计数值为两个计数器计数值的乘积。

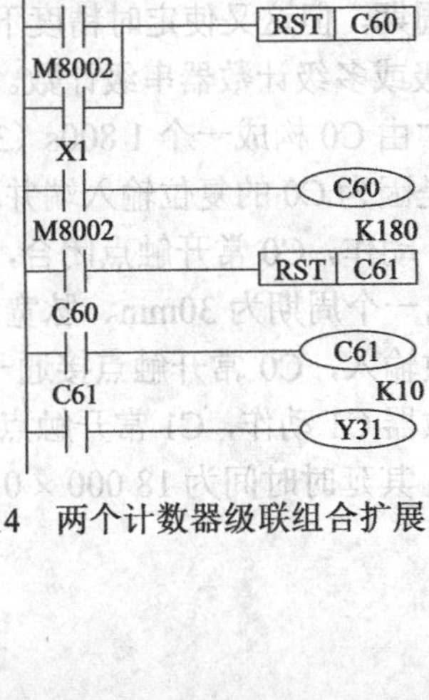

图 4-14 两个计数器级联组合扩展的程序

4．其他典型应用程序

（1）单脉冲程序

单脉冲程序如图 4-15 所示，从给定信号 X0 的上升沿开始产生一个脉宽一定的脉冲信号 Y1。当 X0 接通时，M2 线圈通电并自锁，M2 常开触点闭合，使 T1 开始定时、Y1 线圈通电。定时时间 2s 到，T1 常闭触点断开，使 Y1 线圈断电。无论输入 X0 接通的时间长短怎样，输出 Y1 的脉宽都等于 T1 的定时时间 2s。

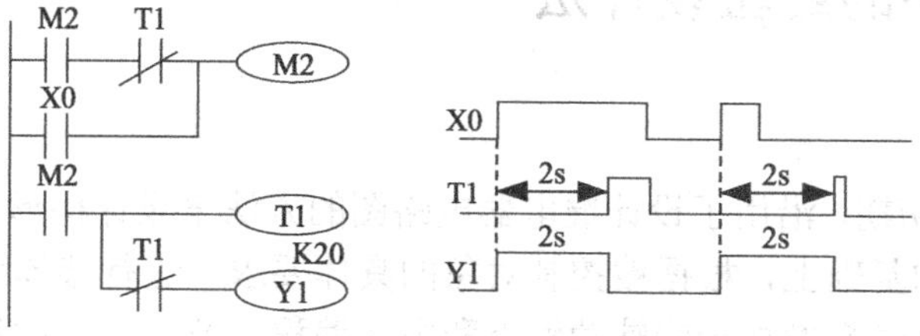

（a）梯形图　　（b）时序图

图 4-15　单脉冲程序

（2）分频程序

在许多控制场合，需要对信号进行分频。下面以如图 4-16 所示的二分频程序为例来说明 PLC 是如何来实现分频的。

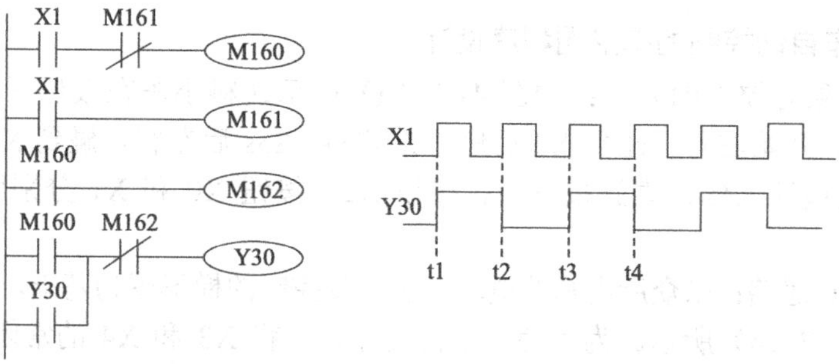

（a）梯形图　　（b）时序图

图 4-16　二分频程序

图中，Y30 产生的脉冲信号是 X1 脉冲信号的二分频。图 4-16（a）中用了三个辅助继电器 M160、M161 和 M162。当输入 X1 在 t1 时刻接通时（ON），M160 产生脉宽为一个扫描周期的单脉冲，Y30 线圈在此之前并未通电，其对应的常开触点处于断开状态，因此执行至第 3 行程序时，尽管 M160 通电，但 M162 仍不通电，M162 的常闭触点处于闭合状态。执行至第 4 行，Y30 通电（ON）并自锁。此后，多次循环扫描执行这部分程序，但由于 M160 仅接通一个扫描周期，M162 不可能通电。由于 Y30 已接通，对应的常开触点闭合，为 M162 的通电做好了准备。

等到 t2 时刻，输入 X1 再次接通（ON），M160 上再次产生单脉冲。此时在执行第 3 行程序时，M162 条件满足通电，M162 对应的常闭触点断开。执行第 4 行程序时，Y30 线圈断电（OFF）。之后虽然 X1 继续存在，由于 M160 是单脉冲信号，虽多次扫描执行第 4 行程序，Y30 也不可能通电。在 t3 时刻，X1 第三次接通（ON），M160 上又产生单脉冲，输出 Y30 再次接通（ON）。t4 时刻，Y30 再次断电（OFF），循环往复。这样 Y30 正好是 X1 脉冲信号的二分频。由于每当出现 X1（控制信号）时就将 Y30 的状态翻转（ON/OFF/ON/OFF），这种逻辑关系也可用作触发器。

除了以上介绍的几种基本程序外，还有很多这样的程序不再一一列举，它们都是组成较复杂的 PLC 应用程序的基本环节。

4.3 PLC 程序的经验设计法

4.3.1 概述

在 PLC 发展的初期，沿用了设计继电器电路图的方法来设计梯形图程序，即在一些典型的控制电路程序的基础上，根据被控制对象的具体要求，进行选择组合，并多次反复调试和修改梯形图，有时需增加一些辅助触点和中间编程环节，才能达到控制要求。这种方法没有规律可遵循，设计所用的时间和设计质量与设计者的经验有很大关系，所以称为经验设计法。经验设计法用于较简单的梯形图设计。应用经验设计法必须熟记一些典型的控制电路，如起保停电路、脉冲发生电路等，这些电路在前面的章节中已经介绍过。

下面通过例子来介绍经验设计法。

4.3.2 设计举例

1. 送料小车自动控制的梯形图程序设计

（1）被控对象对控制的要求：如图 4-17（a）所示送料小车在限位开关 X4 处装料，20s 后装料结束，开始右行，碰到 X3 后停下来卸料，25s 后左行，碰到 X4 后又停下来装料，这样不停地循环工作，直到按下停止按钮 X2。按钮 X0 和 X1 分别用来起动小车右行和左行。

（2）程序设计思路：以众所周知的电动机正反转控制的梯形图为基础，设计出的小车控制梯形图如图 4-17（b）所示。为了使小车自动停止，将 X3 和 X4 的常闭触点分别与 Y0 和 Y1 的线圈串联。为使小车自动起动，将控制装、卸料延时的定时器 T0 和 T1 的常开触点，分别与手动起动右行和左行的 X0、X1 的常开触点并联，并用两个限位开关对应的 X4 和 X3 的常开触点分别接通装料、卸料电磁阀和相应的定时器。

（3）程序分析：设小车在起动时是空车，按下左行起动按钮 X1，Y1 通电，小车开始左行，碰到左限位开关时，X4 的常闭触点断开，使 Y1 断电，小车停止左行。X4 的常开触点接通，使 Y2 和 T0 的线圈通电，开始装料和延时。20s 后 T0 的常开触点闭合，使 Y0 通电，小车右行。小车离开左限位开关后，X4 变为“0”状态，Y2 和 T0 的线圈断电，停止装料，T0 被复位。对右行和卸料过程的分析与上述过程基本相同。如果小车正在运行时按停止按钮 X2，小车将停止运动，系统停止工作。

2. 两处卸料小车自动控制的梯形图程序设计

两处卸料小车运行路线示意图如图 4-18（a）所示，小车仍然在限位开关 X4 处装料，但在 X5 和 X3 两处轮流卸料。小车在一个工作循环中有两次右行都要碰到 X5，第一次碰到它时停下卸料，第二次碰到它时继续前进，因此应设置一个具有记忆功能的编程元件，区分是第一次还是第二次碰到 X5。

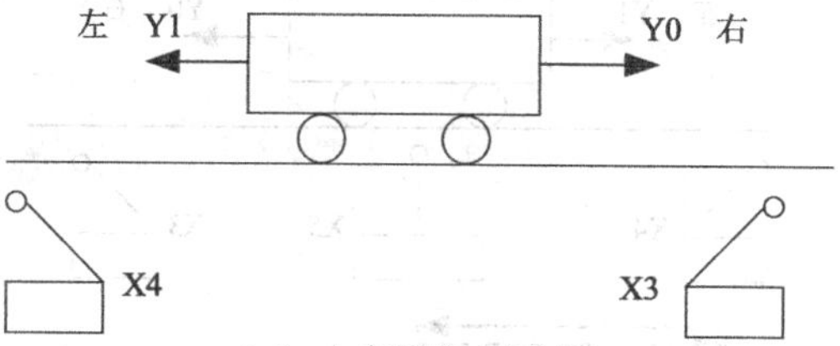

（a）小车运行示意图

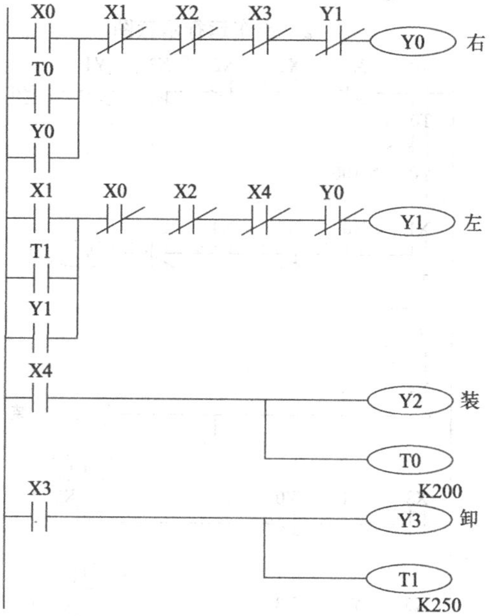

（b）梯形图

图 4-17　送料小车自动控制系统

两处卸料小车自动控制系统的梯形图如图 4-18（b）所示，它是在图 4-17（b）的基础上根据新的控制要求修改而成的。小车在第一次碰到 X5 和碰到 X3 时都应停止右行，所以将它们的常闭触点与 Y0 的线圈串联。其中 X5 的触点并联了中间元件 M100 的触点，使 X5 停止右行的作用受到 M100 的约束，M100 的作用是记忆 X5 是第几次被碰到，它只在小车第二次右行经过 X5 时起作用。为了利用 PLC 已有的输入信号，用起保停电路来控制 M100，它的起动条件和停止条件分别是小车碰到限位开关 X5 和 X3，即 M100 在图 4-18（a）中虚线所示路线内为 ON 状态，在这段时间内 M100 的常开触点将 Y0 控制电路中 X5 常闭触点短接，因此小车第二次经过 X5 时不会停止右行。

为了实现两处卸料，将 X3 和 X5 的触点并联后驱动 Y3 和 T1。调试时发现小车从 X3 开始左行，经过 X5 时 M100 也被置位，使小车下一次右行到达 X5 时无法停止运行，因此在 M100 的起动电路中串入 Y1 的常闭触点。另外还发现小车往返经过 X5 时，虽然不会停止运动，但是出现了短暂的卸料动作，为此将 Y1 和 Y0 的常闭触点与 Y3 的线圈串联，就可解决这个问题。系统在装料和卸料时按停止按钮不能使系统停止工作，请读者考虑怎样解决这个问题。

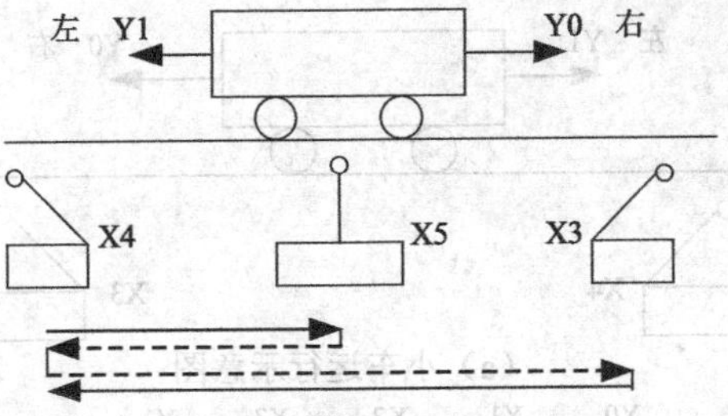

（a）小车运行示意图

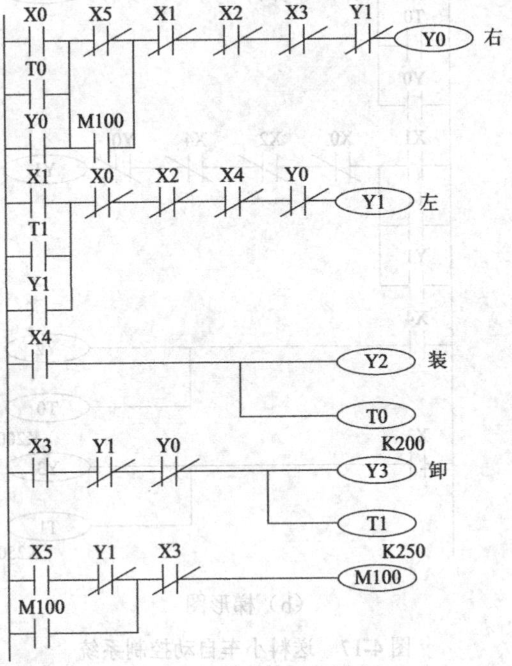

（b）梯形图

图 4-18　两处卸料小车自动控制

4.3.3　经验设计法的特点

经验设计法对于一些比较简单的程序设计是比较有效的，可以收到快速、简单的效果。但是，由于这种方法主要依靠设计人员的经验进行设计，所以对设计人员的要求比较高，特别是要求设计者有一定的实践经验，对工业控制系统和工业上常用的各种典型环节比较熟悉。经验设计法没有规律可遵循，具有很大的试探性和随意性，往往需经多次反复修改和完善才能符合设计要求，所以设计的结果往往不很规范，因人而异。

经验设计法一般适合于设计一些简单的梯形图程序或复杂系统的某一局部程序（如手动程序等）。如果用来设计复杂系统梯形图，存在以下问题：

1．设计方法不易掌握、设计周期长

用经验设计法设计复杂系统的梯形图程序时，没有一套固定的方法和步骤可以遵循，具有很大的试探性和随意性，没有一种通用的容易掌握的设计方法。在设计复杂系统的梯形图时，要用大量的中间元件来完成记忆、联锁、互锁等功能，由于需要考虑的因素很多，

它们往往又交织在一起，分析起来非常困难，并且很容易遗漏一些问题。修改某一局部程序时，很可能会对系统其他部分程序产生意想不到的影响，往往花费很长时间，却得不到满意的结果。

2．装置交付使用后维修困难

用经验设计法设计的梯形图是按设计者的经验和习惯的思路进行设计，因此，即使是同行设计者，要分析这种程序也非常困难，这给 PLC 系统的维护和改进带来许多困难。

4.4　PLC 程序的顺序控制设计法

4.4.1　概述

如果采用顺序控制法设计 PLC 的梯形图程序，可以有效解决经验设计法所存在的问题。所谓顺序控制设计法就是针对顺序控制系统的一种专门的设计方法。如果一个控制系统可以分解成几个独立的控制动作，且这些动作必须严格按照一定的先后次序执行才能保证生产过程的正常运行，这样的控制系统称为顺序控制系统，也称为步进控制系统。其控制总是一步一步按顺序进行。

这种设计方法易于初学者接受，对于经验丰富的工程师，也会提高其设计效率，程序的调试、修改和阅读也很容易。PLC 的设计者们为顺序控制系统的程序编制提供了大量通用和专用的编程元件，开发了专门供编制顺序控制程序使用的功能表图，使这种先进的设计方法成为当前 PLC 程序设计的主要方法。

4.4.2　顺序控制设计法的设计步骤

采用顺序控制设计法进行程序设计的基本步骤及内容如下：

1．步的划分

步是控制系统中一个相对不变的性质，它对应于一个稳定的状态。在功能流程图中步通常表示某个执行元件的状态变化，用矩形框表示，框中的数字是该步的编号，编号可以是该步对应的工步序号，也可以是与该步相对应的编程元件（如 PLC 内部的通用辅助继电器 M 或状态器 S）。如图 4-19（a）所示，步的这种划分方法使代表各步的编程元件与 PLC 各输出状态之间有着极为简单的逻辑关系。步也可根据被控对象工作状态的变化来划分，但被控对象工作状态的变化应该是由 PLC 输出状态变化引起的。如图 4-19（b）所示，某液压滑台的整个工作过程可划分为停止（原位）、快进、工进、快退四步。但这四步的状态改变都必须是 PLC 输出状态的变化引起的，否则就不能这样划分，例如，从快进转为工进与 PLC 输出无关，因此快进和工进只能算一步。

2．转换条件的确定

在功能流程图中，会发生步的活动状态的进展。该进展按有向连线的规定路线进行，这种进展是由转换的实现来完成的，并与控制过程的发展相对应。使系统由当前步转入下一步的信号称为转换条件。转换条件可能是外部输入信号，如按钮、指令开关、限位开关的接通/断开等，也可能是 PLC 内部产生的信号，如定时器、计数器触点的接通/断开等，转换条件也可能是若干个信号的与、或、非逻辑组合。如图 4-19（b）所示的 SB、SQ1、SQ2、SQ3 均为转换条件。

顺序控制设计法用转换条件控制代表各步的编程元件，让它们的状态按一定的顺序变化，然后用代表各步的编程元件去控制各输出继电器。

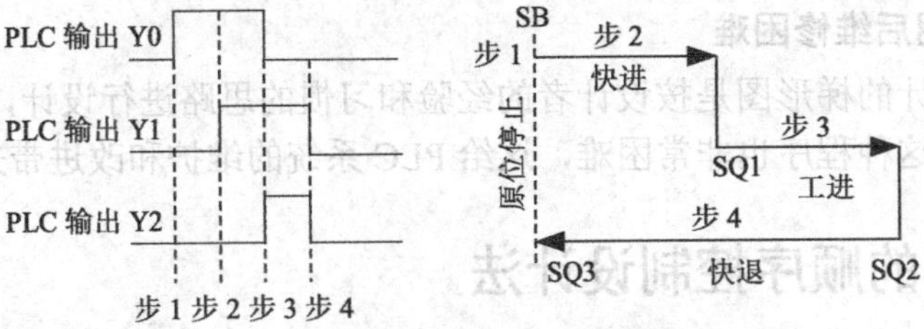

（a）划分方法一　　（b）划分方法二

图 4-19　步的划分

3．功能表图的绘制

根据以上分析和被控对象工作内容、步骤、顺序和控制要求画出功能表图。绘制功能表图是顺序控制设计法中最为关键的一个步骤。绘制功能表图的具体方法将在后面详细介绍。

4．梯形图的编制

根据功能表图，按某种编程方式写出梯形图程序。有关编程方式将在本章第五节中介绍。如果 PLC 支持功能表图语言，则可直接使用该功能表图作为最终程序。

4.4.3　功能表图的绘制

功能流程图，简称功能图，又叫状态流程图或状态转移图。它是专用于工业顺序控制程序设计的一种功能说明性语言，可以完整地描述控制系统的工作过程、功能和特性，是分析、设计电气控制系统控制程序的重要工具。

功能表图并不涉及所描述的控制功能的具体技术，它是一种通用的技术语言，可以用于进一步设计和不同专业人员之间的技术交流。

如图 4-20 所示为功能表图的一般形式，主要由步、有向连线、转换、转换条件和动作（命令）组成。

1．步与动作

（1）步：在功能表图中用矩形框表示步，方框内是该步的编号。如图 4-20 所示各步的编号为 n –1、n、n+1。编程时一般用 PLC 内部编程元件来代表各步，因此经常直接用代表该步的编程元件的元件号作为步的编号，如 M300 等，这样在根据功能表图设计梯形图时较为方便。

（2）初始步：与系统初始状态相对应的步称为初始步。初始状态一般是系统等待起动命令的相对静止的状态。初始步用双线方框表示，每个功能表图至少有一个初始步。

（3）动作：一个控制系统可以划分为被控系统和施控系统，例如在数控车床系统中，数控装置是施控系统，

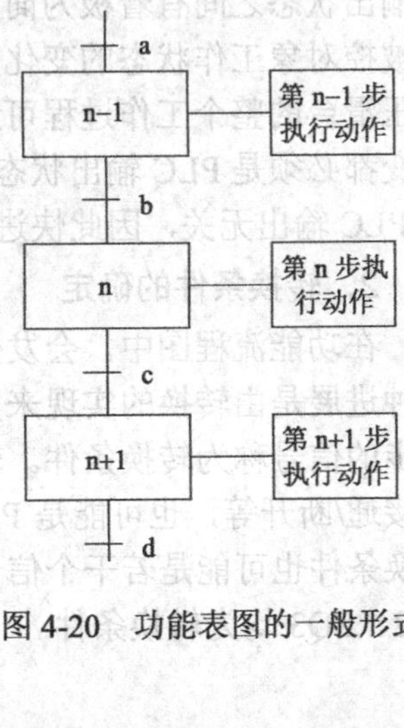

图 4-20　功能表图的一般形式

而车床是被控系统。对于被控系统，在某一步中要完成某些“动作”，对于施控系统，在某一步中则要向被控系统发出某些“命令”，将动作或命令简称为动作，并用矩形框中的文字或符号表示，该矩形框应与相应步的符号相连。如果某一步有几个动作，可以用如图 4-21 所示的两种画法来表示，但是图中并不隐含这些动作之间的任何顺序。

（4）活动步：当系统正处于某一步时，该步处于活动状态，称该步为“活动步”。步处于活动状态时，相应的动作被执行。若为保持型动作则该步不活动时继续执行该动作，若为非保持型动作则该步不活动时，动作也停止执行。一般在功能表图中保持型的动作应该用文字或助记符标注，而非保持型动作不需要标注。

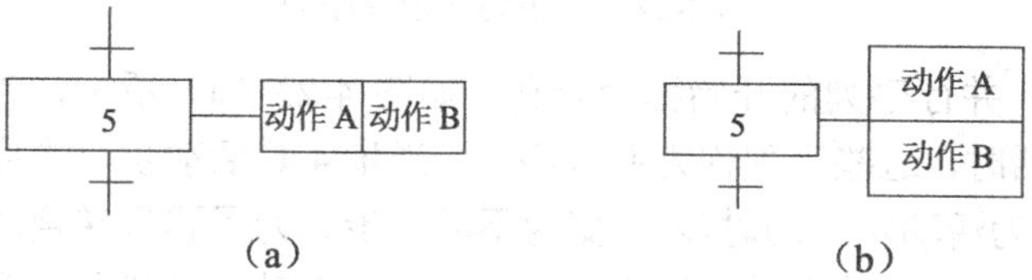

图 4-21　多个动作的表示

2．有向连线、转换与转换条件

（1）有向连线：在功能表图中，随着时间的推移和转换条件的实现，将会发生步的活动状态的顺序进展，这种进展按有向连线规定的路线和方向进行。在画功能表图时，将代表各步的方框按它们成为活动步的先后次序顺序排列，并用有向连线将它们连接起来。活动状态的进展方向习惯上是从上到下或从左至右，在这两个方向上有向连线上的箭头可以省略。如果不是上述方向，应在有向连线上用箭头注明进展方向。

（2）转换：转换用有向连线上与有向连线垂直的短划线来表示，转换将相邻两步分隔开。步的活动状态的进展由转换的实现来完成，并与控制过程的发展相对应。

（3）转换条件：转换条件是与转换相关的逻辑条件，转换条件可以用文字语言、布尔代数表达式或图形符号标注在表示转换的短线的旁边。转换条件 X 和 $\overline{X}$ 分别表示在逻辑信号 X 为“1”状态和“0”状态时转换实现。符号 X ↑ 和 X ↓ 分别表示当 X 从 0→1 状态和从 1→0 状态时转换实现。使用最多的转换条件表示方法是布尔代数表达式，如转换条件 $(X0+X3)\cdot\overline{C0}$。

3．功能表图的基本结构

（1）单序列：单序列由一系列相继激活的步组成，每一步的后面仅接有一个转换，每一个转换的后面只有一个步，如图 4-22（a）所示。

（2）选择序列：选择序列的开始称为分支，如图 4-22（b）所示，转换符号只能标在水平连线之下。如果步 5 是活动的，并且转换条件 e = 1，则发生由步 5→步 6 的进展；如果步 5 是活动的，并且转换条件 f = 1，则发生由步 5→步 9 的进展。在某一时刻一般只允许选择一个序列。

选择序列的结束称为合并，如图 4-22（c）所示。如果步 5 是活动步，并且转换条件 m = 1，则发生由步 5→步 12 的进展；如果步 8 是活动步，并且转换条件 n = 1，则发生由步 8→步 12 的进展。

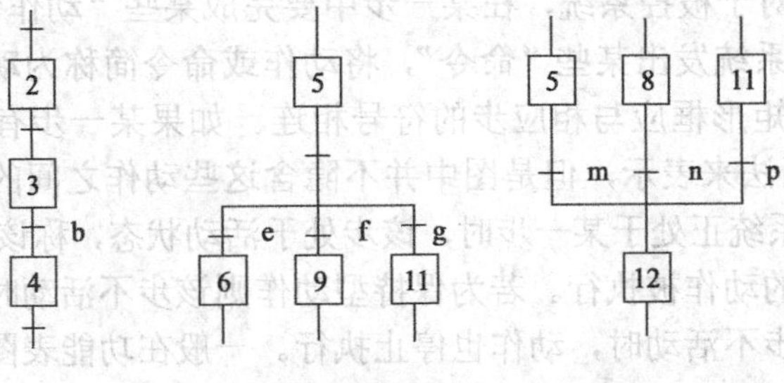

（a）单序列　（b）选择序列开始　（c）选择序列结束

图 4-22　单序列与选择序列

（3）并行序列：并行序列的开始称为分支，如图 4-23（a）所示，当转换条件的实现导致几个序列同时激活时，这些序列称为并行序列。当步 4 是活动步，并且转换条件 a = 1，3、7、9 这三步同时变为活动步，同时步 4 变为不活动步。为了强调转换的同步实现，水平连线用双线表示。步 3、7、9 被同时激活后，每个序列中活动步的进展将是独立的。在表示同步的水平双线之上，只允许有一个转换符号。

并行序列的结束称为合并，如图 4-23（b）所示，在表示同步的水平双线之下，只允许有一个转换符号。当直接连在双线上的所有前级步都处于活动状态，并且转换条件 b=1 时，才会发生步 3、6、9 到步 10 的进展，即步 3、6、9 同时变为不活动步，而步 10 变为活动步。并行序列表示系统几个同时工作的独立部分的工作情况。

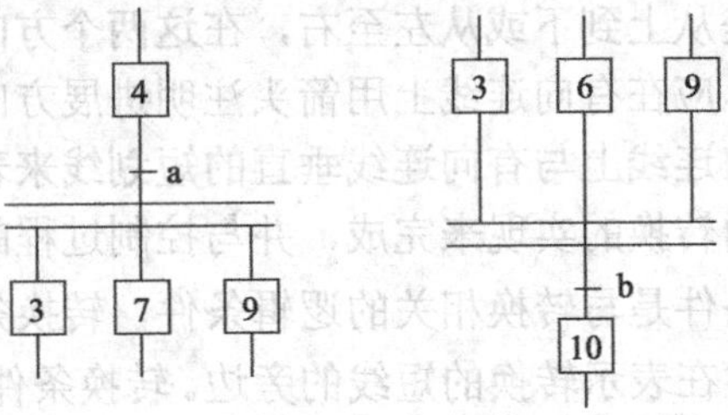

（a）并行序列开始　（b）并行序列结束

图 4-23　并行序列

（4）子步：如图 4-24 所示，某一步可以包含一系列子步和转换，通常这些序列表示整个系统的一个完整的子功能。子步的使用使系统的设计者在总体设计时容易抓住系统的主要矛盾，用更加简洁的方式表示系统的整体功能和概貌，而不是一开始就陷入某些细节之中。设计者可以从最简单的对整个系统的全面描述开始，然后画出更详细的功能表图，子步中还可以包含更详细的子步，这使设计方法的逻辑性很强，可以减少设计中的错误，缩短总体设计和查错所需要的时间。

4．转换实现的基本规则

（1）转换实现的条件：在功能表图中，步的活动状态的进展是由转换的实现来完成的。转换实现必须同时满足两个条件：

① 该转换所有的前级步都是活动步。

② 相应的转换条件得到满足。

如果转换的前级步或后续步不止一个，转换的实现称为同步实现，如图 4-25 所示。

（2）转换实现应完成的操作：

① 使所有由有向连线与相应转换符号相连的后续步都变为活动步。

② 使所有由有向连线与相应转换符号相连的前级步都变为不活动步。

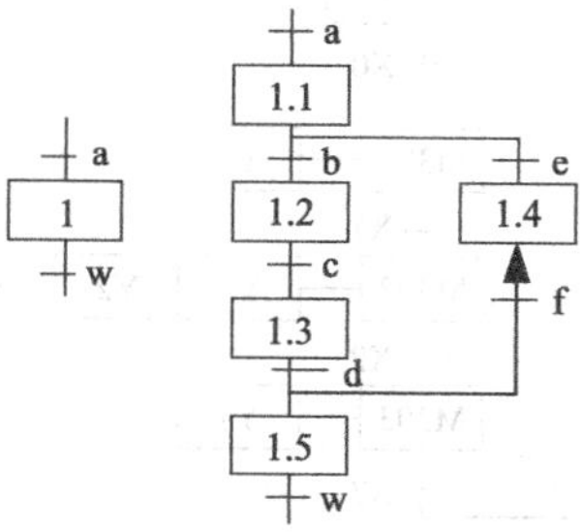

图 4-24　子步

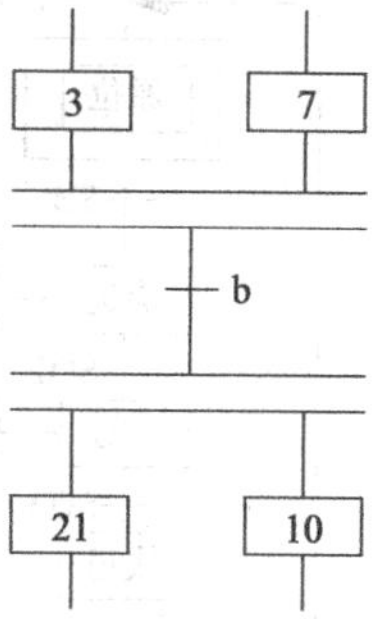

图 4-25　转换的同步实现

5．绘制功能表图应注意的问题

（1）步与步不能直接相连，必须用转换分开。

（2）转换与转换不能直接相连，必须用步分开。

（3）步与转换、转换与步之间的连线采用有向线段，画功能图的顺序一般是从上向下或从左到右，正常顺序时可以省略箭头，否则必须加箭头。

（4）一个功能图至少应有一个初始步，它一般对应于系统等待起动的初始状态，这一步可能没有什么动作执行，因此很容易被遗漏。如果没有该步，无法表示初始状态，系统也无法返回停止状态。

（5）只有当某一步所有的前级步都是活动步时，该步才有可能变成活动步。如果用无断电保持功能的编程元件代表各步，则 PLC 开始进入 RUN 方式时各步均处于“0”状态，因此必须要有初始化信号，将初始步预置为活动步，否则功能表图中永远不会出现活动步，系统将无法工作。

6．绘制功能表图举例

某组合机床液压滑台的运动示意图如图 4-19（b）所示，其工作过程分成原位、快进、工进、快退四步，相应的转换条件为 SB、SQ1、SQ2、SQ3。液压滑台系统各液压元件动作情况如表 4-1 所示。根据上述功能表图的绘制方法，液压滑台系统的功能表图如图 4-26（a）所示。

表 4-1　液压元件动作表

元　件 工　步	YV1	YV2	YV3
原位	–	–	–
快进	+	–	–
工进	+	–	+
快退	–	+	–

如果 PLC 已经确定，可直接用编程元件 M300～M303（FX 系列）来代表这四步，设输入/输出设备与 PLC 的 I/O 点对应关系如表 4-2 所示，则可直接画出如图 4-26（b）所示

的功能表图接线图，图中 M8002 为 FX 系列 PLC 产生初始化脉冲的特殊辅助继电器。

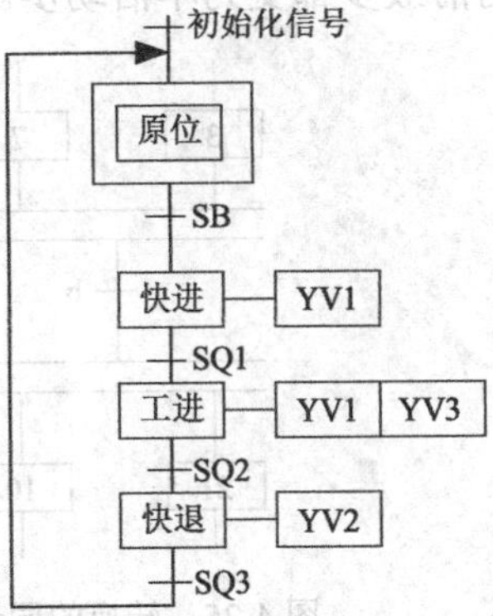

（a）功能表图

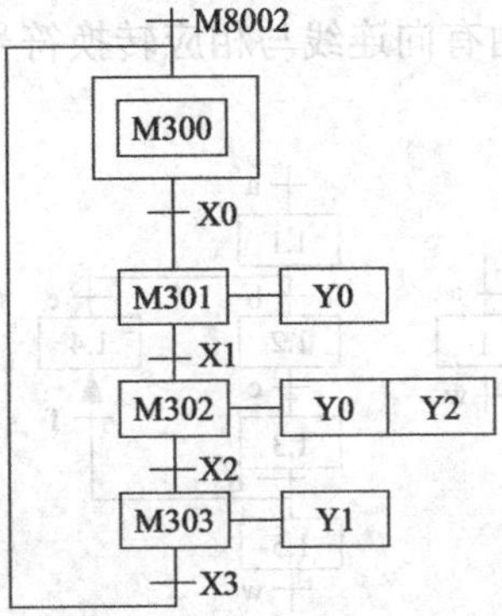

（b）功能表图接线图

图 4-26　液压滑台系统的功能表图

表 4-2　输入/输出设备与 PLC I/O 对应关系

PLC I/O	X0	X1	X2	X3	Y0	Y1	Y2
输入/输出设备	SB	SQ1	SQ2	SQ3	YV1	YV2	YV3

4.4.4 顺序控制设计法中梯形图的编程方式

梯形图的编程方式是指根据功能表图设计出梯形图的方法。为了适应各厂家的 PLC 在编程元件、指令功能和表示方法上的差异，下面主要介绍使用通用指令的编程方式、以转换为中心的编程方式、使用 STL 指令的编程方式和仿 STL 指令的编程方式。

为了便于分析，我们假设刚开始执行用户程序时，系统已处于初始步（用初始化脉冲 M8002 将初始步置位），代表其余各步的编程元件均为 OFF 状态，为转换的实现做好了准备。

1. 使用通用指令的编程方式

编程时用辅助继电器来代表步。某一步为活动步时，对应的辅助继电器为“1”状态，转换实现时，该转换的后续步变为活动步。由于转换条件大都是短信号，即其存在的时间比其激活的后续步为活动步的时间短，因此应使用有记忆（保持）功能的电路来控制代表步的辅助继电器。属于这类的电路有“起保停电路”和具有相同功能的使用 SET、RST 指令的电路。

如图 4-27（a）所示 M_{i-1}、M_i 和 M_{i+1} 是功能表图中顺序相连的 3 步，X_i 是步 M_i 之前的转换条件。

编程的关键是找出其起动条件和停止条件。根据转换实现的基本规则，转换实现的条件是其前级步为活动步，并且满足相应的转换条件，所以步 M_i 变为活动步的条件是 M_{i-1} 为活动步，并且转换条件 $X_i=1$，在梯形图中则应将 M_{i-1} 和 X_i 的常开触点串联后作为控制 Mi 的起动电路，如图 4-27（b）所示。当 M_i 和 X_{i+1} 均为“1”状态时，步 M_{i+1} 变为活动步，这时步 M_i 应变为不活动步，因此可以将 $M_{i+1}=1$ 作为使 M_i 变为“0”状态的条件，即将

M_{i+1}的常闭触点与M_i的线圈串联。也可用 SET、RST 指令来代替“起保停电路”，如图 4-27（c）所示。

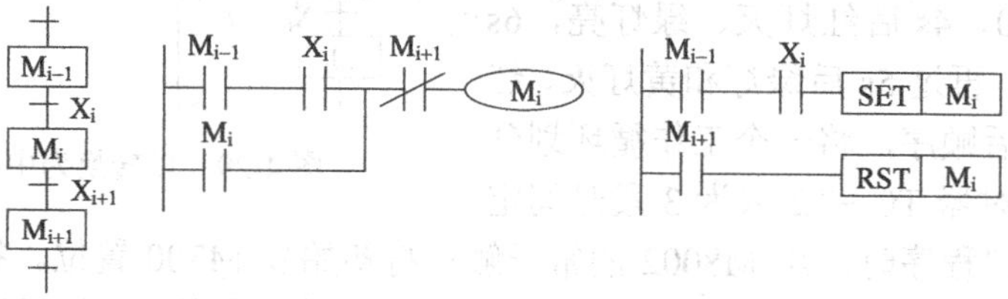

（a）功能表图　　（b）梯形图　　（c）使用置位复位指令的梯形图

图 4-27　使用通用指令的编程方式示意图

这种编程方式仅仅使用与触点和线圈有关的指令，任何一种 PLC 的指令系统都有这类指令，所以称其为使用通用指令的编程方式，这种编程方式可以适用于任意型号的 PLC。

如图 4-28 所示是根据液压滑台系统的功能表图（见图 4-26（b））使用通用指令编写的梯形图。开始运行时应将 M300 置为“1”状态，否则系统无法工作，故将 M8002 的常开触点作为 M300 置为“1”的条件。M300 的前级步为 M303，后续步为 M301。由于步是根据输出状态的变化来划分的，所以梯形图中输出部分的编程极为简单，可以分为两种情况来处理：

（1）某一输出继电器仅在某一步中为“1”状态，如 Y1 和 Y2 就属于这种情况，可以将 Y1 线圈与 M303 线圈并联，Y2 线圈与 M302 线圈并联。看起来用这些输出继电器来代表该步（如用 Y1 代替 M303），可以节省一些编程元件，但 PLC 的辅助继电器数量必须充足、够用，且多用编程元件并不增加硬件费用，所以一般情况下全部用辅助继电器来代表各步，具有概念清楚、编程规范、梯形图易于阅读和容易查错的优点。

（2）某一输出继电器在几步中都为“1”状态，应将代表各有关步的辅助继电器的常开触点并联后，驱动该输出继电器的线圈。如 Y0 在快进、工进步均为“1”状态，所以将 M301 和 M302 的常开触点并联后控制 Y0 的线圈。注意，为了避免出现双线圈现象，不能将 Y0 线圈分别与 M301 和 M302 的线圈并联。

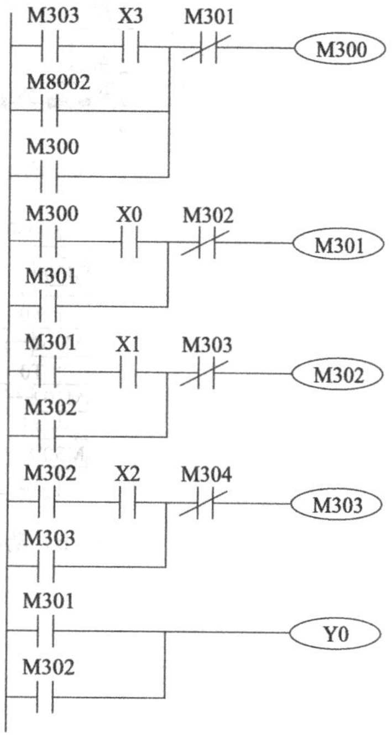

图 4-28　使用通用指令编程的液压滑台系统梯形图

2．以转换为中心的编程方式

如图 4-29 所示为以转换为中心的编程方式设计的梯形图与功能表图的对应关系。图中要实现X_i对应的转换必须同时满足两个条件：前级步为活动步（$M_{i-1}=1$）并且转换条件满足（$X_i=1$），所以用M_{i-1}和X_i的常开触点串联组成的电路来表示上述条件。两个条件同时满足时，该电路接通，此时应完成两个操作：将后续步变为活动步（用 SET Mi 指令将M_i置位），将前级步变为不活动步（用 RST M_{i-1} 指令将M_{i-1}复位）。这种编程方式与转换实现的基本规则之间有着严格的对应关系，用它编制复杂的功能表图的梯形图时，更能显示其优越性。

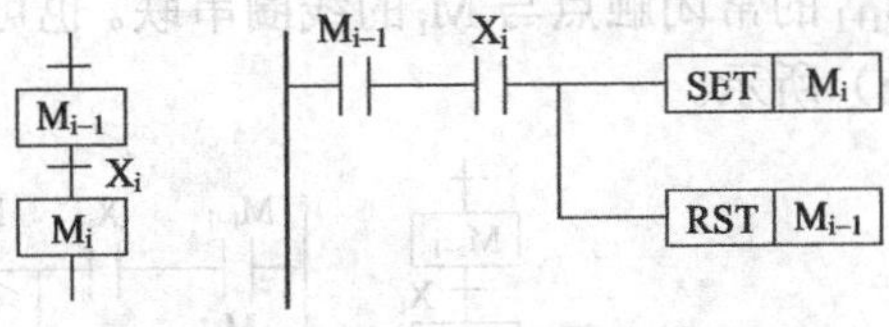

图 4-29　以转换为中心的编程方式

如图4-30所示为某信号灯控制系统的时序图、功能表图和梯形图。初始步时仅红灯亮，按下起动按钮 X0，4s 后红灯灭、绿灯亮，6s 后绿灯和黄灯亮，再过 5s 后绿灯和黄灯灭、红灯亮。按时间先后顺序，将一个工作循环划分为 4 步，并用定时器 T0～T2 来为 3 段时间定时。开始执行用户程序时，用 M8002 的常开触点将初始步 M300 置位。按下起动按钮 X0 后，梯形图第 2 行中 M300 和 X0 的常开触点均接通，转换条件 X0 的后续步对应的 M301 被置位，前级步对应的辅助继电器 M300 被复位。M301 变为“1”状态后，控制 Y0（红灯）仍然为“1”状态，定时器 T0 的线圈通电，4s 后 T0 的常开触点接通，系统将由第 2 步转换到第 3 步，依此类推。

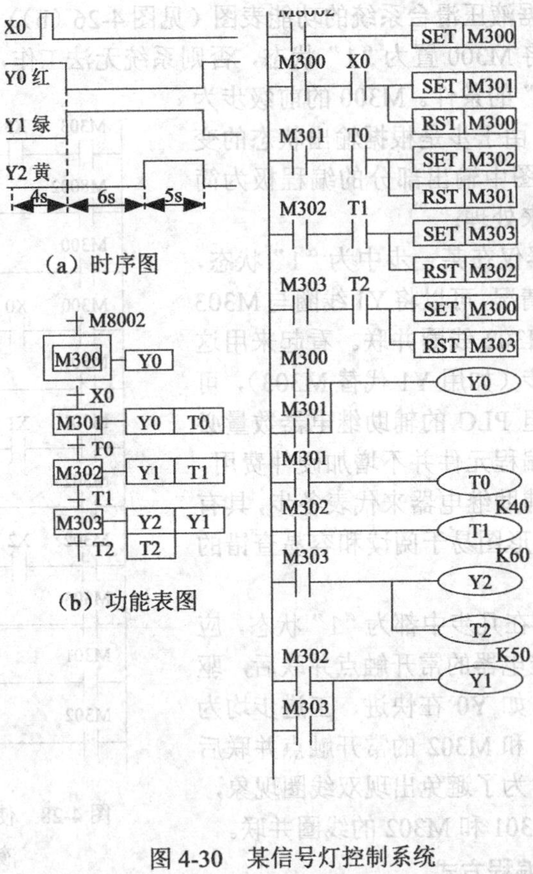

图 4-30　某信号灯控制系统

使用这种编程方式时，不能将输出继电器的线圈与 SET、RST 指令并联，这是因为图 4-30 中前级步和转换条件对应的串联电路接通的时间是相当短的，转换条件满足后前级步马上被复位，该串联电路被断开，而输出继电器线圈至少应该在某一步活动的时间内接通。

3. 使用 STL 指令的编程方式

步进梯形指令（Step Ladder Instruction）简称为 STL 指令。FX 系列就有 STL 指令及 RET 复位指令。利用这两条指令，可以很方便地编制顺序控制梯形图程序。

FX2N 系列 PLC 的状态器 S0～S9 用于初始步，S10～S19 用于返回原点，S20～S499 为通用状态，S500～S899 有断电保持功能，S900～S999 用于报警。用它们编制顺序控制程序时，应与步进梯形指令一起使用。FX 系列还有许多用于步进顺控编程的特殊辅助继电器以及使状态初始化的功能指令 IST，使用 STL 指令设计顺序控制程序更加方便。

使用 STL 指令的状态器的常开触点称为 STL 触点，它们在梯形图中的元件符号如图 4-31 所示。图中可以看出功能表图与梯形图之间的对应关系，STL 触点驱动的电路块具有三个功能：对负载的驱动处理、指定转换条件和指定转换目标。

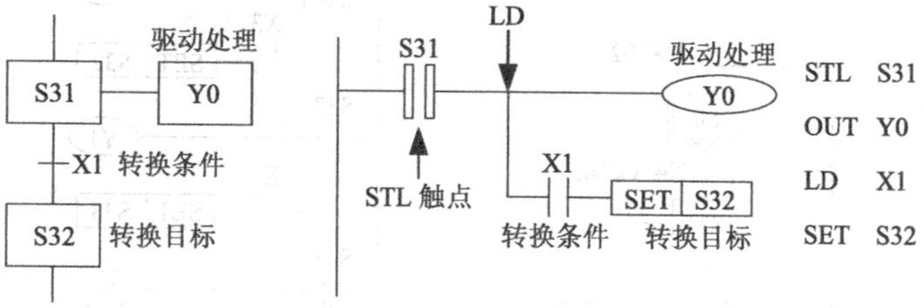

（a）功能表图　（b）STL 指令的使用

图 4-31　STL 指令与功能表图

除了后面要介绍的并行序列的合并对应的梯形图外，STL 触点是与左侧母线相连的常开触点，当某一步为活动步时，对应的 STL 触点接通，该步的负载被驱动。当该步后面的转换条件满足时，转换实现，即后续步对应的状态器被 SET 指令置位，后续步变为活动步，同时与前级步对应的状态器被系统程序自动复位，前级步对应的 STL 触点断开。

使用 STL 指令时应该注意以下一些问题：

（1）与 STL 触点相连的触点应使用 LD 或 LDI 指令，即 LD 点移到 STL 触点右侧，直到出现下一条 STL 指令或 RET 指令，RET 指令使 LD 点返回左侧母线。各个 STL 触点驱动的电路一般放在一起，最后一个电路结束时必须使用 RET 指令。

（2）STL 触点可以直接驱动或通过别的触点驱动 Y、M、S、T 等元件的线圈，STL 触点也可以使 Y、M、S 等元件置位或复位。

（3）STL 触点断开时，CPU 不执行它驱动的电路块，即 CPU 只执行活动步对应的程序。在没有并行序列时，任何时候只有一个活动步，因此大大缩短了扫描周期。

（4）由于 CPU 只执行活动步对应的电路块，使用 STL 指令时允许双线圈输出，即同一元件的几个线圈可以分别被不同的 STL 触点驱动。实际上在一个扫描周期内，同一元件的几条 OUT 指令中只有一条被执行。

（5）STL 指令只能用于状态寄存器，在没有并行序列时，一个状态寄存器的 STL 触点在梯形图中只能出现一次。

（6）STL 触点驱动的电路块中不能使用 MC 和 MCR 指令，但是可以使用 CJP 和 EJP 指令。当执行 CJP 指令跳到某一 STL 触点驱动的电路块时，不管该 STL 触点是否为“1”状态，均执行对应的 EJP 指令之后的电路。

（7）与普通的辅助继电器一样，可以对状态寄存器使用 LD、LDI、AND、ANI、OR、ORI、SET、RST、OUT 等指令，这时状态器触点的画法与普通触点的画法相同。

（8）使状态器置位的指令如果不在 STL 触点驱动的电路块内，执行置位指令时系统程序不会自动将前级步对应的状态器复位。

如图 4-32 所示小车一个周期内的运动路线由 4 段组成，它们分别对应 S31～S34 所代表的 4 步，S0 代表初始步。

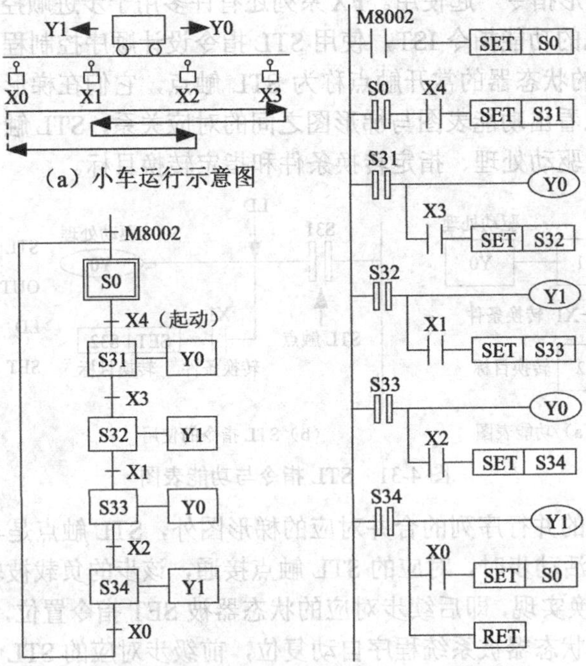

（a）小车运行示意图　（b）功能表图　（c）梯形图

图 4-32　小车控制系统

假设小车位于原点（最左端），系统处于初始步，S0 为"1"状态。按下起动按钮 X4，系统由初始步 S0 转换到步 S31，S31 的 STL 触点接通，Y0 的线圈通电，小车右行，行至最右端时，限位开关 X3 接通，使 S32 置位，S31 被系统程序自动置为"0"状态，小车变为左行，小车将这样一步一步地顺序工作下去，最后返回起始点，并停留在初始步。图 4-32 中的梯形图对应的指令表程序如表 4-3 所示。

表 4-3　小车控制系统指令表

LD	M8002	OUT	Y0	SET	S33	OUT	Y1
SET	S0	LD	X3	STL	S33	LD	X0
STL	S0	SET	S32	OUT	Y0	SET	S0
LD	X4	STL	S32	LD	X2	RET	
SET	S31	OUT	Y1	SET	S34		
STL	S31	LD	X1	STL	S34		

4．仿 STL 指令的编程方式

对于没有 STL 指令的 PLC，也可以仿照 STL 指令的设计思路来设计顺序控制梯形图，这就是下面要介绍的仿 STL 指令的编程方式。

如图 4-33 所示为某加热炉送料系统的功能表图与梯形图。除初始步外，各步的动作分别为开炉门、推料、推料机返回和关炉门，分别用 Y0、Y1、Y2、Y3 驱动动作。X0 是起动按钮，X1～X4 分别是各动作结束的限位开关。与左侧母线相连的 M300～M304 的触点，其作用与 STL 触点相似，其右边电路块的作用为驱动负载、指定转换条件和转换目标，以及使前级步的辅助继电器复位。

由于这种编程方式用辅助继电器代替状态器，用普通的常开触点代替 STL 触点，因此，与使用 STL 指令的编程方式相比，有以下不同之处：

（1）与代替 STL 触点的常开触点（如图 4-33 中 M300～M304 的常开触点）相连的触点，应使用 AND 或 ANI 指令，而不是 LD 或 LDI 指令。

（2）在梯形图中用 RST 指令来完成代表前级步的辅助继电器的复位，而不是由系统程序自动完成。

（3）不允许出现双线圈现象，当某一输出继电器在几步中均为“1”状态时，应将代表这几步的辅助继电器常开触点并联来控制该输出继电器的线圈。

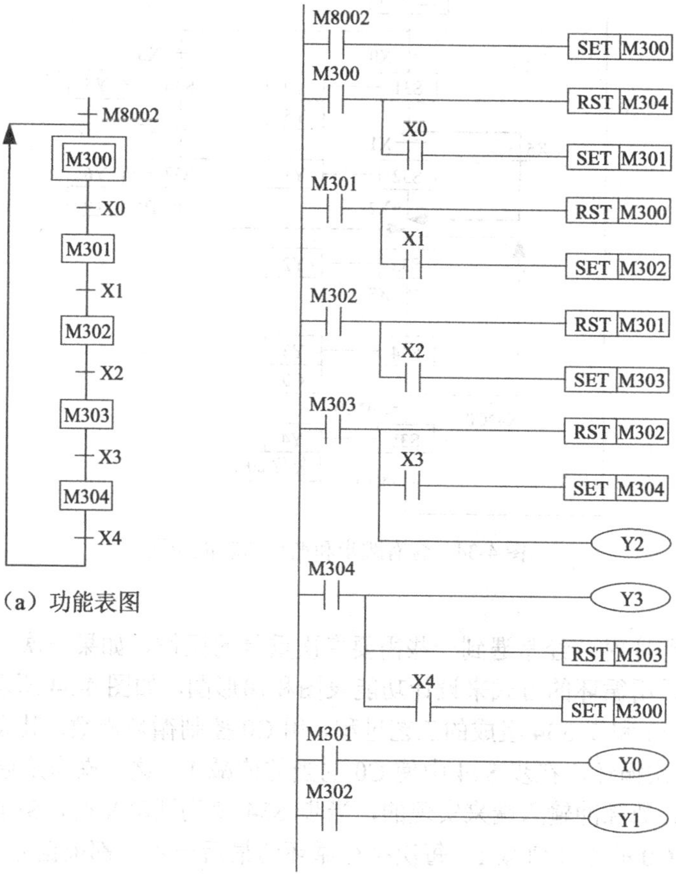

（a）功能表图

（b）梯形图

图 4-33　加热炉送料系统的功能表图与梯形图

4.4.5　功能表图中几个特殊编程问题

1．跳步与循环

复杂的控制系统不仅 I/O 点数多，功能表图也相当复杂，除包括前面介绍的功能表图的基本结构外，还包括跳步与循环控制，而且系统往往还要求设置多种工作方式，如手动和自动（包括连续、单周期、单步等）工作方式。手动程序比较简单，一般用经验法设计，自动程序的设计一般用顺序控制设计法。

（1）跳步

如图 4-34 所示含有跳步和循环的功能表图用状态器来代表各步，当步 S31 是活动步，并且 X5 变为“1”时，将跳过步 S32，由步 S31 进展到步 S33。这种跳步与 S31→S32→S33 等组成的主序列中有向连线的方向相同，称为正向跳步。当步 S34 是活动步，并且转换条件 $X4 \cdot \overline{C0}=1$ 时，将从步 S34 返回到步 S33，这种跳步与主序列中有向连线的方向相反，称为逆向跳步。显然，跳步属于选择序列的一种特殊情况。

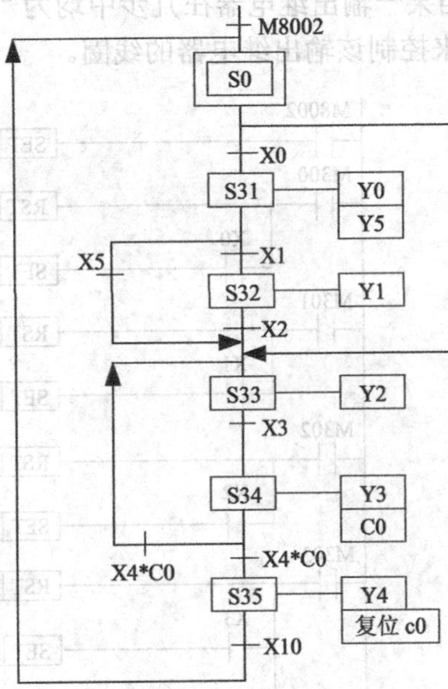

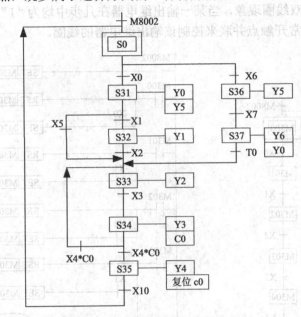

图 4-34　含有跳步和循环的功能表图

（2）循环

设计梯形图程序时，经常遇到一些需要多次重复的操作，如果一次一次地编程，显然非常烦琐。常常采用循环的方式来设计功能表图和梯形图，如图 4-34 所示，假设要求重复执行 10 次由步 S33 和步 S34 组成的工艺过程，用 C0 控制循环次数，其设定值等于循环次数 10。每执行一次循环，在步 S34 中使 C0 的当前值减 1，这一操作是通过将 S34 的常开触点接在 C0 的计数脉冲输入端来实现的，当步 S34 变为活动步时，S34 的常开触点由断开变为接通，使 C0 的当前值减 1。每次执行循环的最后一步，都根据 C0 的当前值是否为零来判别是否应结束循环，图中用步 S34 之后选择序列的分支来实现。假设 X4 为“1”，如果循环未结束，C0 的常闭触点闭合，转换条件 $X4 \cdot \overline{C0}$ 满足并返回步 S33，当 C0 的当前值减为 0，其常开触点接通，转换条件 $X4 \cdot C0$ 满足，将由步 S34 进展到步 S35。

在循环程序执行之前或执行之后，应将控制循环的计数器复位，才能保证下次循环时循环计数。复位操作应放在循环之外，图 4-34 中计数器复位在步 S0 和步 S25 显然比较方便。

2．选择序列和并行序列的编程

循环和跳步都属于选择序列的特殊情况。对选择序列和并行序列编程的关键在于对它们的分支和合并的处理，转换实现的基本规则是设计复杂系统梯形图的基本准则。与单序列不同的是，在选择序列和并行序列的分支、合并处，某一步或某一转换可能有几个前级步或几个后续步，在编程时应注意这个问题。

（1）选择序列的编程

① 使用 STL 指令的编程

如图 4-35 所示，步 S0 之后有一个选择序列的分支，当步 S0 是活动步，且转换条件 X0 为“1”时，将执行左边的序列，如果转换条件 X3 为“1”状态，将执行右边的序列。步 S32 之前有一个由两条支路组成的选择序列的合并，当 S31 为活动步，转换条件 X1 得到满足，或者 S33 为活动步，转换条件 X4 得到满足，都将使步 S32 变为活动步，同时系统程序使原来的活动步变为不活动步。

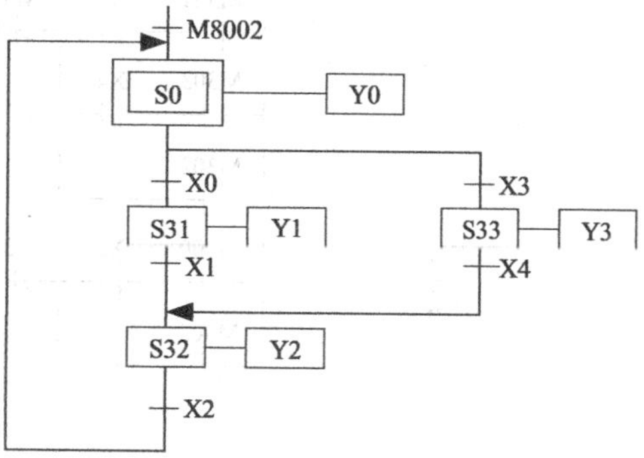

图 4-35　选择序列功能表图一

如图 4-36 所示为对图 4-35 采用 STL 指令编写的梯形图，对于选择序列的分支，步 S0 之后的转换条件为 X0 和 X3，可能分别进展到步 S31 和 S33，所以在 S0 的 STL 触点开始的电路块中，有分别由 X0 和 X3 作为置位条件的两条支路。对于选择序列的合并，由 S31 和 S33 的 STL 触点驱动的电路块中的转换目标均为 S32。

② 使用通用指令的编程

如图 4-38 所示对图 4-37 功能表图使用通用指令编写的梯形图，对于选择序列的分支，当后续步 M301 或 M303 变为活动步时，都应使 M300 变为不活动步，所以应将 M301 和 M303 的常闭触点与 M300 线圈串联。对于选择序列的合并，当步 M301 为活动步，并且转换条件 X1 满足，或者步 M303 为活动步，并且转换条件 X4 满足，步 M302 都应变为活动步，M302 的起动条件应为：M301•X1+M303•X4，对应的起动电路由两条并联支路组成，每条支路分别由 M301、X1 和 M303、X4 的常开触点串联而成。

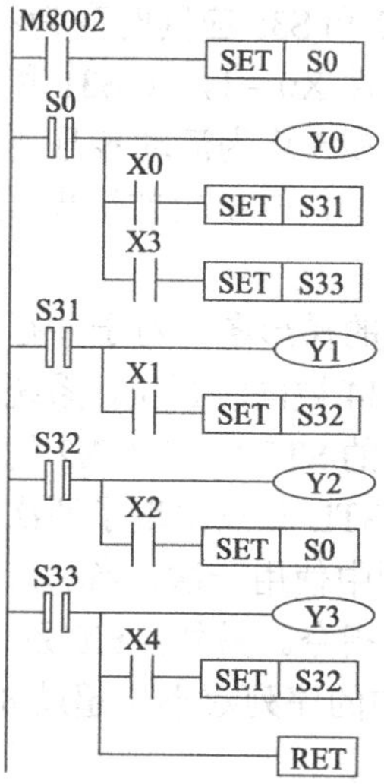

图 4-36　选择序列的梯形图一

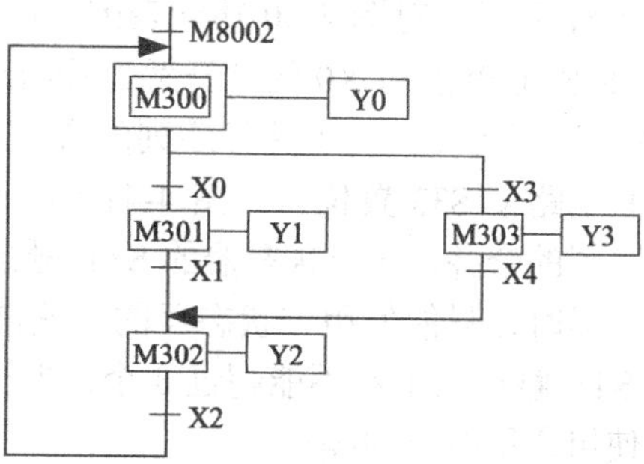

图 4-37　选择序列功能表图二

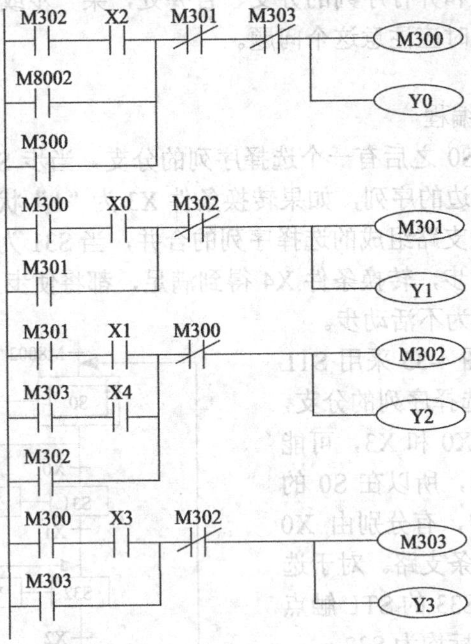

图 4-38　选择序列的梯形图二

③ 以转换为中心的编程

如图 4-39 所示是对图 4-37 采用以转换为中心的编程方法设计的梯形图。用仿 STL 指令的编程方式来设计选择序列的梯形图，请读者自己编写。

2. 并行序列的编程

（1）使用 STL 指令的编程

如图 4-40 所示为包含并行序列的功能表图，由 S31、S32 和 S34、S35 组成的两个序列是并行工作的，设计梯形图时应保证这两个序列同时开始和同时结束，即两个序列的第一步 S31 和 S34 应同时变为活动步，两个序列的最后一步 S32 和 S35 应同时变为不活动步。并行序列分支的处理很简单，当步 S0 是活动步，并且转换条件 X0=1，步 S31 和 S34 同时变为活动步，两个序列开始同时工作。当两个前级步 S32 和 S35 均为活动步且转换条件满足，将实现并行序列的合并，即转换的后续步 S33 变为活动步，转换的前级步 S32 和 S35 同时变为不活动步。

如图 4-41 所示是对图 4-40 功能表图采用 STL 指令编写的梯形图。对于并行序列的分支，当 S0 的 STL 触点和 X0 的常开触点均接通时，S31 和 S34 被同时置位，系统程序将前级步 S0 变为不活动步；对于并行序列的合并，用 S32、S35 的 STL 触点和 X2 的常开触点组成的串联电路使 S33 置位。在图 4-41 中，S32 和 S35 的 STL 触点出现了两次，如果不涉及并行序列的合并，同一状态器的 STL 触点只能在梯形图中使用一次，当梯形图中再次使用该状态器时，只能使用该状态器的一般常开触点和 LD 指令。另外，FX 系列 PLC 规定串联的 STL 触点的个数不能超过 8 个，即一个并行序列中的序列数不能超过 8 个。

（2）使用通用指令的编程

如图 4-42 所示的功能表图包含了跳步、循环、选择序列和并行序列等基本环节。

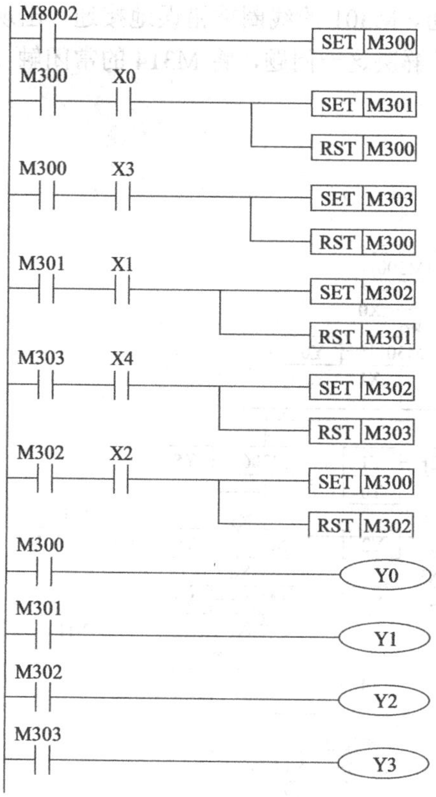

图 4-39　选择序列的梯形图三

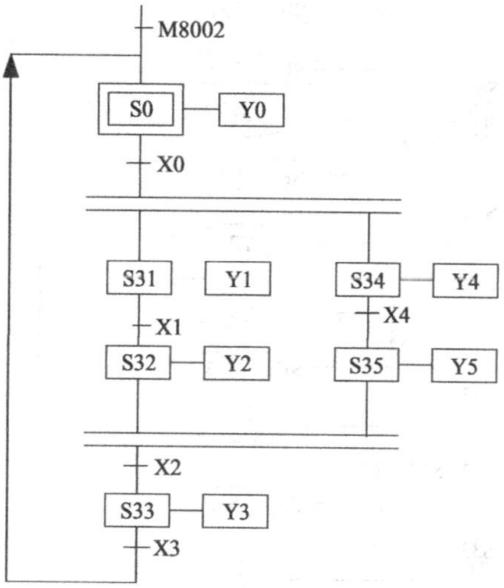

图 4-40　并行序列的功能表图

如图 4-43 所示是对图 4-42 的功能表图采用通用指令编写的梯形图。步 M301 之前有一个选择序列的合并，有两个前级步 M300 和 M313，M301 的起动电路由两条串联支路并联而成。M313 与 M301 之间的转换条件为 $\overline{C0}$•X13，相应的起动电路的逻辑表达式为 M313•$\overline{C0}$•X13，该串联支路由 M313、X13 的常开触点和 C0 的常闭触点串联而成，另一条起动电路则由 M300 和 X0 的常开触点串联而成。步 M301 之后有一个并行序列的分支，当步 M301 是活动步，并且满足转换条件 X1，步 M302 与步 M306 应同时变为活动步，这是用 M301 和 Xl 的常开触点组成的串联电路分别作为 M302 和 M306 的起动电路来实现的，与此同时，步 M301 应变为不活动步。步 M302 和 M306 是同时变为活动步的，因此只需要将 M302 的常闭触点与 M301 的线圈串联即可。

步 M313 之前有一个并行序列的合并，该转换实现的条件是所有的前级步（即步 M305 和 M311）都是活动步和转换条件 X12 满足。由此可知，应将 M305，M311 和 X12 的常开触点串联，作为控制 M313 的起动电路。M313 的后续步为步 M314 和 M301，M313 的停止电路由 M314 和 M301 的常闭触点串联而成。

编程时应该注意以下几个问题：

① 不允许出现双线圈现象。

② 当 M314 变为“1”状态后，C0 被复位（见图 4-43），其常闭触点闭合。下一次扫描开始时 M313 仍为“1”状态（因为在梯形图中 M313 的控制电路放在 M314 的上面），

使M301的控制电路中最上面的一条起动电路接通，M301的线圈被错误地接通，出现了M314和M301同时为“1”状态的异常情况。为了解决这一问题，将M314的常闭触点与M301的线圈串联。

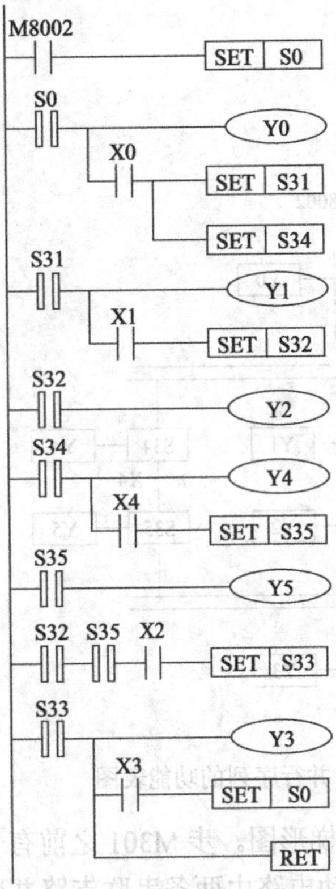

图4-41 并行序列的梯形图

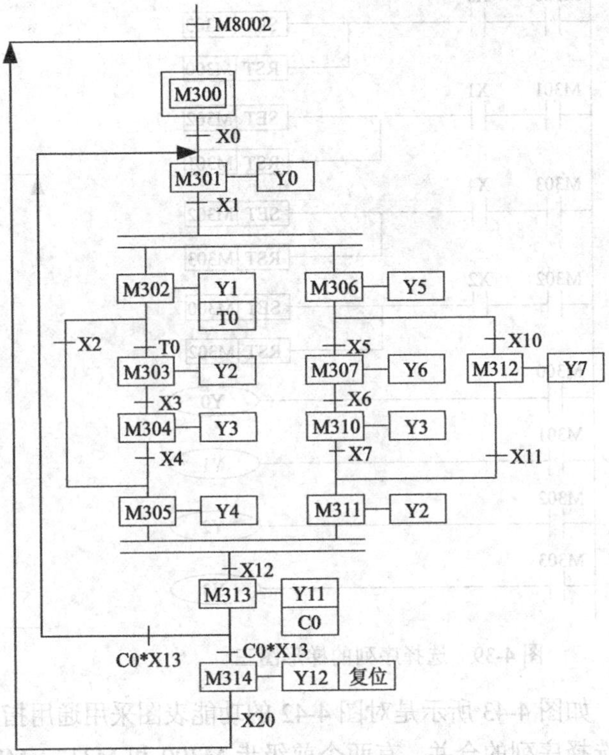

图4-42 复杂的功能表图

③ 如果在功能表图中仅有由两步组成的小闭环，如图4-44（a）所示，则相应的辅助继电器的线圈将不能通电。例如在M202和X2均为“1”状态时，M203的起动电路接通，但是这时与它串联的M202的常闭触点却是断开的，因此M203的线圈将不能通电。出现上述问题的根本原因是步M202既是步M203的前级步，又是它的后序步。如图4-44（b）所示在小闭环中增设一步即可解决这一问题，这一步只起延时作用，延时时间可以取得很短，对系统的运行不会有什么影响。

（3）使用以转换为中心的编程

与选择序列的编程基本相同，只是要注意并行序列分支与合并的处理。

如果某步之后有多个转换条件，可将它们分开处理，例如图4-43，步M302之后有两个转换，其中转换条件T0对应的串联电路放在电路块内，接在左侧母线上的M302的另一个常开触点和转换条件X2的常开触点串联，作为M305置位的条件。某一负载如果在不同的步为“1”状态，它的线圈不能放在各对应步的电路块内，而应该用相应辅助继电器的常开触点的并联电路来驱动它。

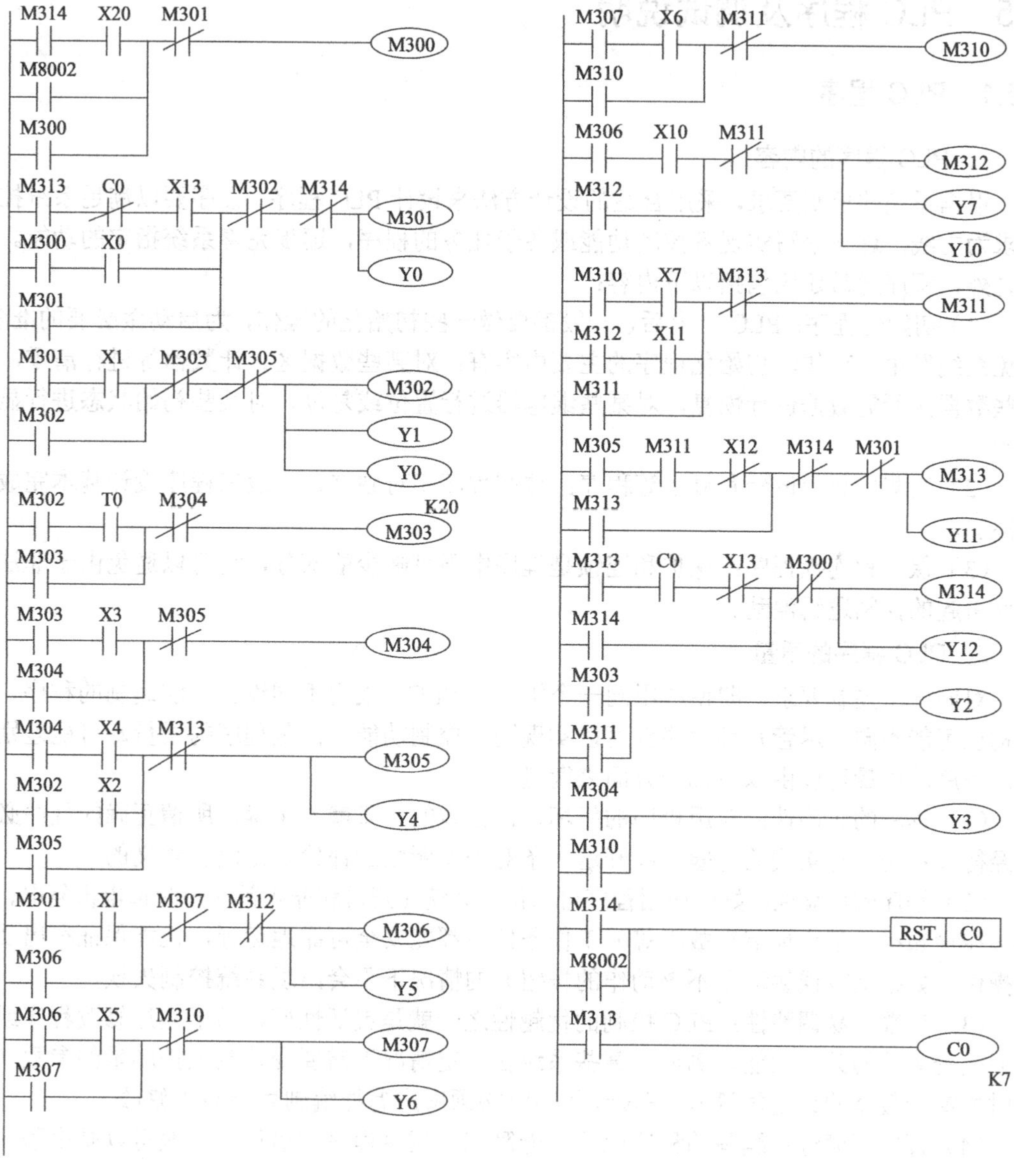

图 4-43　使用通用指令编写的梯形图

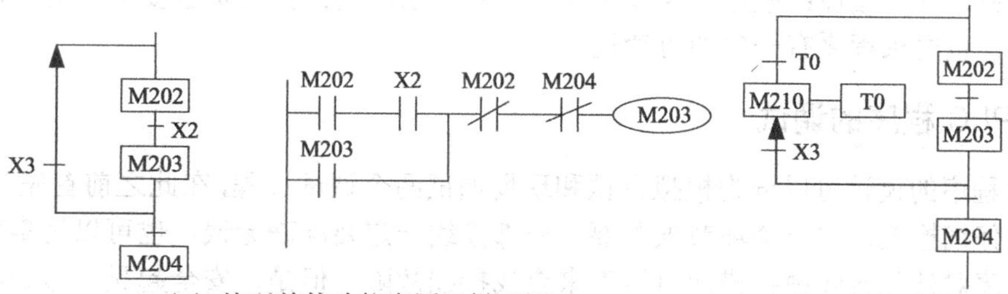

（a）处理前的功能表图及梯形图　　（b）处理后的功能表图

图 4-44　仅有两步的小闭环的处理

4.5 PLC 程序及调试说明

4.5.1 PLC 程序

1. PLC 程序的内容

根据系统的控制要求，采用合适的设计方法来设计 PLC 程序。程序要以满足系统控制要求为主线，逐一编写实现各控制功能或各子任务的程序，逐步完善系统指定的功能。除此之外，程序通常还应包括以下内容：

（1）初始化程序：PLC 上电后，一般都要做一些初始化的操作，为启动做必要的准备，避免系统发生误动作。初始化程序的主要内容有：对某些数据区、计数器等进行清零，对某些数据区所需数据进行恢复，对某些继电器进行置位或复位，对某些初始状态进行显示等等。

（2）检测、故障诊断和显示等程序：这些程序相对独立，一般在程序设计基本完成时再添加。

（3）保护和连锁程序：保护和连锁是程序中不可缺少的部分，它可以避免由于非法操作而引起的控制逻辑混乱。

2. PLC 程序的质量

对同一个控制要求，即使选用同一个机型的 PLC，采用不同设计方法编制的程序，其结构也可能不同。尽管几种程序都可以实现同一控制功能，但是程序的质量却可能差别很大。程序的质量可以由以下几个方面来衡量：

（1）程序的正确性：应用程序的好坏，最根本的一条就是正确。所谓正确的程序必须能经得起系统运行实践的考验，离开这一条对程序所做的评价都是没有意义的。

（2）程序的可靠性：好的应用程序可以保证系统在正常和非正常（短时掉电再复电、某些被控量超标、某个环节有故障等）工作条件下都能安全可靠地运行，也能保证在出现非法操作（如按动或误触动了不该动作的按钮）的情况下不会出现系统控制失误。

（3）参数的易调整性：PLC 控制的优越性之一就是灵活性好，易于通过修改程序或参数而改变系统的某些功能。例如，某些系统在一定情况下需要变动某些控制量的参数（如定时器或计数器的设定值等），在设计程序时必须考虑怎样编制才能易于修改。

（4）程序要简练：编写的程序应尽可能简练，减少程序的语句，一般可以减少程序扫描时间，提高 PLC 对输入信号的响应速度。当然，如果过多地使用执行时间较长的指令，有时虽然程序的语句较少，但是其执行时间也不一定短。

（5）程序的可读性：程序不仅仅给设计者看，系统的维护人员也要读。另外，为了有利于交流，也要求程序有一定的可读性。

4.5.2 PLC 程序的调试

PLC 程序的调试可以分为模拟调试和现场调试两个调试过程，在此之前首先对 PLC 外部接线做仔细检查，这一个环节很重要。外部接线一定要准确无误。也可以用事先编写好的试验程序对外部接线做扫描通电检查来查找接线故障。但是，安全起见，最好将主电路断开。当确认接线无误后再连接主电路，将模拟调试好的程序送入用户存储器进行调试，直到各部分的功能都正常，并能协调一致地完成整体的控制功能为止。

1．程序的模拟调试

程序模拟调试的基本思想是，以方便的形式模拟产生现场实际状态，为程序的运行创造必要的环境条件。根据产生现场信号的方式不同，模拟调试有硬件模拟法和软件模拟法两种形式。

（1）硬件模拟法是使用一些硬件设备（如用另一台 PLC 或一些输入器件等）模拟产生现场的信号，并将这些信号以硬接线的方式连到 PLC 系统的输入端，其时效性较强。

（2）软件模拟法是在 PLC 中另外编写一套模拟程序，模拟提供现场信号，其简单易行，但时效性不易保证。模拟调试过程中，可采用分段调试的方法，并利用编程器的监控功能。

将设计好的程序写入 PLC 后，首先逐条仔细检查，并改正写入时出现的错误。用户程序一般首先在实验室模拟调试，实际的输入信号可以用钮子开关和按钮来模拟，各输出量的通/断状态用 PLC 上有关的发光二极管来显示，一般不用接 PLC 实际的负载（如接触器、电磁阀等）。可以根据功能表图，在适当的时候用开关或按钮来模拟实际的反馈信号，如限位开关触点的接通和断开。对于顺序控制程序，调试程序的主要任务是检查程序的运行是否符合功能表图的规定，即在某一转换条件实现时，是否发生步的活动状态的正确变化，即该转换所有的前级步是否变为不活动步，所有的后续步是否变为活动步，以及各步被驱动的负载是否发生相应的变化。

在调试时应充分考虑各种可能的情况，对系统各种不同的工作方式、有选择序列的功能表图中的每一条支路、各种可能的进展路线，都应逐一检查，不能遗漏。发现问题后应及时修改梯形图和 PLC 中的程序，直到在各种可能的情况下输入量与输出量之间的关系完全符合要求。

2．程序的现场调试

完成上述的工作后，将 PLC 安装在控制现场进行联机总调试。联机调试是将通过模拟调试的程序进一步进行在线统调。联机调试过程应循序渐进，从 PLC 只连接输入设备、再连接输出设备、再接上实际负载等逐步进行调试。如不符合要求，则对硬件和程序做调整。通常只需修改部分程序即可在调试过程中暴露出系统中可能存在的传感器、执行器和硬接线等方面的问题，以及 PLC 的外部接线图和梯形图程序设计中的问题，应对出现的问题及时加以解决。

全部调试完毕后，交付试运行。经过一段时间运行，如果工作正常、程序不需要修改，应将程序固化到 EPROM 中，以防程序丢失。

4.6　复杂程序的设计方法

4.6.1　概述

实际的 PLC 应用系统往往比较复杂，复杂系统不仅需要的 PLC 输入/输出点数多，而且为了满足生产的需要，很多工业设备都需要设置多种不同的工作方式，常见的有手动和自动（连续、单周期、单步）等工作方式。

在设计这类具有多种工作方式的系统程序时，经常采用以下的程序设计思路与步骤：

1. 确定程序的总体结构

将系统的程序按工作方式和功能分成若干部分，如：公共程序、手动程序、自动程序等部分。手动程序和自动程序不是同时执行的，所以用跳转指令将它们分开，用工作方式选择信号作为跳转条件。如图4-45所示为一个典型的具有多种工作方式的系统程序的总体结构。选择手动工作方式时 X10 为“1”状态，将跳过自动程序，执行公用程序和手动程序；选择自动工作方式时 X10 为“0”状态，将跳过手动程序，执行公用程序和自动程序。确定了系统程序的结构形式，然后分别对每一部分程序进行设计。

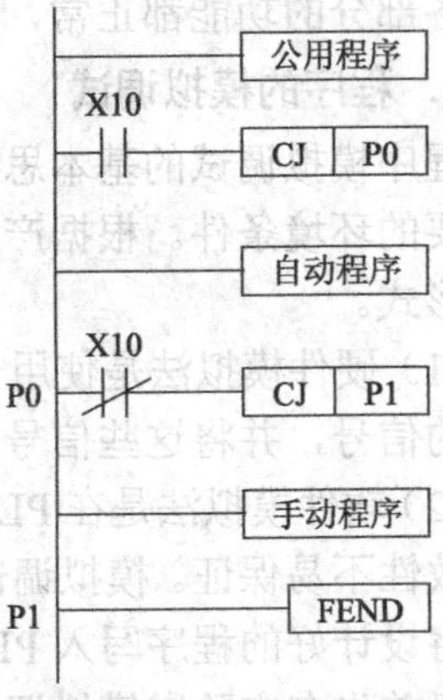

图4-45 复杂程序结构的一般形式

2. 分别设计局部程序

公共程序和手动程序相对较为简单，一般采用经验设计法进行设计。自动程序相对比较复杂，对于顺序控制系统一般采用顺序控制设计法，先画出其自动工作过程的功能表图，再选择某种编程方式来设计梯形图程序。

3. 程序的综合与调试

进一步理顺各部分程序之间的相互关系，并进行程序的调试。

4.6.2 复杂程序应用举例

PLC 在四工位组合机床控制系统中的应用

1. 概述

四工位组合机床由四个工作滑台各载一个加工动力头，组成四个加工工位完成对零件进行铣端面、钻孔、扩孔和攻丝等工序的加工，采用回转工作台传送零件，有夹具、上、下料机械手和进料器四个辅助装置以及冷却和液压系统。系统中除加工动力头的主轴由电动机驱动以外，其余各运动部分均由液压驱动。机床的四个动力头同时对一个零件进行加工，一次加工完成一个零件。

2. 控制要求和工作方式

本机床共有连续全自动工作循环、单机半自动循环和手动调整三种工作方式。连续全自动和单机半自动循环的控制要求为：按下启动按钮，上料机械手向前，将待加工零件送到夹具上，同时进料装置进料，然后上料机械手退回原位，进料装置放料，回转工作台自动微抬并转位，接着四个工作滑台向前，四个动力头同时加工，加工完成后，各工作滑台退回原位，下料机械手向前抓住零件，夹具松开，下料机械手退回原位并取走已加工完的零件，完成一个工作循环，并开始下一个工作循环，实现全自动工作方式。如果选择预停，则每个工作循环完成后，机床自动停止在初始位置，等到再次发出启动命令后，才开始下一个循环，这就是半自动循环工作方式。

3. 系统的硬件构成

本组合机床由 PLC 组成的电控系统共有各种输入信号约 37 个，输出信号 25 个。输入元件中包括工作方式选择开关、启动、预停、急停按钮，用于检测各工位工作进程的行程开关和压力继电器等等。输出元件包括控制各动力头主轴电动机运行的接触器线圈，控制各工位向前与向后、快速以及攻丝、退丝、夹紧、松开的电磁换向阀线圈。根据组合机床的工作特点，选用三菱 FX2N-64MR 型 PLC，即可满足输入输出信号的数量要求，同时由于各工位动作频率不是很高，但控制线路电流较大，故选用继电器输出方式的 PLC，系统的输入/输出信号地址分配表如表 4-4 所示。

表 4-4　系统的输入/输出信号地址分配表

输入				输出			
功能	地址	功能	地址	功能	地址	功能	地址
回原点	X0	快转工	X24	动力头		快速	Y20
手动	X1	终点	X25	铣端面	Y0	扩孔	
半自动	X2	过载	X26	钻孔	Y1	向前	Y21
全自动	X3	点动	X27	扩孔	Y2	向后	Y22
夹紧	X4	钻孔动力头		攻丝	Y3	快速	Y23
松开	X5	原位	X30	退丝	Y4	攻丝	
进料	X6	已快进	X31	上料进	Y5	攻丝	Y24
放料	X7	已工进	X32	上料退	Y6	快退	Y25
润滑压力	X10	点动	X33	下料进	Y7	–	–
总停	X11	扩孔动力头		下料退	Y10	–	–
启动	X12	原位	X34	夹紧机构		润滑电机	Y26
预停	X13	已快进	X35	夹紧	Y11	冷却电机	Y27
紧急停止	X14	已工进	X36	松开	Y12	蜂鸣器	Y30
冷却泵开	X15	点动	X37	铣端面		–	–
冷却泵停	X16	攻丝动力头		向前	Y13	–	–
上料原位	X17	原位	X40	向后	Y14	–	–
上料终点	X20	已快进	X41	快速	Y15	–	–
下料原位	X21	已攻丝	X42	钻孔		–	–
下料终点	X22	已退丝	X43	向前	Y16	–	–
铣端面动力头		点动	X44	向后	Y17	–	–
原位	X23	–	–	–	–	–	–

4. PLC 控制系统的软件设计

本机床 PLC 控制系统的软件由公用程序、全自动程序、半自动程序、手动程序、全线自动回原点程序以及故障报警程序等六部分组成，程序总体结构图如图 4-46 所示。

公用程序主要用来处理组合机床的各种操作信号，如启动、预停、紧急停止以及各工位的原位信号、机床启动前应具备的各种初始信号、工作方式选择信号、各种复位信号，并将处理结果作为机床启动、停止、程序转换或故障报警等的依据，公用程序一般采用经验法设计，其梯形图如图 4-47 所示。

故障报警程序包括故障的检测与显示，故障检测由传感器完成，再送入 PLC，故障显示采取分类组合显示的方法，将所有的故障检测信号按层次分成组，每组各包括几种故障，本系统分为：故障区域，故障部件（动力头、滑台、夹具等），故障元件三个层次。当具体的故障发生时，检测信号同时送往区域、部件、元件三个显示组。这样就可以指示故障发生在某区域、某部件、某元件上。

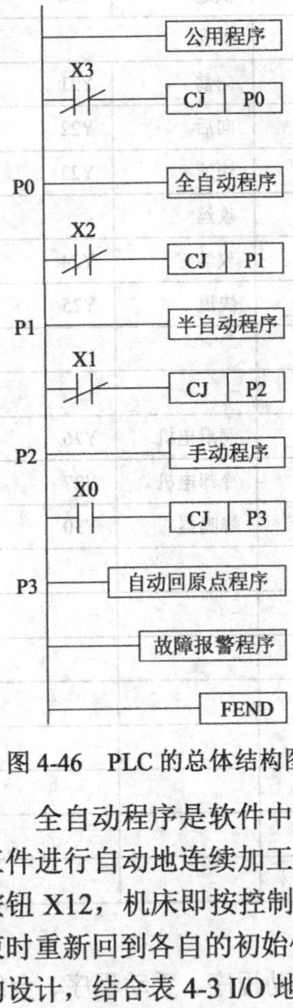

图 4-46 PLC 的总体结构图

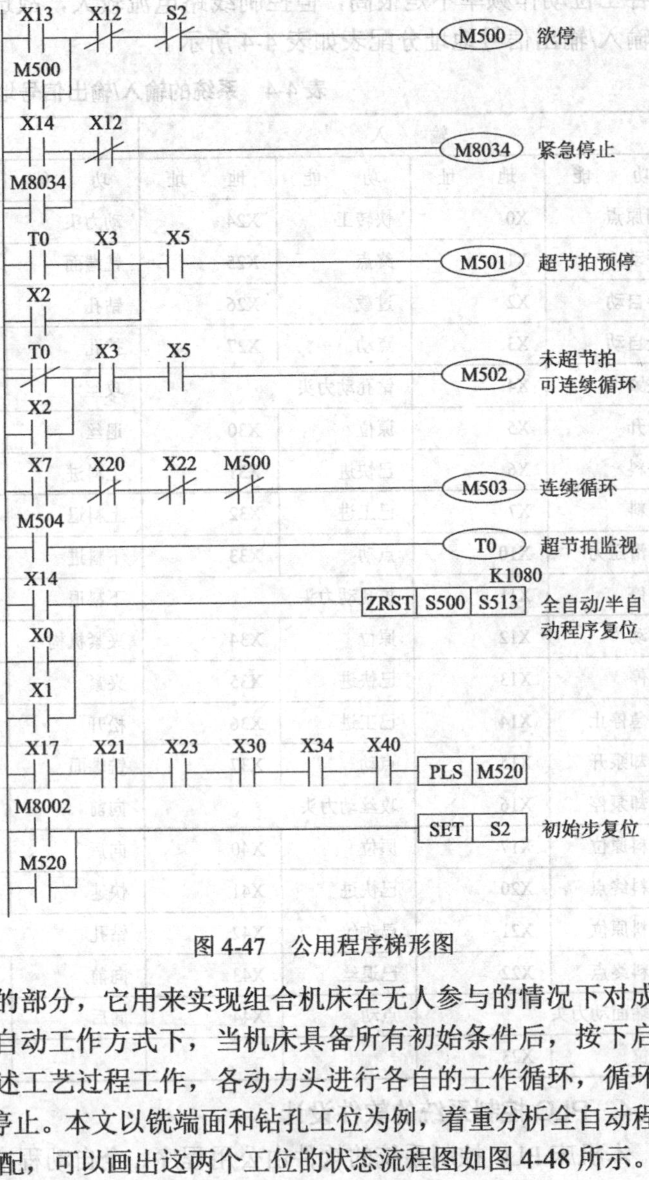

图 4-47 公用程序梯形图

全自动程序是软件中最重要的部分，它用来实现组合机床在无人参与的情况下对成批工件进行自动地连续加工。在全自动工作方式下，当机床具备所有初始条件后，按下启动按钮 X12，机床即按控制要求所述工艺过程工作，各动力头进行各自的工作循环，循环结束时重新回到各自的初始位置并停止。本文以铣端面和钻孔工位为例，着重分析全自动程序的设计，结合表 4-3 I/O 地址的分配，可以画出这两个工位的状态流程图如图 4-48 所示。

需要指出的是：在图 4-48 中，我们设置了预停功能和超节拍保护功能。

（1）预停功能：当按下预停按钮 X13，M500 为“1”状态，M503 为“0”状态，如图 4-47 所示。这样当组合机床进展到 S513 步且 X21=1 时，将转入初始步 S2，并自动停止，而不会转入 S500 进入下一个循环。

（2）超节拍保护：当组合机床进行超节拍保护时，超节拍监控定时器 T0 将动作，（由 S500 置位 M504），使 M501 为“1”状态，M502 为“0”状态，如图 4-47 所示，当机床进行到 S511 步时，将转入初始步 S2 停止，不会继续往下运动。

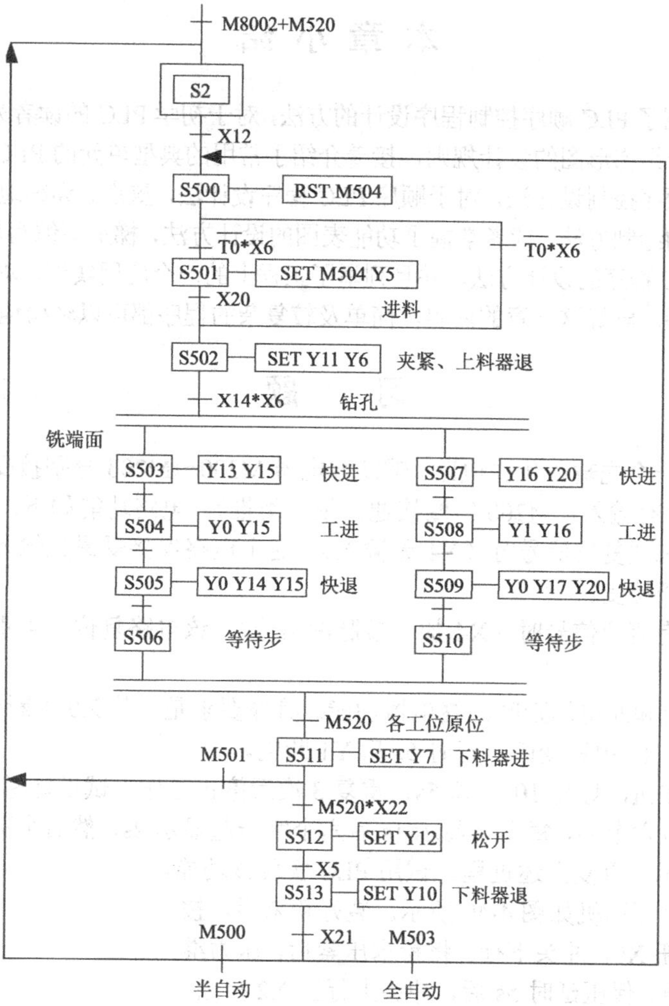

图 4-48　全自动/半自动程序流程图

依照上述方法，同样可以把其他几部分的程序流程图设计出来。

5. 系统调试与运行

系统调试将手动与自动操作控制独立分开，自动操作控制首先保证单机程序调试成功后，再转入连续控制，最后连接整个系统试运行。由于 PLC 可灵活、方便地通过编程来改变控制过程，使调试变得更简单。本系统经过一段时间运行表明，该系统性能可靠，自动化程度高，完全能满足生产工艺要求，它不仅提高了生产效率，而且大大减轻了劳动强度，改善了工作环境。

6. 结束语

PLC 作为新一代的工业控制装置，具有开发柔性好，接线简单，安装方便，抗干扰性强等特点，用它来控制四工位组合机床这样复杂的生产设备，是理想的选择。在实际应用中，对这样理想的控制器也采取了一定的保护措施。如本系统中，由于接触器和电磁阀较多，为防止电磁干扰，在 PLC 的输出端与电磁阀、接触器线圈之间增加了固态继电器进行隔离，这样就避免了可能产生的误动作。实践证明，这种隔离措施行之有效。

本 章 小 结

本章主要介绍了 PLC 顺序控制程序设计的方法，对于初学 PLC 的读者来讲是非常重要的部分。该章首先介绍梯形图的设计规则，接着介绍了常用的典型单元的 PLC 程序，PLC 程序的经验设计法和顺序控制设计法，对于顺序 PLC 程序设计法，重点、详细地介绍了设计步骤，特别是功能表图的绘制方法，读者掌握了功能表图的设计方法，梯形图编写就非常简单了。最后介绍了复杂 PLC 程序的设计方法，并且列举了工程上的一个应用实例，巩固读者对 PLC 程序设计方法的掌握。学好这一章的内容，简单及较复杂的程序都可以轻松地编写出来。

习 题

4.1 用 PLC 设计一个先输入优先电路。辅助继电器 M200～M203 分别接受 X0～X3 的输入信号（若 X0 有输入，M200 线圈接通，依此类推）。电路功能如下：

（1）当未加复位信号时（X4 无输入），这个电路仅接受最先输入的信号，而对以后的输入不予接受。

（2）当有复位信号时（X4 加一短脉冲信号），该电路复位，可重新接受新的输入信号。

4.2 编程实现通电和断电均延时的继电器功能。具体要求是：若 X0 由断变通，延时 10s 后 Y1 通电，若 X0 由通变断，延时 5s 后 Y1 断电。

4.3 按一下启动按钮，灯亮 10s，暗 5s，重复 3 次后停止工作，试设计梯形图。

4.4 某广告牌上有六个字，每个字显示 1s 后六个字一起显示 2s，然后全灭。1s 后再从第一个字开始显示，重复上述过程，试用 PLC 实现该功能。

4.5 粉末冶金制品压制机如图 4-49 所示。装好粉末后，按一下启动按钮 X0，冲头下行。将粉末压紧后，压力继电器 X1 接通。保压延时 5s 后，冲头上行至 X2 接通。然后模具下行至 X3 接通。取走成品后，工人按一下按钮 X5，模具上行至 X4 接通，返回初始状态。画出功能表图并设计出梯形图（要求用三种不同的编程方式将功能表图转换成梯形图）。

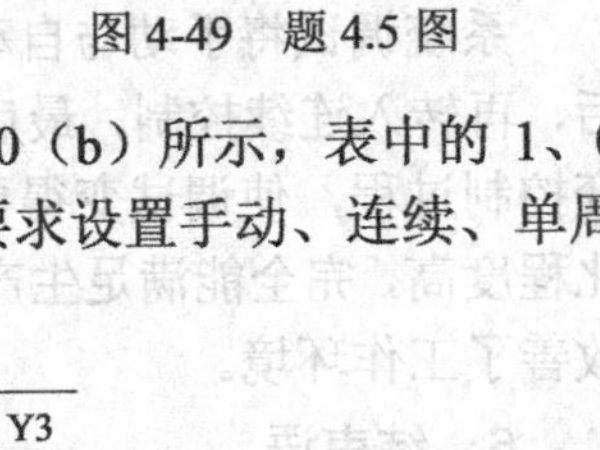

图 4-49 题 4.5 图

4.6 某动力头按如图 4-50（a）所示的步骤动作：快进、工进 1、工进 2、快退。输出 Y0～Y3 在各步的状态如图 4-50（b）所示，表中的 1、0 分别表示接通和断开。设计该动力头系统的梯形图程序，要求设置手动、连续、单周期、单步 4 种工作方式。

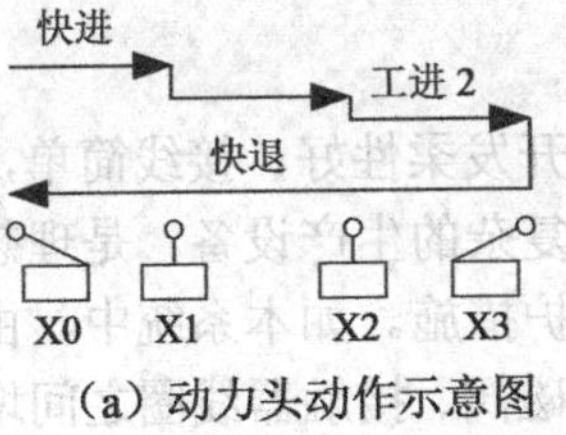

（a）动力头动作示意图

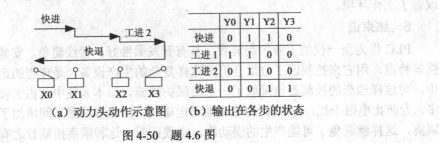

	Y0	Y1	Y2	Y3
快进	0	1	1	0
工进 1	1	1	0	0
工进 2	0	1	0	0
快退	0	0	1	1

（b）输出在各步的状态

图 4-50 题 4.6 图

4.7 设计一个十字路口交通灯控制系统程序。

要求：按下启动按钮，按照下列要求实现控制：东西方向红灯亮，同时，南北方向绿灯亮 7s，随后南北方向绿灯闪烁 3s，之后南北方向黄灯亮 2s；紧接着南北方向红灯亮，东西方向绿灯亮 7s，随后东西方向绿灯闪烁 3s，之后东西方向黄灯亮 2s，实现一个循环。如此循环，实现交通灯的控制。按下停止按钮，交通灯立即停止工作。

4.8 小车在初始位置时限位开关 X0 接通，按下启动按钮 X3，小车按照图 4-51 所示顺序运动，最后返回并停在初始位置。试画出功能表图，设计出梯形图。

4.9 设计一个两种液体混合装置控制系统如图 4-52 所示，画出功能表图，设计出梯形图。

要求：有两种液体 A、B 需要在容器中混合成液体 C 待用，初始时容器是空的，所有输出均失效。按下启动按钮，阀门 X1 打开，注入液体 A；到达 I 时，X1 关闭，阀门 X2 打开，注入液体 B；到达 H 时，X2 关闭，打开加热器 R；当温度传感器达到 60℃时，关闭 R，打开阀门 X3，释放液体 C；当最低位液位传感器 L=0 时，关闭 X3 进入下一个循环。按下停止按钮，要求停在初始状态。

启动信号 X0，停止信号 X1，H（X2），I（X3），L（X4），温度传感器 X5，阀门 X1（Y0），阀门 X2（Y1），加热器 R（Y2），阀门 X3（Y3）。

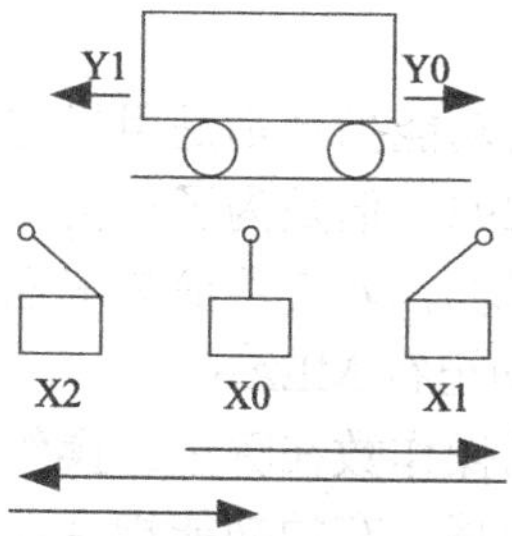

图 4-51　题 4.8 图

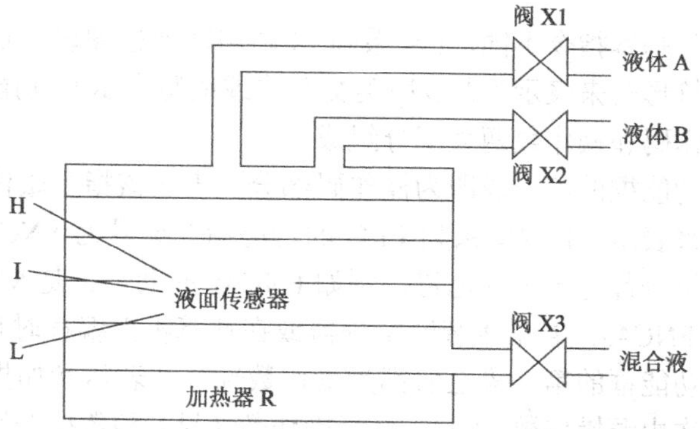

图 4-52　题 4.9 图

4.10 设计能够允许五个队参加的抢答器控制程序。比赛规则及所使用的设备如下：设有主持人总台及参加比赛队分台。总台设有总台灯及总台音响，分台设有分台灯。分台设有抢答按钮，总台设有开始及复位按钮。各队抢答必须在主持人给出题目，说了开始并同时按了开始控制钮后的 10s 内进行，如提前，抢答器将报出违例信号。（违例要扣分）。10s 时间到，还无人抢答，抢答器将给出应答时间到信号。该题作废。抢得的队必须在 30s 内完成答题。如 30s 信号到还没答完，则做答题超时处理。

第 5 章　FX 系列 PLC 的功能指令

本章内容提要

早期的 PLC 大多用于开关量控制，基本指令和步进指令已经能满足控制要求。为适应控制系统的其他控制要求（如模拟量控制等），从 20 世纪 80 年代开始，PLC 生产厂家就在小型 PLC 上增设了大量的功能指令（也称应用指令），功能指令的出现大大拓宽了 PLC 的应用范围，也给用户编制程序带来了极大方便。FX 系列 PLC 有多达 100 多条功能指令（见附录 A），由于篇幅的限制，本章仅对比较常用的功能指令作详细介绍，其余的指令只作简介，读者可参阅 FX 系列 PLC 编程手册。

5.1　概述

5.1.1　功能指令的表示格式

与基本指令不同，FX 系列 PLC 用功能框图表示功能指令，即在功能框图中用通用的助记符形式来表示（大多用英文名称或缩写表示）。功能指令与一般的汇编指令相似，也是由操作码和操作数两大部分组成。

功能框的第一段即为操作码部分，表达该指令做什么。一般功能指令都是用指定的功能号来表示，FX2N 系列 PLC 的功能指令编号为 FNC00～FNC294。但是为了记忆，每个功能指令都有一个助记符，例如 FNC45 的助记符是 MEAN（平均），若使用简易编程器时键入 FNC45，若采用智能编程器或在计算机上编程时也可键入助记符 MEAN。

功能框的第一段之后都为操作数部分，表达参加指令操作的操作数在哪里。操作数部分依次由源操作数（源）、目标操作数（目）和数据个数三部分组成。有的功能指令没有操作数，而大多数功能指令有 1～4 个操作数。如图 5-1 所示为计算平均值指令，它有三个操作数，[S]表示源操作数，[D]表示目标操作数，如果使用变址功能，则可表示为[S.]和[D.]。当源或目标不止一个时，用[S1.]、[S2.]、[D1.]、[D2.]表示。用 n 和 m 表示其他操作数，它们常用来表示常数 K 和 H，或作为源和目标操作数的补充说明，当这样的操作数多时可用 n1、n2 和 m1、m2 等来表示。

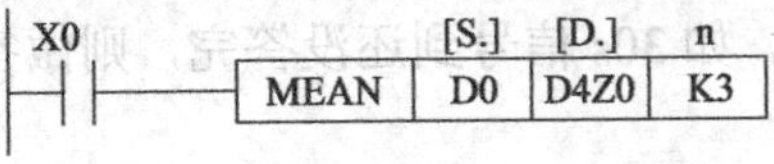


```
0  LD    X0
1  WEAN
3  D0
5  D4Z0
7  K3
```

图 5-1　功能指令表示格式

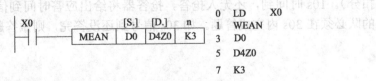

图 5-1 中源操作数为 D0、D1、D2，目标操作数为 D4Z0（Z0 为变址寄存器），K3 表示有三个数，当 X0 接通时，执行的操作为[(D0) + (D1) + (D2)]÷3→(D4Z0)，如果 Z0 的内容为 20，则运算结果送入 D24 中。

功能指令的指令段通常占 1 个程序步，16 位操作数占 2 步，32 位操作数占 4 步。

5.1.2　功能指令的执行方式与数据长度

1. 连续执行与脉冲执行

功能指令有连续执行和脉冲执行两种类型。如图 5-2 所示，指令助记符 MOV 后面有“P”表示脉冲执行，即该指令仅在 X1 接通（由 OFF 到 ON）时执行（将 D10 中的数据送到 D12 中）一次；如果没有“P”则表示连续执行，即该指令在 X1 接通（由 OFF 到 ON）的每一个扫描周期都要被执行。

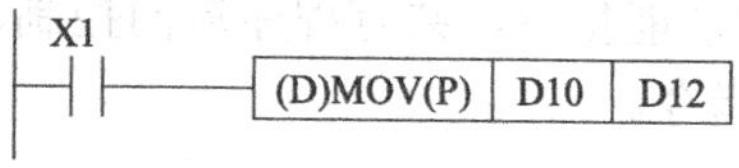

图 5-2　功能指令的执行方式与数据长度的表示

2. 数据长度

功能指令可处理 16 位数据或 32 位数据。处理 32 位数据的指令是在助记符前加“D”标志，无此标志即为处理 16 位数据的指令。注意 32 位计数器（C200～C255）的一个软元件为 32 位，不可作为处理 16 位数据指令的操作数使用。如图 5-2 所示，若 MOV 指令前面带“D”，则当 X1 接通时，执行 D11D10→D13D12（32 位）。在使用 32 位数据时建议使用首编号为偶数的操作数，不容易出错。

5.1.3　功能指令的数据格式

1. 位元件与字元件

像 X、Y、M、S 等只处理 ON/OFF 信息的软元件称为位元件；而像 T、C、D 等处理数值的软元件则称为字元件，一个字元件由 16 位的存储单元组成。其最高位（第 15 位）为符号位，第 0～14 位为数值位。

位元件可以通过组合使用，4 个位元件为一个单元，通用表示方法由 Kn 加起始的软元件号组成，n 为单元数。例如 K2Y0 表示 Y0～Y7 组成两个位元件组（K2 表示两个单元），它是一个 8 位数据，Y0 为最低位。如果将 16 位数据传送到不足 16 位的位元件组合（$n<4$），只传送低位数据，多出的高位数据不传送，32 位数据传送也一样。在做 16 位数据操作时，参与操作的位元件不足 16 位时，高位的不足部分均做 0 处理，这意味着只能处理正数（符号位为 0），在做 32 位数处理时也一样。被组合的元件首位元件可以任意选择，但为避免混乱，建议采用编号以 0 结尾的元件，如 S10，X0，X20 等。

2. 数据格式

在 FX 系列 PLC 内部，数据以二进制（BIN）补码的形式存储，所有的四则运算都使用二进制数。二进制补码的最高位为符号位，正数的符号位为 0，负数的符号位为 1。FX 系列 PLC 可实现二进制码与 BCD 码的相互转换。

为更精确地进行运算，可采用浮点数运算。在 FX 系列 PLC 中提供了二进制浮点运算和十进制浮点运算，设有将二进制浮点数与十进制浮点数相互转换的指令。二进制浮点数采用编号连续的一对数据寄存器表示，例如 D11 和 D10 组成的 32 位寄存器中，D10 的 16 位加上 D11 的低 7 位共 23 位为浮点数的尾数，而 D11 中除最高位的前 8 位是阶位，最高位是尾数的符号位（0 为正，1 为负）。十进制的浮点数也用一对数据寄存器表示，编号小的数据寄存器为尾数段，编号大的为指数段，例如使用数据寄存器（D1，D0），表示十进制浮点数时：

$$十进制浮点数 = (尾数\ D0)\times 10^{(指数\ D1)}$$

其中：D0，D1 的最高位是正负符号位。

5.2 FX 系列 PLC 功能指令介绍

FX2N 系列 PLC 有丰富的功能指令，共有程序流向控制、传送与比较、算术与逻辑运算、循环与移位等 19 类功能指令。

5.2.1 程序流向控制类指令（FNC00～FN09）

程序流向类指令有条件跳转、子程序调用、中断处理、循环、定时器刷新等 10 条指令。

1. 条件跳转指令

条件跳转指令 CJ(P)的编号为 FNC00，其用法是当跳转条件成立时跳过一段指令，跳转到指令中所标明的标号处继续执行，若条件不成立则继续顺序执行。被跳过的程序段中的指令，无论驱动条件是有效还是无效，其输出都不变动。该条指令的操作数为指针标号 P0～P127，其中 P63 为 END 所在步序，不需标记。指针标号允许用变址寄存器修改。

如图 5-3 所示，当 X20 接通时，则由 CJ P3 指令跳到标号为 P3 的指令处开始执行，跳过了程序的一部分，减少了扫描周期。如果 X20 断开，跳转不会执行，则程序按原顺序执行。

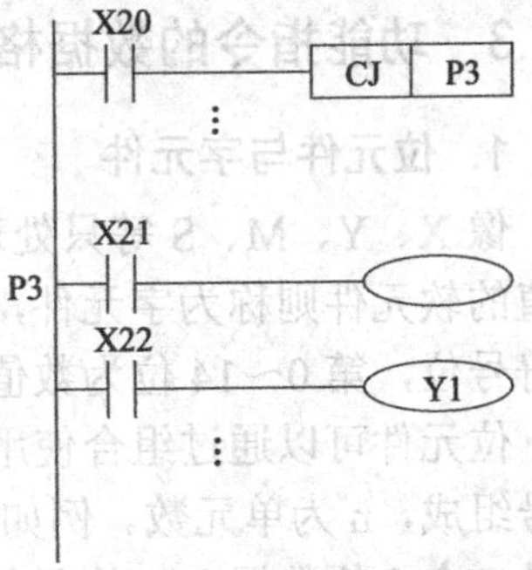

图 5-3 跳转指令的使用

使用跳转指令时应注意：

（1）CJ(P)指令表示为脉冲执行方式。

（2）标号不能重复使用，但能多次引用，在一个程序中只能出现一次，否则将出错。

（3）在跳转执行期间，即使被跳过程序的驱动条件改变，但其线圈（或结果）仍保持跳转前的状态，因为跳转期间根本没有执行这段程序。

（4）如果在跳转开始时定时器和计数器已在工作，则在跳转执行期间它们将停止工作，等到跳转条件不满足后又继续工作。但对于正在工作的定时器 T192～T199 和高速计数器 C235～C255 不管有无跳转仍连续工作。

2. 子程序调用与子程序返回指令

PLC 中的子程序也是为一些特定的控制目的编制的相对独立的模块，供主程序调用。子程序调用指令 CALL 的编号为 FNC01。操作数为 P0～P127，标号为被调用子程序的入口地址。

子程序返回指令 SRET 的编号为 FNC02，无操作数。

如图 5-4 所示，如果 X20 接通，则转到标号 P10 处去执行子程序。当执行 SRET 指令时，返回到 CALL 指令的下一步执行。

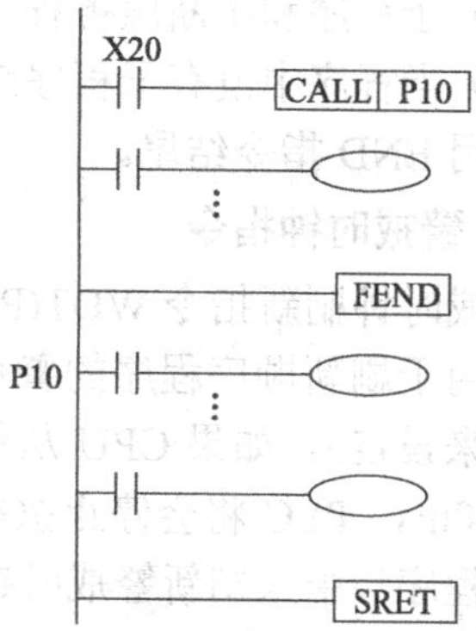

图 5-4 子程序调用与返回指令的使用

使用子程序调用与返回指令时应注意：

（1）转移标号不能重复，也不可与跳转指令的标号重复。

（2）子程序可以嵌套调用，最多可达 5 级嵌套。

3. 与中断有关的指令

中断是 CPU 与外设"打交道"的一种方式，即两者之间的数据传送。数据传送时慢速的外设远远跟不上高速 CPU 的节拍。为此可以采用数据传送的中断方式来匹配两者之间的传送速度，提高 CPU 的工作效率。采用中断方式后，CPU 与外设是平行工作的，平时 CPU 在执行主程序，当外设需要数据传送服务时，才去向 CPU 发出中断请求。在允许中断的情况下，CPU 可以响应外设的中断请求，从主程序中跳出来，在保护好现场的条件下去执行中断服务程序。在遇到中断返回指令后，再回到断点处继续执行主程序。可见，CPU 只有在执行中断服务程序的时间里才同外设打交道，所以，CPU 的效率得到了大大地提高。

与中断有关的三条功能指令是：中断返回指令 IRET，编号为 FNC03；中断允许指令 EI，编号为 FNC04；中断禁止指令 DI，编号为 FNC05。它们均无操作数，占用 1 个程序步。

FX 系列 PLC 有两类中断，即外部中断和内部定时中断。外部中断信号从 X0～X5 输入端子送入，可用于 PLC 外突发事件的中断。定时中断是 PLC 内部中断，是定时器定时时间到引起的中断。如图 5-5 所示，允许中断范围中若中断源 X0 有一个下降沿，则转入 I000 为标号的中断服务程序，但 X0 可否引起中断还受 M8050 控制，当 X20 有效时则 M8050 控制 X0 无法引起中断。

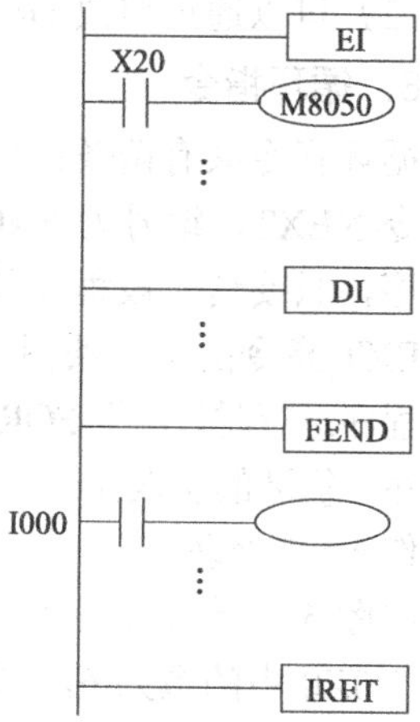

图 5-5 中断指令的使用

使用中断相关指令时应注意：

（1）中断的优先级排队如下：如果多个中断依次发生，则以发生先后为序，即发生越早级别越高；如果多个中断源同时发出信号，则中断指针号越小优先级越高。

（2）当 M8050～M8058 为 ON 状态时，禁止执行相应 I0□□～I8□□的中断，M8059 为 ON 状态时则禁止所有计数器中断。

（3）无需中断禁止时，可只用 EI 指令，不必用 DI 指令。

（4）执行一个中断服务程序时，如果在中断服务程序中有 EI 和 DI 指令，可实现二级中断嵌套，否则禁止其他中断。

（5）中断请求信号的宽度，即中断请求信号的持续时间必须大于 200μs，宽度不够的请求信号可能得不到正确响应。

4. 主程序结束指令

主程序结束指令 FEND 的编号为 FNC06，无操作数，占用 1 个程序步。FEND 表示主程序结束，当执行到 FEND 指令时，此后 CPU 将进行输入/输出处理，警戒时钟刷新，完成后返回第 0 步。

使用 FEND 指令时应注意：

（1）子程序和中断服务程序应放在 FEND 指令之后。

（2）子程序和中断服务程序必须写在 FEND 和 END 之间，否则出错。

（3）当程序中没有子程序或中断服务程序时，也可以没有 FEND 指令。但是程序的最后必须用 END 指令结尾。

5．警戒时钟指令

警戒时钟刷新指令 WDT(P)编号为 FNC07，没有操作数，占 1 个程序步。WDT 指令的功能是用于刷新顺序程序的警戒时钟。FX 系列 PLC 的警戒时钟缺省值为 100ms（可用 D8000 来设定）。如果 CPU 从程序的第 0 步到 END 或 FEND 指令之间的指令执行时间超过了 100ms，PLC 将会停止执行用户程序。为防止此类情况发生，可以将 WDT 指令插到合适的程序步中来刷新警戒时钟，以使用户程序得以继续执行到 END。这样处理后，即可以将一个运行时间大于 100ms 的程序用 WDT 指令分成几部分，使每一部分的执行时间都小于 100ms。例如，如图 5-6 所示，若要执行一个扫描时间为 160ms 的程序，可以将其分解为两个 80ms 的程序，为此在这两个程序之间插入 WDT 指令即可。

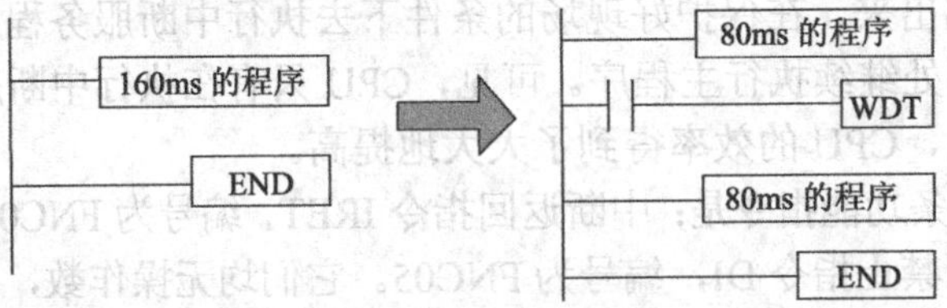

图 5-6 警戒时钟刷新指令的使用

使用 WDT 指令时应注意：

（1）如果在后续的 FOR～NEXT 循环中，执行时间可能超过警戒时钟的定时时间，可以将 WDT 插入循环程序中。

（2）可以通过修改 D8000 的数据来改变警戒时钟刷新时间。

6．循环指令

循环指令共有两条：循环区起点指令 FOR，编号为 FNC08，占用 3 个程序步；循环结束指令 NEXT，编号为 FNC09，占用 1 个程序步，无操作数。循环指令可以反复执行某一段程序，只要这一段程序放在 FOR～NEXT 指令之间，待执行完指定的循环次数后，才执行 NEXT 指令的下一条指令。循环程序可以使程序显得简明精炼。

程序运行时，位于 FOR～NEXT 间的程序反复执行 n 次（由操作数决定）后再继续执行后续程序。循环的次数 n = 1～32 767。如果 n = –32 767～0，则当作 n = 1 处理。

如图 5-7 所示为一个二重嵌套循环，外层执行 5 次。如果 D0Z0 中的数为 6，则外层 A 每执行一次则内层 B 将执行 6 次。

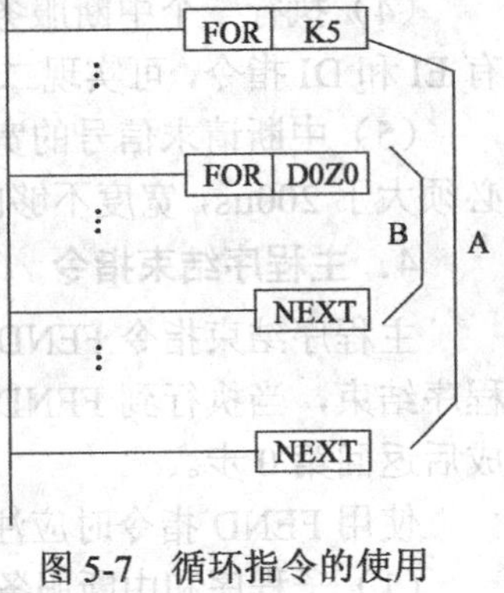

图 5-7 循环指令的使用

使用循环指令时应注意：

（1）FOR 和 NEXT 指令必须成对使用，NEXT 指令必须在 FOR 指令之后。

（2）FX2N 系列 PLC 可循环嵌套 5 层。

（3）在循环中可利用 CJ 指令在循环结束前跳出循环体。

（4）NEXT 指令应在 FEND 和 END 指令之前，否则均会出错。

5.2.2　传送与比较类指令（FNC10～FNC19）

数据传送与比较指令是程序中用得最多的功能指令，为此 FX 系列 PLC 中设置了 8 条数据传送指令，两条数据比较指令。传送指令的助记符有 MOV、SMOV、CML、BMOV、FMOV、XCH、BCD 和 BIN，比较指令的助记符为 CMP 和 ZCP。

1．比较指令

比较指令包括 CMP（比较）和 ZCP（区间比较）两条指令。

（1）比较指令 CMP：(D) CMP (P)指令的编号为 FNC10，其功能是将源操作数[S1]和源操作数[S2]的数据进行比较，比较结果用目标元件[D]的状态来表示。如图 5-8 所示，当 X1 接通时，把常数 100 与 C20 的当前值进行比较，比较的结果送入 M0～M2 中。X1 为 OFF 状态时不执行，M0～M2 的状态也保持不变。

（2）区间比较指令 ZCP：(D) ZCP (P) 指令的编号为 FNC11，其功能是将源操作数[S]与[S1]和[S2]的内容进行比较，并将比较结果送到目标操作数[D]中。如图 5-9 所示，当 X0 为 ON 状态时，把 C30 当前值与 K100 和 K120 相比较，将结果送入 M3、M4、M5 中。X0 为 OFF 状态时，则 ZCP 指令不执行，M3、M4、M5 状态保持不变。

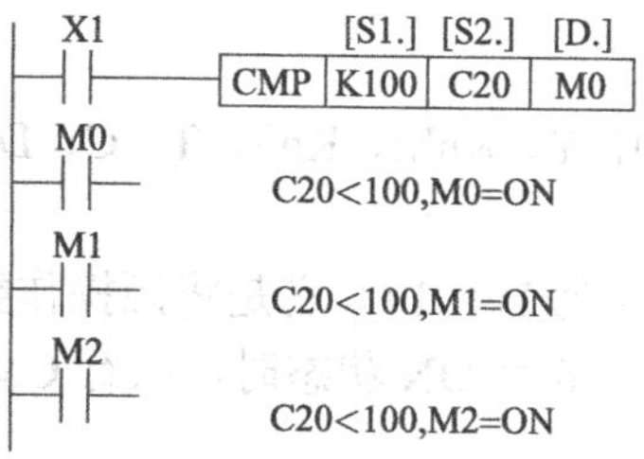

图 5-8　比较指令的使用

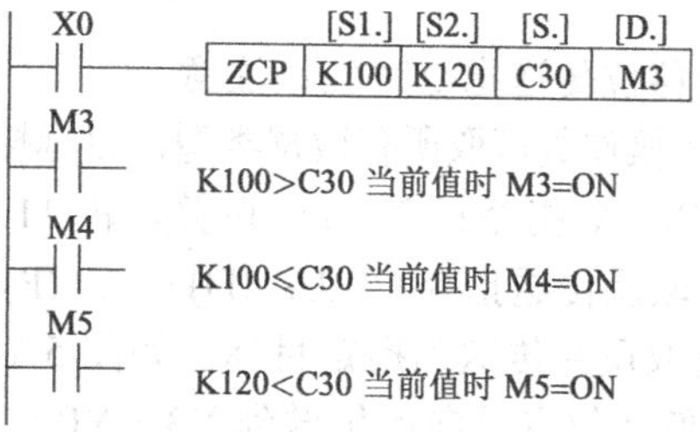

图 5-9　区间比较指令的使用

使用比较指令 CMP/ZCP 时应注意：

① [S1]、[S2] 范围为 K、H、KnY、KnM、KnS、T、C、D、V、Z，目标操作数[D]可取 Y、M 和 S。

② 使用 ZCP 指令时，[S2]的数值不能小于[S1]。

③ 所有的源数据都被看成二进制值处理。

2．传送指令

（1）传送指令 MOV：(D) MOV (P) 指令的编号为 FNC12，该指令的功能是将源数据传送到指定的目标。如图 5-10 所示，当 X0 为 ON 状态时，则将[S]中的数据 K100 传送到目标操作元件[D]即 D10 中。指令执行时，常数 K100 会自动转换成二进制数。X0 为 OFF 状态时，指令不执行，数据保持不变。

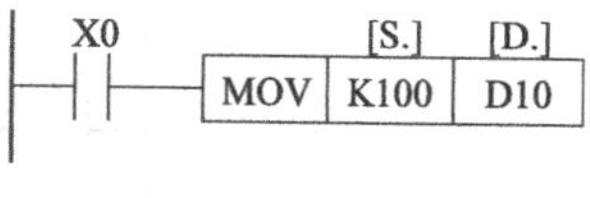

图 5-10　传送指令的使用

使用 MOV 指令时应注意：

① 源操作数为 K、H、KnY、KnM、KnS、T、C、D、V、Z，目标操作数可以是 KnY、KnM、KnS、T、C、D、V、Z。

② 16 位运算时占 5 个程序步，32 位运算时则占 9 个程序步。

（2）移位传送指令 SMOV：SMOV (P) 指令的编号为 FNC13。该指令的功能是将源数据（二进制）自动转换成 4 位 BCD 码，再进行移位传送，传送后的目标操作数元件的 BCD 码自动转换成二进制数。如图 5-11 所示，当 X0 为 ON 状态时，将 D1 中右起第 4 位（m1 = 4）开始的两位（m2 = 2）BCD 码移到目标操作数 D2 的右起第 3 位（n = 3）和第 2 位。然后 D2 中的 BCD 码会自动转换为二进制数，而 D2 中的第 1 位和第 4 位 BCD 码不变。

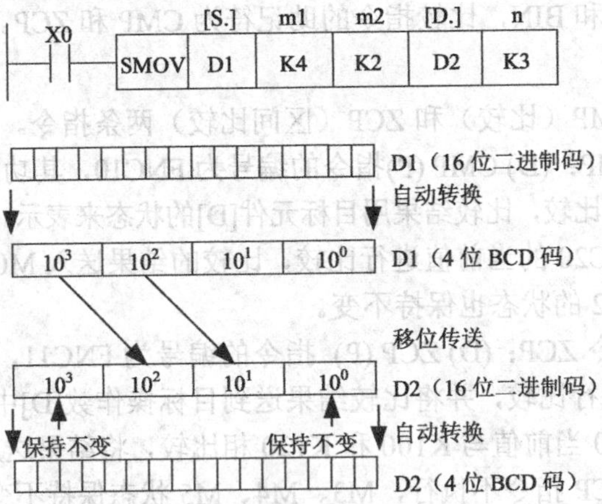

图 5-11　移位传送指令的使用

使用移位传送指令时应该注意：

① 源操作数可取所有数据类型，目标操作数可为 KnY、KnM、KnS、T、C、D、V、Z。

② SMOV 指令只有 16 位运算，占 11 个程序步。

（3）取反传送指令 CML：(D) CML (P) 指令的编号为 FNC14。它是将源操作数元件的数据逐位取反并传送到指定目标。如图 5-12 所示，当 X0 为 ON 状态时，执行 CML 指令，将 D0 的低 4 位取反向后传送到 Y3～Y0 中。

使用取反传送指令 CML 时应注意：

① 源操作数可取所有数据类型，目标操作数可为 KnY、KnM、KnS、T、C、D、V、Z，若源数据为常数 K，则该数据会自动转换为二进制数。

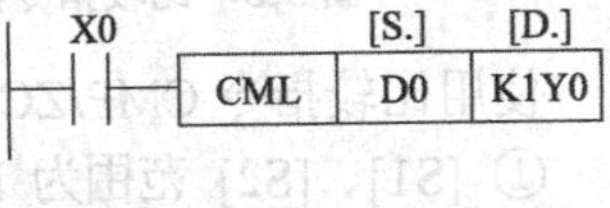

图 5-12　取反传送指令的使用

② 16 位运算占 5 个程序步，32 位运算占 9 个程序步。

（4）块传送指令 BMOV：BMOV (P) 指令的编号为 FNC15，是将源操作数指定元件开始的 n 个数据组成数据块传送到指定目标。如图 5-13 所示，传送顺序既可从高元件号开始，也可从低元件号开始，传送顺序自动决定。若用到需要指定位数的位元件，则源操作数和目标操作数的指定位数应相同。

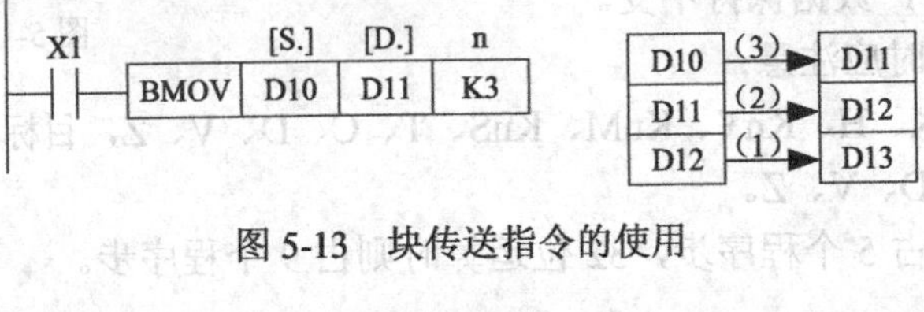

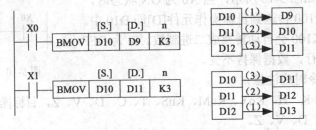

图 5-13　块传送指令的使用

使用块传送指令时应注意：

① 源操作数可取 KnX、KnY、KnM、KnS、T、C、D 和文件寄存器，目标操作数可取 KnT、KnM、KnS、T、C 和 D。

② 只有 16 位运算，占 7 个程序步。

③ 如果元件号超出允许范围，则数据仅传送到允许范围的元件中。

（5）多点传送指令 FMOV：(D) FMOV (P) 指令的编号为 FNC16。它的功能是将源操作数中的数据传送到指定目标开始的 n 个元件中，传送后 n 个元件中的数据完全相同。如图 5-14 所示，当 X0 为 ON 状态时，把 K0 传送到 D0～D9 中。

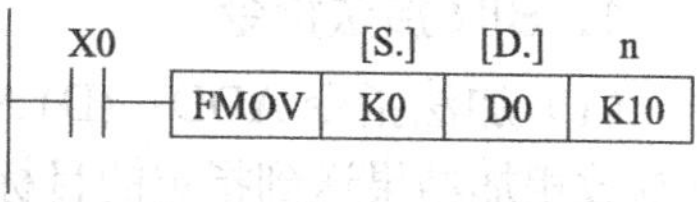

图 5-14　多点传送指令应用

使用多点传送指令 FMOV 时应注意：

① 源操作数可取所有的数据类型，目标操作数可取 KnX、KnM、KnS、T、C 和 D，n 小于等于 512。

② 16 位运算占 7 个程序步，32 位运算则占 13 个程序步。

③ 如果元件号超出允许范围，则数据仅传送到允许范围的元件中。

5.2.3　数据交换指令

数据交换指令 XCH：(D) XCH (P) 指令的编号为 FNC17，它是将数据在指定的目标元件之间交换。如图 5-15 所示，当 X0 为 ON 状态时，将 D1 和 D19 中的数据相互交换。

使用数据交换指令应该注意：

（1）操作数的元件可取 KnY、KnM、KnS、T、C、D、V 和 Z。

（2）交换指令一般采用脉冲执行方式，否则在每一次扫描周期中都要交换一次。

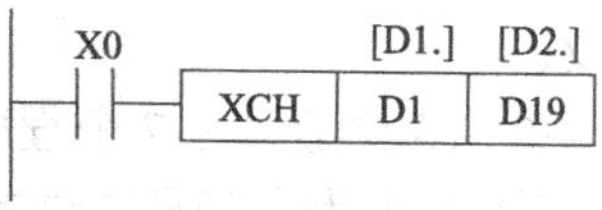

图 5-15　数据交换指令的使用

（3）16 位运算时占 5 个程序步，32 位运算时占 9 个程序步。

5.2.4　数据变换指令

（1）BCD 变换指令 BCD：(D) BCD (P) 指令的编号为 FNC18。它是将源操作数中的二进制数转换成 BCD 码送到目标元件中，如图 5-16 所示。BCD 码变换指令将 PLC 内的二进制数变换成 BCD 码后，再译成 7 段码，就能输出驱动 LED 显示器。

如果指令进行 16 位运算时，执行结果超出 0～9 999 范围将会出错；当指令进行 32 位运算时，执行结果超过 0～99 999 999 范围也将出错。

（2）BIN 变换指令 BIN：(D) BIN (P)指令的编号为 FNC19。它是将源操作数中的 BCD 数据转换成二进制数据送到目标元件中，如图 5-16 所示。常数 K 不能作为本指令的操作元件，因为在任何处理之前它们都会被转换成二进制数。

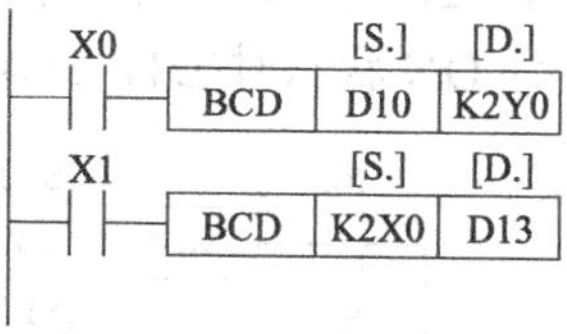

图 5-16　数据变换指令的使用

使用 BCD/BIN 指令时应注意：

① 源操作数可取 KnK、KnY、KnM、KnS、T、C、D、V 和 Z，目标操作数可取 KnY、KnM、KnS、T、C、D、V 和 Z。

② 16 位运算占 5 个程序步，32 位运算占 9 个程序步。

5.2.5 算术和逻辑运算类指令（FNC20～FNC29）

算术和逻辑运算指令是基本运算指令，通过算术和逻辑运算可以实现数据的传送、变换及其他控制功能。FX2N 系列 PLC 中设置了 10 条算术和逻辑运算指令，其功能号是 FNC20～29。

1. BIN 加法指令

（1）加法指令 ADD：(D) ADD (P) 指令的编号为 FNC20。它是将指定的源元件中的二进制数相加结果送到指定的目标元件中去。如图 5-17 所示，当 X0 为 ON 状态时，执行(D10) + (D12) → (D14)。

（2）减法指令 SUB：(D) SUB (P) 指令的编号为 FNC21。它是将[S1]指定元件中的内容以二进制形式减去[S2]指定元件的内容，其结果存入由[D]指定的元件中。如图 5-18 所示，当 X0 为 ON 状态时，执行(D10) – (D12) → (D14)。

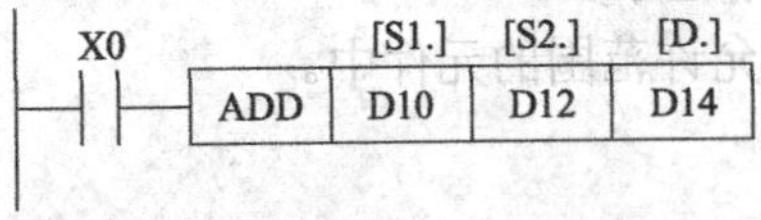

图 5-17 加法指令的使用

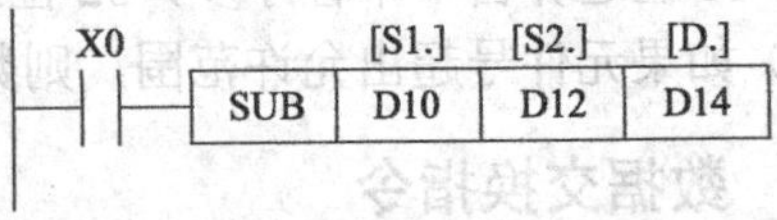

图 5-18 减法指令的使用

使用加法和减法指令时应该注意：

① 操作数可取所有数据类型，目标操作数可取 KnY、KnM、KnS、T、C、D、V 和 Z。

② 16 位运算占 7 个程序步，32 位运算占 13 个程序步。

③ 数据为有符号二进制数，最高位为符号位（0 为正，1 为负）。

④ 加法指令有三个标志：零标志（M8020）、借位标志（M8021）和进位标志（M8022）。当运算结果超过 32 767（16 位运算）或 2 147 483 647（32 位运算）时进位标志置 1；当运算结果小于–32 767（16 位运算）或–2 147 483 647（32 位运算）时借位标志置 1。

（3）乘法指令 MUL: (D) MUL (P) 指令的编号为 FNC22。数据均为有符号数。如图 5-19 所示，当 X0 为 ON 状态时，将二进制 16 位数[S1]、[S2]相乘，结果送到[D]中。D 为 32 位，即(D0) × (D2) → (D5，D4)（16 位乘法）；当 X1 为 ON 状态时，(D1，D0) × (D3，D2) → (D7，D6，D5，D4)（32 位乘法）。

（4）除法指令 DIV: (D) DIV (P) 指令的编号为 FNC23。其功能是将[S1]指定为被除数，[S2]指定为除数，将除得的结果送到[D]指定的目标元件中，余数送到[D]的下一个元件中。如图 5-20 所示，当 X0 为 ON 状态时，(D0) ÷ (D2) → (D4)商，(D5)余数（16 位除法）；当 X1 为 ON 状态时(D1，D0) ÷ (D3，D2) → (D5，D4)商，(D7，D6)余数（32 位除法）。

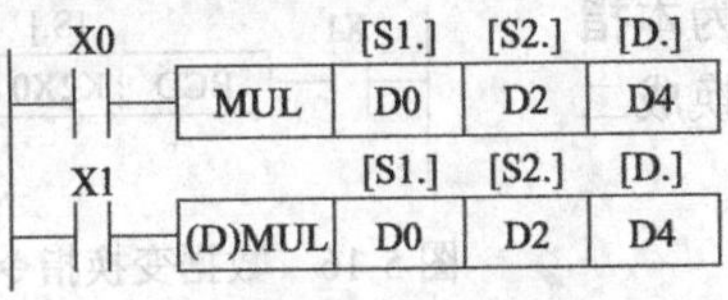

图 5-19 乘法指令的使用

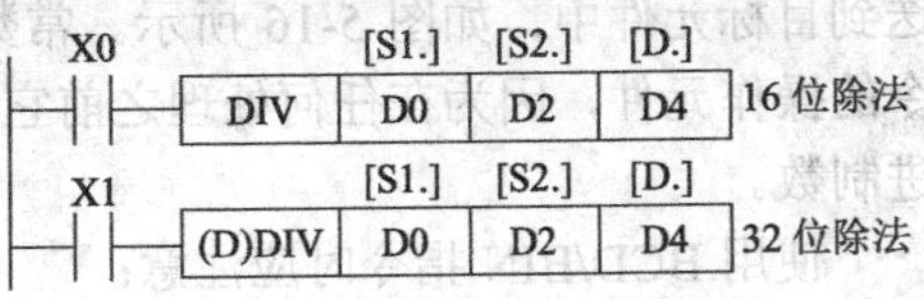

图 5-20 除法指令的使用

使用乘法和除法指令时应注意：

① 源操作数可取所有数据类型，目标操作数可取 KnY、KnM、KnS、T、C、D、V 和 Z，要注意 Z 只有 16 位乘法时能用，32 位乘法时不可用。

② 16 位运算占 7 个程序步，32 位运算占 13 个程序步。

③ 32 位乘法运算中，如用位元件作目标，则只能得到乘积的低 32 位，高 32 位将丢失，这种情况下应先将数据移入字元件再运算；除法运算中将位元件指定为[D]，则无法得到余数，除数为 0 时发生运算错误。

④ 积、商和余数的最高位为符号位。

（5）加 1 和减 1 指令：加 1 指令 (D) INC (P) 的编号为 FNC24；减 1 指令 (D) DEC (P) 的编号为 FNC25。INC 和 DEC 指令分别是当条件满足则将指定元件的内容加 1 或减 1。如图 5-21 所示，当 X0 为 ON 状态时，(D10) + 1 → (D10)；当 X1 为 ON 状态时，(D11) – 1 → (D11)。若指令是连续指令，则每个扫描周期均做一次加 1 或减 1 运算。

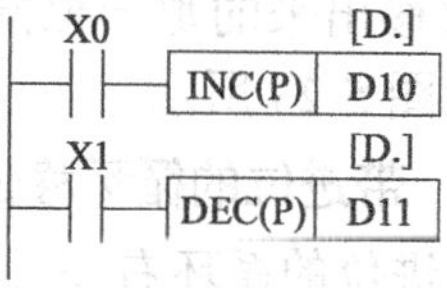

图 5-21　加 1 和减 1 指令的使用

使用加 1 和减 1 指令时应注意：

① 指令的操作数可为 KnY、KnM、KnS、T、C、D、V、Z。

② 进行 16 位运算时为 3 个程序步，32 位运算时为 5 个程序步。

③ 在 INC 运算时，如数据为 16 位，则由+32 767 再加 1 变为–32 768，但标志不置位；同样，32 位运算由+2 147 483 647 再加 1 就变为–2 147 483 648 时，标志也不置位。

④ 在 DEC 运算时，16 位运算–32 768 减 1 变为+32 767，且标志不置位；32 位运算由–2 147 483 648 减 1 变为+2 147 483 647，标志也不置位。

2．逻辑运算类指令

（1）逻辑与指令 WAND：(D) WAND (P) 指令的编号为 FNC26。是将两个源操作数按位进行与操作，结果送指定元件。

（2）逻辑或指令 WOR：(D) WOR (P) 指令的编号为 FNC27。它是对两个源操作数按位进行或运算，结果送指定元件。如图 5-22 所示，当 X1 有效时，(D10) ∨ (D12) → (D14)

（3）逻辑异或指令 WXOR：(D) WXOR (P) 指令的编号为 FNC28。它是对源操作数按位进行逻辑异或运算。

（4）求补指令 NEG：(D) NEG (P) 指令的编号为 FNC29。其功能是将[D]指定的元件内容的各位先取反再加 1，将其结果再存入原来的元件中。

WAND、WOR、WXOR 和 NEG 指令的使用如图 5-22 所示。

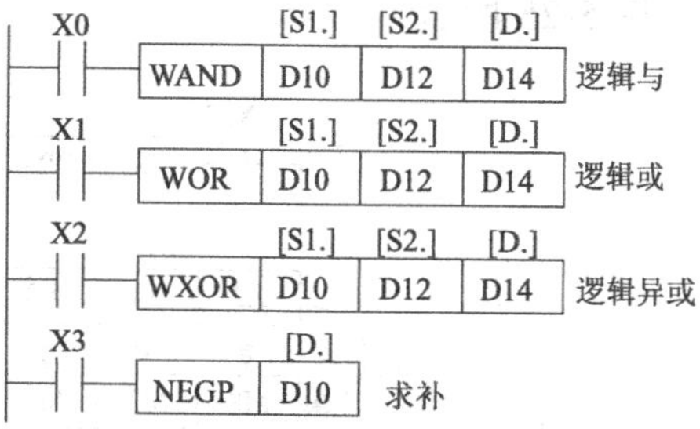

图 5-22　逻辑运算指令的使用

使用逻辑运算指令时应该注意：

① WAND、WOR 和 WXOR 指令的[S1]和[S2]均可取所有的数据类型，而目标操作数可取 KnY、KnM、KnS、T、C、D、V 和 Z。

② NEG 指令只有目标操作数，其可取 KnY、KnM、KnS、T、C、D、V 和 Z。

③ WAND、WOR、WXOR 指令 16 位运算占 7 个程序步，32 位运算占 13 个程序步，

而 NEG 指令分别占 3 步和 5 步。

5.2.6 循环与移位类指令（FNC30～FNC39）

FX 系列 PLC 中设置了 10 条循环移位与移位指令，可以实现数据的循环移位、移位及先进先出等功能。其中，循环移位指令分右移 ROR 和左移 ROL，循环移位是一种闭环移动。

1．循环移位指令

右、左循环移位指令 (D) ROR (P) 和 (D) ROL (P) 的编号分别为 FNC30 和 FNC31。执行这两条指令时，各位数据向右（或向左）循环移动 n 位，最后一次移出来的那一位同时存入进位标志 M8022 中，如图 5-23 所示。

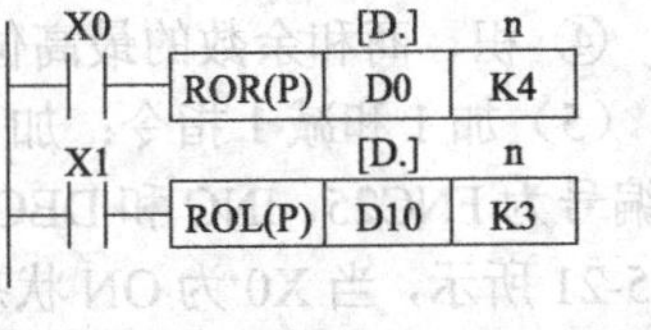

图 5-23 右、左循环移位指令的使用

2．带进位的循环移位指令

带进位的循环右、左移位指令 (D)RCR(P) 和 (D)RCL(P) 编号分别为 FNC32 和 FNC33。执行这两条指令时，各位数据连同进位（M8022）向右（或向左）循环移动 n 位，如图 5-24 所示。

使用 ROR/ROL/RCR/RCL 指令时应注意：

（1）目标操作数可取 KnY、KnM、KnS、T、C、D、V 和 Z，目标元件中指定位元件的组合只有在 K4（16 位）和 K8（32 位指令）时有效。

（2）16 位运算占 5 个程序步，32 位运算占 9 个程序步。

（3）用连续指令执行时，循环移位操作每个周期执行一次。

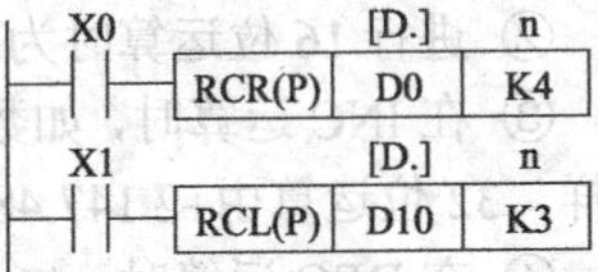

图 5-24 带进位右、左循环移位指令的使用

3．位右移和位左移指令

位右移、左移指令 SFTR(P) 和 SFTL(P) 的编号分别为 FNC34 和 FNC35。它们使位元件中的状态成组地向右（或向左）移动。n1 指定位元件的长度，n2 指定移位位数，n1 和 n2 的关系及范围因机型不同而有差异，一般为 n2≤n1≤1024。位右移指令的使用如图 5-25 所示。

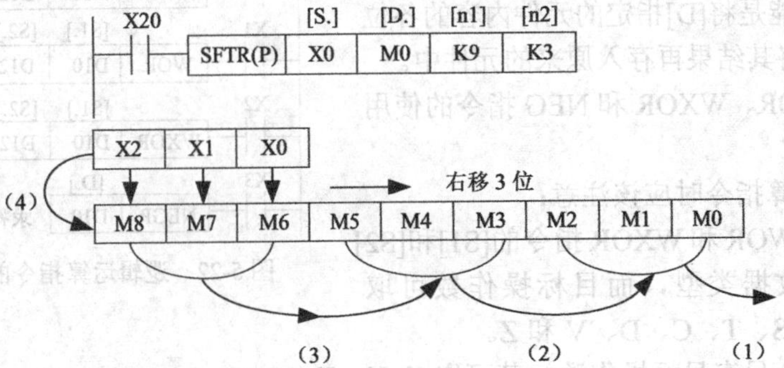

图 5-25 位右移指令的使用

使用位右移和位左移指令时应注意：

（1）源操作数可取 X、Y、M、S，目标操作数可取 Y、M、S。

（2）只有 16 位运算，占 9 个程序步。

4．字右移和字左移指令

字右移和字左移指令 WSFR (P) 和 WSFL (P) 的编号分别为 FNC36 和 FNC37。字右移和字左移指令以字为单位，其工作过程与位移位相似，是将 n1 个字右移或左移 n2 个字。

使用字右移和字左移指令时应注意：

（1）源操作数可取 KnX、KnY、KnM、KnS、T、C 和 D，目标操作数可取 KnY、KnM、KnS、T、C 和 D。

（2）字移位指令只有 16 位运算，占用 9 个程序步。

（3）n1 和 n2 的关系为 n2≤n1≤512。

5．先入先出写入和读出指令

先入先出写入指令和先入先出读出指令 SFWR (P) 和 SFRD (P) 的编号分别为 FNC38 和 FNC39。

先入先出写入指令 SFWR 的使用如图 5-26 所示，当 X0 由 OFF 状态变为 ON 状态时，SFWR 指令执行，D0 中的数据写入 D2，而 D1 变成指针，其值为 1（D1 必须先清 0）；当 X0 再次由 OFF 状态变为 ON 状态时，D0 中的数据写入 D3，D1 变为 2，依此类推，D0 中的数据依次写入数据寄存器。D0 中的数据从右边的 D2 顺序存入，源数据写入的次数放在 D1 中，当 D1 中的数达到 n–1 后不再执行上述操作，同时进位标志 M8022 置 1。

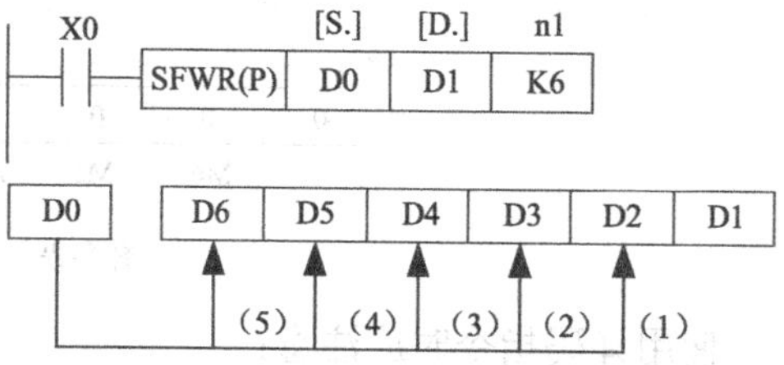

图 5-26　先入先出写入指令的使用

先入先出读出指令 SFRD 的使用如图 5-27 所示，当 X0 由 OFF 状态变为 ON 状态时，D2 中的数据送到 D10，同时指针 D1 的值减 1，D3～D6 的数据向右移一个字，数据总是从 D2 读出，指针 D1 为 0 时，不再执行上述操作且 M8020 置 1。

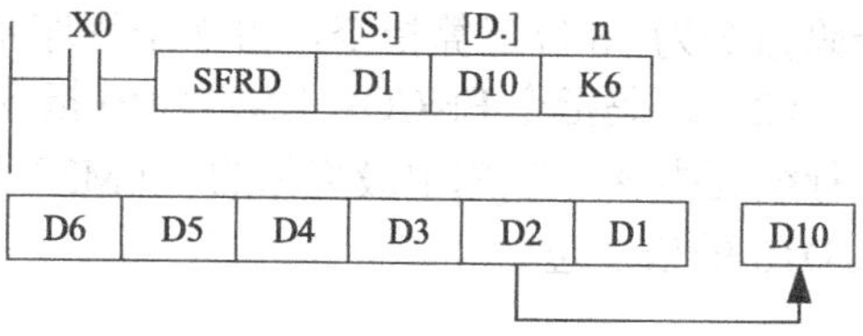

图 5-27　先入先出读出指令的使用

使用 SFWR 和 SFRD 指令时应注意：

（1）目标操作数可取 KnY、KnM、KnS、T、C 和 D，源操作数可取所有的数据类型。

（2）指令只有 16 位运算，占 7 个程序步。

5.2.7　数据处理指令（FNC40～FNC49）

1．区间复位指令

区间复位指令 ZRST (P) 的编号为 FNC40。它是将指定范围内的同类元件成批复位。如图 5-28 所示，当 X0 由 OFF 状态变为 ON 状态时，位元件 M500～M599 成批复位，字元件 C235～C255 也成批复位。

使用区间复位指令时应注意：

（1）[D1]和[D2]可取Y、M、S、T、C、D，且应为同类元件，同时[D1]的元件号应小于[D2]指定的元件号，若[D1]元件号大于[D2]元件号，则只有[D1]指定元件被复位。

（2）ZRST指令只有16位运算，占5个程序步，但[D1][D2]也可以指定32位计数器。

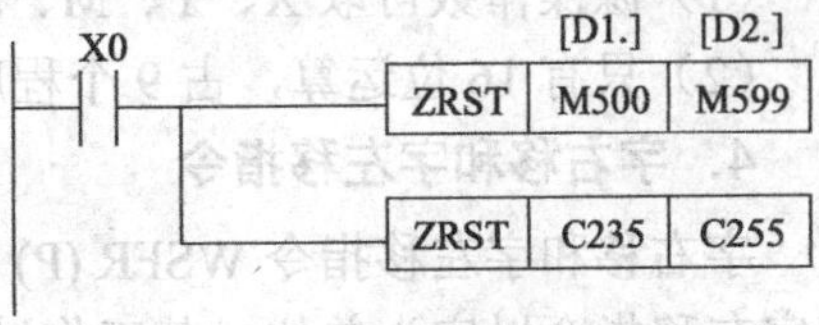

图5-28 区间复位指令的使用

2. 译码和编码指令

（1）译码指令DECO：DECO(P)指令的编号为FNC41。如图5-29所示，n = 3则表示[S]源操作数为3位，即为X0、X1、X2。其状态为二进制数，当值为011时相当于十进制数3，则由目标操作数M7～M0组成的8位二进制数的第3位M3被置1，其余各位为0。如果为000则M0被置1。用译码指令可通过[D]中的数值来控制元件的ON/OFF状态。

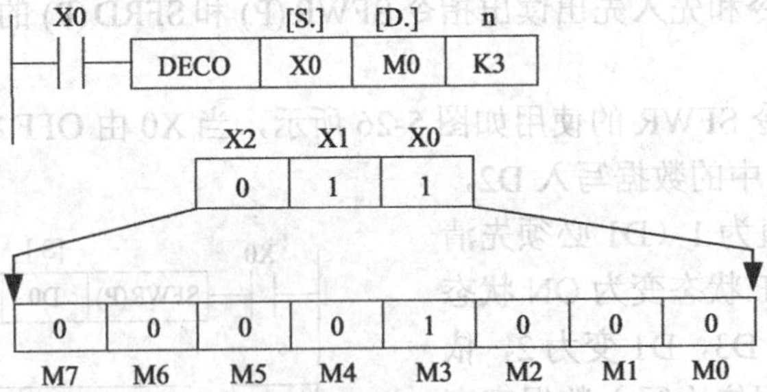

图5-29 译码指令的使用

使用译码指令时应注意：

① 位源操作数可取X、T、M和S，位目标操作数可取Y、M和S，字源操作数可取K、H、T、C、D、V和Z，字目标操作数可取T、C和D。

② 若[D]指定的目标元件是字元件T、C、D，则n ≤ 4；若是位元件Y、M、S，则n = 1～8。译码指令为16位运算指令，占7个程序步。

（2）编码指令ENCO：ENCO (P) 指令的编号为FNC42。如图5-30所示，当X1有效时执行编码指令，将[S]中最高位的1（M3）所在位数（3）放入目标元件D10中，即把011放入D10的低3位。

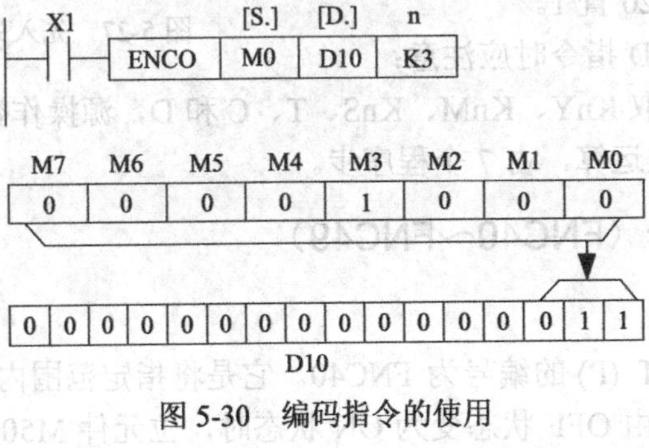

图5-30 编码指令的使用

使用编码指令时应注意：

① 源操作数是字元件时，可以是T、C、D、V和Z；源操作数是位元件时，可以是X、Y、M和S。目标元件可取T、C、D、V和Z。编码指令为16位指令，占7个程序步。

② 操作数为字元件时n≤4，为位元件时则n＝1～8，n＝0时不作处理。

③ 若指定源操作数中有多个1，则只有最高位的1有效。

3. ON位数统计和ON位判别指令

（1）ON位数统计指令SUM：(D) SUM (P) 指令的编号为FNC43。该指令用来统计指定元件中1的个数。如图5-31所示，当X0有效时执行SUM指令，将源操作数D0中1的个数送入目标操作数D2中，若D0中没有1，则零标志M8020将置1。

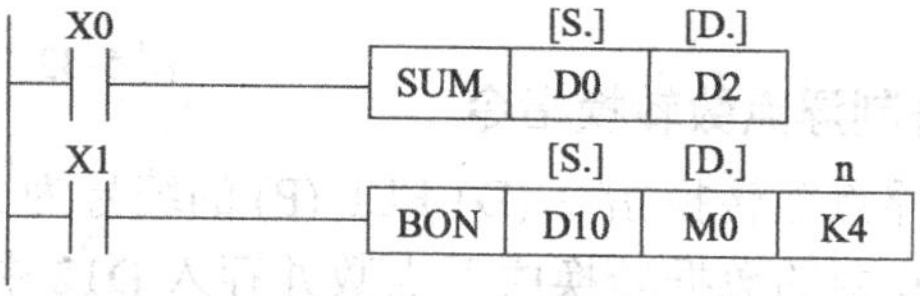

图5-31　ON位数统计和ON位判别指令的使用

使用SUM指令时应注意：

① 源操作数可取所有数据类型，目标操作数可取KnY、KnM、KnS、T、C、D、V和Z。

② 16位运算时占5个程序步，32位运算则占9个程序步。

（2）ON位判别指令BON：(D) BON (P) 指令的编号为FNC44。它的功能是检测指定元件中的指定位是否为1。如图5-31所示，当X1有效时，执行BON指令，由K4决定检测的是源操作数D10的第4位，当检测结果为1时，则目标操作数M0＝1，否则M0＝0。

使用BON指令时应注意：

① 源操作数可取所有数据类型，目标操作数可取Y、M和S。

② 16位运算时占7个程序步，n＝0～15；32位运算时则占13个程序步，n＝0～31。

4. 平均值指令

平均值指令 (D) MEAN (P)的编号为FNC45。其作用是将n个源数据的平均值送到指定目标（余数省略）中，若程序中指定的n值超出1～64的范围将会出错。

5. 报警器置位与复位指令

报警器置位指令ANS (P) 和报警器复位指令ANR (P) 的编号分别为FNC46和FNC47。如图5-32所示，若X0和X1同时为ON状态、时间超过1s，则S900置1；当X0或X1变为OFF状态时，虽定时器复位，但S900仍保持“1”状态不变；若在1s内X0或X1再次变为OFF状态则定时器复位。当X2接通时，则将S900～S999之间被置1的报警器复位。若有多于1个的报警器被置1，则元件号最低的报警器被复位。

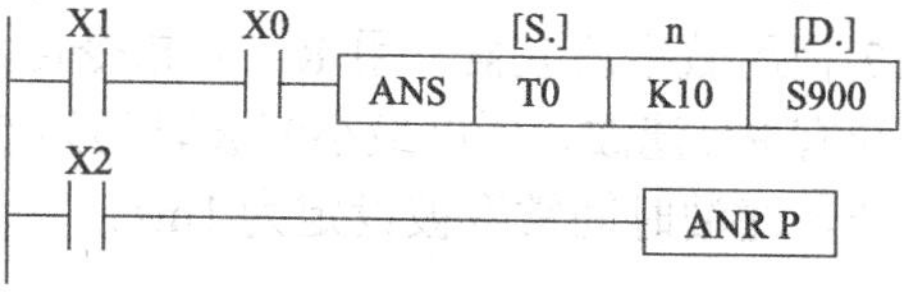

图5-32　报警器置位与复位指令的使用

使用报警器置位与复位指令时应注意：

（1）ANS指令的源操作数为T0～T199，目标操作数为S900～S999，n＝1～32 767；ANR指令无操作数。

（2）ANS指令为16位运算指令，占7个程序步；ANR指令为16位运算指令，占1

个程序步。

（3）ANR 指令如果连续执行，则会按扫描周期依次将报警器复位。

6．二进制平方根指令

二进制平方根指令 (D) SQR (P) 的编号为 FNC48。如图 5-33 所示，当 X0 有效时，则将存放在 D45 中的数开平方，结果存放在 D123 中（结果只取整数）。

使用 SQR 指令时应注意：

（1）源操作数可取 K、H、D，数据需大于 0，目标操作数为 D。

（2）16 位运算占 5 个程序步，32 位运算占 9 个程序步。

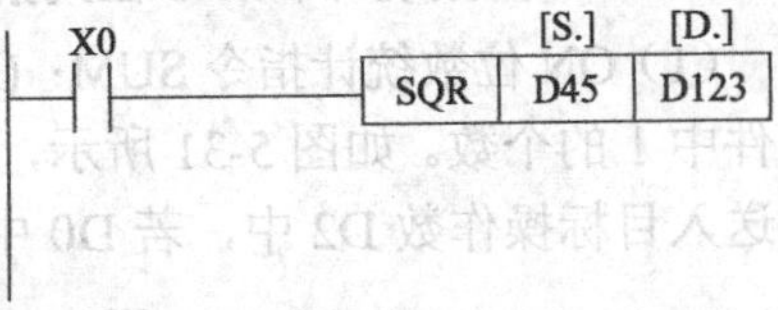

图 5-33　二进制平方根指令的使用

7．二进制整数→二进制浮点数转换指令

二进制整数→二进制浮点数转换指令 (D) FLT (P) 的编号为 FNC49。如图 5-34 所示，当 X1 有效时，将存入 D10 中的数据转换成浮点数并存入 D12 中。

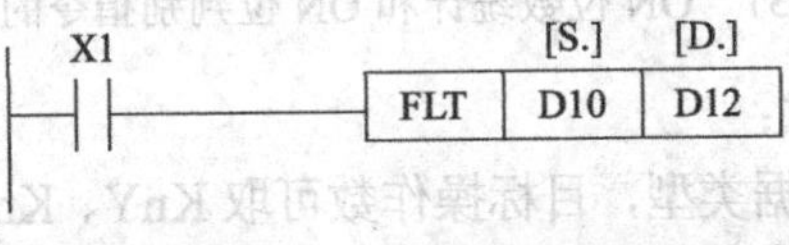

图 5-34　二进制整数→二进制浮点数转换指令的使用

使用 FLT 指令时应注意：

（1）源操作数和目标操作数均为 D。

（2）16 位运算占 5 个程序步，32 位运算占 9 个程序步。

5.2.8　高速处理指令（FNC50～FNC59）

1．和输入输出有关的指令

（1）输入输出刷新指令 REF：REF(P) 指令的编号为 FNC50。FX 系列 PLC 采用集中输入输出的方式。如果需要最新的输入信息以及希望立即输出结果则必须使用该指令。如图 5-35 所示，当 X0 接通时，X10～X17 共 8 点将被刷新；当 X1 接通时，则 Y0～Y7、Y10～Y17 共 16 点输出将被刷新。

使用 REF 指令时应注意：

① 目标操作数为元件编号个位为 0 的 X 和 Y，n 应为 8 的整倍数。

② 该指令只有 16 位运算，占 5 个程序步。

（2）滤波调整指令 REFF：REFF (P) 指令的编号为 FNC51。在 FX 系列 PLC 中 X0～X17 使用数字滤波器，用 REFF 指令可调节其滤波时间，范围为 0～60ms（实际上由于输入端有 RL 滤波，所以最小滤波时间为 50μs）。如图 5-36 所示，当 X0 接通时，执行 REFF 指令，滤波时间常数被设定为 1ms。

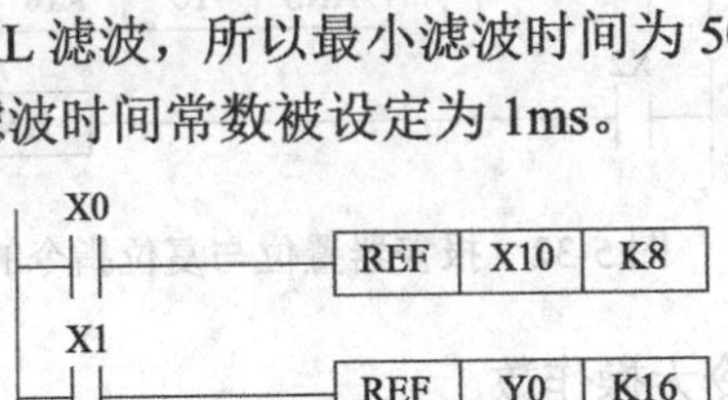

图 5-35　输入输出刷新指令的使用

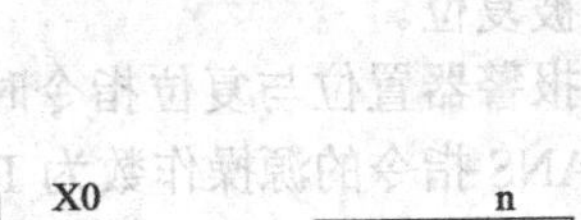

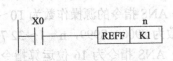

图 5-36　滤波调整指令说明

使用 REFF 指令时应注意：

① REFF 为 16 位运算指令，占 7 个程序步。

② 当 X0～X7 用作高速计数输入时或使用 FNC56 速度检测指令以及中断输入时，输入滤波器的滤波时间自动设置为 50ms。

（3）矩阵输入指令 MTR：MTR 指令的编号为 FNC52。利用 MTR 可以构成连续排列的 8 点输入与 n 点输出组成的 8 列 n 行的输入矩阵。如图 5-37 所示，由[S]指定的输入 X0～X7 共 8 点与 n 点输出 Y0、Y1、Y2（n = 3）组成一个输入矩阵。PLC 在运行时执行 MTR 指令，当 Y0 为 ON 状态时，读入第一行的输入数据，存入 M30～M37 中；Y1 为 ON 状态时读入第二行的输入状态，存入 M40～M47。其余类推，反复执行。

使用 MTR 指令时应注意：

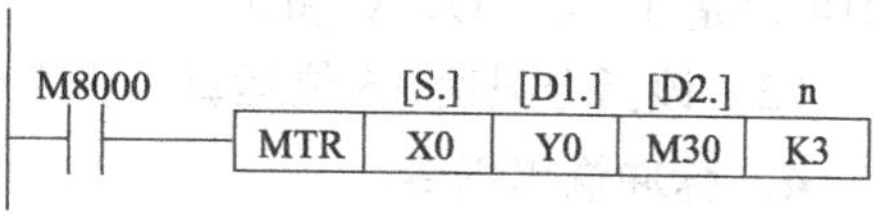

图 5-37　矩阵输入指令的使用

① 源操作数[S]是元件编号个位为 0 的 X，目标操作数[D1]是元件编号个位为 0 的 Y，目标操作数[D2] 是元件编号个位为 0 的 Y、M 和 S，n 的取值范围是 2～8。

② 考虑到输入滤波应答延迟为 10ms，对于每一个输出按 20ms 顺序中断，立即执行。

③ 利用本指令通过 8 点晶体管输出获得 64 点输入，但读一次 64 点输入所许时间为 20ms×8 = 160ms，不适应高速输入操作。

④ 该指令只有 16 位运算，占 9 个程序步。

2．高速计数器指令

（1）高速计数器置位指令 HSCS：(D) HSCS 指令的编号为 FNC53。它应用于高速计数器的置位，计数器的当前值达到预置值时，计数器的输出触点立即动作。它采用中断方式使置位和输出立即执行而与扫描周期无关。如图 5-38 所示，[S1]设定值为 100，当高速计数器 C255 的当前值由 99 变为 100 或由 101 变为 100 时，Y0 都将立即置 1。

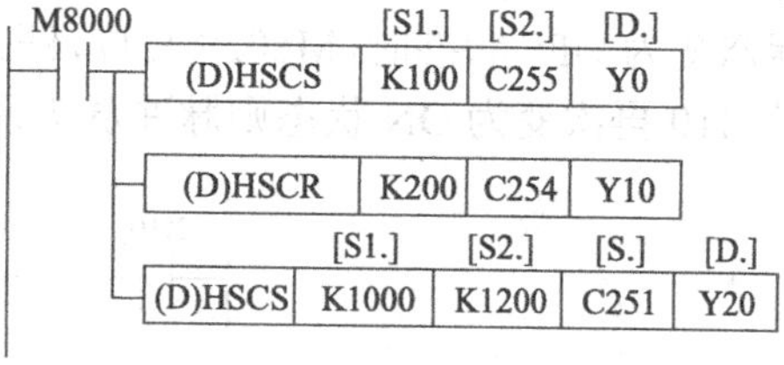

图 5-38　高速计数器指令的使用

（2）高速计数器比较复位指令 HSCR：(D) HSCR 指令的编号为 FNC54。如图 5-38 所示，C254 的当前值由 199 变为 200 或由 201 变为 200 时，用中断的方式使 Y10 立即复位。

使用 HSCS 和 HSCR 指令时应注意：

① 源操作数[S1]可取所有数据类型，[S2]为 C235～C255，目标操作数可取 Y、M 和 S。

② HSCS 和 HSCR 指令只有 32 位运算，占 13 个程序步。

（3）高速计速器区间比较指令 HSZ：(D)HSZ 指令的编号为 FNC55。如图 5-38 所示，目标操作数为 Y20、Y21 和 Y22。如果 C251 的当前值< K1000，Y20 为 ON 状态；K1000 ≤C251 的当前值 K1200 时，Y21 为 ON 状态；C251 的当前值>K1200 时，Y22 为 ON 状态。

使用高速计速器区间比较指令时应注意：

① 操作数[S1]、[S2]可取所有数据类型，[S]为 C235～C255，目标操作数[D]可取 Y、M、S。

② HSI 指令为 32 位运算指令，占 17 个程序步。

3．速度检测指令

速度检测指令 SPD 的编号为 FNC56。它用来检测给定时间内从编码器输入的脉冲个数，并计算速度。如图 5-39 所示，[D]占三个目标元件。当 X12 为 ON 状态时，用 D1 对 X0 的输入上升沿计数，100ms 后计数结果送入 D0，D1 复位，D1 重新开始对 X0 计数。D2 在计数结束后计算剩余时间。

使用速度检测指令时应注意：

（1）[S1]为 X0～X5，[S2]可取所有的数据类型，[D]可以是 T、C、D、V 和 Z。

（2）该指令只有 16 位运算，占 7 个程序步。

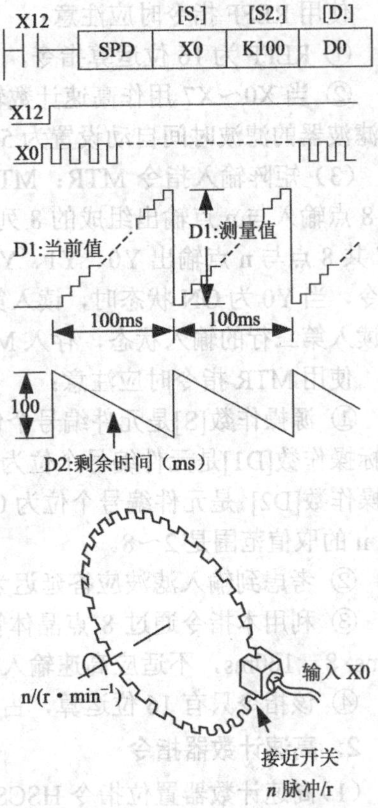

图 5-39　速度检测指令的使用

4．脉冲输出指令

脉冲输出指令 (D) PLSY 的编号为 FNC57。它用来产生指定数量的脉冲。如图 5-40 所示，[S1]用来指定脉冲频率（2～20 000Hz），[S2]用来指定脉冲的个数（16 位指令的范围为 1～32 767，32 位指令则为 1～2 147 483 647）。如果指定脉冲数为 0，则产生无穷多个脉冲。[D]用来指定脉冲输出元件号。脉冲的占空比为 50%，脉冲以中断方式输出。指定脉冲输出完后，完成标志 M8029 置 1。X10 由 ON 状态变为 OFF 状态时，M8029 复位，停止输出脉冲。若 X10 再次变为 ON 状态则脉冲从头开始输出。

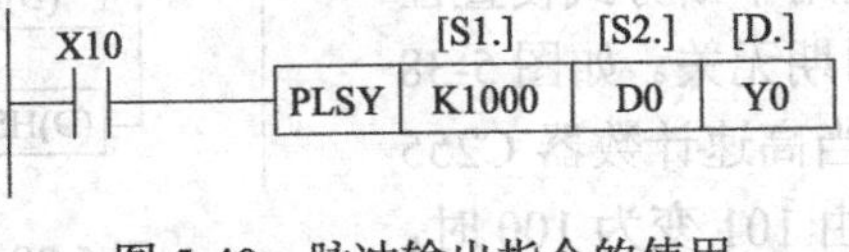

图 5-40　脉冲输出指令的使用

使用脉冲输出指令时应注意：

（1）[S1]、[S2]可取所有的数据类型，[D]为 Y0 和 Y1。

（2）该指令可进行 16 和 32 位操作，分别占 7 个和 13 个程序步。

（3）本指令在程序中只能使用一次。

5．脉宽调制指令

脉宽调制指令 PWM 的编号为 FNC58。它用来产生指定脉冲宽度和周期的脉冲串。如图 5-41 所示，[S1]用来指定脉冲的宽度，[S2]用来指定脉冲的周期，[D]用来指定输出脉冲的元件号（Y0 或 Y1），输出的 ON/OFF 状态由中断方式控制。

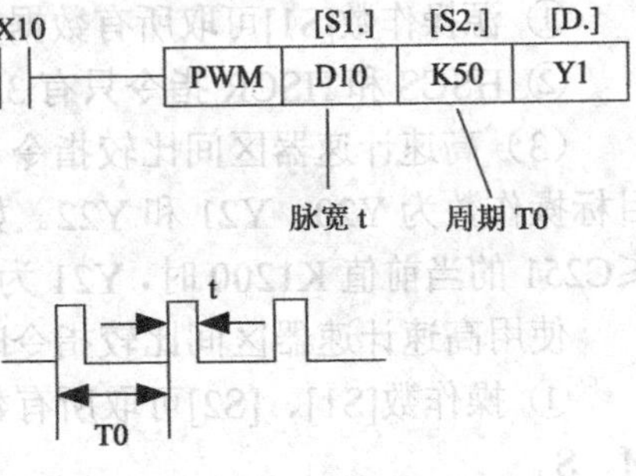

图 5-41　脉宽调制指令的使用

使用脉宽调制指令时应注意：

（1）操作数的类型与 PLSY 相同；该指令只有 16 位操作，需 7 个程序步。

（2）[S1]应小于[S2]。

6．可调速脉冲输出指令

可调速脉冲输出指令 (D) PLSR 的编号为 FNC59。该指令可以对输出脉冲进行加速，也可以进行减速调整。源操作数和目标操作数的类型和 PLSY 指令相同，只能用于晶体管 PLC 的 Y0 和 Y1，可进行 16 位操作也可进行 32 位操作，分别占 9 个和 17 个程序步。该指令只能使用一次。

5.2.9　其他功能指令

1．方便指令（FNC60～FNC69）

FX 系列共有 10 条方便指令：初始化指令 IST（FNC60）、数据搜索指令 SER（FNC61）、绝对值式凸轮顺控指令 ABSD（FNC62）、增量式凸轮顺控指令 INCD（FNC63）、示教定时器指令 TTMR（FNC64）、特殊定时器指令 STMR（FNC65）、交替输出指令 ALT（FNC66）、斜坡信号指令 RAMP（FNC67）、旋转工作台控制指令 ROTC（FNC68）和数据排序指令 SORT（FNC69）。以下仅对其中部分指令加以介绍。

（1）凸轮顺控指令：凸轮顺控指令有绝对值式凸轮顺控指令 ABSD（FNC62）和增量式凸轮顺控指令 INCD（FNC63）两条。

绝对值式凸轮顺控指令 ABSD 用来产生一组对应于计数值在 360° 范围内变化的输出波形，输出点的个数由 n 决定，如图 5-42（a）所示，图中 n 为 4，表明[D]由 M0～M3 共 4 点输出。预先通过 MOV 指令将对应的数据写入 D300～D307 中，开通点数据写入偶数元件，关断点数据放入奇数元件，如表 5-1 所示。当执行条件 X0 由 OFF 状态变 ON 状态时，M0～M3 将得到如图 5-42（b）所示的波形，通过改变 D300～D307 的数据可改变波形。若 X0 为 OFF 状态，则各输出点状态不变。该指令只能使用一次。

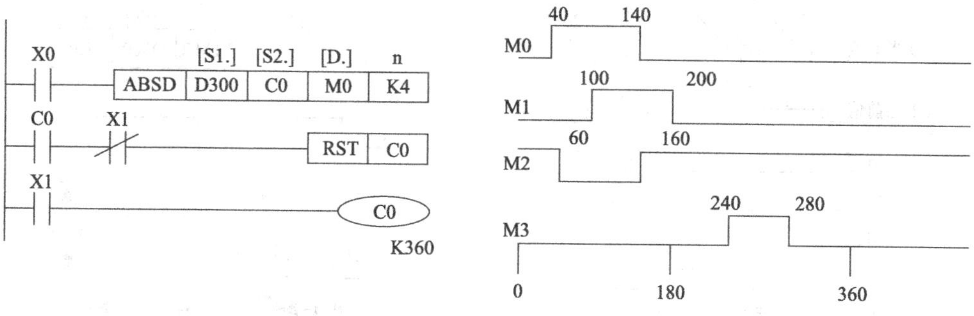

（a）绝绝对值式凸轮顺控指令　　（b）输出波形

图 5-42　绝对值式凸轮顺控指令的使用

表 5-1　旋转台旋转周期 M0～M3 状态

开 通 点	关 断 点	输　　出
D300 = 40	D301 = 140	M0
D302 = 100	D303 = 200	M1
D304 = 160	D305 = 60	M2
D306 = 240	D307 = 280	M3

增量式凸轮顺控指令 INCD 也用来产生一组对应于计数值变化的输出波形。如图 5-43 所示，n＝4，说明有 4 个输出，分别为 M0～M3，它们的 ON/OFF 状态受凸轮提供的脉冲个数控制。使 M0～M3 为 ON 状态的脉冲个数分别存放在 D300～D303 中（用 MOV 指令写入）。图中波形是 D300～D303 分别为 20、30、10 和 40 时的输出。当计数器 C0 的当前值依次达到 D300～D303 的设定值时将自动复位。C1 用来计算复位的次数，M0～M3 根据 C1 的值依次动作。由 n 指定的最后一段完成后，标志 M8029 置 1，以后周期性重复。若 X0 为 OFF 状态，则 C0、C1 均复位，同时 M0～M3 变为 OFF 状态，当 X0 再次接通后重新开始工作。

凸轮顺控指令源操作数[S1]可取 KnX、KnY、KnM、KnS、T、C 和 D，[S2]为 C，目标操作数可取 Y、M 和 S。该指令为 16 位运算指令，占 9 个程序步。

（2）定时器指令：定时器指令有示教定时器指令 TTMR（FNC64）和特殊定时器指令 STMR（FNC65）两条。

使用示教定时器指令 TTMR，可用一个按钮来调整定时器的设定时间。如图 5-44 所示，当 X10 为 ON 状态时，执行 TTMR 指令，X10 按下的时间由 M301 记录，该时间乘以 10^n 后存入 D300。如果按钮按下时间为 t，存入 D300 的值为 $10^n \times t$。X10 为 OFF 状态时，D301 复位，D300 保持不变。TTMR 为 16 位运算指令，占 5 个程序步。

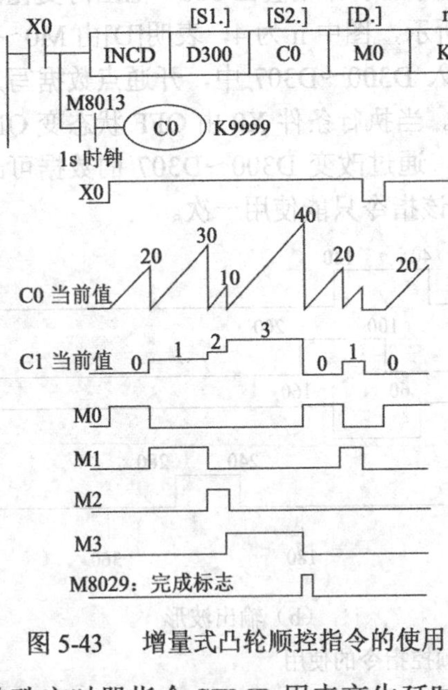

图 5-43 增量式凸轮顺控指令的使用

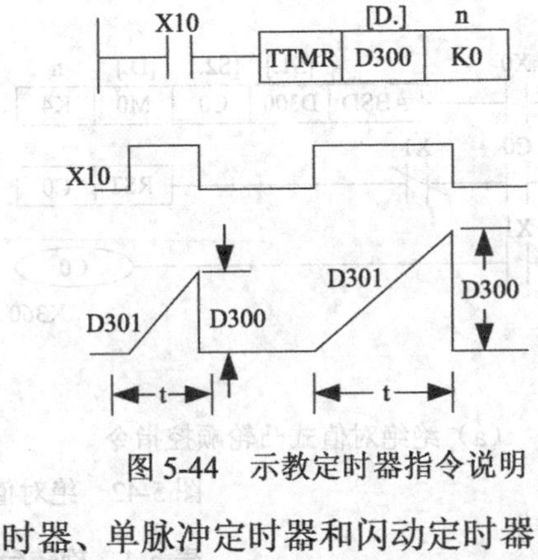

图 5-44 示教定时器指令说明

特殊定时器指令 STMR 用来产生延时断开定时器、单脉冲定时器和闪动定时器。如图 5-45 所示，m ＝ 1～32 767，用来指定定时器的设定值，[S]源操作数取 T0～T199（100ms 定时器）。T10 的设定值为 100ms × 100 = 10s，M0 是延时断开定时器，M1 为单脉冲定时器，M2、M3 为闪动定时器。

（3）交替输出指令：交替输出指令 ALT (P) 的编号为 FNC66，用于实现由一个按钮控制负载的启动和停止。如图 5-46 所示，当 X0 由 OFF 状态变为 ON 状态时，Y0 的状态将改变一次。若为 16 位运算指令，则占 3 个程序步。

使用连续的 ALT 指令则每个扫描周期 Y0 均改变一次状态。[D]可取 Y、M 和 S。

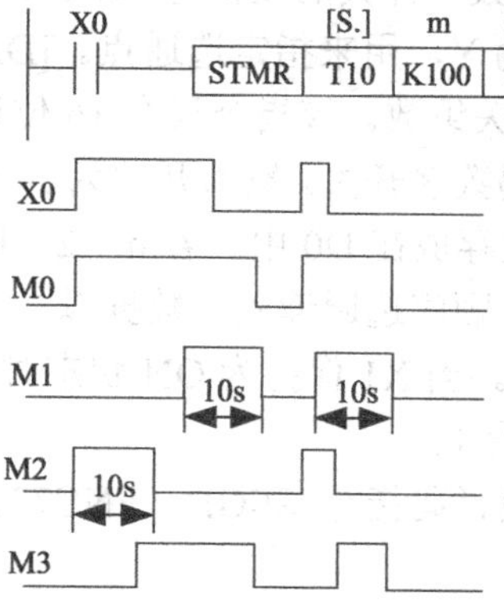

图 5-45　特殊定时器指令的使用

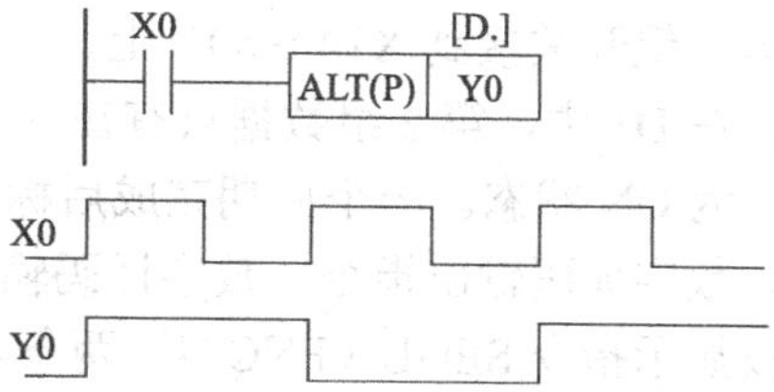

图 5-46　交替输出指令的使用

2. 外部 I/O 设备指令（FNC70～FNC79）

外部 I/O 设备指令是 FX 系列与外设传递信息的指令，共有 10 条。分别是 10 键输入指令 TKY（FNC70）、16 键输入指令 HKY（FNC71）、数字开关输入指令 DSW（FNC72）、七段译码指令 SEGD（FNC73）、带锁存的七段显示指令 SEGL（FNC74）、方向开关指令 ARWS（FNC75）、ASCII 码转换指令 ASC（FNC76）、ASCII 打印指令 PR（FNC77）、特殊功能模块读指令 FROM（FNC78）和特殊功能模块写指令 TO（FNC79）。

（1）数据输入指令：数据输入指令有 10 键输入指令 TKY（FNC70）、16 键输入指令 HKY（FNC71）和数字开关输入指令 DSW（FNC72）。

10 键输入指令 (D) TKY 的使用如图 5-47 所示。源操作数[S]使用 X0 为首元件，10 个键 X0～X11 分别对应数字 0～9。X30 接通时执行 TKY 指令，如果以 X2（2）、X8（8）、X3（3）、X0（0）的顺序按键，则[D1]中存入数据为 2 830，实现将按键变成十进制的数字量。当送入的数大于 9 999，则高位溢出并丢失。使用 32 位指令 DTKY 时，D1 和 D2 组合使用，高位大于 99 999 999 则高位溢出。

16 键输入指令 (D) HKY 能通过对键盘上数字键和功能键输入的内容来完成输入的复合运算。如图 5-48 所示，[S]指定 4 个输入元件，[D1]指定 4 个扫描输出点，[D2]为键输入的存储元件。[D3]指示读出元件。16 键中 0～9 为数字键，A～F 为功能键，HKY 指令输入的数字范围为 0～9 999，以二进制的方式存放在 D0 中，如果大于 9 999 则溢出。DHKY 指令可在 D0 和 D1 中存放最大为 99 999 999 的数据。功能键 A～F 与 M0～M5 对应，按下【A】键，M0 置 1 并保持。按下【D】键 M0 置 0，M3 置 1 并保持。其余类推。如果同时按下多个键则先按下的有效。

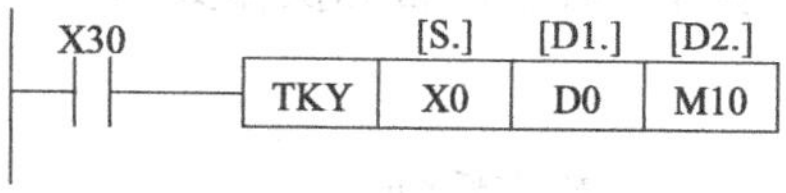

图 5-47　10 键输入指令的使用

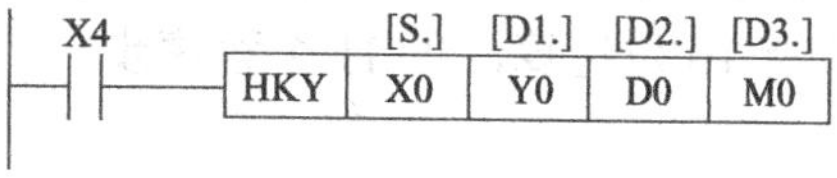

图 5-48　16 键输入指令的使用

该指令源操作数为 X，目标操作数[D1]为 Y。[D2]可以取 T、C、D、V 和 Z，[D3]可取 Y、M 和 S。16 位运算时占 9 个程序步，32 位运算时占 17 个程序步。扫描全部 16 键需 8

个扫描周期。HKY 指令在程序中只能使用一次。

数字开关指令 DSW 的功能是读入 1 组或 2 组 4 位数字开关的设置值。如图 5-49 所示，源操作数[S]为 X，用来指定输入点。目标操作数[D1]为 Y，用来指定选通点。[D2]指定数据存储单元，它可取 T、C、D、V 和 Z。n 指定数字开关组数。该指令只有 16 位运算，占 9 个程序步，可使用两次。图中，n = 1 指有 1 组 BCD 码数字开关。输入开关为 X10～X13，按 Y10～Y13 的顺序选通读入。数据以二进制数的形式存放在 D0 中。若 n = 2，则有 2 组开关，第 2 组开关接到 X14～X17 上，仍由 Y10～Y13 顺序选通读入，数据以二进制数的形式存放在 D1 中，第 2 组数据只有在 n = 2 时才有效。当 X1 保持为 ON 状态时，Y10～Y13 依次为 ON 状态。一个周期完成后标志位 M8029 置 1。

（2）数字译码输出指令：数字译码输出指令有七段译码指令 SEGD（FNC73）和带锁存的七段显示指令 SEGL（FNC74）两条。

七段译码指令 SEGD (P) 如图 5-50 所示，将[S]指定元件的低 4 位所确定的十六进制数（0～F）经译码后存于[D]指定的元件中，以驱动七段显示器，[D]的高 8 位保持不变。如果要显示 0，则应在 D0 中放入数据 3FH。

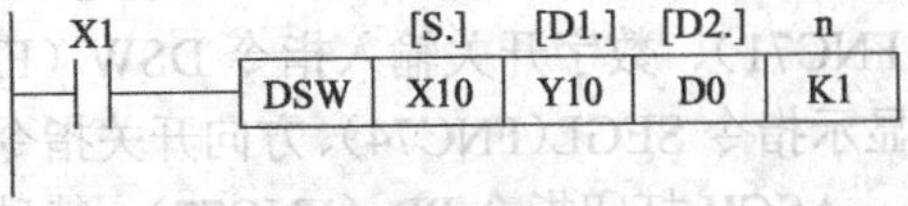

5-49 DSW 指令的应用

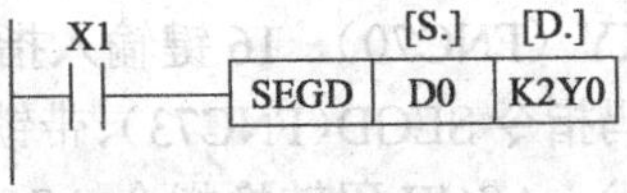

图 5-50 七段译码指令的使用

带锁存的七段显示指令 SEGL 的作用是用 12 个扫描周期的时间来控制一组或两组带锁存的七段译码显示。

（3）方向开关指令：方向开关指令 ARWS（FNC75）用于方向开关的输入和显示。如图 5-51 所示，该指令有 4 个参数，源操作数[S]可选 X、Y、M、S。图中选择 X10 开始的 4 个按钮，位左移键和右移键用来指定输入的位，增加键和减少键用来设定指定位的数值。X0 接通时指定的是最高位，按一次右移键或左移键可移动一位。指定位的数据可由增加键和减少键来修改，其值可显示在七段显示器上。目标操作数[D1]为输入的数据，由七段显示器监视其中的值（操作数可用 T、C、D、V 和 Z），[D2]只能用 Y 作操作数，n = 0～3，其确定的方法与 SEGL 指令相同。ARWS 指令只能使用一次，而且必须用晶体管输出型的 PLC。

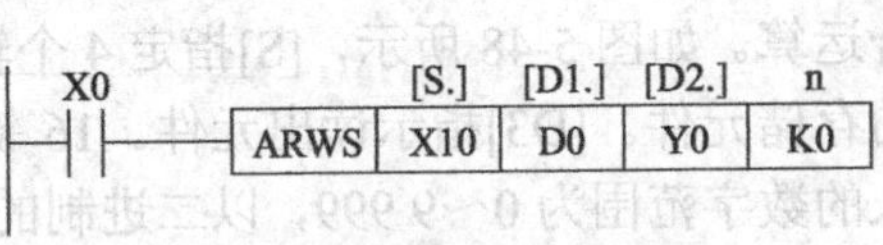

图 5-51 方向开关指令的使用

（4）ASCII 码转换指令：ASCII 码转换指令 ASC（FNC76）的功能是将字符转换成 ASCII 码，并存放在指定的元件中。如图 5-52 所示，当 X3 有效时，将 FX2A 变成 ASCII 码并送入 D300 和 D301 中。源操作数是 8 个字节以下的字母或数字，目标操作数为 T、C、D。该指令只有 16 位运算，占 11 个程序步。

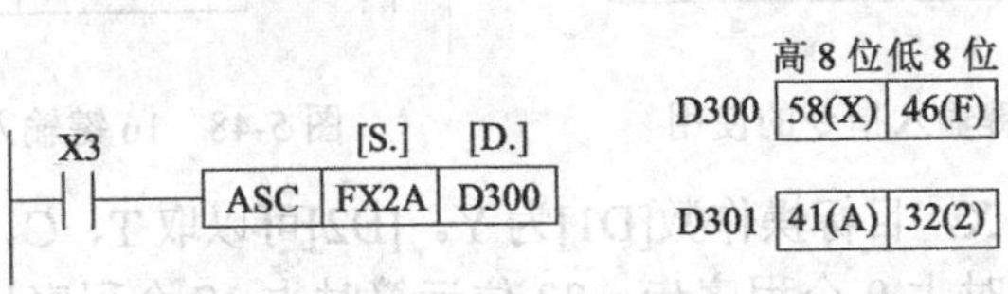

图 5-52 ASCII 码转换指令说明

特殊功能模块读指令 FROM（FNC78）和特殊功能模块写指令 T0（FNC79）将在第 6 章中介绍。

3. 外围设备（SER）指令（FNC80～FNC89）

外围设备（SER）指令包括串行通信指令 RS（FNC80）、八进制数据传送指令 PRUN（FNC81）、十六进制数→ASCII 码转换指令 ASCI（FNC82）、ASCII 码→十六进制数转换指令 HEX（FNC83）、校验码指令 CCD（FNC84）、模拟量输入指令 VRRD（FNC85）、模拟量开关设定指令 VRSC（FNC86）和 PID 运算指令 PID（FNC88）8 条指令。

（1）八进制数据传送指令：八进制数据传送指令 (D) PRUN (P)（FNC81）用于八进制数的传送。如图 5-53 所示，当 X10 为 ON 状态时，将 X0～X17 中的内容送至 M0～M7 和 M10～M17 中（因为 X 为八进制，故 M9 和 M8 的内容不变）。当 X11 为 ON 状态时，则将 M0～M7 中的内容送至 Y0～Y7，M10～M17 中的内容送至 Y10～Y17。源操作数可取 KnX、KnM，目标操作数取 KnY、KnM，n = 1～8，16 位和 32 位运算分别占 5 个和 9 个程序步。

（2）十六进制数与ASCII码转换指令：有十六进制数→ASCII码转换指令ASCI（FNC82）、ASCII 码→十六进制数转换指令 HEX（FNC83）两条指令。

十六进制数→ASCII 码转换指令 ASCI (P) 的功能是将源操作数[S]中的内容（十六进制数）转换成 ASCII 码放入目标操作数[D]中。如图 5-54 所示，n 表示要转换的字符数（n = 1～256）。M8161 控制采用 16 位模式还是 8 位模式。16 位模式时每 4 个十六进制数占用一个数据寄存器，转换后每两个 ASCII 码占用一个数据寄存器；8 位模式时，转换结果传送到[D]的低 8 位，其高 8 位为 0。PLC 运行时 M8000 为 ON 状态，M8161 为 OFF 状态，此时为16位模式。当X0为ON状态时则执行ASCI指令。如果放在D100中的4个字符为OABCH 则执行后将其转换为 ASCII 码送入 D200 和 D201 中，D200 高位放 A 的 ASCII 码 65H，低位放 0 的 ASCII 码 30H，D201 则放 BC 的 ASCII 码，C 放在高位。该指令的源操作数可取所有数据类型，目标操作数可取 KnY、KnM、KnS、T、C 和 D。该指令只有 16 位运算，占用 7 个程序步。

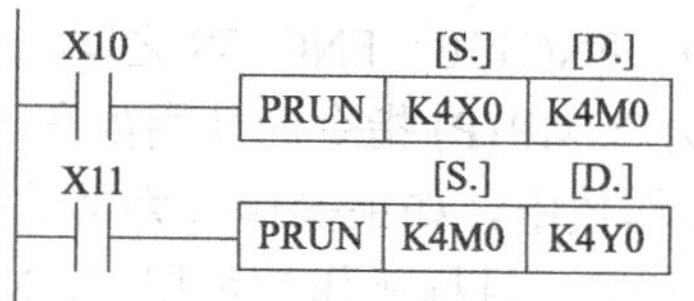

图 5-53　八进制数据传送指令的使用

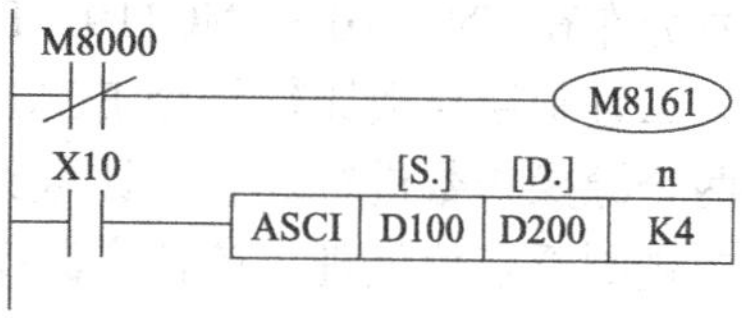

图 5-54　ASCI 指令的使用

ASCII 码→十六进制数指令 HEX (P) 的功能与 ASCI 指令相反，是将 ASCII 码表示的信息转换成十六进制的信息。如图 5-55 所示，将源操作数 D200～D203 中放的 ASCII 码转换成十六进制数放入目标操作数 D100 和 D101 中。该指令只有 16 位运算，占 7 个程序步。源操作数为 K、H、KnX、KnY、KnM、KnS、T、C 和 D，目标操作数为 KnY、KnM、KnS、T、C、D、V 和 Z。

（3）校验码指令：校验码指令 CCD (P)（FNC84）的功能是对一组数据寄存器中的十六进制数进行总校验和奇偶校验。如图 5-56 所示，是将源操作数[S]指定的 D100～D102 共 6 个字节的 8 位二进制数求和并异或，结果分别放在目标操作数 D0 和 D1 中。通信过程中可将数据和、异或结果随同发送，对方接收到信息后，先将传送的数据求和并异或，再与收到的数据和及异或结果比较，以此判断传送信号的正确与否。源操作数可取 KnX、KnY、KnM、KnS、T、C 和 D，目标操作数可取 KnM、KnS、T、C 和 D，n 可用 K、H 或 D，n＝1～256。该指令为 16 位运算指令，占 7 个程序步。

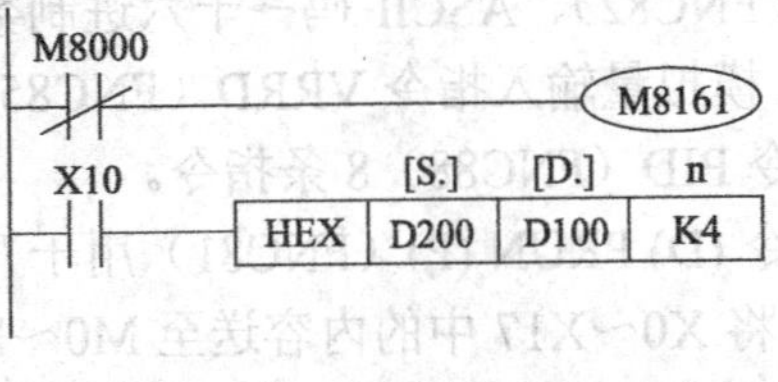

图 5-55　HEX 指令的使用

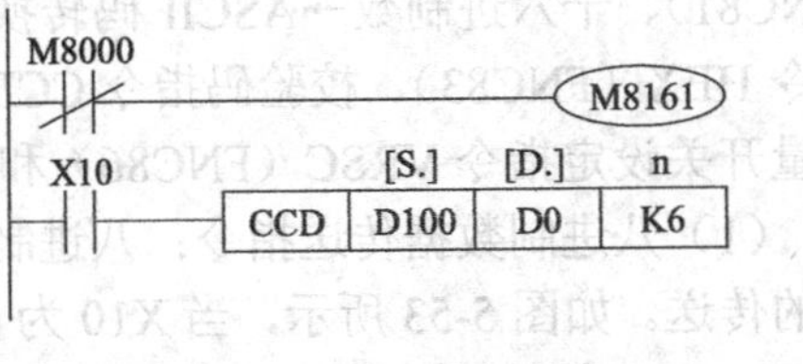

图 5-56　校验码指令的使用

以上 PRUN、ASCI、HEX、CCD 指令常应用于串行通信中，配合 RS 指令。

（4）模拟量输入指令：模拟量输入指令 VRRD (P)（FNC85）用来对 FX2N-8AV-BD 模拟量功能扩展板中的电位器数值进行读操作。如图 5-57 所示，当 X0 为 ON 状态时，读出 FX2N-8AV-BD 中 0 号模拟量的值（由 K0 决定），将其送入 D0 作为 T0 的设定值。源操作数可取 K、H，它用来指定模拟量口的编号，取值范围为 0～7；目标操作数可取 KnY、KnM、KnS、T、C、D、V 和 Z。该指令只有 16 位运算，占 5 个程序步。

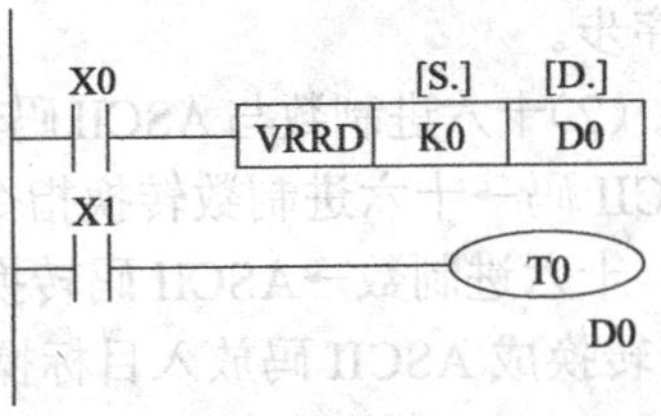

图 5-57　模拟量输入指令的使用

（5）模拟量开关设定指令：模拟量开关设定指令 VRSC (P)（FNC86）的作用是将 FX-8AV 中电位器读出的数四舍五入整量化后以 0～10 之间的整数值存放在目标操作数中。它的源操作数[S]可取 K 和 H，用来指定模拟量口的编号，取值范围为 0～7；目标操作数[D]的类型与 VRRD 指令相同。该指令为 16 位运算，占 9 个程序步。

4．浮点运算指令

浮点数运算指令包括浮点数的比较、四则运算、开方运算和三角函数等功能。它们的指令编号分布在 FNC110～FNC119、FNC120～FNC129、FNC130～FNC139 之间。

（1）二进制浮点数比较指令 ECMP（FNC110）：(D) ECMP (P) 指令的使用如图 5-58 所示，将两个源操作数进行比较，比较结果反映在目标操作数中。如果操作数为常数则自动转换成二进制浮点值处理。该指令源操作数可取 K、H 和 D，目标操作数可用 Y、M 和 S。该指令为 32 位运算指令，占 17 个程序步。

（2）二进制浮点数区间比较指令 EZCP（FNC111）：EZCP (P) 指令的功能是将源操作数的内容与用二进制浮点值指定的上下 2 点的范围比较，对应的结果用 ON/OFF 反映在目标操作数中，如图 5-59 所示。该指令为 32 位运算指令，占 17 个程序步。源操作数可以是 K、H 和 D；目标操作数为 Y、M 和 S。[S1]应小于[S2]，操作数为常数时将被自动转换成二进制浮点值处理。

（3）二进制浮点数的四则运算指令：浮点数的四则运算指令有加法指令 EADD（FNC120）、减法指令 ESUB（FNC121）、乘法指令 EMUL（FNC122）和除法指令 EDIV（FNC123）4 条指令。四则运算指令的使用说明如图 5-60 所示，它们都是将两个源操作数中的浮点数进行运算后送入目标操作数。当除数为 0 时出现运算错误，不执行指令。此类指令只有 32 位运算，占13个程序步。运算结果影响标志位M8020（零标志）、M8021（借位标志）、M8022（进位标志）。源操作数可取K、H和D，目标操作数为D。如有常数参与运算则自动转化为浮点数。

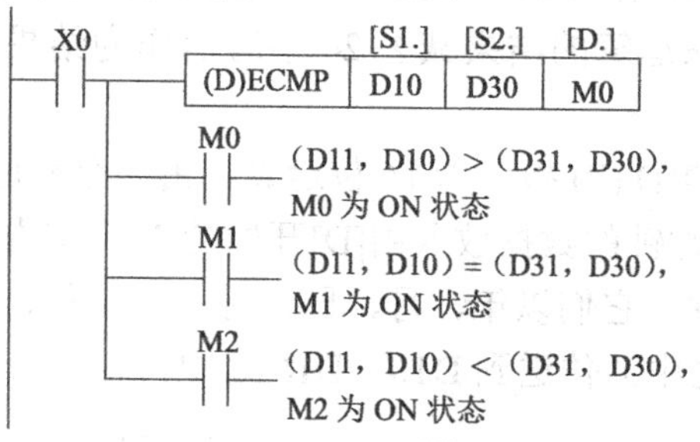

图5-58 二进制浮点数比较指令的使用

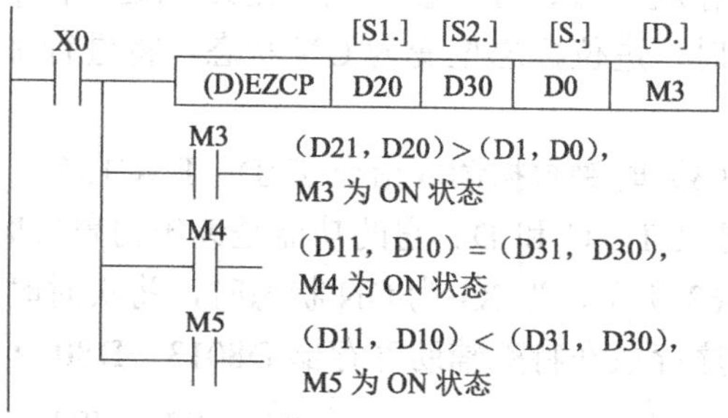

图5-59 二进制浮点数区间比较指令的使用

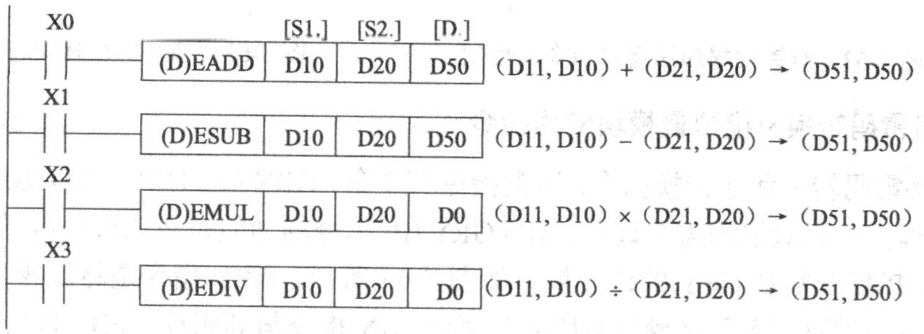

图5-60 二进制浮点数四则运算指令的使用

二进制浮点运算还有开平方、三角函数运算等指令，在此不一一说明。

5. 时钟运算指令（FNC160～FNC169）

时钟运算指令共有7条，指令的编号分布在FNC160～FNC169之间。时钟运算指令是对时钟数据进行运算和比较，对PLC内置实时时钟进行时间校准和时钟数据格式化操作。

（1）时钟数据比较指令TCMP（FNC160）：TCMP (P) 的功能是用来比较指定时刻与时钟数据的大小。如图5-61所示，将源操作数[S1]、[S2]、[S3]中的时间与[S]起始的3点时间数据进行比较，根据它们的比较结果决定目标操作数[D]中起始的3点单元中取ON或OFF的状态。该指令只有16位运算，占11个程序步。它的源操作数可取T、C和D，目标操作数可以是Y、M和S。

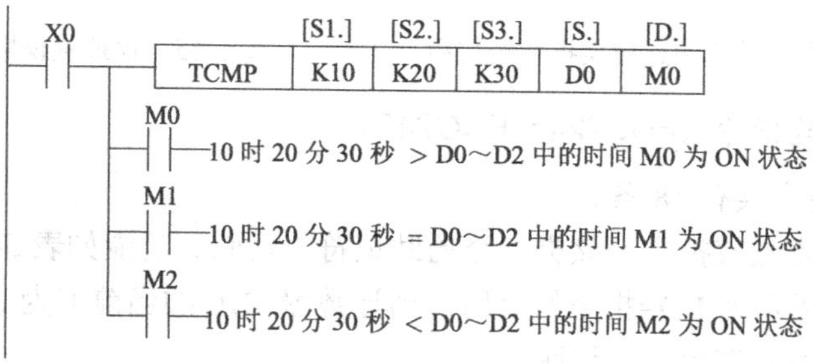

图5-61 时钟数据比较指令的使用

（2）时钟数据加法运算指令 TADD（FNC162）：TADD(P) 指令的功能是将两个源操作数的内容相加结果送入目标操作数。源操作数和目标操作数均可取 T、C 和 D。TADD 为 16 位运算指令，占 7 个程序步。如图 5-62 所示，将[S1]指定的 D10～D12 和 D20～D22 中所存放的时、分、秒相加，把结果送入[D]指定的 D30～D32 中。当运算结果超过 24 小时时，进位标志位变为 ON 状态，将进行加法运算的结果减去 24 小时后作为结果进行保存。

（3）时钟数据读取指令 TRD（FNC166）：TRD (P) 指令为 16 位运算，占 7 个程序步。[D]可取 T、C 和 D。它的功能是读出内置实时时钟的数据放入由[D]开始的 7 个字内。如图 5-63 所示，当 X1 为 ON 状态时，将实时时钟（它们以年、月、日、时、分、秒、星期的顺序存放在特殊辅助寄存器 D8013～D8019 之中）传送到 D10～D16 之中。

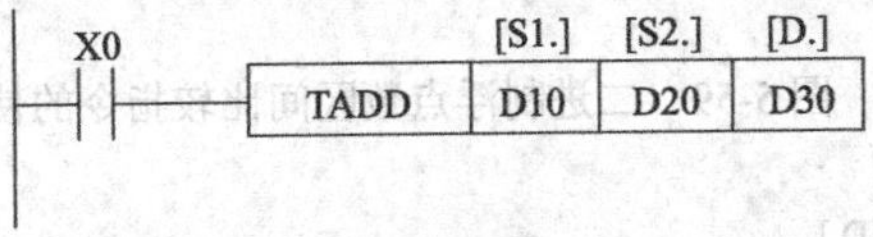

图 5-62 时钟数据加法运算指令的使用

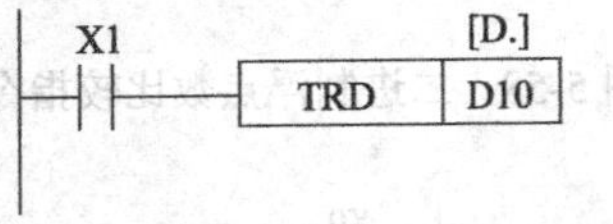

图 5-63 时钟数据读取指令的使用

6．格雷码转换及模拟量模块专用指令

（1）格雷码转换和逆转换指令：这类指令有 2 条，GRY（FNC170）和 GBIN（FNC171），常用于处理光电码盘编码盘的数据。(D) GRY (P) 指令的功能是将二进制数转换为格雷码，(D) GBIN (P)指令则是 GRY 的逆变换。如图 5-64 所示，GRY 指令是将源操作数[S]中的二进制数变成格雷码放入目标操作数[D]中，而 GBIN 指令与其相反。它们的源操作数可取任意数据格式，目标操作数为 KnY、KnM、KnS、T、C、D、V 和 Z。16 位运算时占 5 个程序步，32 位运算时占 9 个程序步。

（2）模拟量模块读写指令：这类指令有 2 条，RD3A（FNC176）和 WR3A（FNC177），其功能是对 FX0N-3A 模拟量模块输入值读取和对模块写入数字值。如图 5-65 所示，m1 为特殊模块号 K0～K7，m2 为模拟量输入通道 K1 或 K2，[D]为保存读取的数据，[S]为指定写入模拟量模块的数字值。指令均为 16 位运算指令，占 7 个程序步。

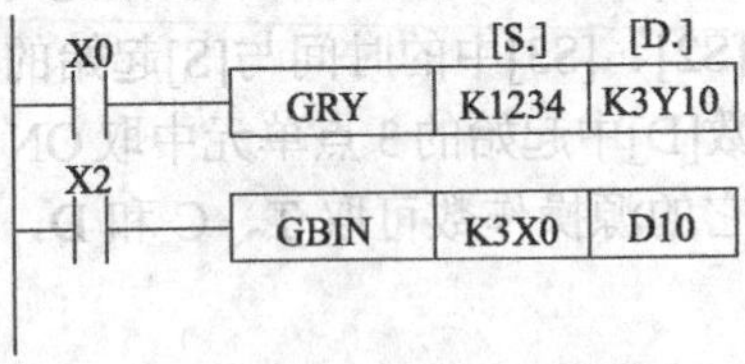

图 5-64 格雷码转换和逆转换指令的使用

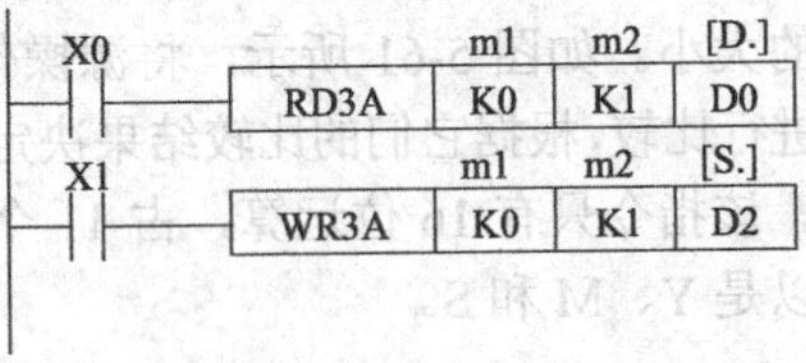

图 5-65 模拟量模块读写指令的使用

7．触点比较指令（FNC224～FNC246）

触点比较指令共有 18 条。

（1）LD 触点比较指令：该类指令的助记符、代码、功能如表 5-2 所示。

如图 5-66 所示为 LD=指令的使用，当计数器 C10 的当前值为 200 时驱动 Y10。其他 LD 触点比较指令不在此一一说明。

表 5-2　LD 触点比较指令

功能指令代码	助 记 符	导 通 条 件	非导通条件
FNC224	(D)LD=	[S1.] = [S2.]	[S1.]≠[S2.]
FNC225	(D)LD>	[S1.] > [S2.]	[S1.]≤[S2.]
FNC226	(D)LD<	[S1.] < [S2.]	[S1.]≥[S2.]
FNC228	(D)LD<>	[S1.]≠[S2.]	[S1.] = [S2.]
FNC229	(D)LD≤	[S1.]≤[S2.]	[S1.] > [S2.]
FNC230	(D)LD≥	[S1.]≥[S2.]	[S1.] < [S2.]

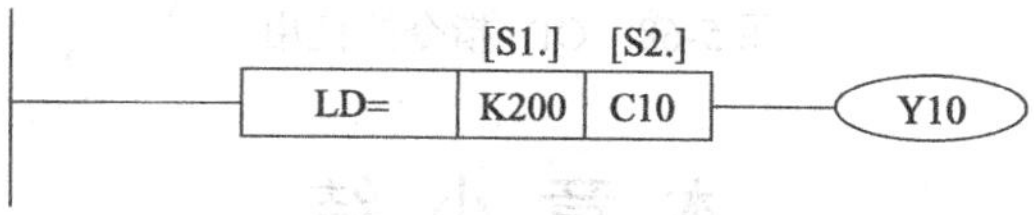

图 5-66　LD=指令的使用

（2）AND 触点比较指令：该类指令的助记符、代码、功能如表 5-3 所示。

表 5-3　AND 触点比较指令

功能指令代码	助 记 符	导 通 条 件	非导通条件
FNC232	(D)AND=	[S1.] = [S2.]	[S1.]≠[S2.]
FNC233	(D)AND>	[S1.] > [S2.]	[S1.]≤[S2.]
FNC234	(D)AND<	[S1.] < [S2.]	[S1.]≥[S2.]
FNC236	(D)AND<>	[S1.]≠[S2.]	[S1.] = [S2.]
FNC237	(D)AND≤	[S1.]≤[S2.]	[S1.] > [S2.]
FNC238	(D)AND≥	[S1.]≥[S2.]	[S1.] < [S2.]

如图 5-67 所示为 AND=指令的使用，当 X0 为 ON 状态且计数器 C10 的当前值为 200 时，驱动 Y10。

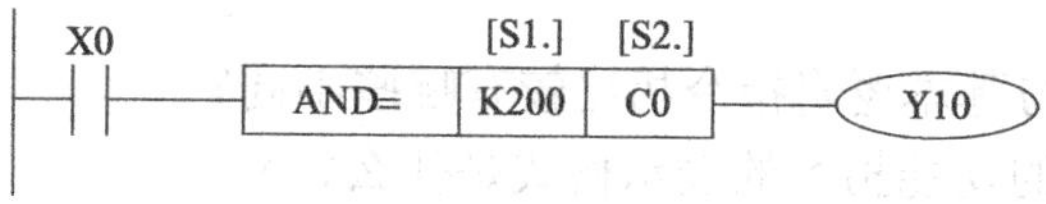

图 5-67　AND=指令的使用

（3）OR 触点比较指令：该类指令的助记符、代码、功能如表 5-4 所示。

表 5-4　OR 触点比较指令

功能指令代码	助 记 符	导 通 条 件	非导通条件
FNC240	(D)OR=	[S1.] = [S2.]	[S1.]≠[S2.]
FNC241	(D)OR>	[S1.] > [S2.]	[S1.]≤[S2.]
FNC242	(D)OR<	[S1.] < [S2.]	[S1.]≥[S2.]
FNC244	(D)OR<>	[S1.]≠[S2.]	[S1.] = [S2.]
FNC245	(D)OR≤	[S1.]≤[S2.]	[S1.] > [S2.]
FNC246	(D)OR≥	[S1.]≥[S2.]	[S1.] < [S2.]

OR=指令的使用如图 5-68 所示，当 X1 处于 ON 状态或计数器的当前值为 200 时，驱动 Y0。

触点比较指令源操作数可取任意数据格式。16 位运算占 5 个程序步，32 位运算占 9 个程序步。

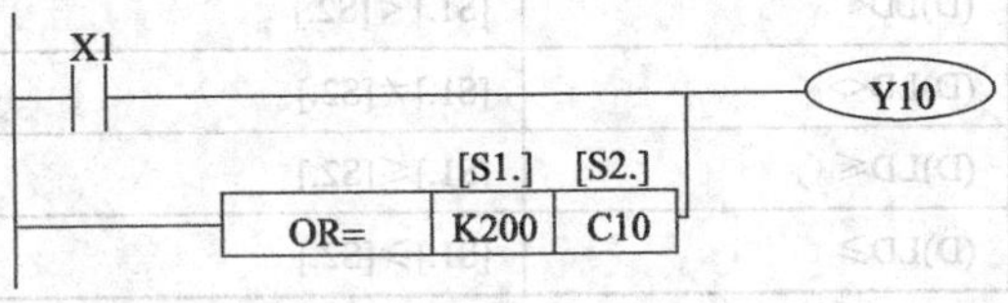

图 5-68 OR=指令的使用

本 章 小 结

本章介绍了 FX 系列 PLC 的各种功能指令，或称为应用指令。与基本逻辑指令只能完成一个特定的动作不同，功能指令实际上就是一个个功能不同的子程序，能完成一系列的操作，使可编程控制器的功能变得更强大。功能指令能满足用户的更高要求，也使控制变得更加灵活、方便，大大地拓宽了 PLC 的应用范围。对于具体的控制对象，选择合适的功能指令，将使得编程较之用基本逻辑指令更加方便、精练和快捷。

FX 系列 PLC 功能指令可以归纳为程序流向控制、数据传送、算术和逻辑运算、循环和移位、数据处理、高速处理、方便类、外部输入/输出、FX 系列外围设备和外部 F2 设备指令共十大类。要注意功能指令的使用条件和源、目标操作数的选用范围和选用方法，要注意有些功能指令在整个程序中只能用一次。

习 题

5.1 什么是功能指令？与基本逻辑指令相比较有哪些不同？

5.2 三菱 FX 系列 PLC 的功能指令的表示格式是什么？

5.3 功能指令中如何区分连续执行和脉冲执行？

5.4 FX 系列 PLC 有哪两类中断？各有几个中断源？试指出 I792 的含义？

5.5 请比较子程序和中断服务子程序之间的异同。

5.6 （1）根据图 5-69 写出指令表。

（2）P 的意义是什么？

（3）当 X1 = ON 时，（D10）=？

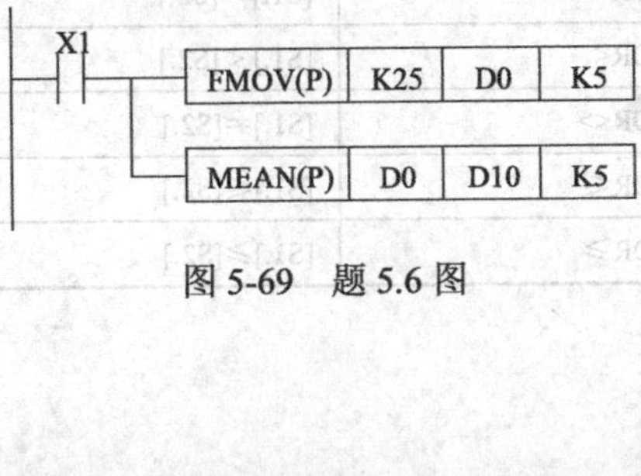

图 5-69 题 5.6 图

5.7（1）根据图 5-70 解释每条指令的功能。
（2）当 X2 = ON 时，（D0）=？

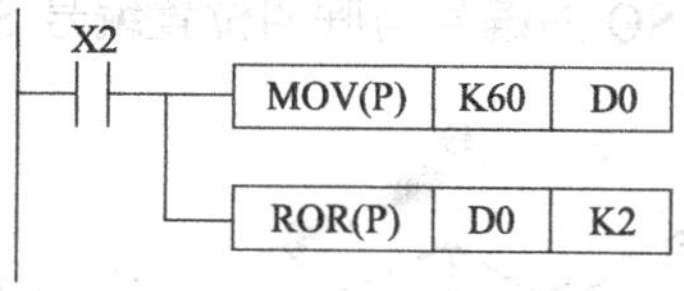

图 5-70　题 5.7 图

5.8（1）写出图 5-71 的指令表。
（2）解释每条指令的功能。
（3）当 X3 = ON 时，（D4）=？Y0～Y13 中哪个被置位？

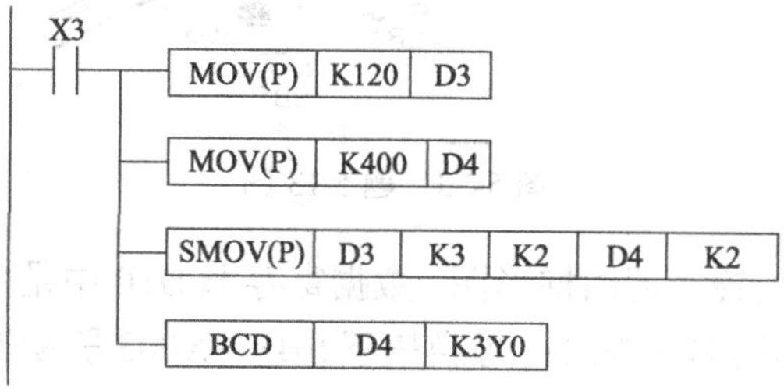

题 5-71　题 5.8 图

5.9（1）写出图 5-72 的指令表。
（2）解释每条指令的功能。
（3）当 X4 = ON 时，（D14）=？哪个 Y 被置位？

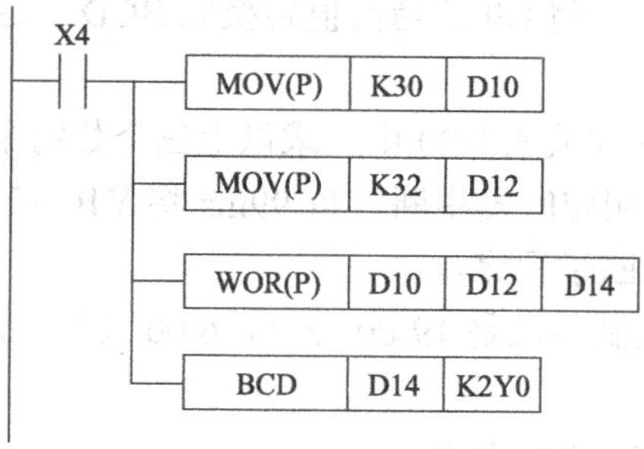

图 5-72　题 5.9 图

5.10 设计两个数据相减之后得到绝对值的程序。
5.11 设计用一个按钮控制启动和停止交替输出的程序。
5.12 设计一段程序，当输入条件满足时，依次将计数器 C0～C9 的当前值转换成 BCD 码后送到输出元件 K4Y0 中去，画出梯形图，写出指令表。
5.13 用功能指令设计一个自动控制小车运行方向的系统，如图 5-73 所示，请根据要求设计梯形图和指令表。工作要求如下：

（1）当小车所停位置 SQ 的编号大于呼叫位置编号 SB 时，小车向左运行至等于呼叫位置时停止。

（2）当小车所停位置 SQ 的编号小于呼叫位置编号 SB 时，小车向右运行至等于呼叫位置时停止。

（3）当小车所停位置 SQ 的编号与呼叫位置编号 SB 相同时，小车不动作。

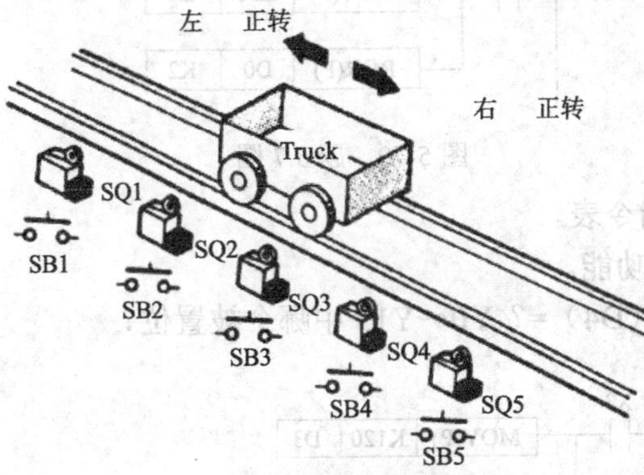

图 5-73 题 5.13 图

5.14 试编写一个能控制门铃音调的梯形图。数据寄存器 D10 中是门铃频率的当前值，每当按下 SB2，X002 驱动 D10 加 1；每当按下 SB3，X003 驱动 D10 减 1。当按下 SB0，X000 驱动执行 PLSY 指令，使门铃响两声。

5.15 试编写变频空调控制室温的梯形图。数据寄存器 D0 中是室温的当前值。当室温低于 18℃时，加热标志 M10 被激活，Y000 接通并驱动空调加热。当室温高于 25℃时，制冷标志 M12 激活，Y002 接通并驱动空调制冷。只要空调开着（X000 有效），将驱动 ZCP 指令对室温进行判断。在所有温度情况下，Y001 接通并驱动电扇运行。

5.16 当输入条件 X10 满足时，将 C0 的当前值转换成 BCD 码送到输出元件 K4Y10 中，画出梯形图。

5.17 计算 D5、D7、D9 之和并放入 D20 中，求以上三个数的平均值，将其放入 D30 中。

5.18 当 X1 为 ON 状态时，用定时器中断，每 99ms 将 Y10～Y13 组成的位元件组 K1Y10 加 1，设计主程序和中断子程序。

5.19 路灯定时接通、断开控制要求是 19:00 开灯，6:00 关灯，用时钟运算指令控制，画出梯形图。

5.20 设计一个物流检测系统。要求如下：

图 5-74 是一个物流检测系统示意图，图中三个光电传感器为 BL1、BL2、BL3。BL1 检测有无次品到来，有次品到则 ON。BL2 检测凸轮的突起，凸轮每转一圈，则发送一个移位脉冲，因为物品的间隔是一定的，故每转一圈就有一个物品到来，所以 BL2 实际上是一个检测物品到来的传感器。BL3 检测有无次品落下，手动复位按钮 SB1 图中未画出。当次品移到第 4 位时，电磁阀 YV 打开使次品落到次品箱。若无次品则正品移到正品箱。于是完成了正品和次品分开的任务。

（1）完成程序设计。

（2）在机器上调试出来。

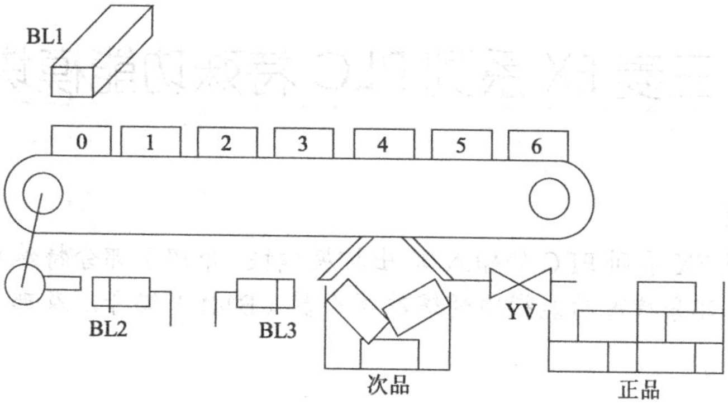

图 5-74　物流检测系统

5.21 设计一报警电路。控制要求如下：

输入点 X0 为报警输入条件即 X0=ON 时要求报警。输出 Y0 为报警灯，Y1 为报警蜂鸣器。输入条件 X1 为报警响应。X1 接通后 Y0 报警灯从闪烁变为常亮，同时 Y1 报警蜂鸣器关闭。输入条件 X2 为报警灯的测试信号。X2 接通则 Y0 接通。

设计要求：

（1）写出 I/O 分配表。

（2）设计 I/O 连线图。

（3）画梯形图。

（4）写出指令语句表。

第6章 三菱FX系列PLC特殊功能模块及其编程

本章内容提要

本章首先讲解FX系列PLC的输入/输出扩展模块。介绍了部分特殊功能模块的基本特点及其应用领域，部分特殊功能模块的缓冲寄存器（BMF）编号以及部分特殊功能模块的使用及编程。

6.1 三菱FX系列PLC的输入/输出扩展

FX系列具有较为灵活的I/O扩展功能，可利用扩展单元及扩展模块实现I/O扩展。

6.1.1 FX0N的I/O扩展

FX0N系列共有三种扩展单元，如表6-1所示。FX0N系列的扩展模块如表6-2所示。

表6-1 FX0N系列的扩展单元

型号	总I/O数目	输入			输出	
		数目	电压	类型	数目	类型
FX0N-40ER	40	24	DC 24V	漏型	16	继电器
FX0N-40ET	40	24	DC 24V	漏型	16	晶体管
FX0N-40ER-D	40	24	DC 24V	漏型	16	继电器（DC）

表6-2 FX0N系列的扩展模块

型号	总I/O数目	输入			输出	
		数目	电压	类型	数目	类型
FX0N-8ER	8	4	DC 24V	漏型	4	继电器
FX0N-8EX	8	8	DC 24V	漏型	–	–
FX0N-16EX	16	16	DC 24V	漏型	–	–
FX0N-8EYR	8	–	–	–	8	继电器
FX0N-8EYT	8	–	–	–	8	晶体管
FX0N-16EYR	16	–	–	–	16	继电器
FX0N-16EYT	16	–	–	–	16	晶体管

注：FX0N的扩展模块也可在FX2N等子系列上应用。

6.1.2 FX2N的I/O扩展

FX2N系列的扩展单元如表6-3所示。FX2N系列的扩展模块如表6-4所示。

表 6-3　FX2N 子系列扩展单元

型　号	总 I/O 数目	输　入			输　出	
		数　目	电　压	类　型	数　目	类　型
FX2N-32ER	32	16	DC 24V	漏型	16	继电器
FX2N-32ET	32	16	DC 24V	漏型	16	晶体管
FX2N-48ER	48	24	DC 24V	漏型	24	继电器
FX2N-48ET	48	24	DC 24V	漏型	24	晶体管
FX2N-48ER-D	48	24	DC 24V	漏型	24	继电器（DC）
FX2N-48ET-D	48	24	DC 24V	漏型	24	继电器（DC）

表 6-4　FX2N 子系列的扩展模块

型　号	总 I/O 数目	输　入			输　出	
		数　目	电　压	类　型	数　目	类　型
FX2N-16EX	16	16	DC 24V	漏型	–	–
FX2N-16EYT	16	–	–	–	16	晶体管
FX2N-16EYR	16	–	–	–	16	继电器

此外，FX 系列还可将一块功能扩展板安装在基本单元内，无需外部的安装空间。例如：FX1N-4EX-BD 就是可用来扩展 4 个输入点的扩展板。

6.2　三菱 FX 系列 PLC 的特殊功能模块

FX 系列 PLC 配有多种特殊功能模块供用户使用，以适应不同场合控制的需要，这些功能模块包括：模拟量输入/输出模块、PID 过程控制模块、定位控制模块、数据通信模块、高速计数模块。

6.2.1　模拟量输入/输出模块

1．模拟量输入/输出模块 FX0N-3A

该模块具有两路模拟量输入（0～10V 直流或 4～20mA 直流）通道和一路模拟量输出通道。输入通道接收模拟信号并将模拟信号转换为数字输出，输出通道采用数字值并输出等量模拟信号，其输入通道数字分辨率为 8 位，A/D 转换时间为 100μs，在模拟与数字信号之间采用光电隔离，FX0N-3A 可以连接到 FX1N、FX2N、FX2NC 和 FX0N 系列可编程控制器上，具体参数如以下三个表格（表 6-5~表 6-7）所示。

表 6-5　模拟量输入

项　目	输 入 电 压	输 入 电 流
模拟量输入范围	DC 0～10V，DC 0～5V（输入电阻 200kΩ） 绝对最大量程：DC –0.5V 和 15V	4～20mA（输入电阻 250Ω） 绝对最大量程：–2mA 和 60mA
数字分辨率	8 位	
转换速度	（TO 指令处理时间×2）+ FROM 指令处理时间	
A/D 转换时间	100μS	

表 6-6 模拟量输出

项 目	输出电压	输出电流
模拟量输出范围	DC 0～10V，DC 0～5V（外部负载 1kΩ～1MΩ）	DC 4～20mA（外部负载不超过 500Ω）
数字分辨率	8 位	
处理速度	TO 指令处理时间×3	

表 6-7 公共项目

项 目	输入/输出电压	输入/输出电流
最小输出信号分辨率	0～10V 输入：400mV（15V/250） 0～5V 输入：400mV（15V/250）	4～20mA 输入：64μA {(20～4mA)/250}
总体精度	±1%（满量程）	
隔离	在模拟和数字电路之间光电隔离 直流/直流变压器隔离主单元电源 在模拟通道之间没有隔离	
电源规格	DC 5V，30mA（主单元提供的内部电源） DC 24V±10%，90mA（主单元提供的内部电源）	
占用的输入输出点数	占 8 个输入或输出点	
适用的控制器	FX1N/FX2N/FX0N	
尺寸（宽×厚×高）	43×87×90	
质量（重量）	0.2Kg	

2．模拟量输入模块 FX2N-2AD

该模块为两路电压输入（DC 0～10V，DC 0～5V）或电流输入（DC 4～20mA），12 位高精度分辨率，转换的速度为 2.5ms/通道。该模块占用 8 个 I/O 点，适用于 FX1N、FX2N、FX2NC 子系列。具体性能指标如表 6-8 所示。

表 6-8 FX2N-2AD 性能指标

项 目	电压输入	电流输入
模拟量输入范围	根据是电流输出还是电压输出，使用不同端子	
	DC 0～10V，DC 0～5V（输入阻抗为 200kΩ） 警告：当输入电压超过 DC 15V 时，此单元有可能造成损坏	4～20mA(输入电阻 250Ω) 绝对最大量程：-2mA 和 60mA
数字输出范围	带符号位的 12 位二进制，但有效值为 11 位（-2 048～2047），电流输出（0～1 024）	
分辨率	2.5mV（10V×1/4000），1.25mV（5V/4000）	
综合精确度	±1%（相对于最大值）	
转换速度	2.5ms/1 通道（顺序程序和同步）	
隔离方式	光电隔离及采用 DC/DC 转换器使输出和 PLC 电源隔离（但各输入端子间不隔离）	
模拟量用电源	DC 24V±10%，50mA（来自于主电源的内部电源供电）	
输入占用点数	程序上为 8 点（计输入或输出点均可）由 PLC 供电的消耗功率为 5V20mA	

3. 模拟量输入模块FX2N-4AD

该模块有4个输入通道，其分辨率为12位。可选择电流或电压输入，选择通过用户接线来实现。可选择模拟值范围为DC ±10V（分辨率为5mV）或4～20mA、-20～20mA（分辨率为20μA）。转换速度最高为6ms/通道。FX2N-4AD占用8个I/O点。其性能指标如表6-9所示。

表6-9 FX2N-4AD性能指标

项 目	电 压 输 入	电 流 输 入
	根据是电流输出还是电压输出，使用不同端子	
模拟量输入范围	DC -10V～10V（外部负载电阻1kΩ～1MΩ）	-20mA～20mA（输入电阻250Ω） 绝对最大量程：±32 mA
数字输出范围	带符号位的12位二进制，但有效值为11位（-2 048～2 047），电流输出（0～1 024）	
分辨率	5mV（10V×1/2 000）	20 mA{20缺省范围1/1 000}
综合精确度	±1%（相对于最大值）	
转换速度	2.1ms（4通道）	
隔离方式	光电隔离及采用DC/DC转换器使输出和PLC电源隔离（但各输入端子间不隔离）	
模拟量用电源	DC 24V±10%，130mA	
输入占用点数	程序上为8点（计输入或输出点均可）由PLC供电的消耗功率为5V30mA	

4. 模拟量输出模块FX2N-2DA

该模块用于将12位的数字量转换成2点模拟输出。输出的形式可为电压，也可为电流。其选择取决于接线不同。电压输出时，两个模拟输出通道输出信号为DC 0～10V，DC 0～5V；电流输出时为DC 4～20mA。分辨率为2.5mV（DC 0～10V）和4μA（4～20mA）。数字到模拟的转换特性可进行调整。转换速度为4ms/通道。本模块需占用8个I/O点。适用于FX1N、FX2N、FX2N子系列。其主要性能指标如表6-10所示。

表6-10 FX2N-2DA性能指标

项 目	电 压 输 入	电 流 输 入
模拟量输出范围	装运时，对于DC 0～10V的模拟电压输出，此单元调整的数字范围是0～4 000，当使用FX2N-2DA并通过电流输入或通过DC 0～5V输出时，就有必要通过偏置和增益调节器进行再调节	
	DC 0～10V，DC 0～5V（外部负载阻抗为2kΩ～1MΩ）	4～20mA（外部负载阻抗为500Ω或更小）
数字输入范围	12位	
分辨率	2.5mV（10V/4 000），1.25mV（5V/4 000）	4μA{(20～4)/4 000}
集成精确度	±1%（全范围0～10V）	±1%（全范围0～20mA）
转换速度	4ms/1通道（顺序程序和同步）	
隔离方式	光电隔离及采用DC/DC转换器使输出和PLC电源隔离（但各输入端子间不隔离）	
模拟量用电源	DC 24V±10%，130mA	
输入占用点数	模块占用8个输入或输出点（计输入或输出点均可）	

5. 模拟量输出模块 FX2N-4DA

该模块有 4 个输出通道。提供了 12 位高精度分辨率的数字输入。转换速度为 2.1ms/4 通道，使用的通道数变化不会改变转换速度。其他的性能与 FX2N-2DA 相似。其主要性能指标如表 6-11 所示。

表 6-11 FX2N-4DA 性能指标

项 目	电压输入	电流输入
模拟量输出范围	装运时，对于 DC 0～10V 的模拟电压输出，此单元调整的数字范围是 0～4 000，当使用 FX2N-2DA 并通过电流输入或通过 DC 0～5V 输出时，就有必要通过偏置和增益调节器进行再调节	
	DC 0～10V，DC 0～5V（外部负载阻抗为 2kΩ～1MΩ）	4～20mA（外部负载阻抗为 500Ω或更小）
数字输入范围	12 位	
分辨率	2.5mV（10V/4 000） 1.25mV（5V/4 000）	4μA{（20～4）/4 000}
集成精确度	±1%（全范围 0～10V）	±1%（全范围 0～20mA）
转换速度	2.1ms/4 通道（顺序程序和同步）	
隔离方式	光电隔离及采用 DC/DC 转换器使输出和 PLC 电源隔离（但各输入端子间不隔离）	
模拟量用电源	DC 24V±10%，130mA	
输入占用点数	模块占用 8 个输入或输出点（可为输入或输出）	

6. 模拟量输入模块 FX2N-4AD-PT

该模块与 PT100 型温度传感器匹配，将来自四个铂温度传感器（PT100，3 线，100Ω）的输入信号放大，并将数据转换成 12 位可读数据，存储在主机单元中。摄氏度和华氏度数据都可读取。其内部有温度变送器和模拟量输入电路，可以矫正传感器的非线性。读分辨率为 0.2～0.3℃。转换速度为 15ms/每通道。所有的数据传送和参数设置都可以通过 FX2N-4AD-PT 的软件组态完成，由 FX2N 的 TO/FROM 应用指令来实现。FX2N-4AD-PT 占用 8 个 I/O 点，可用于 FX1N、FX2N、FX2NC 子系统，为温控系统提供了方便。其主要技术指标如表 6-12 所示。

表 6-12 FX2N-4AD-PT 技术指标

项 目		摄氏度	华氏度
模拟量输入范围		通过读取适当的缓冲区，可以得到摄氏度和华氏度 铂温度 PT100 传感器（100Ω），3 线，4 通道（CH1、CH2、CH3、CH4）3850PPM/℃	
传感器电流		1mA 传感器：100Ω PT100	
补偿范围		–100～600℃	–148～1 112° F
数字输出		12 位转换（11 位数据位+1 位符号位）	
最小可测温度		0.2～0.3℃	0.3～0.53° F
总精度		全范围的±1%（补偿范围）	
电源指标	模拟电路	DC 24V±10%，50mA	
	数字电路	DC 5V，30mA（源于主单元的内部电路）	
隔离		模拟和数字电路之间用光电耦合器隔离，DC/DC 转换器用来隔离本设备和 FX2N 主单元 MPU，模拟通道之间没有隔离	
输入占用点数		占用 FX2N 扩展单元 8 个输入或输出点（可为输入或输出）	

7. 模拟量输入模块 FX2N-4AD-TC

该模块与热电耦型温度传感器匹配，将来自四个热电耦传感器的输入信号放大，并将数据转换成 12 位的可读数据，存储在主单元中，摄氏和华氏数据均可读取，读分辨率在类型为 K 时为 0.2℃，类型为 J 时为 0.3℃，可与 K 型（−100～1200℃）和 J 型（−100～600℃）热电耦配套使用，4 个通道分别使用 K 型或 J 型，转换速度为 240ms/通道。所有的数据传输和参数设置都可以通过 FX2N-4AD-TC 的软件组态完成，占用 8 个 I/O 点。主要性能指标如表 6-13 所示。

表 6-13　FX2N-4AD-TC 性能指标

项　目		摄 氏 度		华 氏 度	
		通过读取适当的缓冲区，可以得到摄氏度和华氏度			
模拟量输入范围		热电耦：类型 K 或 J（每个通道两种都可以使用），4 通道（CH1、CH2、CH3、CH4）			
额定温度范围		类型 K	−100～1200	类型 K	−148～2192
		类型 J	−100～600	类型 J	−148～1112
数字输出		12 位转换，11 位数据+1 符号位			
		类型 K	−1000～12000	类型 K	−1480～21920
		类型 J	−1000～6000	类型 J	−1480～11120
分辨率		类型 K	0.4	类型 K	0.72
		类型 J	0.3	类型 J	0.54
总精度校正点		±（0.5%全范围±1）纯水冷凝点：0/32			
电源指标	模拟电路	DC 24V±10%，50mA			
	数字电路	DC 5V，30mA（源于主单元的内部电路）			
隔离		模拟和数字电路之间用光电耦合器隔离，DC/DC 转换器用来隔离本设备和 FX2N 主单元 MPU，模拟通道之间没有隔离			
输入占用点数		占用 FX2N 扩展单元 8 个输入或输出点（可为输入或输出）			

6.2.2 PID 过程控制模块

FX2N-2LC 温度调节模块用在温度控制系统中。该模块配有双通道的温度输入和双通道晶体管输出，即一块能组成两个温度调节系统。模块提供了自调节的 PID 控制和 PI 控制，控制的运行周期为 500ms，占用 8 个 I/O 点数，可用于 FX1N、FX2N、FX2NC 子系列。该模块的性能指标如表 6-14 所示，输入特性如表 6-15 所示。

表 6-14　FX2N-2LC 性能指标

项　目	特　性
控制方法	两位置控制，PID 控制（可进行自动调节），PI 控制
控制操作周期	500ms
温度设定范围	和输入范围相同
加热器切断检测	由缓冲存储器进行检测报警（变化范围为 0～100A）
操作模式	0：测量值监视器 1：测量值监视器+温度报警

续上表

项目		特性	
操作模式		2：测量值监视器+温度报警+控制（由缓冲存储器进行选择）	
自诊断功能		调整数据检查，输入值检查，监视器计时器检查	
存储器		内置 EEPROM（可重写次数为 100 000 次）	
状态显示	POWER	亮（绿）灯：提供 5V 电源时	灭：未提供 5V 电源时
	24V	亮（红）灯：提供 24V 电源时	灭：未提供 24V 电源时
	OUT1	亮（红）灯：控制输出 1 打开时	灭：控制输出 1 关闭时
	OUT2	亮（红）灯：控制输出 2 打开时	灭：控制输出 2 关闭时

表 6-15　FX2N-2LC 输入特性

项目			特性
温度输入	输入点数	热电耦	2 点
		电阻温度计	K、J、R、S、E、T、B、N、PLII，WRe 5-26、U、L
	输入类型		PT100，JPT100
	测量精度		周围温度在 23±5℃时：范围的±0.3%，跨度±1 位 周围温度在 0～55℃时：范围的±0.7%，跨度±1 位 但是 B 输入在 0～399℃（0～7990° F），PLII 和 WRe5-26 输入在 0～320F 内时，精度不能保证位于以上范围内
	冷接触温度补偿误差		±1.0℃内，但是，当输入值为–100～–150℃时，误差为±2.0 当输入值为–150～–200℃时，误差为±3.0
	分辨率		0.1℃（0.1° F）或 1℃（10° F）（数值取决于使用传感器的输入范围）
	采样周期		500ms
	外部电阻效应		大约 0.35MV/Ω
	输入阻抗		1MΩ或更大
	传感器电流		大约 0.3mA
	允许的输入铅电缆电阻		10Ω
	输入端开后操作		放大
	输入短路后操作		缩小
CT 输入	输入点数		2 点
	电流探测器		CTL-12-S36-或 CTL-T-P-H（由 U.R.D 公司生产）
	加热器电流测量值		使用 CTL-12 时 0.0～100A，0.0～30A
	测量精度		输入值的±5%与 2A 之间的较大者（不包括电流探测器精度）
	采样周期		1s

6.2.3　定位控制模块

现今，在 PLC 控制中，定位是不可缺少的控制之一。在 FX 系列中，从数点的简易 1

轴定位控制，到直线插补、圆弧插补等 2 轴定位控制，已具备多种可根据规格、用途进行选择的种号。

在机械工作运行过程中工作的速度与精度往往存在矛盾，为提高机械效率而提高速度时，停车控制便出现了问题。所以进行定位控制是十分必要的。举一个简单的例子，电机带动的机械由启动位置返回原位，如以最快的速度返回，由于高速停车惯性大，则在返回原位时偏差必然较大，如图 6-1（a）所示。若采用如图 6-1（b）所示的方式先减速便可保证定位的准确性。

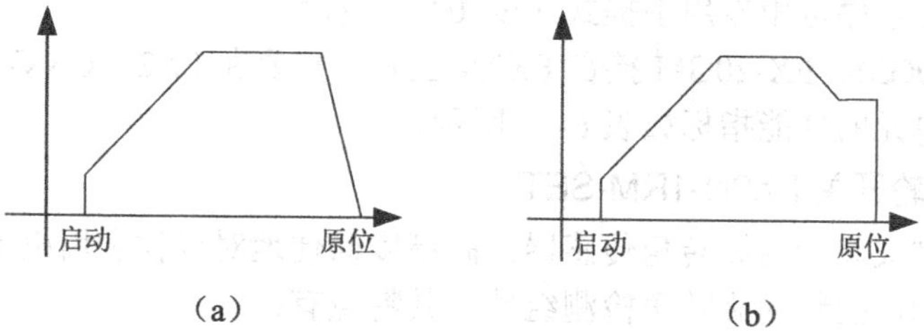

图 6-1　定位控制模块

在位置控制系统中常会采用伺服电机和步进电机作为驱动装置。即可采用开环控制，也可采用闭环控制。对于步进电机，可以通过调节发送脉冲的速度来改变机械的工作速度。使用 FX 系列 PLC，通过脉冲输出形式的定位单元或模块，即可实现一点或多点的定位。下面介绍 FX2N 系列的脉冲输出模块和定位控制模块。

1．脉冲输出模块 FX2N-1PG

FX2N-1PG 脉冲发生器单元可以完成对独立轴的定位，这是通过向伺服或步进马达的驱动放大器提供指定数量的脉冲来实现的。其特点有：

（1）可作 1 轴控制。

（2）最大可进行 100KPPS 的脉冲输出。

（3）定位目标的追踪、运转速度及各种参数通过 PLC 用 FROM/TO 指令设定。

（4）除脉冲序列输出外，还备有各种高速响应的输出端子，而其他的输入、输出，通常需通过 PLC 进行控制（启动输入，正/反限位开关等）。

该模块的具体输入/输出规格如表 6-16 所示。

表 6-16　FX2N-1PG 性能指标

项　　目	规　　格
控制轴数	1 轴（对应 1 台 PLC，最多可接 8 台）不能做插补控制
输入/输出点数	每台占有 PLC 的输入或输出 8 点
脉冲输出方式	开式连接器，晶体管输出（DC 5～24V，20mA 以下）
控制输入	操作系统：STOP，机械系统：DOG（近点信号），支持系统：PGO（零点信号），正转界限、逆转界限等，其他输入接在 PLC 上
控制输出	支持系统：FP（正转脉冲），PRC（反转脉冲），CLR（偏差计数器清洗）

2．定位控制器 FX2N-10GM、FX-20GM、E-10GM

FX2N-10GM 为脉冲序列输出单元，它是单轴定位单元，不仅能处理单速定位和中断定位，而且能处理复杂的控制。FX2N-20GM 是 2 轴定位单元，E-10GM 是单独运转专用定位单元。其特点有：

（1）利用 1 台 FX-10GM 可以控制 1 轴，FX（E）-20GM 可以控制独立 2 轴或者直线插补、圆弧插补的同时 2 轴。

（2）可以作最大 200KPPS 的脉冲输出。

（以 FX（E）-20GM 控制插补时最大 100KPPS）

（3）搭载定位专用语句（CODE 命令）和序列语句，FX2N 系列程序装置同总线连接，原本也可以单独运转。

（4）编写定位程序可用专用手提式（E-20TP）编写。

（5）把 FX-10GM、FX-20GM 接在 FX2N 上时，需要和 FX2N-CNV-IF 一同使用。

这 3 个定位单元的性能指标如表 6-17 所示。

3．可编程凸轮开关 FX2N-1RM-SET

这是一种通过安装专用旋转角传感器，高精度简便地对以往利用机械式凸轮开关所控制的旋转装置，加以控制的旋转角检测组件。其特点有：

（1）利用与本件构成一体的数据设定组件，可以简单地进行动作角度设定及监视显示。

（2）旋转角的检测达到 415rpm/0.5 度或 830rpm/1.0 度为单位的高精确度。

（3）内置无需电池的 EEPROM，并可存放最多 8 种程序。

（4）保存、传送程序，可以使用 PLC 的个人机用软件以及 FX-10P-E。

（5）装在机械内部的无刷转角传感器的电缆，最大可以延长至 100 米。

（6）FX2N 系列的单元上，在系统的最后可接 3 台，也可以单独使用。

（7）通过连接 FX0N、FX2N 晶体管扩展模块，可以得到最大 8 点的 ON/OFF 输出。

这个组件的性能规格如表 6-18 所示。

表 6-17　FX-10GM、FX-20GM、E-20GM 定位单元性能指标

项　目	内　容	
	FX-10GM	FX-10GM/E-20GM
控制轴数	1 轴	最大 2 轴、同时 2 轴（直线插补、圆弧插补）或独立 2 轴
输入/输出点数	每一台占有 PLC 的输入或输出 8 点	
脉冲输出形式	开式连接器晶体管输出 DC 5～24V	
控制输入	操作系统：MANU（手动）、FWD（手动正转）、RVS（手动逆转）、ZRN（机械原点返回）、START（自动启动）、STOP（停止）、手控脉冲器（2KPPS）、步进运转输入（利用参数设定） 机械系统：DOG（近点信号）、LSF（正转限界）、LSR（逆转限界）、中断 7 点（FX-10GM 是 4 点） 伺服系统：SVRDY（伺服准备）、SVEND（伺服末端）、PG0（零点信号）	
	通用：X0～X3	通用：基本单元 X0～X7、利用扩展模块 X10～X67，可输入
控制输出	伺服系统：FP（正转脉冲）、RP（逆转脉冲）、CLR（清除偏差计数器）	
	通用：Y0～Y5	通用：基本单元 Y0～Y7，利用扩展模块 Y10～Y67、可输出

表 6-18　FX2N-1RM-SET 性能规格

项　目	内　容
适用 PLC	FX2N 系列 PLC 的总线连接（3 台接在最后），占用输入输出点数为 8 点，可单独使用
程序存储器	内置 EEPROM 存储器（无需电池）

续上表

项　目	内　容
凸轮输出点数	内部输出 48 点，读出到 PLC 上，或通过连接晶体管扩展模块，可输出 48 点
检测器	无刷旋转角传感器（F2-32RM 用的 FX-720RS 共用）
控制分辨率	1 次旋转作 720 分割（0.5 度）或 360 分割（1.0 度）
响应速度	415RPM/0.5 度或 830RPM/1 度
程序库数目	8 个（指定 PLC）或 4 个（指定外部输入）
ON/OFF	8 次 11 个凸轮输出
输入	轴输入 2 点（0~3 的符号位输入） DC 24V，7mA，响应时间 3ms
设定开关	RUN/PRG 转换开关，16 键
LED 显示	POWER（电源）、RUN（运转中）、ERROR（异常）、7 段 7 个 LED

6.2.4　数据通信模块

PLC 的通信模块用来完成与其他 PLC，其他智能控制设备或计算机之间的通信。以下简单介绍 FX 系列通信用功能扩展板、适配器及通信模块。

1. 通信扩展板 FX2N-232-BD

FX2N-232-BD 是以 RS-232C 传输标准连接 PLC 与其他设备的接口板。诸如个人计算机、条码阅读器或打印机等。可安装在 FX2N 内部。其最大传输距离为 15 米，最高波特率为 19200 B/s，利用专用软件可实现对 PLC 运行状态监控，也可方便地由个人计算机向 PLC 传送程序。

2. 通信接口模块 FX2N-232IF

FX2N-232IF 连接到 FX2N 系列 PLC 上，可实现与其他配有 RS-232C 接口的设备进行全双工串行通信。例如个人计算机，打印机，条形码读出器等。在 FX2N 系列上最多可连接 8 块 FX2N-232IF 模块。用 FROM/TO 指令收发数据。最大传输距离为 15 米，最高波特率为 19200 B/s，占用 8 个 I/O 点。数据长度、串行通信波特率等都可由特殊数据寄存器设置。

3. 通信扩展板 FX2N-485-BD

FX2N-485-BD 用于 RS-485 通信方式。它可以应用于无协议的数据传送。FX2N-485-BD 在原协议通信方式中，利用 RS 指令在个人计算机、条码阅读器、打印机之间进行数据传送。最大传输距离为 50 米，最高波特率也为 19200 B/s。每一台 FX2N 系列 PLC 可安装一块 FX2N-485-BD 通信板。除利用此通信板实现与计算机的通信外，还可以用它实现两台 FX2N 系列 PLC 之间的并联。

4. 通信扩展板 FX2N-422-BD

FX2N-422-BD 应用于 RS-422 通信方式。可连接 FX2N 系列的 PLC，并作为编程或控制工具的一个端口。可用此接口在 PLC 上连接 PLC 的外部设备、数据存储单元和人机界面。利用 FX2N-422-BD 可连接两个数据存储单元（DU）或一个 DU 系列单元和一个编程工具，但一次只能连接一个编程工具。每一个基本单元只能连接一个 FX2N-422-BD，且不能与 FX2N-485-BD 或 FX2N-232-BD 一起使用。

5. 接口模块 MSLSECNET/MINI

采用 MSLSECNET/MINI 接口模块，FX 系列 PLC 可作为 A 系列 PLC 的就地控制站，这样可以更简单地进行系统的集中管理化及分散控制化。

以上仅对 FX 系列通信模块作了简单的介绍，具体请参看模块的具体手册。

6.2.5 高速计数模块

PLC 中普通的计数器由于受到扫描周期的限制，其最高的工作频率不高，一般仅有几十 kHz，而在工业应用中有时超过这个工作频率。高速计数模块即是为了满足这一要求，它可达到对几十 kHz 以上，甚至 MHz 的脉冲计数。FX2N 内部设有高速计数器，系统还配有 FX2N-1HC 高速计数器模块，可作为双相 50kHz 一通道的高速计数器，通过 PLC 的指令或外部输入可进行计数器的复位或启动，其技术指标如表 6-19 所示。

表 6-19 FX2N-1HC 高速计数器模块技术指标

项目	描述
信号等级	5V、12V 和 24V 依赖于连接端子。线驱动器输出型连接到 5V 端子上
频率	单相单输入：不超过 50kHz 单相双输入：每个不超过 50kHz 双相双输入：不超过 50kHz（1 倍数）；不超过 25kHz（2 倍数）；不超过 12.5kHz（4 倍数）
计数器范围	32 位二进制计数器：−2 147 483 648～2 147 483 647 16 位二进制计数器：0～65 535
计数方式	自动时向上/向下（单相双输入或双相双输入）；工作在单相单输入方式时，向上/向下由一个 PLC 或外部输入端子确定
比较类型	YH：直接输出，通过硬件比较器处理 YS：软件比较器处理后输出，最大延迟时间 300ms
输出类型	NPN 开路输出 2 点 5～24V 直流每点 0.5A
辅助功能	可以通过 PLC 的参数来设置模式和比较结果 可以监测当前值、比较结果和误差状态
占用的输入/输出点数	这个块占用 8 个输入或输出点（输入或输出均可）
基本单元提供的电源	DC 5V、90mA（主单元提供的内部电源或电源扩展单元）

6.3 FX 系列 PLC 各单元模块的连接及编程

FX 系列 PLC 吸取了整体式和模块式 PLC 的优点，各单元间采用叠装式连接，即 PLC 的基本单元、扩展单元和扩展模块深度及高度均相同，连接时不用基板，仅用扁平电缆连接，构成一个整齐的长方体。使用 FROM/TO 指令的特殊功能模块，如模拟量输入和输出模块、高速计数模块等，可直接连接到 FX 系列的基本单元，或连到其他扩展单元、扩展模块的右边。根据它们与基本单元的距离，对每个模块按 0～7 的顺序编号，最多可连接 8 个特殊功能模块。

1．模块的连接与编号

如图 6-2 所示，接在 FX2N 基本单元右边扩展总线上的特殊功能模块（如模拟量输入模块 FX2N-4AD、模拟量输出模块 FX2N-2DA、温度传感器模拟量输入输出模块 FX-2DA-PT 等），从最靠近基本单元的那一个开始顺序编号为 0～7。

FX2N-48MR X0～X27 Y0～Y27	FX2N-4AD	FX2N-8EX X30～X37	FX2N-2DA	FX2N-32ER X40～X57 Y30～Y47	FX2N-2AD-PT
	0 号		1 号		2 号

图 6-2　功能模块的连接

2．缓冲寄存器（BFM）编号

特殊功能模块的缓冲寄存器 BFM，是特殊功能模块同 PLC 基本单元进行数据通信的区域，这一缓冲寄存器区由 32 个 16 位的寄存器组成，编号为 BFM#0~#31。

（1）FX2N-2AD BFM 的分配表如表 6-20 所示。

表 6-20　FX2N-2AD BFM 分配表

BFM 编号	b15～b8	b7～b4	b3	b2	b1	b0
#0	保留	输入数据当前值（低 8 位数据）				
#1	保留		输入数据当前值（高 4 位数据）			
#2～#16	保留					
#17	保留				模拟到数字转换开始	模拟到数字转换通道
#18 或更大	保留					

BFM #0：由 BFM#17（低 8 位数据）指定的通道的输入数据当前值被存储。当前值数据以二进制形式存储。

BFM #1：输入数据当前值（高 4 位数据）被存储。当前值数据以二进制形式存储。

BFM #17：b0——进行模拟到数字转换的通道（CH1，CH2）被指定。

b0 = 0——CH1

b1=1——CH2

b1——0 到 1 跳变，A/D 转换过程开始。

（2）FX2N-4AD BFM 分配表如表 6-21 所示。

表 6-21　FX2N-4AD BFM 分配表

BFM	内　容	
*#0	通道初始化，缺损值=H0000	
*#1	通道 1	包含采样数（1～4 096），用于得到平均结果 缺损值设为 8 = 正常速度，高速操作可选择 1
*#2	通道 2	
*#3	通道 3	
*#4	通道 4	
#5	通道 1	这些缓冲区包含采样数的平均输入值。这些采样数是分别输入在#1～#4 缓冲区中的通道数据
#6	通道 2	

续上表

BFM	内容								
#7	通道 3	平均值							
#8	通道 4								
#9	通道 1	这些缓冲区包含每个输入通道读入的当前值							
#10	通道 2								
#11	通道 3								
#12	通道 4								
#13～#14	保留								
#15	选择 A/D 转换速度	如设为 0，则选择正常速度，15ms/通道（缺损）							
		如设为 1，则选择高速，6ms/通道							
BFM		b7	b6	b5	b4	b3	b2	b1	b0
#16～#19	保留								
*#20	复位到缺损值和预设。缺损值 ＝0								
*#21	禁止调整偏移、增益值。缺损值 ＝（0，1）允许								
*#22	偏移、增益调整	G4	O4	G3	O3	G2	O2	G1	O1
*#23	偏移值①	缺损值 ＝0							
*#24	增益值②	缺损值 ＝5000							
#25～#28	保留								
#29	错误状态								
#30	识别码 K2010								
#31	禁用								

注：1. 带*号的缓存器可以使用 TO 指令从 PC 写入。不带*号的缓冲存储器的数据可以使用 FROM 指令读入 PC。

2. 在从模拟特殊功能模块读出数据之前，确保这些设置已经送入模拟特殊功能模块中，否则，将使用模块里面以前保存的数值。

3. 缓冲存储器提供了利用软件调整偏移量和增益值的手段。

① 偏移（截距）：数字输出为 0 时的模拟输入值。

② 增益（斜率）：数字输出为 1000 时的模拟输入值。

说明：

① 通道选择

通道的初始化由缓冲存储器 BFM #0 中的 4 位十六进制数字 HOOOO 控制。第一位字符控制通道 1，而第四个字符控制通道 4。设置每一个字符的方式如下：

O＝0：设定范围（–10～10V）　　O＝2：预设范围（–20～20mA）

O＝1：预设范围（4～20mA）　　O＝3：通道关闭 OFF

例如：H3310

CH1：预设范围（–10～10V）

CH2：预设范围（4～20mA）

CH3、CH4：通道关闭 OFF

② 模拟到数字转换速度的改变

在 FX2N-4AD 的 BFM#15 中写入 0 或 1，就可以改变 A/D 转换的速度，不过要注意以下几点：

为保持高速转换率，应尽可能少地使用 FROM/TO 指令。

注意：改变转换速率后，BFM #1～#4 将立即设置为缺损值，这一操作将不考虑它们原有的值。如果速度改变为正常程序执行的一部分，请记住此点。

③ 调整增益和偏移值

- 当通过将 BFM #20 设为 K1 而将其激活后，包括模拟特殊功能模块在内的所有设置将复位或缺损。对于消除不希望的增益和偏移值，这是一种快速的方法。
- 如果 BFM #21 的（b1, b0）设为（1, 0）增益和偏移的调整将被禁止，以防止操作者不正确改动。若需要改变增益和偏移，（b1, b0）必须设为（0, 1）。缺损值为（0, 1）。
- BFM #23 和 #24 的增益和偏移量被传送到指定输入通道的增益和偏移的稳定寄存器中。待调整的输入通道可以由 BFM #22 适当的 G-O（增益－偏移）位来指定。

例：如果位 G1 和 O1 设为 1，当用 TO 指令写入 BFM #22 后，将调整输入通道 1。

- 对于具有相同增益和偏移量的通道，可以单独或一起调整。
- BFM #23 和#24 中的增益和偏移量的单位是 mV 或μA。由于单元的分辨率，实际的响应将以 5mV 或 20μA 为最小刻度。

④ 状态信息 BFM #29（见表 6-22）

表 6-22　BFM #29 位设置

BFM #29 的位设置	开 ON	关 OFF
b0：错误	b1，b4 中任何一个为 ON 状态 如果 b2～b4 中任何一个为 ON 状态，所有通道的 A/D 转换停止	无错误
b1：偏移/增益错误	EEPROM 中的偏移/增益数据不正常或者调整错误	增益/偏移数据正常
b2：电源故障	24V DC 电源故障	电源正常
b3：硬件错误	A/D 转换器或者其他硬件故障	硬件正常
b10：数字范围错误	数字输出值小于-2 048 或者大于 2 047	数字输出值正常
b11：平均采样错误	平均采样数不小于 4 097，或者不大于 0，（用缺损值 8）	平均值正常（在 1～4 096 之间）
b12：偏移/增益调整禁止	禁止 BFM #21 的（b1，b0）设为（1，0）	允许 BFM #21 的(b1,b0)设为(1,0)

注：b4～b7、b9～b15 没有定义。

⑤ 识别码 BFM #30

可以使用 FROM 指令读出特殊功能模块的识别码（或 ID）。

FX2N-4AD 单元的识别码是 K2010。

可编程控制器中的用户程序可以在程序中使用该号码，以在传输/接收数据之前确认此特殊功能模块。

（3）FX2N-2DA 的 BFM 分配表如表 6-23 所示。

表 6-23　FX2N-2DA 的 BFM 分配表

BFM 编 号	b15～b8	b7～b3	b2	b1	b0
#0～#15	保留				
#16	保留	输入数据的当前值（低 8 位数据）			
#17	保留		D/A 低 8 位数据保持	通道 1 D/A 转换开始	通道 2 D/A 转化开始
#18 或更大	保留				

BFM #16：由 BFM #17（数字值）指定的通道 D/A 转换数据被写入。D/A 数据以二进制形式，并以低 8 位和高 4 位两部分的顺序进行写操作。

BFM #17：b0——通过将 1 改变成 0，通道 2 的 D/A 转换开始。

b1——通过将 1 改变成 0，通道 1 的 D/A 转换开始。

b2——通过将 1 改变成 0，D/A 转换的低 8 位数据保持。

（4）FX2N-4DA BFM 的分配

FX2N-4DA 和 MPU 之间通过缓冲存储器（16～32 点 RAM）传输数据，FX2N-4DA BFM 的分配如表 6-24 所示。

表 6-24　FX2N-4DA BFM 分配表

BFM		内　容
W	#0E	输出模式选择，出厂设置为 H0000
	#1	输出数据通道
	#2	
	#3	
	#4	
	#5E	数据保持模式，出厂设置为 H0000
#6，#7		保留

说明：

① BFM #0：输出模式选择，BFM #0 的值使每个通道的模拟输出在电压输出和电流输出之间切换，采用 4 位十六进制数的形式。第一位数字是通道 1（CH1）的命令，而第二位数字是通道 2（CH2）的命令，依此类推。这四个数字的值分别代表下列项目：

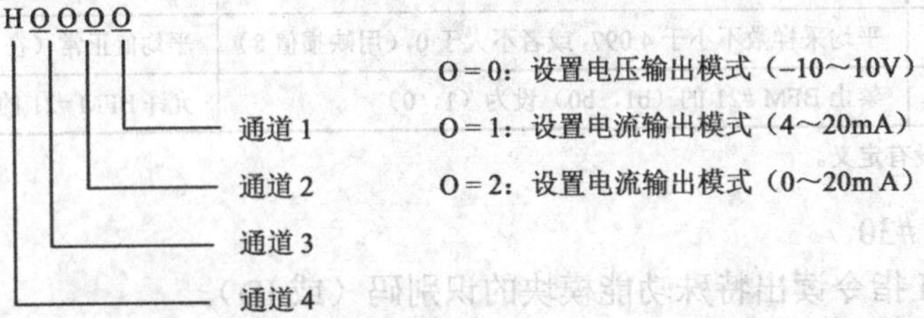

② BFM #1、#2、#3、#4：输出数据通道 CH1、CH2、CH3 和 CH4。

BFM #1：CH1 的输出数据（初始值：0）　　BFM #2：CH2 的输出数据（初始值：0）

BFM #3：CH3 的输出数据（初始值：0）　　BFM #4：CH4 的输出数据（初始值：0）

③ BFM #5：数据保持模式，当可编程控制器处于停止（STOP）模式，RUN 模式下的最后输出值将被保持。要复位这些值以使其成为偏移值，可按格式 HOOOO，将十六进制数值写入 BFM #5 中。四个 O 分别代表四个通道，O＝0：保持输出，O＝1：复位到偏移值。

例如：H0011——CH1 和 CH2 = 偏移值，CH3 和 CH4 = 输出保持。

除了上述功能外，缓冲存储器还可以调整 FX2N-4DA 的 I/O 特性，并且将 FX2N-4DA 的状态报告给可编程控制器。如表 6-25 所示。

表 6-25　FX2N-4DA I/O 调整特性 BFM

BFM		说　明	
W	#8（E）	CH1，CH2 的偏移/增益设定命令，初始值 H0000	
	#9（E）	CH3，CH4 的偏移/增益设定命令，初始值 H0000	
	#10（E）	偏移数据 CH1*1	单位：mV 或μA 初始偏移值：0，输出 初始增益值：+5，000 模式
	#11（E）	增益数据 CH1*2	
	#12（E）	偏移数据 CH2*1	
	#13（E）	增益数据 CH2*2	
	#14（E）	偏移数据 CH3*1	
	#15（E）	增益数据 CH3*2	
	#16（E）	偏移数据 CH4*1	
	#17（E）	增益数据 CH4*2	
#18，#19		保留	
W	#20（E）	初始化，初始值=0	
	#21E	禁止调整 I/O 特性（初始值：1）	
#22～#28		保留	
#29		错误状态	
#30		K3020 识别码	
#31		保留	

④ BFM #8 和#9 偏移/增益设置命令：在 BFM #8 和 #9 相应的十六进制数据位中写入 1，以改变通道 CH1～CH4 的偏移和增益值。只有此命令输出后，当前值才会有效。

BFM #8

H O　O　O　O

G2　O2　G1　O1

BFM #9

H O　O　O　O

G4　O4　G3　O3

O = 0：不改变　　O = 1：改变数据的数值

⑤ BFM #10～#17 偏移/增益数据：将新数据写入 BFM #10～#17，可以改变偏移和增益值。写入数据的单位是 mV 或 μA。数据写入后 BFM #8 和 #9 作相应的设置。要注意数据可能被舍入成以 5mV 或 20μA 为单位的最近值。

以上介绍了几个重要的特殊功能模块的缓冲存储器的地址，由于篇幅的关系，其他特殊功能模块的缓冲存储器的编号请读者参看相关手册。

6.4　特殊功能模块的操作和实例编程

1. FX0N-3A 的使用及编程

（1）校准（A/D）方法

两个模拟输入通道都共享相同的设置和配置。因此，只需要选择一个通道即可对两个模拟输入通道进行校准。图 6-3 是输入校准程序。

（2）校准偏置

① 运行图 6-3 所示的详细程序。确保 X2 位为 ON 状态。

② 使用选择的发生器或模拟输出生成偏置电压/电流（符合要选择的模拟运行范围，参见表 6-26）。

③ 调节 A/D OFFSET 电位器，直到数字值 1 度入 D00 为止。

注意：顺时针旋转 POT，数字值增加。在最小设置值和最大设置值之间，POT 需要转 18 转。

表 6-26　模拟范围选择表

模拟输入范围	DC 1～10V	DC 0～5V	DC 4～20mA
偏置校准值	0.040V	0.020V	DC 4.064mA

（3）输出校准程序及校准偏置

输出校准程序如图 6-4 所示。

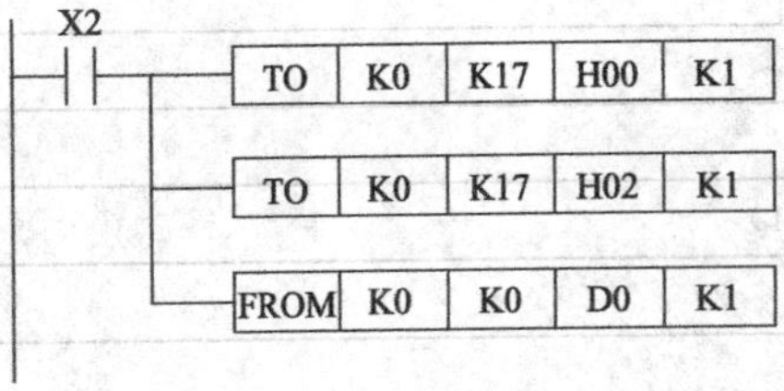

图 6-3　FX0N-3A 的输入校准程序

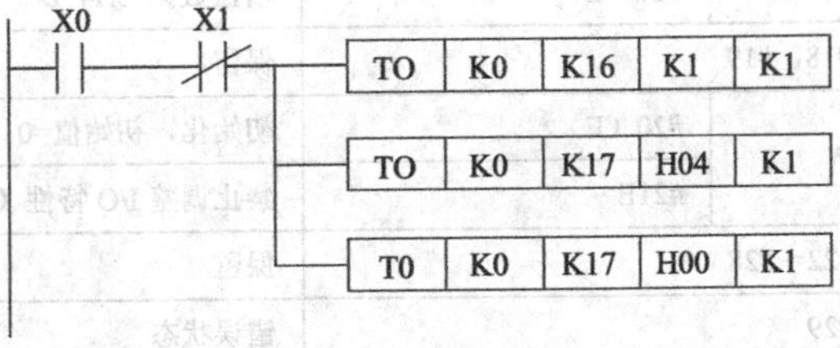

图 6-4　输出校准程序

输出校准偏置：

① 运行图 6-4 所示的详细程序。确保 X0 为 ON 状态，X1 为 OFF 状态。

② 调节 D/A OFFSET 电位器，直到选择的仪表显示适当的偏置电压/电流（符合选择的模拟运行范围，参见表 6-27）。

注意：顺时针旋转 POT，数字值增加。在最小设置值和最大设置值之间，POT 需要转 18 转。

表 6-27　模拟输出范围选择表

模拟输出范围	DC 1～10V	DC 0～5V	DC 4～20mA
偏置校准仪表值	0.040V	0.020V	DC 4.064mA

（4）校准增益

① 运行图 6-4 所示程序。确保 X0 为 OFF 状态，X1 为 ON 状态。

② 调节 D/A GAIN 电位器，直到选择的仪表显示适当的增益电压/电流（符合选择的模拟运行范围，参见表 6-28）。

注意 1：顺时针旋转 POT，模拟输出信号增加。在最小设置值和最大设置值之间，POT 需要转 18 转。

注意 2：当需要使 8 位分辨率最大化时，增益调节中使用的数字值应该用 255 代替。该部分被写到所展示的 250 满刻度标准。

表 6-28　增益校准

模拟输出范围	DC 0～10V	DC 0～5V	DC 4～20mA
偏置校准仪表值	10.000V	5.000V	20.000mA

（5）程序举例

① 使用模拟输入

FX0N-3A 的缓冲存储器（BFM）是通过上位机 PLC 写入或读取的。在图 6-5 所示程序中，当 M0 变成 ON 状态时，从 FX0N-3A 的通道 1 读取模拟输入，当 M1 为 ON 状态时，读取通道 2 的模拟输入数值。

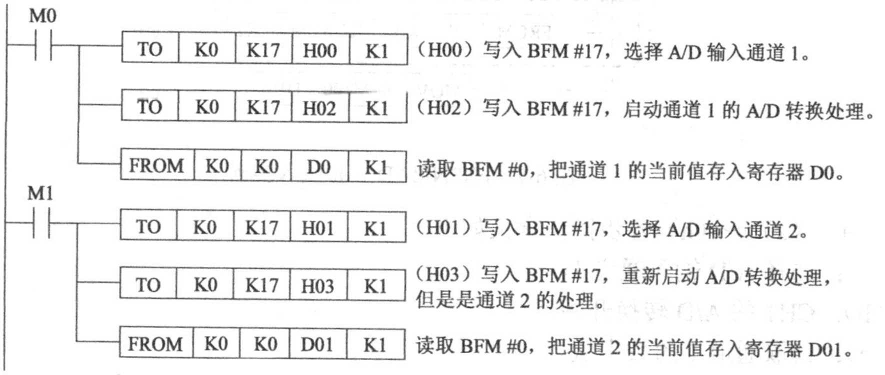

图 6-5　模拟输入举例

② 使用模拟输出

在图 6-6 所示程序中，当 M0 变成 ON 状态时，执行 D/A 转换处理，该例中，存储的相当于数字值的模拟信号输出到寄存器 D02 中。

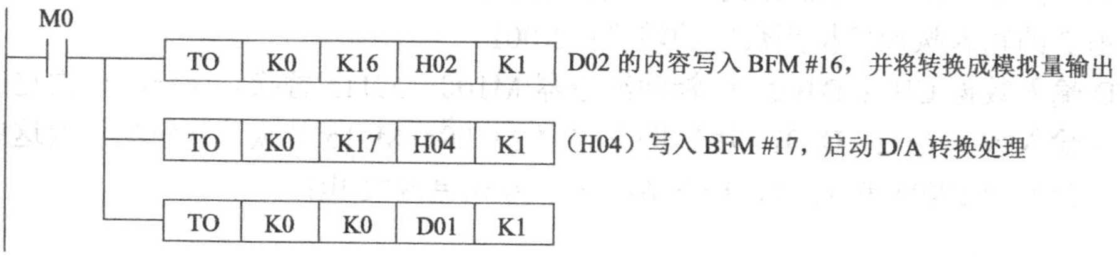

图 6-6　模拟输出举例

2．FX2N-2AD 使用举例

（1）零点增益的调整

FX2N-2AD 的零点和增益调整方便，模块上有零点、增益调整开关，可利用这些开关直接调整，也可以通过 TO 指令改写相应 BFM 的值，调整零点和增益。

（2）使用举例

① 模拟输入编程实例

图 6-7 是 FX2N-2AD 作为模拟输入的一个实例。

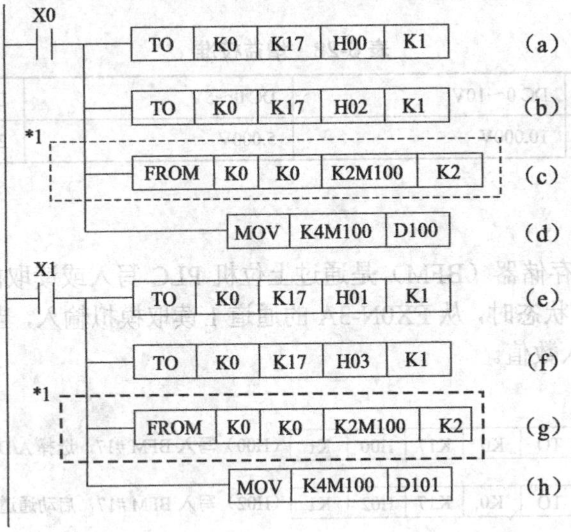

图 6-7 FX2N-2AD 模拟输入实例

图中，(a)～(h) 各步操作含义如下。

(a)：选择 A/D 输入通道 1。

(b)：CH1 的 A/D 转换开始。

(c)：读取通道 1 的数字值。

(d)：通道 1 的高 4 位移到下面的 8 位位置上，并存储到 D100 中。

(e)：选择 A/D 输入通道 2。

(f)：通道 2 的 A/D 转换开始。

(g)：读取通道 2 的数字值。

(h)：通道 2 的高 4 位移到下面的 8 位位置上，并存储到 D101 中。

通道 1 的输入执行模拟到数字的转换：X000。

通道 2 的输入执行模拟到数字的转换：X001。

A/D 输入数据 CH1：D100（用辅助继电器 M100～M115 替换，只分配一次这些号码）。

A/D 输入数据 CH2：D101（用辅助继电器 M100～M115 替换，只分配一次这些号码）。

*1：当使用 FX0N PLC 时，按图 6-8 所示方式更改*1 电路：

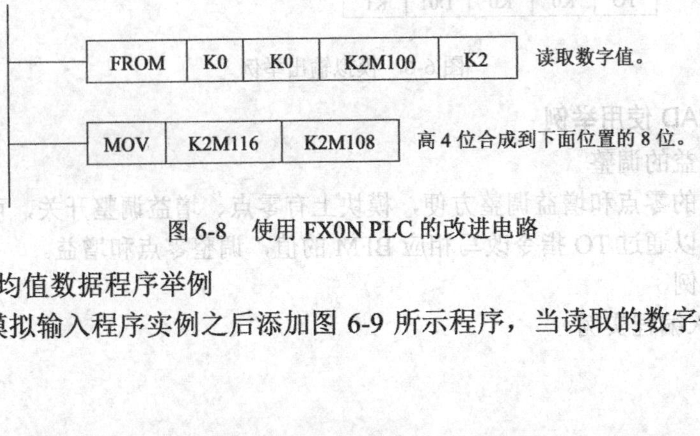

图 6-8 使用 FX0N PLC 的改进电路

② 计算平均值数据程序举例

在图 6-7 模拟输入程序实例之后添加图 6-9 所示程序，当读取的数字值不稳定时，使用平均值数据。

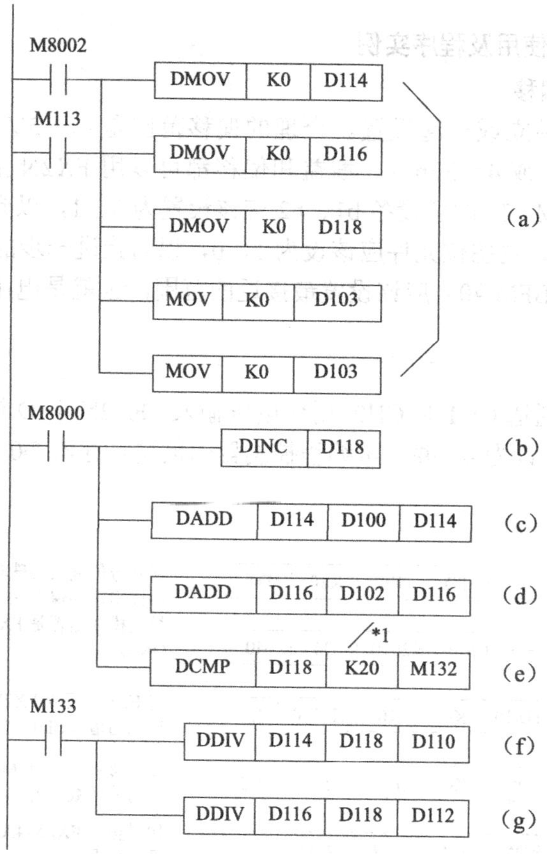

图 6-9　平均数程序

图中（a）～（g）各步操作含义如下。

(a)：数据的初始化。

(b)：采样频率计数。

(c)：通道 1 总的输入数据。

(d)：通道 2 总的输入数据。

(e)：采样频率的比较，K20 为平均频率。

(f)：计算通道 1 的平均值，并将结果存储在 D111 和 D110 中。

(g)：计算通道 2 的平均值，并将结果存储在 D113 和 D112 中。

PLC 的资源分配。

通道 1 的 A/D 输入数据：D100。

通道 2 的 A/D 输入数据：D102。

采样频率：D118。

采样频率和平均频率的一致性标志：M113。

通道 1 的平均值：D111，D110。

通道 2 的平均值：D113，D112。

*1 上面所用的程序实例得到的值为平均值的 20 倍。在 1～262 144 的取值范围内进行平均频率的计算。

3．FX2N-4AD 的使用及程序实例

（1）定义增益和偏移

增益和偏移可以独立或一起设置。合理的偏移范围是–5～5V 或–20～20mA。而合理的增益值是 1～15V 或 4～32mA。增益和偏移都可以用 FX2N 主单元的程序调整。

① 增益/偏移 BFM #21 的位设备 b1、b2 应该设置为 0、1，以允许调整。

② 一旦调整完毕，这些位元件应该设为 1、0，以防止进一步的变化。

③ 通道初始化（BFM #0）应该设置最接近的范围，也就是电压/电流等。

（2）实例程序

① 基本程序

如图 6-10 所示，通道 CH1 和 CH2 用作电压输入。FX2N-4AD 模块连接在特殊功能模块的 0 号位置，平均数设为 4，并且可编程控制器的数据寄存器 D0 和 D1 可以接收平均数字值。

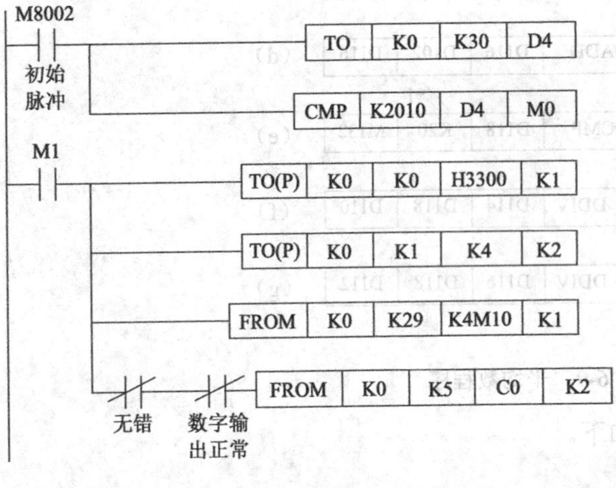

在 0 号位置的特殊功能模块的 ID 号由 BMF #30 中读出，并保存在主单元的 D4 中。比较该值以检查模块是否是 FX2N-4AD。如果是则 M1 变为 ON 状态。

将 H3300 写入 FX2N-4AD 的 BFM #0，建立模拟输入通道（CH1，CH2）。

分别将 4 写入 BFM #1 和 2。将 CH1 和 CH2 的平均采样数设为 4。

如果操作 FX2N-4AD 没有错误，再读取 BFM 的平均数据。

此例中，BFM #5 和 #6 被读入 FX2N 主单元，并保存在 D0～D1 中，这些设备中包含了 CH1 和 CH2 的平均数据。

图 6-10　基本程序

② 在程序中调整增益和偏移量

可以使用可编程控制器输入终端上的下压按钮开关来调整 FX2N-4AD 的增益和偏移。也可以通过 PC 中传出的软件设置来调整。只有 FX2N-4AD 存储器中的增益和偏移量需要调整。模拟输入不需要电压表和电流表，但需要 PC 中的程序。

图 6-11 所示程序中，输入通道 CH1 的偏移和增益值被分别调整为 0V 和 2.5V。FX2N-4AD 模块在模块 0 号位置处（例中最靠近 FX2N 主单元的模块）。

4．FX2N-4AD-PT 程序实例

下面所示程序中，FX2N-4AD-PT 模块占用特殊模块 2 的位置（这是第三个紧靠 PLC 的单元）。平均数量是 4。输入通道 CH1～CH4 以摄氏度表示的平均值分别保存在数据寄存器 D0～D3 中。

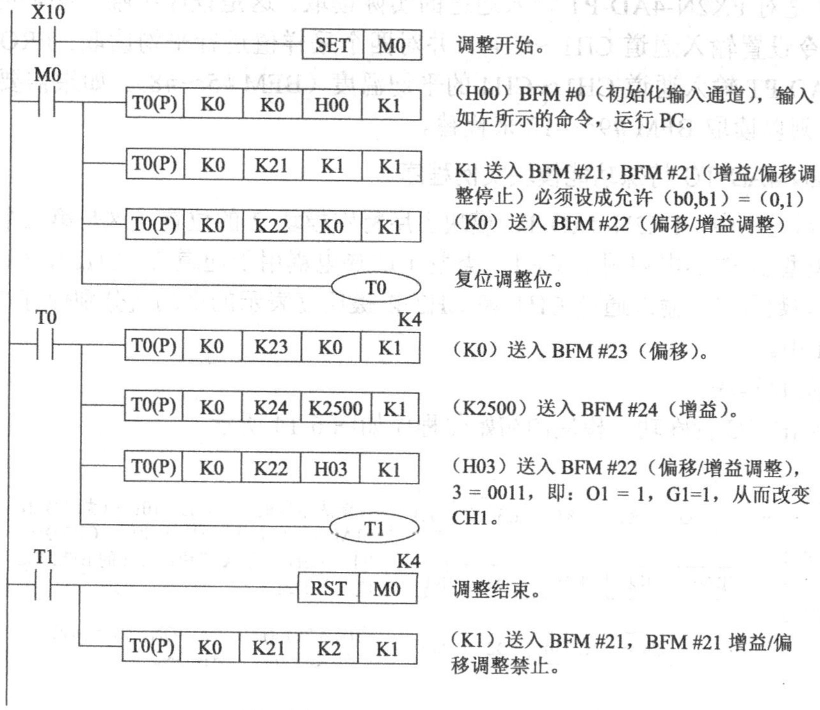

图 6-11　软件设置调整增益/偏移量

（1）初始化设置

初始化设置程序如图 6-12 所示。

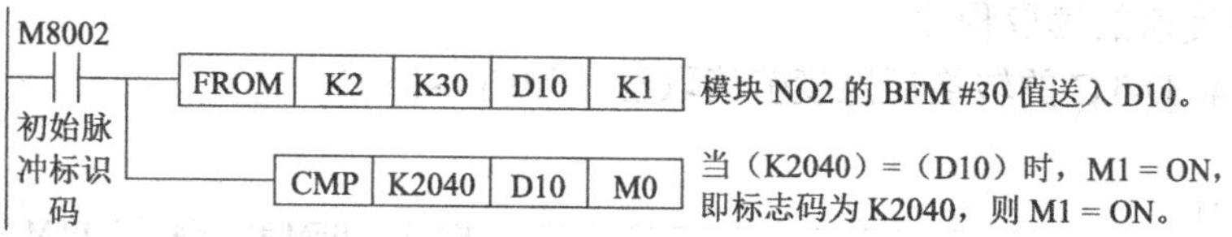

图 6-12　初始化程序

初始化步骤检查在位置 2 的特殊功能模块是否是 FX2N-4AD-PT，即它的单元标识码是否是 K2040（BFM #30）。该步是可选的，但是它提供了一种用软件来检查系统是否正确配置的方式。

（2）数据读取

对 FX2N-4AD-PT 输入通道的实际读取程序如图 6-13 所示。

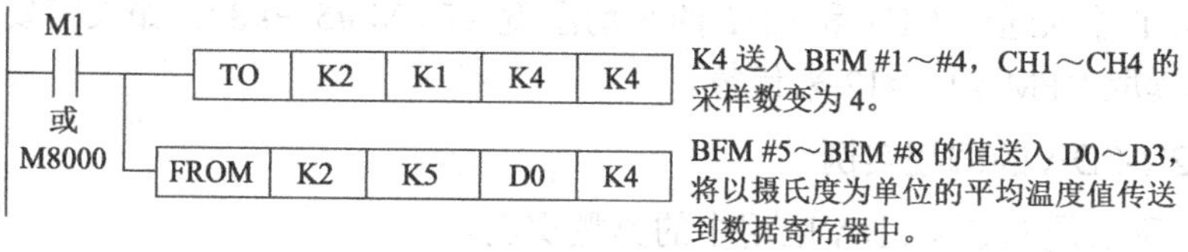

图 6-13　温度的读取程序

图 6-13 是对 FX2N-4AD-PT 输入通道的实际读取。这是程序中唯一必需的步骤。例中的 TO 指令设置输入通道 CH1～CH4，并对四个采样值进行平均读取。FROM 指令读取 FX2N-4AD-PT 输入通道 CH1～CH4 的平均温度（BFM #5～#8）。如果需要读取直接温度读数，则以读取 BFM #9～#12 来代替。

5．FX2N-4AD-TC 特殊功能模块实例程序

下面所示程序中，FX2N-4AD-TC 模块占用特殊模块 2 的位置（这是第三个紧靠 PLC 的单元）。类型 K 的热电耦用于 CH1，类型 J 的热电耦用于通道 2（CH2），CH3 和 CH4 不使用。平均数是 4。输入通道 CH1 和 CH2 以摄氏度表示的平均值分别保存在数据寄存器 D0 和 D1 中。

（1）初始化程序

FX2N-4AD-TC 特殊功能模块的初始化程序如图 6-14 所示。

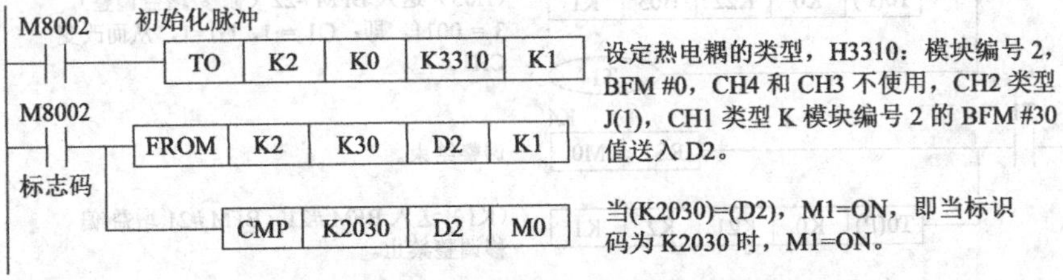

图 6-14 FX2N-4AD-TC 初始化程序

此初始化步骤检查在位置 2 的特殊功能模块的确是 FX2N-4AD-TC，即它的单元标识码是否是 K2030（BFM #30）。这一步是可选的。不过它提供了确定系统是否正确配置的软件检查。

（2）温度值的读取程序

FX2N-4AD-TC 的转换后温度值读取程序如图 6-15 所示。

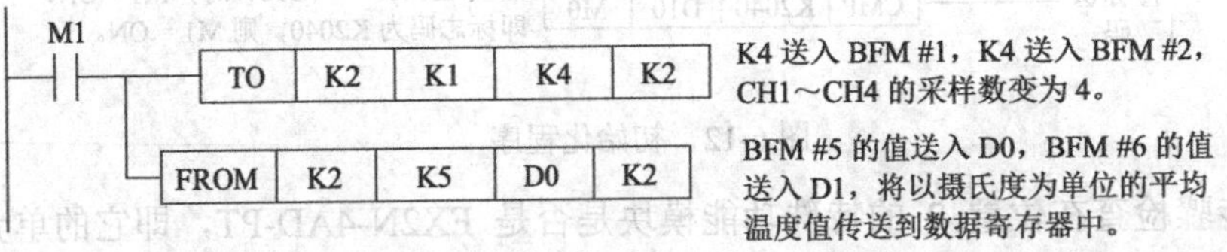

图 6-15 FX2N-4AD-TC 的温度读取

图 6-15 是对 FX2N-4AD-TC 输入通道的实际读取。这是程序中唯一必需的步骤。例中的 TO 指令设置输入通道，CH1 和 CH2，并对两个采样值进行平均读取。FROM 指令读取 FX2N-4AD-PT 输入通道 CH1 和 CH2 的平均温度（BFM #5～#8）。如果需要读取直接温度读数，则以读取 BFM #9～#12 来代替。

6．FX2N-2DA 的编程实例

图 6-16 所示是 FX2N-2DA 应用中的典型实例。

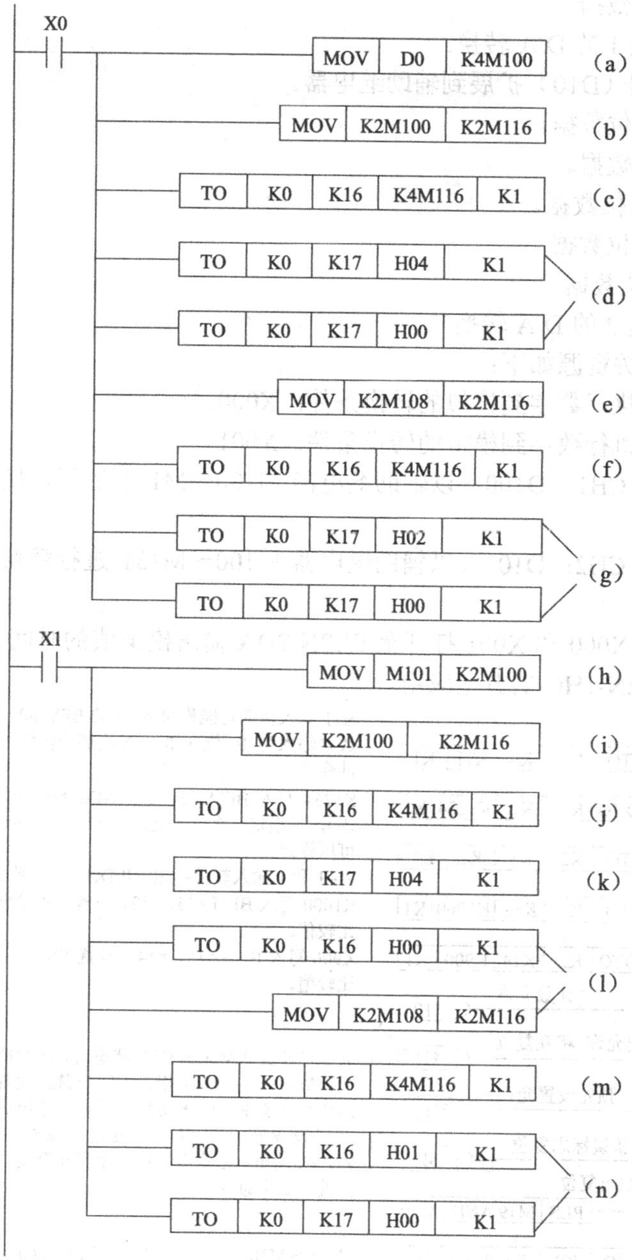

图 6-16　FX2N-2DA 实例程序

图中（a）～（n）各步操作含义如下。

（a）：数字数据（D100）扩展到辅助继电器（M100～M115）。

（b）：移动低 8 位数据。

（c）：低 8 位数据被写。

（d）：保持低 8 位数据。

（e）：移动高 8 位数据。

（f）：写高 4 位数据。

（g）：执行通道 1 的 D/A 转换。

（h）：数字数据（D10）扩展到辅助继电器。

（i）：移动低 8 位数据。

（j）：写低 8 位数据。

（k）：保持低 8 位数据。

（l）：移动高 4 位数据。

（m）：写高 4 位数据。

（n）：执行通道 2 的 D/A 转换。

本例中所用相关资源如下：

通道 1 的输入执行数字到模拟的转换条件：X000。

通道 2 的输入执行数字到模拟的转换条件：X001。

D/A 输出数据 CH1：D100（以辅助继电器 M100～M131 进行替换，对这些编号只进行一次分配）

D/A 输出数据 CH2：D101（以辅助继电器 M100～M131 进行替换，对这些编号只进行一次分配）。

处理时间：从 X000 和 X001 打开至 FX2N-2DA 输出模拟值的时间，4ms/1 通道。

图 6-17 为 FX2N-1HC 的典型应用。

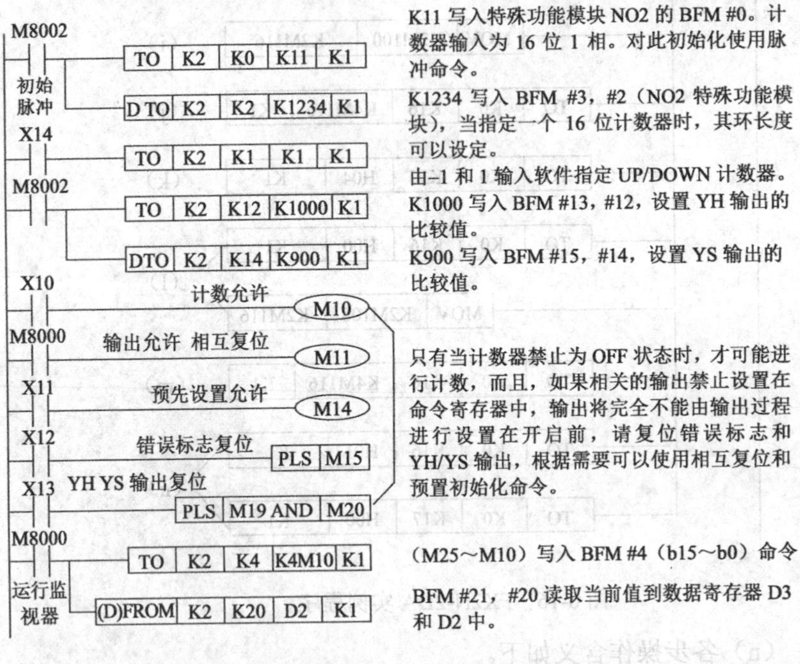

M8002
初始
脉冲
TO K2 K0 K11 K1
D TO K2 K2 K1234 K1
X14
TO K2 K1 K1 K1
M8002
TO K2 K12 K1000 K1
DTO K2 K14 K900 K1
X10
计数允许
M10
M8000
输出允许 相互复位
M11
X11
预先设置允许
M14
X12
错误标志复位
PLS M15
X13 YH YS 输出复位
PLS M19 AND M20
M8000
TO K2 K4 K4M10 K1
运行监
视器
(D)FROM K2 K20 D2 K1
K11 写入特殊功能模块 NO2 的 BFM #0。计数器输入为 16 位 1 相。对此初始化使用脉冲命令。
K1234 写入 BFM #3，#2（NO2 特殊功能模块），当指定一个 16 位计数器时，其环长度可以设定。
由–1 和 1 输入软件指定 UP/DOWN 计数器。
K1000 写入 BFM #13，#12，设置 YH 输出的比较值。
K900 写入 BFM #15，#14，设置 YS 输出的比较值。
只有当计数器禁止为 OFF 状态时，才可能进行计数，而且，如果相关的输出禁止设置在命令寄存器中，输出将完全不能由输出过程进行设置在开启前，请复位错误标志和 YH/YS 输出，根据需要可以使用相互复位和预置初始化命令。
（M25～M10）写入 BFM #4（b15～b0）命令
BFM #21，#20 读取当前值到数据寄存器 D3 和 D2 中。

图 6-17　FX2N-1HC 应用实例

以上仅仅只介绍了几个常用的特殊功能模块的编程实例，其他的特殊功能模块的应用请参看相关手册及资料。

6.5　三菱 PLC 的人机界面（触摸屏）

三菱 PLC 的人机界面有多种不同的种类，常用的有 DU（数据设定单元）和 GOT（图示操作终端）两大类。下面简要介绍 GOT 的功能及用法。

6.5.1　GOT 的功能

GOT（图示操作终端）安装在控制盘或操作盘的面板上，与 FX 系列或 A 系列 PLC 的程序连接器连接。与相应的软件配合，可以实时监控 PLC 各元件及数据的变化。其主要功能如下：

（1）画面显示功能

可同时显示几个画面；画面间可自由切换；除可显示数字和文字外，还可显示图形；可单色显示，也可以彩色显示；可通过 GOT 的操作键来切换 PLC 的位元件（可将显示面板设定为触摸键，来行使开关功能）。

（2）监视功能

① 可用数字或条形图等方式监视和变更 PLC 字元件的设定值和当前值，可以用两种不同的颜色、形状、文字等监视（表示）PLC 位元件的 ON/OFF 状态。

② 可进行程序的读出、写入和监视。

③ 可读出/写入/监视特殊功能模块的缓冲存储器 BFM 的内容。

④ 可监视和变更 PLC 各元件的 ON/OFF 状态。

⑤ 可对指定的位元件（X、Y、M、S、T、C）进行强制 ON/OFF 转换。

（3）数据采样功能

在特定中期或触发条件成立时，收集指定数据寄存器的当前值，并用清单或图形表示，显示或打印采样数据。

（4）报警功能

最多可保存 1000 条报警记录。

（5）其他功能

可使指定位元件在指定的时间置 ON；可在 GOT 与画面制作软件之间传送数据、采样结果和报警记录；可进行系统语言、连接的 PLC、当前时间、背景灯熄灯时间、蜂鸣器的音量等的设定。

6.5.2　GOT 的使用步骤及方法

在个人计算机上安装好 GOT 的画面制作软件后，选择“开始”→“程序”→MELSEC Application→GOT Screen Designer 命令即可运行 GOT 的画面制作软件，如图 6-18 所示。

从图 6-18 可见，GOT 的画面制作软件（以下简称 GT）有 Project、Edit、View、Draw、Report、Communication、Common、Screen 和 Help 共 9 个菜单。其中，Project 用于工程的建立、打开、关闭、存储和打印等；Edit 用于对象的复制、粘贴、删除、旋转、对齐等编辑操作；View 用于查看设备或对象等；Draw 用于绘制各种对象；Report 用于报表的绘制；Communication 用于 GOT 与个人计算机和 PLC 的通信；Common 用于权限、报警、操作面板、声音等设置；Screen 用于屏幕的新建、打开、存储等；Help 用于查阅各种帮助信息。

此外，图 6-18 中的最外边的两个工具按钮用于“Open Tool P alette ”和“Open Template”，分别单击这两个按钮，将弹出如图 6-19 和 6-20 所示的两个工具面板，用于绘制各种监控画面。

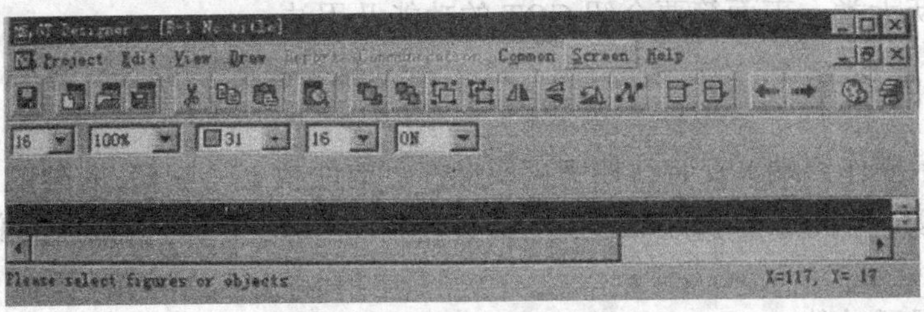

图 6-18　GOT 的设计窗口

使用 GOT 监视 PLC 的一般步骤如下：

（1）用上述的画面制作软件 GT 新建一个工程：在图 6-18 所示窗口中，鼠标单击 Project 菜单，选择 New 命令，打开 GOT/PLC Type 对话框，如图 6-21 所示。分别选择 GOT 和 PLC 的机型。

（2）用 GT 新建一个屏幕：在图 6-18 所示窗口中，鼠标单击 Screen 菜单，选择 New Screen 命令，打开 New Screen 对话框，如图 6-22 所示。选择屏幕的类型（Base、Windows 或 Report）和屏幕编号后，单击 OK 按钮，即可进行新屏幕的绘制。

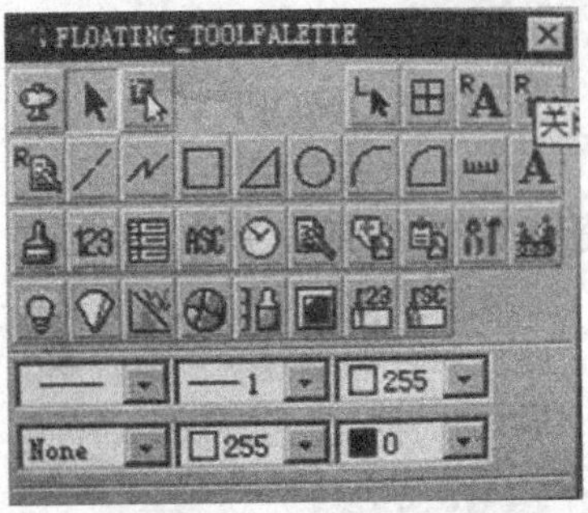

图 6-19　GT 工具面板

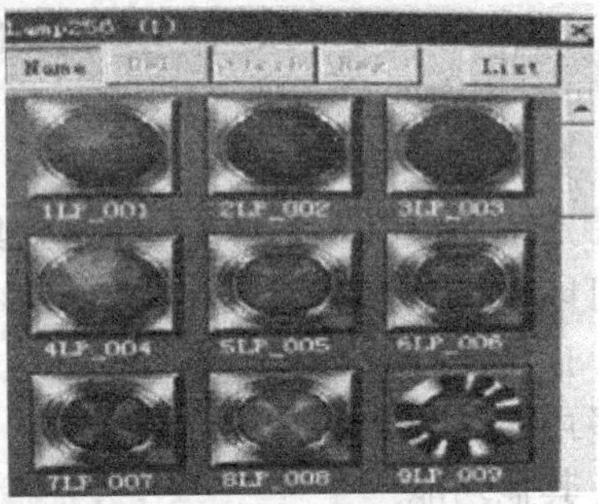

图 6-20　GT 工具面板

图 6-21　GOT/PLC Type 对话框

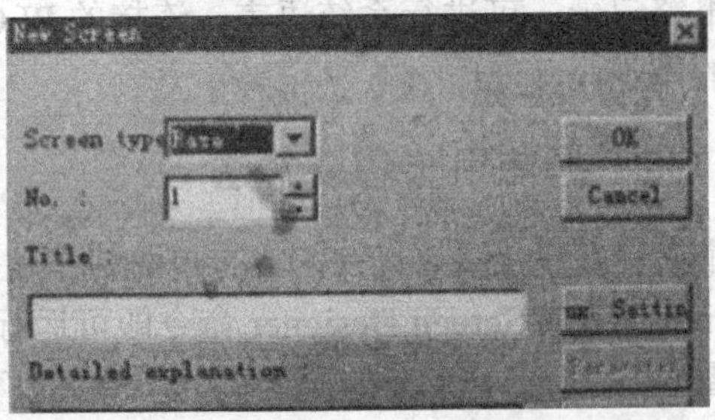

图 6-22　New Screen 对话框

（3）将 GOT 与个人计算机通过 RS232C 接口进行连接。

（4）第一次使用 GOT 时，应先安装系统程序（OS）。其安装方法是：在图 6-18 所示窗口中，选择 Communication→Install→OS 命令即可将个人计算机上的 OS 传送到 GOT 中。

（5）将第二步创建好的屏幕下载到 GOT 中。其方法是：在图 6-18 所示窗口中，选择 Communication→Download→Monitor Data 命令，即可将在个人计算机上用 GT 绘制的监控画面传送到 GOT 中。

（6）通过 GOT 的总线连接板，将 GOT 与所监控的 PLC CPU 进行连接。

（7）打开 GOT 和 PLC 的电源，开始用 GOT 对 PLC 进行监视。

本 章 小 结

本章介绍了三菱 FX 系列 PLC 的输入输出扩展模块，其主要应用于在基本单元的输入输出点数不够时，进行扩展。另外本章重点介绍了三菱 FX 系列 PLC 的部分特殊功能模块的性能指标，缓冲寄存器的编号，以及相应的编成实例。在对特殊功能模块编程时需要知道其与 PLC 联系时的具体位置，否则将无法与 PLC 建立联系。

习　　题

6.1 三菱 FX 系列 PLC 扩展单元、扩展模块的主要作用是什么？

6.2 三菱 FX 系列 PLC 有哪些特殊功能模块？各模块的用途是什么？

6.3 三菱 FX 系列 PLC 的特殊功能模块是如何编号的？

6.4 涉及三菱 FX 系列 PLC 的特殊功能模块的指令有哪些？

6.5 FX-2DA 偏置与增益如何调整？

6.6 使用 FX2N-4AD-PT 如何测温？

6.7 FX2N-4AD 模块在 0 号位置，其通道 CH1 和 CH2 作为电压输入，CH3、CH4 通道关闭，平均值采样次数为 4，数据存储器 D1 和 D2 用于接收 CH1、CH2 输入的平均值。试编写用户程序来实现。

6.8 在图 6-2 中，若 FX2N-2DA 模拟量输出模块接在 2 号模块位置，CH1 设定为电压输出，CH2 设定为电流输出，并要求当 PLC 从 RUN 转为 STOP 状态后，最后的输出值保持不变，试编写程序。

第7章 三菱可编程控制器通信与网络技术

本章内容提要

近年来，工厂自动化网络得到了迅速发展，相当多的企业已经在大量地使用可编程设备，如PLC、工业控制计算机、变频器、机器人、柔性制造系统等。将不同厂家生产的这些设备连在一个网络上，相互之间进行数据通信，由企业集中管理，已经是很多企业必须考虑的问题。本章主要介绍有关PLC的通信与工厂自动化通信网络方面的初步知识。

7.1 PLC通信基础

可编程控制器作为专用计算机，交换的信息是由二进制“0”和“1”表示的数字信号。数字信号按照一定的编码、格式和位长组成的信息称为数据信息。

只要两个系统之间存在着信息交换，那么这种交换就是通信。PLC通信是指PLC与PLC、PLC与计算机、PLC与现场设备或远程I/O之间的信息交换。PLC通信的目的就是要将多个远程的 PLC、计算机及各种外围设备进行互联，通过某种共同约定的通信协议和通信方式，传输和处理交换的信息数据。用户既可以通过一台计算机来控制和监视多台PLC设备，也可以实现多台PLC之间的联网，组成不同的控制系统，适应不同的应用领域。

本节就通信方式、通信介质、通信协议及常用的通信接口等内容加以介绍。

7.1.1 通信方式

按照数据传输方式进行分类，可以将通信方式分为并行通信和串行通信两种。

1. 并行通信

并行数据通信是以字节或字为单位的数据传输方式，除8根或16根数据线、一根公共线外，还需要数据通信联络用的控制线。并行通信的传输速度快，但是传输线根数多，成本高，一般用于近距离的数据传送，如打印机与计算机之间的数据传送，工业控制一般使用串行数据通信。

并行传送时，一个数据的所有位同时传送，因此，每个数据位都需要一条单独的传输线，信息有多少二进制位组成就需要多少条传输线，如图7-1所示。

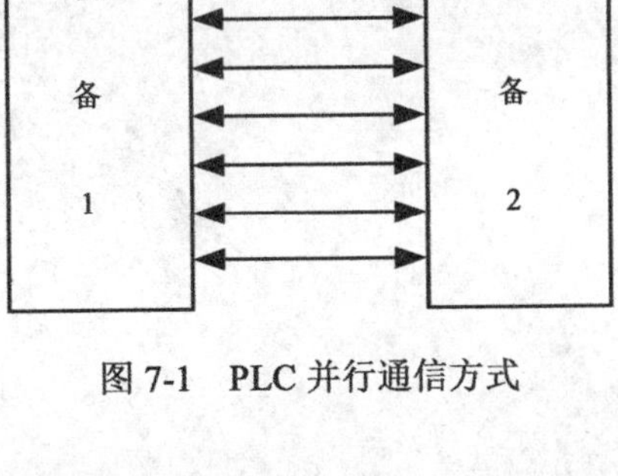

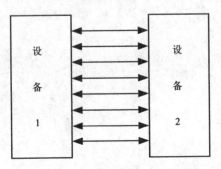

图7-1 PLC并行通信方式

2. 串行通信

串行数据通信是以二进制的位（bit）为单位的数据传输方式，每次只传送一位，除了地线外，在一个数据传输方向上只需要一根数据线，这根线即作为数据线又作为通信联络控制线，数据和联络信号在这根线上按位进行传输。串行通信需要的信号线少，最少的只需要两三根线，但是数据传送的效率较低，适用于距离较远的场合，计算机和可编程序控制器都备有通用的串行通信接口，工业控制中一般使用串行通信。

串行通信多用于可编程序控制器与计算机之间，多台可编程序控制器之间的数据传送。传送时，数据的各个不同位分时使用同一条传输线，从低位开始一位接一位按顺序传送，数据有多少位就需要传送多少次，如图 7-2 所示。

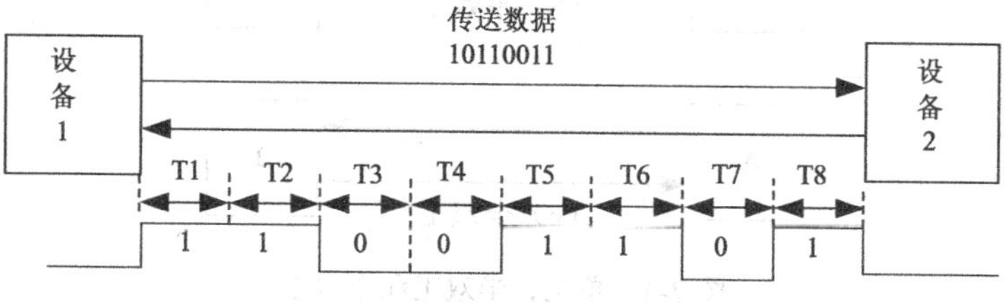

图 7-2　PLC 串行通信方式

串行通信可按时钟、按方向进行分类。

（1）按时钟

串行通信按时钟可分为同步传送和异步传送两种方式。

异步传送：允许传输线上的各个部件有各自的时钟，各部件之间进行通信时没有统一的时间标准，相邻两个字符传送数据之间的停顿时间长短是不一样的，它是靠发送信息时同时发出字符的开始和结束标志信号来实现的，如图 7-3 所示。

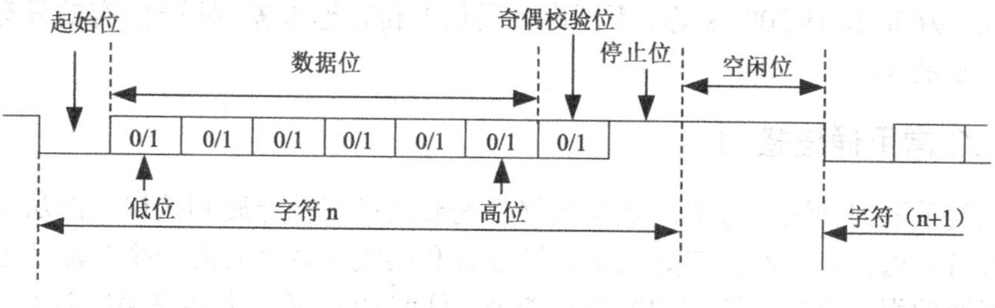

图 7-3　异步串行通信的数据传送格式

异步通信传送附加的非有效信息较多，它的传输效率较低，一般用于低速通信，PLC 一般使用异步通信。

同步通信以字节为单位（一个字节由 8 位二进制数组成），每次传送 1~2 个同步字符、若干个数据字节和校验字符。同步字符起联络作用，用它来通知接收方开始接收数据。在同步通信中，发送方和接收方要保持完全的同步，这意味着发送方和接收方应使用同一时钟脉冲。在近距离通信时，可以在传输线中设置一根时钟信号线。在远距离通信时，可以在数据流中提取出同步信号，使接收方得到与发送方完全相同的接收时钟信号。由于同步通信方式不需要在每个数据字符中加起始位、停止位和奇偶校验位，只需要在数据块（往往很长）

之前加一两个同步字符，所以传输效率高，但是对硬件的要求较高，一般用于高速通信。

（2）按方向

串行通信按信息在设备间的传送方向又分为单工、半双工和全双工三种方式。分别如图7-4中的（a）、（b）和（c）所示。

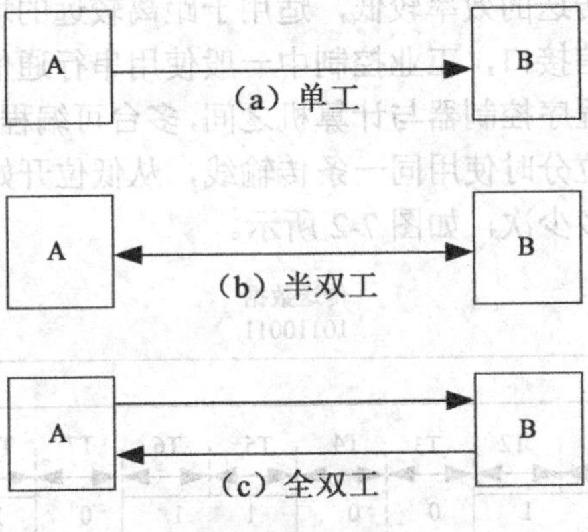

图7-4　单工、半双工和全双工

单工通信方式只能沿单一方向发送或接收数据。双工通信方式的信息可沿两个方向传送，每一个站既可以发送数据，也可以接收数据。

双工方式又分为全双工和半双工两种方式。数据的发送和接收分别由两根或两组不同的数据线传送，通信的双方都能在同一时刻接收和发送信息，这种传送方式称为全双工方式；用同一根线或同一组线接收和发送数据，通信的双方在同一时刻只能发送数据或接收数据，这种传送方式称为半双工方式。在PLC通信中常采用半双工和全双工通信。

在串行通信中，传输速率常用比特率（每秒传送的二进制位数）来表示，其单位是比特/秒或b/s。传输速率是评价通信速度的重要指标。常用的标准传输速率有300、600、1 200、2 400、4 800、9600和19200b/s等。不同串行通信的传输速率差别极大，有的只有数百b/s，有的可达100Mb/s。

7.1.2　PLC常用通信接口

不管系统采取何种通信方式，数据最终都是要通过某种介质和接口才能从发送设备传送到接收设备。通信介质和接口好比是发送设备和接收设备之间的一个交流管道，管道的好坏以及畅通的程度决定了通信的质量和能力。目前PLC通信大多采用的是有线介质，例如双绞线、同轴电缆、光缆等。由于工业环境中存在着各种各样的干扰，因此对于PLC通信来讲，其抗干扰性和可靠性就显得尤其重要。因此，PLC通信所采用的介质必须具有抗干扰性强，传输速度快，以及性价比高等特性。双绞线和同轴电缆的抗干扰性比较好，成本也比较低，非常适合PLC通信的特点和要求，因此，这两种通信介质在PLC通信中的应用十分广泛。

PLC通信主要采用串行异步通信，其常用的串行通信接口标准有RS-232C、RS-422A和RS-485等。

1. RS-232C接口标准

RS-232C是美国电子工业协会EIA（Electronic Industry Association）于1962年公布，

并于 1969 年修订的串行接口标准。它已经成为国际通用的标准。1987 年 1 月，RS-232C 再次修订，标准修改得不多。

早期人们借助电话网进行远距离数据传送而设计了调制解调器 Modem，为此就需要有关数据终端与 Modem 之间的接口标准，RS-232C 标准在当时就是为此目的而产生的。目前 RS-232C 已成为数据终端设备 DTE（Data Terminal Equipment），如计算机与数据设备 DCE（Data Communication Equipment），如 Modem 的接口标准，不仅在远距离通信中要经常用到，就是两台计算机或设备之间的近距离串行连接也普遍采用 RS-232C 接口。PLC 与计算机的通信也是通过此接口。表 7-1 给出了 RS-232C 接口引脚信号的定义。

RS-232C 的不足

232C 既是一种协议标准，又是一种电气标准，它采用单端的、双极性电源电路，可用于最远距离为 15m、最高速率达 20kb/s 的串行异步通信。232C 仍有一些不足之处，主要表现在：

（1）传输速率不够快。232C 标准规定最高速率为 20kb/s，尽管能满足异步通信要求，但不能适应高速的同步通信。

（2）传输距离不够远。232C 标准规定各装置之间电缆长度不超过 50 英尺（约 15m）。实际上，RS-232C 能够实现 100 英尺或 200 英尺的传输，但在使用前，一定要先测试信号的质量，以保证数据的正确传输。

（3）RS-232C 接口采用不平衡的发送器和接收器，每个信号只有一根导线，两个传输方向仅有一个信号线地线，因而，电气性能不佳，容易在信号间产生干扰。

表 7-1　RS-232C 接口引脚信号的定义

引脚号（9 针）	引脚号（25 针）	信　号	方　向	功　能
1	8	DCD	IN	数据载波检测
2	3	RxD	IN	接收数据
3	2	TxD	OUT	发送数据
4	20	DTR	OUT	数据终端装置（DTE）准备就绪
5	7	GND	–	信号公共参考地
6	6	DSR	IN	数据通信装置（DCE）准备就绪
7	4	RTS	OUT	请求传送
8	5	CTS	IN	清除传送
9	22	CI（RI）	IN	振铃指示

如图 7-5（a）所示为两台计算机都使用 RS-232C 直接进行连接的典型连接；如图 7-5（b）所示为通信距离较近时只需 3 根连接线。

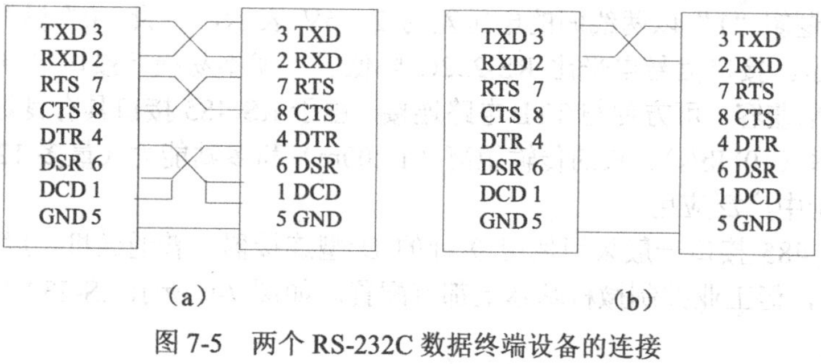

图 7-5　两个 RS-232C 数据终端设备的连接

如图 7-6 所示 RS-232C 的电气接口采用单端驱动、单端接收的电路，容易受到公共地线上的电位差和外部引入的干扰信号的影响，同时还存在以下不足之处：

（1）传输速率较低，最高传输速度速率为 20kb/s。

（2）传输距离短，最大通信距离为 15m。

（3）接口的信号电平值较高，易损坏接口电路的芯片，又因为与 TTL 电平不兼容故需使用电平转换电路方能与 TTL 电路连接。

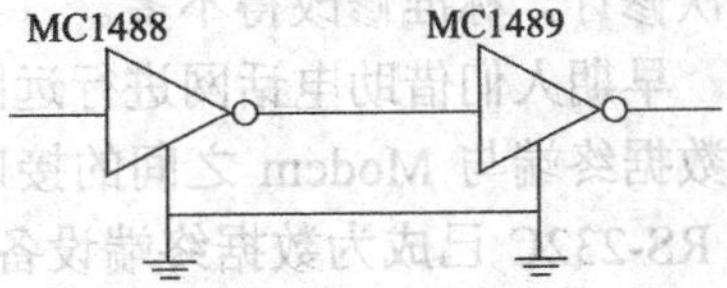

图 7-6 单端驱动单端接收的电路

2．RS-422

针对 RS-232C 的不足，EIA 于 1977 年推出了串行通信标准 RS-499，对 RS-232C 的电气特性作了改进，RS-422A 是 RS-499 的子集。

如图 7-7 所示由于 RS-422A 采用平衡驱动、差分接收电路，从根本上取消了信号地线，大大减少了地电平所带来的共模干扰。平衡驱动器相当于两个单端驱动器，其输入信号相同，两个输出信号互为反相信号，图中的小圆圈表示反相。外部输入的干扰信号是以共模方式出现的，两极传输线上的共模干扰信号相同，因接收器是差分输入，共模信号可以互相抵消。只要接收器有足够的抗共模干扰能力，就能从干扰信号中识别出驱动器输出的有用信号，从而克服外部干扰的影响。

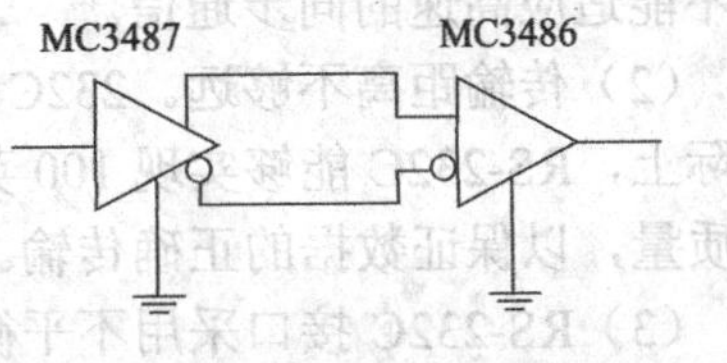

图 7-7 平衡驱动差分接收的电路

RS-422 在最大传输速率 10Mb/s 时，允许的最大通信距离为 12m。传输速率为 100kb/s 时，最大通信距离为 1 200m。一台驱动器可以连接 10 台接收器。

3．RS-485

由于 RS-232C 存在的不足，美国的 EIC1977 年指定了 RS-499，RS-422A 是 RS-499 的子集，RS-485 是 RS-422 的变形。RS-485 为半双工，不能同时发送和接收信号。目前，工业环境中广泛应用 RS-422、RS-485 接口。可以用双绞线组成串行通信网络，不仅可以与计算机的 RS-232C 接口互联通信，而且可以构成分布式系统，系统中最多可有 32 个站，新的接口部件允许连接 128 个站。

RS-485 是 RS-422 的变形，RS-422A 是全双工，两对平衡差分信号线分别用于发送和接收，所以采用 RS422 接口通信时最少需要 4 根线。RS-485 为半双工，只有一对平衡差分信号线，不能同时发送和接收，最少只需二根连线。

如图 7-8 所示使用 RS-485 通信接口和双绞线可组成串行通信网络，构成分布式系统，系统最多可连接 128 个站。

RS-485 的逻辑“1”以两线间的电压差为 2～6V 表示，逻辑“0”以两线间的电压差为–2～–6V 表示。接口信号电平比 RS-232C 降低了，就不易损坏接口电路的芯片，且该电平与 TTL 电平兼容，可方便与 TTL 电路连接。由于 RS-485 接口具有良好的抗噪声干扰性、高传输速率（10Mb/s）、长的传输距离（1 200m）和多站能力（最多 128 站）等优点，所以在工业控制中广泛应用。

RS-422/RS-485 接口一般采用使用 9 针的 D 型连接器。普通微机一般不配备 RS-422 和 RS-485 接口，但工业控制微机基本上都有配置。如图 7-9 所示 RS-232C/RS-422 转换器的电路原理图。

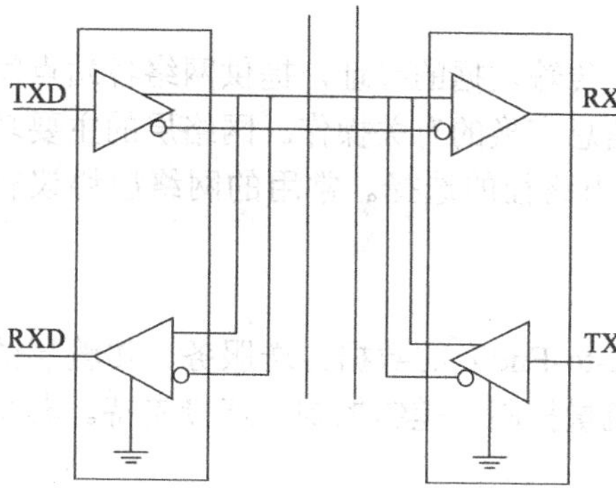

图 7-8 采用 RS-485 的网络

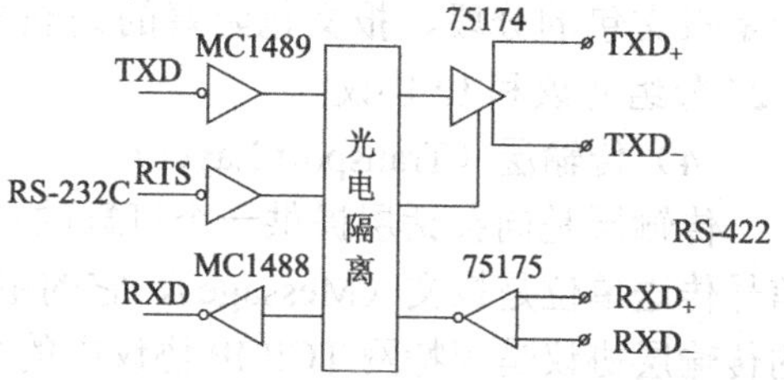

图 7-9 RS-232C/RS-422 转换器的电路原理图

7.1.3 计算机通信标准

1. 开放系统互连模型

为了实现不同厂家生产的智能设备之间的通信，国际标准化组织 ISO 提出了如图 7-10 所示开放系统互连模型 OSI（Open System Interconnection），作为通信网络国际标准化的参考模型，它详细描述了软件功能的 7 个层次。7 个层次自下而上依次为：物理层、数据链路层、网络层、传送层、会话层、表示层和应用层。每一层都尽可能自成体系，均有明确的功能。

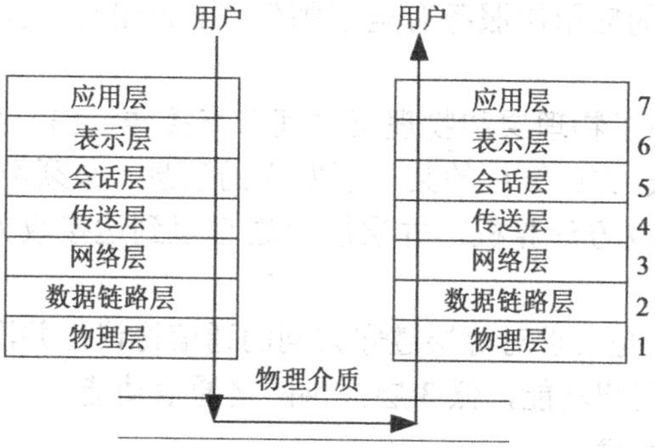

图 7-10 开放系统互连（OSI）参考模型

（1）物理层（Physical Layer）

物理层是为建立、保持和断开物理实体之间的物理连接，提供机械的、电气的、功能性的和规程的特性。它是建立在传输介质之上，负责提供传送数据比特位“0”和“1”码的物理条件。同时，定义了传输介质与网络接口卡的连接方式以及数据发送和接收方式。常用的串行异步通信接口标准 RS-232C、RS-422 和 RS-485 等就属于物理层。

（2）数据链路层（Data Link Layer）

数据链路层通过物理层提供的物理连接，实现建立、保持和断开数据链路的逻辑连接，完成数据的无差错传输。为了保证数据的可靠传输，数据链路层的主要控制功能是差错控制和流量控制。在数据链路层上，数据以帧格式传输，帧是包含多个数据比特位的逻辑数据单元，通常由控制信息和传输数据两部分组成。常用的数据链路层协议是面向比特的串行同步通信协议——同步数据链路控制协议/高级数据链路控制协议（SDLC/HDLC）。

（3）网络层（Network Layer）

网络层完成站点间逻辑连接的建立和维护，负责传输数据的寻址，提供网络各站点间进行数据交换的方法，完成传输数据的路由选择和信息交换的有关操作。网络层的主要功能是报文包的分段、报文包阻塞的处理和通信子网内路径的选择。常用的网络层协议有X.25分组协议和IP协议。

（4）传输层（Transport Layer）

传输层是向会话层提供一个可靠的端到端（End-to-End）的数据传送服务。传输层的信号传送单位是报文（Message），它的主要功能是流量控制、差错控制、连接支持。典型的传输层协议是因特网TCP/IP协议中的TCP协议。

（5）会话层（Session Layer）

两个表示层用户之间的连接称为会话，对应会话层的任务就是提供一种有效的方法，组织和协调两个层次之间的会话，并管理和控制它们之间的数据交换。网络下载中的断点续传就是会话层的功能。

（6）表示层（Presentation Layer）

表示层用于应用层信息内容的形式变换，如数据加密/解密、信息压缩/解压和数据兼容，把应用层提供的信息变成能够共同理解的形式。

（7）应用层（Application Layer）

应用层作为参考模型的最高层，为用户的应用服务提供信息交换，为应用接口提供操作标准。七层模型中所有其他层的目的都是为了支持应用层，它直接面向用户，为用户提供网络服务。常用的应用层服务有电子邮件（E-mail）、文件传输（FTP）和Web服务等。

OSI 7层模型中，除了物理层和物理层之间可直接传送信息外，其他各层之间实现的都是间接的传送。在发送方计算机的某一层发送的信息，必须经过该层以下的所有低层，通过传输介质传送到接收方计算机，并层层上送直至到达接收方中与信息发送层相对应的层。

OSI 7层参考模型只是要求对等层遵守共同的通信协议，并没有给出协议本身。OSI 7层协议中，高4层提供用户功能，低3层提供网络通信功能。

2. IEEE 802通信标准

IEEE 802通信标准是IEEE（国际电工与电子工程师学会）的802分委员会从1981年至今颁布的一系列计算机局域网分层通信协议标准草案的总称。它把OSI参考模型的底部两层分解为逻辑链路控制子层（LLC）、媒体访问子层（MAC）和物理层。前两层对应于OSI 模型中的数据链路层，数据链路层是一条链路（Link）两端的两台设备进行通信时所共同遵守的规则和约定。

IEEE 802的媒体访问控制子层对应于多种标准，其中最常用的有三种，即带冲突检测的载波侦听多路访问（CSMA/CD）协议、令牌总线（Token Bus）和令牌环（Token Ring）。

（1）CSMA/CD协议

CSMA/CD（Carrier-Sense Multiple Access With Collision Detection）通信协议的基础是XEROX公司研制的以太网（Ethernet），各站共享一条广播式的传输总线，每个站都是平等的，采用竞争方式发送信息到传输线上。当某个站识别到报文上的接收站名与本站的站名相同时，便将报文接收下来。由于没有专门的控制站，两个或多个站可能因同时发送信息而发生冲突，造成报文作废，因此必须采取措施来防止冲突。

发送站在发送报文之前，先监听一下总线是否空闲，如果空闲，则发送报文到总线上，称之为“先听后讲”。但是这样做仍然有发生冲突的可能，因为从组织报文到报文在总线上传输需要一段时间，在这一段时间内，另一个站通过监听也可能会认为总线空闲并发送报文到总线上，这样就会因两站同时发送而发生冲突。

为了防止冲突，可以采取两种措施：一种是发送报文开始的一段时间，仍然监听总线，采用边发送边接收的办法，把接收到的信息和自己发送的信息相比较，若相同则继续发送，称之为“边听边讲”；若不相同则发生冲突，立即停止发送报文，并发送一段简短的冲突标志。通常把这种“先听后讲”和“边听边讲”相结合的方法称为 CSMA/CD，其控制策略是竞争发送、广播式传送、载体监听、冲突检测、冲突后退和再试发送；另一种措施是准备发送报文的站先监听一段时间，如果在这段时间内总线一直空闲，则开始做发送准备，准备完毕，真正要将报文发送到总线上之前，再对总线作一次短暂的检测，若仍为空闲，则正式开始发送；若不空闲，则延时一段时间后再重复上述的二次检测过程。

（2）令牌总线

令牌总线是 IEEE 802 标准中的工厂媒质访问技术，其编号为 802.4。它吸收了 GM 公司支持的 MAP（Manufacturing Automation Protocol，即制造自动化协议）系统的内容。

在令牌总线中，媒体访问控制是通过传递一种称为令牌的特殊标志来实现的。按照逻辑顺序，令牌从一个装置传递到另一个装置，传递到最后一个装置后，再传递给第一个装置，如此周而复始，形成一个逻辑环。令牌有“空”、“忙”两个状态，令牌网开始运行时，由指定站产生一个空令牌沿逻辑环传送。任何一个要发送信息的站都要等到令牌传给自己，判断为“空”令牌时才发送信息。发送站首先把令牌置成“忙”，并写入要传送的信息、发送站名和接收站名，然后将载有信息的令牌送入环网传输。令牌沿环网循环一周后返回发送站时，信息已被接收站复制，发送站将令牌置为“空”，送上环网继续传送，以供其他站使用。如果在传送过程中令牌丢失，由监控站向网中注入一个新的令牌。

令牌传递式总线能在很重的负荷下提供实时同步操作，传送效率高，适于频繁、较短的数据传送，因此它最适合于需要进行实时通信的工业控制网络。

（3）令牌环

令牌环媒质访问方案是 IBM 开发的，它在 IEEE 802 标准中的编号为 802.5，它有些类似于令牌总线。在令牌环上，最多只能有一个令牌绕环运动，不允许两个站同时发送数据。令牌环从本质上看是一种集中控制式的环，环上必须有一个中心控制站负责网的工作状态的检测和管理。

7.2　PC 与 PLC 通信的实现

个人计算机（以下简称 PC）具有较强的数据处理功能，配备多种高级语言，若选择适当的操作系统，则可提供优良的软件平台，开发各种应用系统，特别是动态画面显示等。随着工业 PC 的推出，PC 在工业现场运行的可靠性问题也得到了解决，用户普遍感到，把 PC 连入 PLC 应用系统可以带来一系列好处。

1. 概述

（1）PC 与 PLC 实现通信的意义

把 PC 连入 PLC 应用系统具有以下四个方面作用：

① 构成以 PC 为上位机，单台或多台 PLC 为下位机的小型集散系统，可用 PC 实现操作站功能。

② 在 PLC 应用系统中，把 PC 开发成简易工作站或者工业终端，可实现集中显示、集中报警功能。

③ 把 PC 开发成 PLC 编程终端，可通过编程器接口接入 PLC，进行编程、调试及监控。

④ 把 PC 开发成网间连接器，进行协议转换，可实现 PLC 与其他计算机网络的互联。

（2）PC 与 PLC 实现通信的方法

把 PC 连入 PLC 应用系统是为了向用户提供诸如工艺流程图显示、动态数据画面显示、报表编制、趋势图生成、窗口技术以及生产管理等多种功能，为 PLC 应用系统提供良好、物美价廉的人机界面。但这对用户的要求较高，用户必须做较多的开发工作，才能实现 PC 与 PLC 的通信。

为了实现 PC 与 PLC 的通信，用户应当做如下工作：

① 判别 PC 上配置的通信口是否与要连入的 PLC 匹配，若不匹配，则增加通信模板。

② 要清楚 PLC 的通信协议，按照协议的规定及帧格式编写 PC 的通信程序。PLC 中配有通信机制，一般不需用户编程。若 PLC 厂家有 PLC 与 PC 的专用通信软件出售，则此项任务较容易完成。

③ 选择适当的操作系统提供的软件平台，利用与 PLC 交换的数据编制用户要求的画面。

④ 若要远程传送，可通过 Modem 接入电话网。若要 PC 具有编程功能，应配置编程软件。

（3）PC 与 PLC 实现通信的条件

从原则上讲，PC 连入 PLC 网络并没有什么困难。只要为 PC 配备该种 PLC 网专用的通信卡以及通信软件，按要求对通信卡进行初始化，并编制用户程序即可。用这种方法把 PC 连入 PLC 网络存在的唯一问题是价格问题。在 PC 上配上 PLC 制造厂生产的专用通信卡及专用通信软件常会使 PC 的价格数倍甚至十几倍地升高。

用户普遍感兴趣的问题是，能否利用 PC 中已普遍配有的异步串行通信适配器加上自己编写的通信程序把 PC 连入 PLC 网络，这也正是本节所要重点讨论的问题。

带异步通信适配器的 PC 与 PLC 通信并不一定行得通，只有满足如下条件才能实现通信：

① 只有带有异步通信接口的 PLC 及采用异步方式通信的 PLC 网络才有可能与带异步通信适配器的 PC 互联。同时还要求双方采用的总线标准一致，都是 RS-232C，或者都是 RS-422、RS-485，否则要通过“总线标准变换单元”变换之后才能互连。

② 要通过对双方的初始化，使波特率、数据位数、停止位数、奇偶校验都相同。

③ 用户必须熟悉互联的 PLC 采用的通信协议。严格地按照协议规定为 PC 编写通信程序。在 PLC 一方不需要用户编写通信程序。

满足上述三个条件，PC 就可以与 PLC 互联通信。如果不能满足这些条件则应配置专用网卡及通信软件实现互联。

（4）PC 与 PLC 互联的结构形式

用户把带异步通信适配器的 PC 与 PLC 互联通信时通常采用如图 7-11 所示的两种结构

形式。一种为点对点结构，PC 的 COM 口与 PLC 的编程器接口或其他异步通信口之间实现点对点链接，如图 7-11（a）所示。另一种为多点结构，PC 与多台 PLC 共同连在同一条串行总线上，如图 7-11（b）所示。多点结构采用主从式存取控制方法，通常以 PC 为主站，多台 PLC 为从站，通过周期轮询进行通信管理。

（5）PC 与 PLC 互联通信方式

目前 PC 与 PLC 互联通信方式主要有以下几种：

① 通过 PLC 开发商提供的系统协议和网络适配器，构成特定公司产品的内部网络其通信协议不公开。互联通信必须使用开发商提供的上位组态软件，并采用支持相应协议的外设。这种方式其显示画面和功能往往难以满足不同用户的需要。

② 购买通用的上位组态软件，实现 PC 与 PLC 的通信。这种方式除了要增加系统投资外，其应用的灵活性也受到一定的限制。

③ 利用 PLC 厂商提供的标准通信口或由用户自定义的自由通信口实现 PC 与 PLC 互联通信。这种方式不需要增加投资，有较好的灵活性，特别适合于小规模控制系统。

本节主要介绍利用标准通信口或由用户自定义的自由通信口实现 PC 与 PLC 的通信。

2．PC 与 FX 系列 PLC 通信的实现

（1）硬件连接

一台 PC 可与一台或最多 16 台 FX 系列 PLC 通信，PC 与 PLC 之间不能直接连接。如图 7-12（a）、（b）为点对点结构的连接，图（a）中是通过 FX-232AW 单元进行 RS-232C/RS-422 转换与 PLC 编程口连接，图（b）中通过在 PLC 内部安装的通信功能扩展板 FX-232BD 与 PLC 连接；如图 7-12（c）所示为多点结构的连接，FX-485BD 为安装在 PLC 内部的通信功能扩展板，FX-485PC-IF 为 RS-232C 和 RS-485 的转换接口。除此之外当然还可以通过其他通信模块进行连接，不再一一赘述。

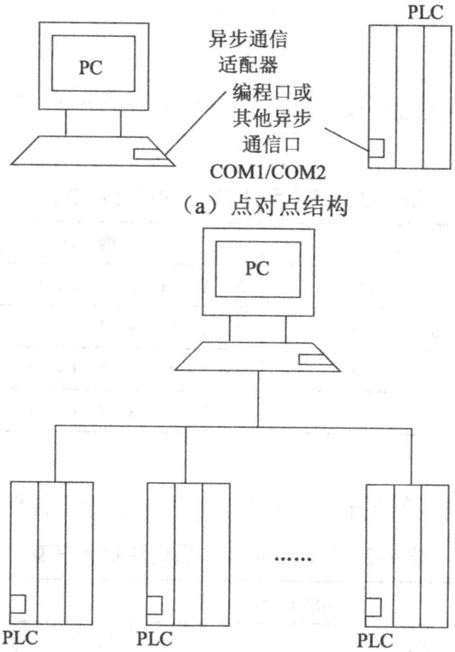

（a）点对点结构

（b）多点结构

图 7-11　常用结构形式

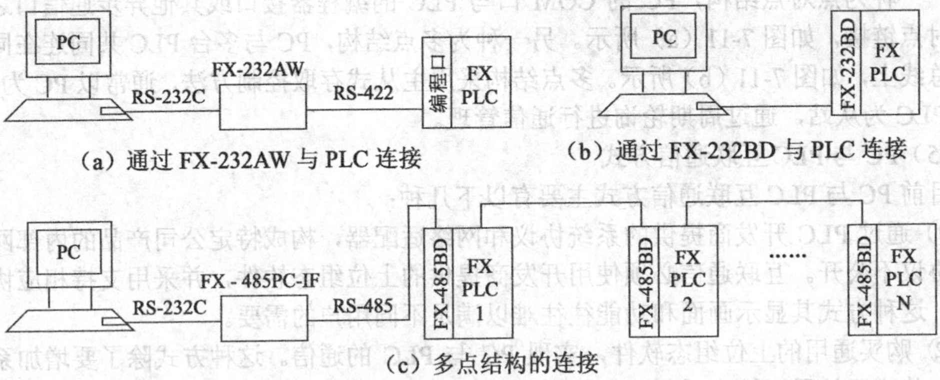

（a）通过 FX-232AW 与 PLC 连接　（b）通过 FX-232BD 与 PLC 连接

（c）多点结构的连接

图 7-12　PC 与 FX 的硬件连接图

（2）FX 系列 PLC 通信协议

PC 中必须依据所连接 PLC 的通信规程来编写通信协议，所以先要熟悉 FX 系列 PLC 的通信协议。

① 数据格式

FX 系列 PLC 采用异步格式，由 1 位起始位、7 位数据位、1 位偶校验位及 1 位停止位组成，比特率为 9 600b/s，字符为 ASCII 码。数据格式如图 7-13 所示。

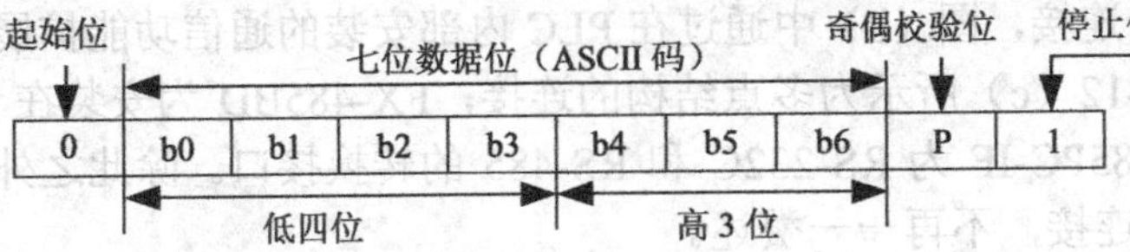

图 7-13　数据格式

② 通信命令

FX 系列 PLC 有 4 条通信命令，分别是读命令、写命令、强制通命令、强制断命令，如表 7-2 所示。

表 7-2　FX 系列 PLC 的通信命令表

命　令	命令代码	目标软继电器	功　能
读命令	‘0’ 即 ASCII 码 ‘30H’	X，Y，M，S，T，C，D	读软继电器状态、数据
写命令	‘0’ 即 ASCII 码 ‘30H’	X，Y，M，S，T，C，D	把数据写入软继电器
强制通命令	‘0’ 即 ASCII 码 ‘30H’	X，Y，M，S，T，C，D	强制某位 ON
强制断命令	‘0’ 即 ASCII 码 ‘30H’	X，Y，M，S，T，C，D	强制某位 OFF

③ 通信控制字符

FX 系列 PLC 采用面向字符的传输规程，用到 5 个通信控制字符，如表 7-3 所示。

表 7-3　FX 系列 PLC 通信控制字符表

控制字符	ASCII 码	功能说明
ENQ	05H	PC 发出请求
ACK	06H	PLC 对 ENQ 的确认回答

续上表

控制字符	ASCII 码	功能说明
NAK	15H	PLC 对 ENQ 的否认回答
STX	02H	信息帧开始标志
ETX	03H	信息帧结束标志

注：当 PLC 对计算机发来的 ENQ 不理解时，用 NAK 回答。

④ 报文格式

计算机向 PLC 发送的报文格式如下：

STX	CMD	数据段	ETX	SUMH	SUML

其中，STX 为开始标志：02H；ETX 为结束标志：03H；CMD 为命令的 ASCII 码；SUMH、SUML 为按字节求累加和，溢出不计。由于每字节十六进制数变为两字节的 ASCII 码，故校验和为 SUMH 与 SUML。

数据段格式与含义如下：

字节 1～字节 4	字节 5/字节 6	第 1 数据*		第 2 数据		…	第 N 数据	
软继电器首址	读/写字节数	上位	下位	上位	下位	…	上位	下位

注：写命令的数据段有数据，读命令数据段则无数据。

PLC 向 PC 发的应答报文格式如下：

STX	数据段*	ETX	SUMH	SUML

注：对读命令的应答报文数据段为要读取的数据，一个数据占两个字节，分上位下位。

数据段：

第 1 数据		第 2 数据		…	第 N 数据	
上位	下位	上位	下位	…	上位	下位

对写命令的应答报文无数据段，而用 ACK 及 NAK 作应答内容。

⑤ 传输规程

PC 与 FX 系列 PLC 间采用应答方式通信，传输出错，则组织重发。其传输过程如图 7-14 所示。

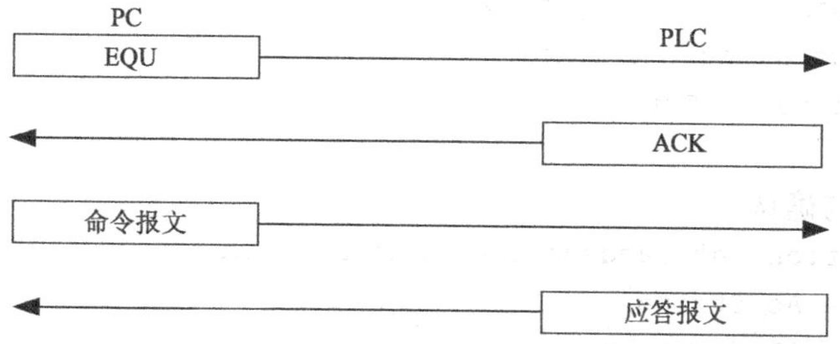

图 7-14　传输过程

PLC 根据 PC 的命令，在每个循环扫描结束处的 END 语句后组织自动应答，无需用户在 PLC 一方编写程序。

（3）PC 通信程序的编写

编写 PC 的通信程序可采用汇编语言编写，或采用各种高级语言编写，或采用工控组态软件，或直接采用 PLC 厂家的通信软件（如三菱的 MELSE MEDOC 等）

下面利用 VB6.0 以一个简单的例子来说明编写通信程序的要点。假设 PC 要求从 PLC 中读入从 D123 开始的 4 个字节的数据（D123、D124），其传输应答过程及报文如图 7-15 所示。

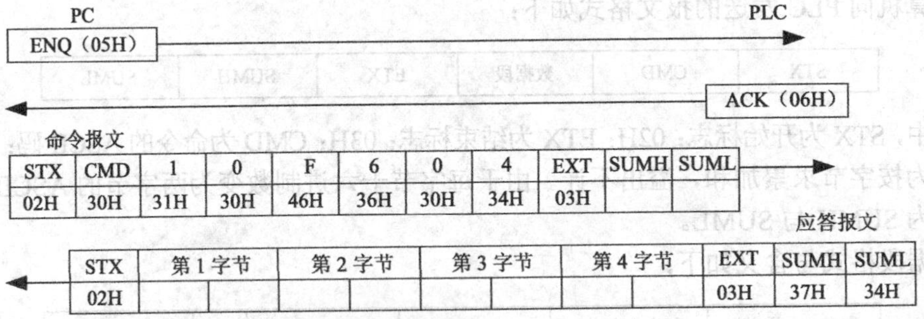

图 7-15 传输应答过程及命令报文

命令报文中 10F6H 为 D123 的地址，04H 表示要读入 4 个字节的数据。校验和 SUM = 30H + 31H + 30H + 46H + 36H + 30H + 34H + 03H = 174H，溢出部分不计，故 SUMH = 7，SUML = 4，相应的 ASCII 码为 37H，34H。应答报文中 4 个字节的十六进制数，其相应的 ASCII 码为 8 个字节，故应答报文长度为 12 个字节。

根据 PC 与 FX 系列 PLC 的传输应答过程，利用 VB 的 MSComm 控件可以编写如下通信程序实现 PC 与 FX 系列 PLC 之间的串行通信，以完成数据的读取。MSComm 控件可以采用轮询或事件驱动的方法从端口获取数据。在这个例子中使用了轮询方法。

① 通信口初始化

```
Private Sub Initialize ()
MSComm1. CommPort =1
MSComm1. Settings = "9600,E,7,1"
MSComm1. InBufferSize = 1024
MSComm1. OutBuffersize = 1024
MSComm1. InputLen = 0
MSComm1. InputMode = comInputText
MSComm1. Handshaking = comNone
MSComm1. PortOpen = True
End Sub
```

② 请求通信与确认

```
Private Function MakeHandshaking ( ) As Boolean
Dim InPackage As String
MSComm1. OutBufferCount = 0
MSComm1. InBufferCount = 0
```

```
MSComm1. OutPut = Chr (&H5)
Do
DoEvents
Loop Until MSComm1. InBufferCount = 1
InPackage = MSComm1. Input
If InPackage = Chr (&H6) Then
MakeHandShaking = True
Else
MakeHandshaking = False
End If
End Function
```

③ 发送命令报文

```
Private Sub SendFrame ()
Dim Outstring As String
MSComm1. OutBufferCount = 0
MSComm1. InBufferCount = 0
Outstrin = Chr (&H2) +" on" +" 10F604" +Chr (&H3) +" 74"
MSComm1. Output = Outstring
End Sub
```

④ 读取应答报文

```
Private Sub ReceiveFrame ()
Dim Instring As String
Do
DoEvents
Loop Until MSComm1. InBufferCount = 12
InString = MSComm1. Inpult
End Sub
```

（4）通信过程

通信开始先由上位机依次对 PLC 发出一串字符的测试帧命令。为充分利用上位机 CPU 的时间，可使上位机与 PLC 并行工作，在上位机等待 PLC 回答信号的同时，使 CPU 处理其他任务。某 PLC 在接到上位机的一个完整帧以后，首先判断是不是自己的代号，若不是就不予理睬，若是就发送呼叫回答信号。上位机接到回答信号后，与发送测试的数据比较，若两者无误，发出可以进行数据通信的信号，转入正常数据通信，否则提示用户检查线路重新测试或通信失败。

7.3 PLC 网络

1. 生产金字塔结构与工厂计算机控制系统模型

PLC 制造厂家常用生产金字塔 PP（Productivity Pyramid）结构来描述它的产品能提供的功能。如图 7-16 所示为美国 A-B 公司和德国 SIEMENS 公司的生产金字塔。尽管这些生产金字塔结构层数不同，各层功能有所差异，但它们都表明 PLC 及其网络在工厂自动化系统中，由上到下，在各层都发挥着作用。这些金字塔的共同特点是：上层负责生产管理，下层负责现场控制与检测，中间层负责生产过程的监控及优化。

美国国家标准局曾为工厂计算机控制系统提出过一个如图 7-17 所示的 NBS 模型，它分为 6 级，并规定了每一级应当实现的功能，这一模型获得了国际广泛的承认。

国际标准化组织（ISO）对企业自动化系统的建模进行了一系列研究，也提出了一个如图 7-18 所示的 6 级模型。尽管它与 NBS 模型各级内涵，特别是高层内涵有所差别，但两者在本质上是相同的，这说明现代工业企业自动化系统应当是一个既负责企业管理经营又负责控制监控的综合自动化系统。它的高 3 级负责经营管理，低 3 级负责生产控制与过程监控。

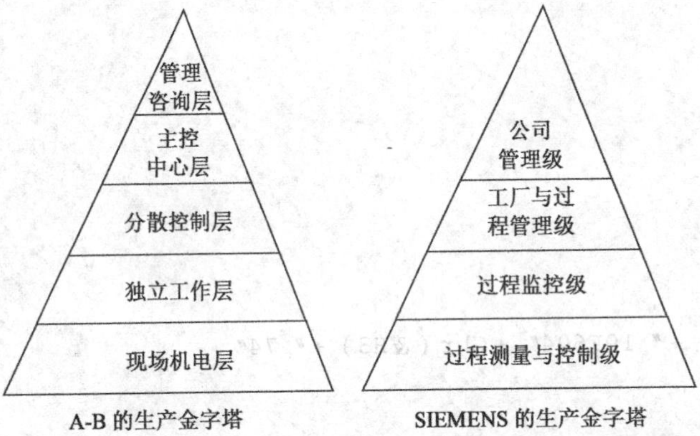

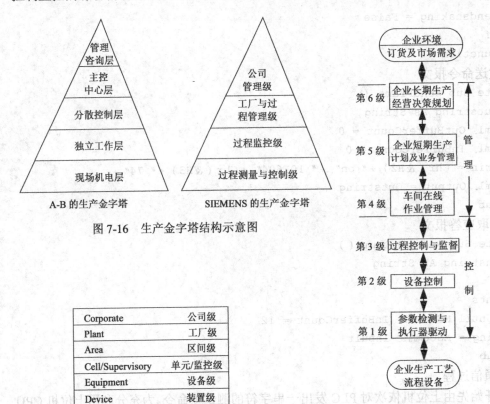

图 7-16　生产金字塔结构示意图

Corporate	公司级
Plant	工厂级
Area	区间级
Cell/Supervisory	单元/监控级
Equipment	设备级
Device	装置级

图 7-17　NBS 模型

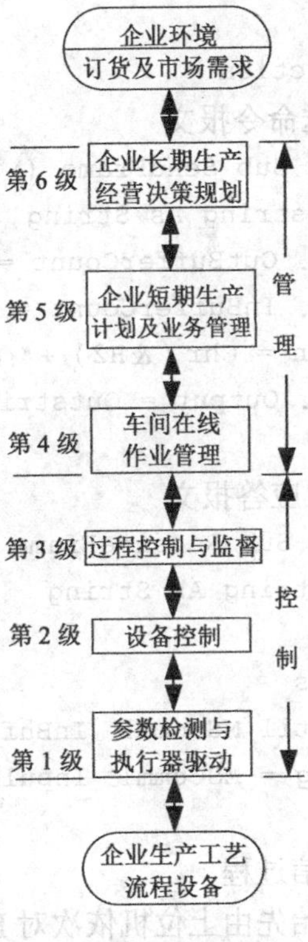

图 7-18　ISO 企业自动化模型

2. PLC 网络的拓扑结构

网络拓扑结构是指网络中的通信线路和节点间的几何连接结构，表示了网络的整体结构外貌。网络中通过传输线连接的点称为节点或站点。拓扑结构反映了各个站点间的结构关系，对整个网络的设计、功能、可靠性和成本都有影响。

如果把金字塔结构与 NBS 模型或 ISO 模型比较一下，就会发现，PLC 及其网络发展到现在，已经能够实现 NBS 模型/ISO 模型要求的大部分功能，至少可以实现 4 级以下的功能。

PLC 要提供金字塔功能或者说要实现 NBC/ISO 模型要求的功能，采用单层子网显然是不行的。因为不同层次实现的功能不同，所承担任务的性质不同，导致其对通信的要求也就不一样。在上层所传送的主要是些生产管理信息，通信报文长，每次传输的信息量大，要求的通信范围也比较广，但对通信实时性的要求却不高。而在底层传送的主要是过程数据及控制命令，报文不长，每次通信量不大，通信距离也比较近，但对实时性及可靠性的要求比较高。中间层对通信的要求正好居于两者之间。

由于各层对通信的要求相差甚远，如果采用单级子网，只配置一种通信协议，势必顾此失彼，无法满足所有各层通信的要求。只有采用多级通信子网，构成复合型拓扑结构，在不同级别的子网中配置不同的通信协议，才能满足各层对通信的不同要求。

PLC 网络的分级与生产金字塔的分层不是一一对应的关系，相邻几层的功能，若对通信要求相近，则可合并，由一级子网去实现。采用多级复合结构不仅使通信具有适应性，而且具有良好的可扩展性，用户可以根据投资情况及生产的发展，从单台 PLC 到网络，从底层向高层逐步扩展。

下面着重介绍三菱公司的 PLC 网络结构。

三菱公司 PLC 网络继承了传统使用的 MELSEC 网络，并使其在性能、功能、使用简便等方面更胜一筹。Q 系列 PLC 提供层次清晰的三层网络，针对各种用途提供最合适的网络产品，如图 7-19 所示。

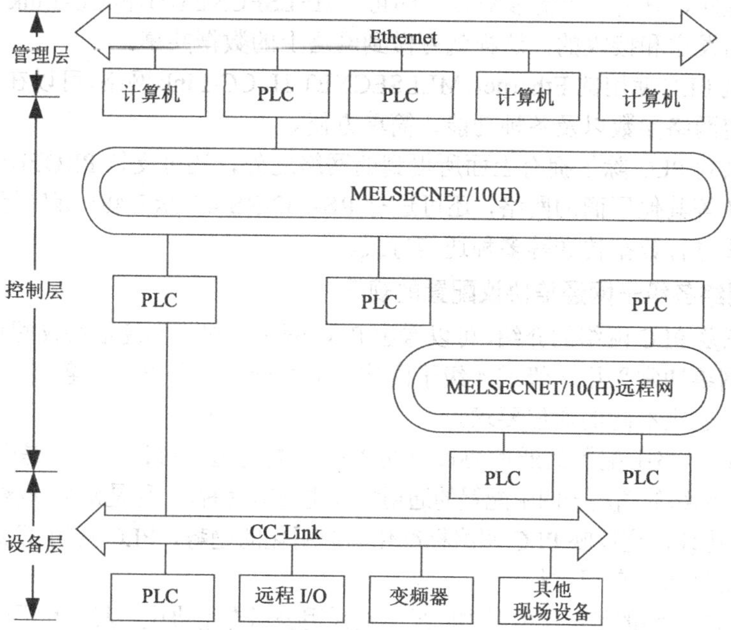

图 7-19　三菱公司的 PLC 网络

（1）信息层/Ethernet（以太网）：信息层为网络系统中最高层，主要是在 PLC、设备控制器以及生产管理用 PC 之间传输生产管理信息、质量管理信息及设备的运转情况等数据，信息层使用最普遍的 Ethernet。它不仅能够连接 Windows 系统的 PC、UNIX 系统的工作站等，而且还能连接各种 FA 设备。Q 系列 PLC 系列的 Ethernet 模块具有日益普及的因特网电子邮件收发功能，使用户无论在世界的任何地方都可以方便地收发生产信息邮件，构筑远程监视管理系统。同时，利用因特网的 FTP 服务器功能及 MELSEC 专用协议可以很容易地实现程序的上传/下载和信息的传输。

（2）控制层/MELSECNET/10（H）：是整个网络系统的中间层，在 PLC、CNC 等控制设备之间方便且高速地进行处理数据互传的控制网络。作为 MELSEC 控制网络的 MELSECNET/10，以它良好的实时性、简单的网络设定、无程序的网络数据共享概念，以及冗余回路等特点获得了很高的市场评价，被采用的设备台数在日本达到最高，在世界上也是屈指可数的。而MELSECNET/H 不仅继承了 MELSECNET/10 的优点，还使网络的实时性更好，数据容量更大，进一步适应市场的需要。但目前 MELSECNET/H 只有 Q 系列 PLC 才可使用。

（3）设备层/现场总线 CC-Link：设备层是把 PLC 等控制设备和传感器以及驱动设备连接起来的现场网络，为整个网络系统最低层的网络。采用 CC-Link 现场总线连接，布线数量大大减少，提高了系统可维护性。而且，不只是 ON/OFF 等开关量的数据，还可连接 ID 系统、条形码阅读器、变频器、人机界面等智能化设备，从完成各种数据的通信，到终端生产信息的管理均可实现，加上对机器动作状态的集中管理，使维修保养的工作效率也大有提高。在 Q 系列 PLC 中使用，CC-Link 的功能更好，而且使用更简便。

在三菱的 PLC 网络中进行通信时，不会感觉到有网络种类的差别和间断，可进行跨网络间的数据通信和程序的远程监控、修改、调试等工作，而无需考虑网络的层次和类型。

MELSECNET/H 和 CC-Link 使用循环通信的方式，周期性自动地收发信息，不需要专门的数据通信程序，只需简单的参数设定即可。MELSECNET/H 和 CC-Link 是使用广播方式进行循环通信发送和接收的，这样就可做到网络上的数据共享。

对于 Q 系列 PLC 使用的 Ethernet、MELSECNET/H、CC-Link 网络，可以在 GX Developer 软件画面上设定网络参数以及各种功能，简单方便。

另外，Q 系列 PLC 除了拥有上面所提到的网络之外，还可支持 PROFIBUS、Modbus、DeviceNet、ASI 等其他厂商的网络，还可进行 RS-232/RS-422/RS-485 等串行通信，通过数据专线、电话线进行数据传送等多种通信方式。

3．PLC 网络各级子网通信协议配置的规律

通过以上三菱 PLC 网络的介绍，可以看出 PLC 网络各级子网通信协议配置的规律如下：

（1）PLC 网络通常采用 3 级或 4 级子网构成的复合型拓扑结构，各级子网中配置不同的通信协议，以适应不同的通信要求。

（2）在 PLC 网络中配置的通信协议分两类：一类是通用协议，一类是公司专用协议。

（3）在PLC网络的高层子网中配置的通用协议主要有两种，一种是MAP规约(全MAP3.0)，一种是 Ethernet 协议，这反映 PLC 网络标准化与通用化的趋势。PLC 网的互联，PLC 网与其他局域网的互联将通过高层进行。

（4）在 PLC 网络的低层子网及中间层子网采用公司专用协议。其最底层由于传递过程数据及控制命令，这种信息很短，对实时性要求又较高，常采用周期 I/O 方式通信；中间层负责传送监控信息，信息长度居于过程数据及管理信息之间，对实时性要求也比较高，其通信协议常用令牌方式控制通信，也有采用主从方式控制通信的。

（5）PC 加入不同级别的子网，必须按所连入的子网配置通信模板，并按该级子网配置的通信协议编制用户程序，一般在 PLC 中不需编制程序。对于协议比较复杂的干网，可购置厂家供应的通信软件装入 PC 中，将使用户通信程序编制变得比较简单方便。

（6）PLC 网络低层子网对实时性要求较高，其采用的协议大多为塌缩结构，只有物理层、链路层及应用层，而高层子网传送管理信息，与普通网络性质接近，又要考虑异种网互联，因此高层子网的通信协议大多为 7 层。

4．PLC 网络中常用的通信方式

PLC 网络由几级子网复合而成，各级子网的通信过程是由通信协议决定的，而通信方

式是通信协议最核心的内容。通信方式包括存取控制方式和数据传送方式。所谓存取控制（也称访问控制）方式是指如何获得共享通信介质使用权的问题，而数据传送方式是指一个站取得了通信介质使用权后如何传送数据的问题。

（1）周期 I/O 通信方式

周期 I/O 通信方式常用于 PLC 的远程 I/O 链路中。远程 I/O 链路按主从方式工作，PLC 远程 I/O 主单元为主站，其他远程 I/O 单元皆为从站。在主站中设立一个“远程 I/O 缓冲区”，采用信箱结构，划分为几个分箱与每个从站一一对应，每个分箱再分为两格，一格管发送，一格管接收。主站中通信处理器采用周期扫描方式，按顺序与各从站交换数据，把与其对应的分箱中发送分格的数据送给从站，从从站中读取数据放入与其对应的分箱的接收分格中。这样周而复始，使主站中的“远程 I/O 缓冲区”得到周期性的刷新。

在主站中 PLC 的 CPU 单元负责用户程序的扫描，它按照循环扫描方式进行处理，每个周期都有一段时间集中进行 I/O 处理，这时它对本地 I/O 单元及远程 I/O 缓冲区进行读写操作。PLC 的 CPU 单元对用户程序的周期性循环扫描，与 PLC 通信处理器对各远程 I/O 单元的周期性扫描是异步进行的。尽管 PLC 的 CPU 单元没有直接对远程 I/O 单元进行操作，但是由于远程 I/O 缓冲区获得周期性刷新，PLC 的 CPU 单元对远程 I/O 缓冲区的读写操作，就相当于直接访问了远程 I/O 单元。这种通信方式简单、方便，但要占用 PLC 的 I/O 区，因此只适用于少量数据的通信。

（2）全局 I/O 通信方式

全局 I/O 通信方式是一种串行共享存储区的通信方式，它主要用于带有链接区的 PLC 之间的通信。

全局 I/O 方式的通信原理如图 7-20 所示。在 PLC 网络的每台 PLC 的 I/O 区中各划出一块来作为链接区，每个链接区都采用邮箱结构。相同编号的发送区与接收区大小相同，占用相同的地址段，一个为发送区，其他皆为接收区。采用广播方式通信。PLC1 把 1＃发送区的数据在 PLC 网络上广播，PLC2、PLC3 收听到后把它接收下来存入各自的 1＃接收区中。PLC2 把 2＃发送区数据在 PLC 网上广播，PLC1、PLC3 把它接收下来存入各自的 2＃接收区中。PLC3 把 3＃发送区数据在 PLC 网上广播，PLC1、PLC2 把它接收下来存入各自的 3＃接收区中。显然通过上述广播通信过程，PLC1、PLC2、PLC3 的各链接区中数据是相同的，这个过程称为等值化过程。通过等值化通信使得 PLC 网络中的每台 PLC 的链接区中的数据保持一致。它既包含着自己送出去的数据，也包含着其他 PLC 送来的数据。由于每台 PLC 的链接区大小一样，占用的地址段相同，每台 PLC 只要访问自己的链接区，就等于访问了其他 PLC 的链接区，也就相当于与其他 PLC 交换了数据。这样链接区就变成了名符其实的共享存储区，共享区成为各 PLC 交换数据的中介。

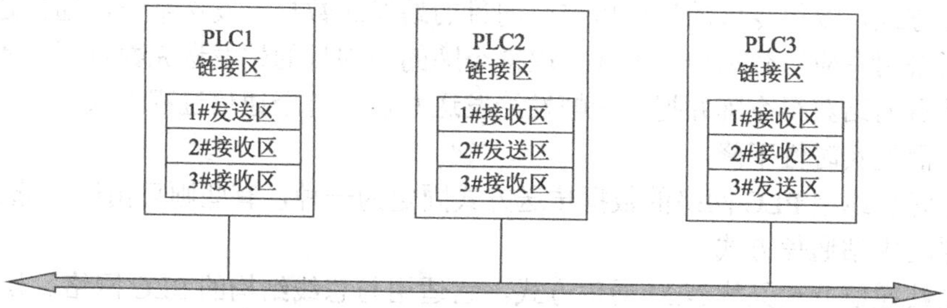

图 7-20　全局 I/O 方式的通信原理

链接区可以采用异步方式刷新（等值化），也可以采用同步方式刷新。异步方式刷新与PLC中用户程序无关，由各PLC的通信处理器按顺序进行广播通信，周而复始，使其所有链接区保持等值化；同步方式刷新是由用户程序中对链接区的发送指令启动一次刷新，这种方式只有当链接区的发送区数据变化时才刷新。

全局I/O通信方式中，PLC直接用读写指令对链接区进行读写操作，简单、方便、快速，但应注意在一台PLC中对某地址的写操作在其他PLC中对同一地址只能进行读操作。与周期I/O方式一样，全局I/O方式也要占用PLC的I/O区，因而只适用于少量数据的通信。

（3）主从总线通信方式

主从总线通信方式又称为1:N通信方式，这是在PLC通信网络上采用的一种通信方式。在总线结构的PLC子网上有N个站，其中只有一个主站，其他皆是从站，也就是因为这个原因主从总线通信方式又称为1:N通信方式。

主从总线通信方式采用集中式存取控制技术分配总线使用权，通常采用轮询表法，所谓轮询表是一张从机号排列顺序表，该表配置在主站中，主站按照轮询表的排列顺序对从站进行询问，看它是否使用总线，从而达到分配总线使用权的目的。

为了保证实时性，要求轮询表包含每个从站号不能少于一次，这样在周期轮询时，每个从站在一个周期中至少有一次机会取得总线使用权，从而保证了每个站的基本实时性，对于实时性要求比较高的站，可以在轮询表中让其从机号多出现几次，这样就用静态的方式，赋予该站较高的通信优先权。在有些主从总线中轮询表法与中断法结合使用，让紧急任务可以打断正常的周期轮询而插入，获得优先服务，这就是用动态赋予某项紧急任务以较高优先权。

存取控制只解决了谁使用总线的问题，获得总线的从站还有如何使用总线的问题，即采用什么样的数据传送方式。主从总线通信方式中有两种基本的数据传送方式，一种是只允许主从通信，不允许从从通信，从站与从站要交换数据，必须经主站中转。另一种是既允许主从通信也允许从从通信，从站获得总线使用权后安排主从通信，再安排自己与其他从站（即从从）之间的通信。

（4）令牌总线通信方式

令牌总线通信方式又称为N:N通信方式。在总线结构上的PLC子网上有N个站，它们地位平等没有主站与从站之分，也可以说N个站都是主站，所以称之为N:N通信方式。

N:N通信方式采用令牌总线存取控制技术。在物理总线上组成一个逻辑环，让一个令牌在逻辑环中按一定方向依次流动，获得令牌的站就取得了总线使用权，令牌总线存取控制方式限定每个站的令牌持有时间，保证在令牌循环一周时每个站都有机会获得总线使用权，并提供优先级服务，因此令牌总线存取控制方式具有较好的实时性。

取得令牌的站采用什么样的数据传送数据方式对实时性影响非常明显。如果采用无应答数据传送方式，取得令牌的站可以立即向目的站发送数据，发送结束，通信过程也就完成了。如果采用有应答数据传送方式，取得令牌的站向目的站发送完数据后并不算通信完成，必须等目的站获得令牌并把答应帧发给发送站后，整个通信过程结束。这样一来响应明显增长，而使实时性下降。

有些令牌总线型PLC网络的数据传送方式固定为一种，有些则可由用户选择。

（5）浮动主站通信方式

浮动主站通信方式又称N:M通信方式，它适用与总线结构的PLC网络。设在总线上有M个站，其中N个为主站，其余为从站（N＜M），故称之为N:M通信方式。

N:M 通信方式采用令牌总线与主从总线相结合的存取控制技术。首先把 N 个主站组成逻辑环，通过令牌在逻辑环中依次流动，在 N 个主站之间分配总线使用权，这就是浮动主站的含义。获得总线使用权的主站再按照主从方式来确定在自己的令牌持有时间内与哪些站通信。一般在主站中配置有一张轮询表，可按轮询表上排列的其他主站号及从站号进行轮询，获得令牌的主站对于用户随机提出的通信任务可按优先级安排在轮询之前或之后进行。

获得总线使用的主站可以采用多种数据传送方式与目的站通信，其中以无应答无连接方式速度最快。

（6）CSMA/CD 通信方式

CSMA/CD 载波侦听/冲突检测，属于计算机网络以太网的工作类型，即在总线上不断地发出信号去探测线路是否空闲，如果不空闲则随机等待一定时间，再继续探测。直到发出型号为止。

CSMA/CD 工作原理：在 Ethernet 中，传送信息是以“包”为单位的，简称信包。在总线上如果某个工作站有信包要发送，它在向总线上发送信包之前，先检测一下总线是“忙”还是“空闲”，如果检测的结果是“忙”，则发送站会随机延迟一段时间，再次去检测总线，若这时检测总线是“空闲”，这时就可以发送信包了。而且在信包的发送过程中，发送站还要检测其发到总线上的信包是否与其他站点的信包产生了冲突，当发送站一旦检测到产生冲突，它就立即放弃本次发送，并向总线上发出一串干扰串（发出干扰串的目的是让那些可能参与碰撞但尚未感知到冲突的结点，能够明显地感知，也就相当于增强冲突信号），总线上的各站点收到此干扰串后，则放弃发送，并且所有发生冲突的结点都将按一种退避算法等待一段随机的时间，然后重新竞争发送。从以上叙述可以看出，CSMA/CD 的工作原理可用四个字来表示：“边听边说”，即一边发送数据，一边检测是否产生冲突。

7.4　现场总线技术

在传统的自动化工厂中，生产现场的许多设备和装置如：传感器、调节器、变送器、执行器等都是通过信号电缆与计算机、PLC 相连的。当这些装置和设备相距较远，分布较广时，就会使电缆线的用量和铺设费用随之大大地增加，造成了整个项目的投资成本增高，系统连线复杂，可靠性下降，维护工作量增大，系统进一步扩展困难等问题。现场总线（Fieldbus）的产生将分散于现场的各种设备连接了起来，并有效实施了对设备的监控。它是一种可靠、快速、能经受工业现场环境、低廉的通信总线。现场总线始于 20 世纪 80 年代，90 年代技术日趋成熟，受到世界各自动化设备制造商和用户的广泛关注，目前，是世界上最成功的总线之一。PLC 的生产厂商也将现场总线技术应用于各自的产品之中构成工业局域网的最底层，使得 PLC 网络实现了真正意义上的自动控制领域发展的一个热点，给传统的工业控制技术带来了一次革新。

现场总线技术实际上是实现现场级设备数字化通信的一种工业现场层的网络通信技术。按照国际电工委员会 IEC61158 的定义，现场总线是“安装在过程区域的现场设备、仪表与控制室内的自动控制装置系统之间的一种串行、数字式、多点通信的数据总线。”也就是说基于现场总线的系统是以单个分散的、数字化、智能化的测量和控制设备作为网络的节点，用总线相连，实现信息的相互交换，使得不同网络、不同现场设备之间可以信息共享。现场设备的各种运行参数、状态信息及故障信息等通过总线传输到远离现场的控制中心，而控制中心又可以将各种控制、维护、组态命令又送往相关的设备，从而建立起具有自动控制功能的网络。通常将这种位于网络底层的自动化及信息集成的数字化网络称之为现场总线系统（Fieldbus）。

1．现场总线概述

20 世纪 80 年代中期开始发展起来的现场总线已成为当今自动化领域技术发展的热点之一，被誉为自动化领域的计算机局域网。它的出现，标志着工业控制技术领域又一新时代的开始，并将对该领域的发展产生重要影响。

（1）什么是现场总线

是连接智能现场设备和自动化系统的全数字、双向、多站的通信系统。主要解决工业现场的智能化仪器仪表、控制器、执行机构等现场设备间的数字通信以及这些现场控制设备和高级控制系统之间的信息传递问题。

（2）现场总线的国际标准

从 1984 年 IEC（国际电工委员会）开始制定现场总线国际标准至今，争夺现场总线国际标准的大战持续了 16 年之久。先后经过 9 次投票表决，最后通过协商、妥协，于 2000 年 1 月 4 日 IEC TC65（负责工业测量和控制的第 65 标准化技术委员会）通过了 8 种类型的现场总线作为新的 IEC61 158 国际标准。

① 类型 1 IEC 技术报告（即 FF 的 H1）。

② 类型 2 ControlNet（美国 ROCKWELL 公司支持）。

③ 类型 3 PROFIBUS（德国 SIEMENS 公司支持）。

④ 类型 4 P-Net（丹麦 Process Data 公司支持）。

⑤ 类型 5 FF HSE（即原 FF 的 H2，Fisher-Rosemount 等公司支持）。

⑥ 类型 6 SwiftNet（美国波音公司支持）。

⑦ 类型 7 WorldFIP（法国 ALSTOM 公司支持）。

⑧ 类型 8 Interbus（德国 Phoenix Conact 公司支持）。

加上 IEC TC17B 通过的 3 种现场总线国际标准，即 SDS（Smart Distributed System）、ASI（Actuator Sensor Interface）和 DeviceNet，此外，ISO 还有一个 ISO 11898 的 CAN（Controller Area Network），所以一共有 12 种之多。现场总线的国际标准虽然制定出来了，但它与 IEC（国际电工委员会）于 1984 年开始制定现场总线标准时的初衷是相违背的。

（3）现场总线的发展现状

① 多种总线共存：现场总线国际标准 IEC61158 中采用了 8 种协议类型，以及其他一些现场总线。每种总线都有其产生的背景和应用领域。不同领域的自动化需求各有特点，因此在某个领域中产生的总线技术一般对本领域的满足度高一些，应用多一些，适用性好一些。据美国 ARC 公司的市场调查，世界市场对各种现场总线的需求为：过程自动化 15%（FF、PROFIBUS-PA、WorldFIP），医药领域 18%（FF、PROFIBUS-PA、WorldFIP），加工制造 15%（PROFIBUS-DP、DeviceNet），交通运输 15%（PROFIBUS-DP、DeviceNet），航空、国防 34%（PROFIBUS-FMS、LonWorks、ControlNet、DeviceNet），农业未统计（P-NET、CAN、PROFIBUS-PA/DP、DeviceNet、ControlNet），楼宇未统计（LonWorks、PROFIBUS-FMS、DeviceNet）。由此可见，随着时间的推移，占有市场 80%左右的总线将只有六七种，而且

其应用领域比较明确，如 FF、PROFIBUS-PA 适用于冶金、石油、化工、医药等流程行业的过程控制，PROFIBUS-DP、DeviceNet 适用于加工制造业，LonWorks、PROFIBUS-FMS、DeviceNet 适用于楼宇、交通运输、农业。但这种划分又不是绝对的，相互之间又互有渗透。

② 总线应用领域不断拓展：每种总线都力图拓展其应用领域，以扩张其势力范围。在一定应用领域中已取得良好业绩的总线，往往会进一步根据需要向其他领域发展。如 PROFIBUS 在 DP 的基础上又开发出 PA，以适用于流程工业。

③ 不断成立总线国际组织：大多数总线都成立了相应的国际组织，力图在制造商和用户中创造影响，以取得更多方面的支持，同时也想显示出其技术是开放的。如 WorldFIP 国际用户组织、FF 基金会、PROFIBUS 国际用户组织、P-Net 国际用户组织及 ControlNet 国际用户组织等。

④ 每种总线都以企业为支撑：各种总线都以一个或几个大型跨国公司为背景，公司的利益与总线的发展息息相关，如 PROFIBUS 以 SIEMENS 公司为主要支持，ControlNet 以 ROCKWELL 公司为主要背景，WorldFIP 以 ALSTOM 公司为主要后台。

⑤ 一个设备制造商参加多个总线组织：大多数设备制造商都积极参加不止一个总线组织，有些公司甚至参加 2～4 个总线组织。道理很简单，装置是要挂在系统上的。

⑥ 各种总线相继成为自己国家或地区标准：每种总线大多将自己作为国家或地区标准，以加强自己的竞争地位。现在的情况是：P-Net 已成为丹麦标准，PROFIBUS 已成为德国标准，WorldFIP 已成为法国标准。上述 3 种总线于 1994 年成为并列的欧洲标准 EN50170。其他总线也都成为各地区的技术规范。

⑦ 在竞争中协调共存：协调共存的现象在欧洲标准制定时就出现过，欧洲标准 EN50170 在制定时，将德、法、丹麦 3 个标准并列于一卷之中，形成了欧洲的多总线的标准体系，后又将 ControlNet 和 FF 加入欧洲标准的体系。各重要企业，除了力推自己的总线产品之外，也都力图开发接口技术，将自己的总线产品与其他总线相连接，如施耐德公司开发的设备能与多种总线相连接。在国际标准中，也出现了协调共存的局面。

⑧ 以太网成为新热点：以太网正在工业自动化和过程控制市场上迅速增长，几乎所有远程 I/O 接口技术的供应商均提供一个支持 TCP/IP 协议的以太网接口，如 SIEMENS、ROCKWELL、GE-Fanuc 等，他们除了销售各自 PLC 产品，同时提供与远程 I/O 和基于 PC 的控制系统相连接的接口。FF 现场总线正在开发高速以太网，这无疑大大加强了以太网在工业领域的地位。

（4）现场总线的发展趋势

虽然现场总线的标准统一还有种种问题，但现场总线控制系统的发展却已经是一个不争的事实。随着现场总线思想的日益深入人心，基于现场总线的产品和应用的不断增多，现场总线控制系统体系结构日益清晰，具体发展趋势表现在以下几个方面。

① 网络结构趋向简单化：早期的 MAP 模型由 7 层组成，现在 ROCKWELL 公司提出了 3 层结构自动化，Fisher-Rosemount 公司提出了 2 层自动化，还有的公司甚至提出 1 层结构，由以太网一通到底。目前比较达成共识的是 3 层设备、2 层网络的 3＋2 结构。3 层设备是位于底层的现场设备，如传感器/执行器以及各种分布式 I/O 设备等，位于中间的控制设备，如 PLC、工业在制计算机、专用控制器等；位于上层的是操作设备，如操作站、工程师站、数据服务器、一般工作站等；2 层网络是现场设备与控制设备之间的控制网，以

及控制设备与操作设备之间的管理网。

② 大量采用成熟、开放和通用的技术：在管理网的通信协议上，越来越多的企业采用最流行的 TCP/IP 协议加以太网，操作设备一般采用工业 PC 甚至普通 PC，控制设备一般采用标准的 PLC 或者是工业控制计算机等，而控制网络就是各种现场总线的应用领域。

由此可见，新型的现场总线控制系统与传统的控制系统（如 DCS、PLC）之间并不是完全取而代之的关系，而是继承、融合、提高的关系。

（5）现场总线的优点

由于现场总线系统结构的简化，使控制系统从设计、安装、投运到正常生产运行及检修维护，都体现出优越性。现场总线的优点如下：

① 节省硬件数量与投资：由于分散在现场的智能设备能直接执行多种传感、测量、控制、报警和计算功能，因而可减少变送器的数量，不再需要单独的调节器、计算单元等，也不再需要 DCS 系统的信号调理、转换、隔离等功能单元及其复杂接线，还可以用工控 PC 作为操作站，从而节省了一大笔硬件投资，并可减少控制室的占地面积。

② 节省安装费用：现场总线系统的接线十分简单，一对双绞线或一条电缆上通常可挂接多个设备，因而电缆、端子、槽盒、桥架的用量大大减少，连线设计与接头校对的工作量也大大减少。当需要增加现场控制设备时，无需增设新的电缆，可就近连接在原有的电缆上，既节省了投资，又减少了设计、安装的工作量。据有关典型试验工程的测算资料表明，可节约安装费用 60%以上。

③ 节省维护开销：现场控制设备具有自诊断与简单故障处理的能力，并通过数字通信将相关的诊断维护信息送往控制室，用户可以查询所有设备的运行，诊断维护信息，以便早期分析故障原因并快速排除，缩短了维护停工时间，同时由于系统结构简化，连线简单而减少了维护工作量。

④ 用户具有高度的系统集成主动权：用户可以自由选择不同厂商所提供的设备来集成系统。避免因选择了某一品牌的产品而限制了使用设备的选择范围，不会为系统集成中不兼容的协议、接口而一筹莫展，使系统集成过程中的主动权牢牢掌握在用户手中。

⑤ 提高了系统的准确性与可靠性：现场设备的智能化、数字化，与模拟信号相比，从根本上提高了测量与控制的精确度，减少了传送误差。简化的系统结构，设备与连线减少，现场设备内部功能加强，减少了信号的往返传输，提高了系统的工作可靠性。

此外，由于它的设备标准化，功能模块化，因而还具有设计简单，易于重构等优点。

2．几种有影响的现场总线

（1）FF

基金会现场总线（FF，Foundation Fieldbus）是目前最具发展前景、最具竞争力的现场总线之一。这是以美国 Fisher-Rousemount 公司为首的联合了横河、ABB、西门子、英维斯等 80 家公司制定的 ISP 协议和以 Honeywell 公司为首的联合欧洲等地 150 余家公司制定的 WorldFIP 协议于 1994 年 9 月合并的。该总线在过程自动化领域得到了广泛的应用，具有良好的发展前景。

基金会现场总线采用国际标准化组织 ISO 的开放化系统互联 OSI 的简化模型（1，2，7 层），即物理层、数据链路层、应用层，另外增加了用户层。FF 分低速 H1 和高速 H2 两种通信速率，前者传输速率为 31.25kb/s，通信距离可达 1 900m，可支持总线供电和本质安全防爆环境。后者传输速率为 1Mb/s 和 2.5Mb/s，通信距离为 750m 和 500m，支持双绞线、光缆和无线发射，协议符号 IEC1158-2 标准。FF 的物理媒介的传输信号采用曼切斯特编码。

（2）LonWorks

LonWorks 是由美国 Echelon 公司推出，并由 Motorola、TOSHIBA 公司共同倡导。它采用 ISO/OSI 模型的全部 7 层通信协议，采用面向对象的设计方法，通过网络变量把网络通信设计简化为参数设置。支持双绞线、同轴电缆、光缆和红外线等多种通信介质，通信速率从 300b/s～1.5Mb/s 不等，直接通信距离可达 2700m（78kb/s），被誉为通用控制网络。LonWorks 技术采用的 LonTalk 协议被封装到 Neuron（神经元）的芯片中，并得以实现。采用 LonWorks 技术和神经元芯片的产品，被广泛应用在楼宇自动化、家庭自动化、保安系统、办公设备、交通运输、工业过程控制等行业。

LonWorks 技术所采用的 LonTalk 协议被封装在称为 Neuron 的神经元芯片中得以实现。集成芯片中有 3 个 8 位 CPU，第 1 个用于完成 OSI 模型中第 1 层和第 2 层的功能，称为媒体访问控制处理器，实现介质访问的控制与处理；第 2 个用于完成第 3~6 层的功能，称为网络处理器，进行网络变量的寻址、处理、背景诊断、路径选择、软件计时、网络管理，并负责网络通信控制，收发数据包等；第 3 个是应用处理器，执行操作系统服务与用户代码。芯片中还具有存储信息缓冲区，以实现 CPU 之间的信息传递，并作为网络缓冲区和应用缓冲区。

Echelon 公司的技术策略是鼓励各原始设备制造商（OEM）运用 LonWorks 技术和神经元芯片，开发自己的应用产品，据称目前已有 2600 多家公司在不同程度上采用了 LonWorks 技术，1000 多家公司已经推出了 LonWorks 产品，并进一步组织起 LonMark 互操作协会，开发推广 LonWorks 技术与产品进行 LonMark 认证。它已被广泛应用在楼宇自动化、家庭自动化。保安系统、办公设备、交通运输、工业过程控制等行业。另外，在开发智能通信接口、智能传感器方面，LonWorks 神经元芯片也具有独特的优势。

（3）PROFIBUS

PROFIBUS 是德国标准（DIN19245）和欧洲标准（EN50170）的现场总线标准。由 PROFIBUS-DP、PROFIBUS-FMS、PROFIBUS-PA 系列组成。DP 用于分散外设间高速数据传输，适用于加工自动化领域。FMS 适用于纺织、楼宇自动化、可编程控制器、低压开关等。PA 用于过程自动化的总线类型，服从 IEC1158-2 标准。PROFIBUS 支持主-从系统、纯主站系统、多主多从混合系统等几种传输方式。PROFIBUS 的传输速率为 9.6kb/s 至 12Mb/s，最大传输距离在 9.6kb/s 下为 1200m，在 12Mb/s 下为 200m，可采用中继器延长至 10km，传输介质为双绞线或者光缆，最多可挂接 127 个站点。

PROFIBUS-DP 的最大传输速率为 12Mb/s，应用于现场级，高速、廉价的传输形式适于自控系统与现场设备之间的实时通信。PROFIBUS-FMS 用于车间级，即中、下层，要求面向对象，提供较大数据量的通信服务，它有被以太网取代的趋势。PROFIBUS-PA 专为过程自动化设计，它采用 IEC1157-2 传输技术，可用于有爆炸危险的环境中。PROFIBUS-DP 和 PROFIBUS-FMS 使用同样的传输技术和总线访问协议，它们可以在同一根电缆上同时操作，而 PROFIBUS-PA 设备通过分段耦合器也可方便地集成到 PROFIBUS-DP 网络。

PROFIBUS 参考模型遵循 ISO/OSI 模型，它同 FF 一样也省略了 3~6 层，增加了用户层。PROFIBUS-DP 使用第 1 层、第 2 层和用户接口。PROFIBUS-FMS 对 1 层、2 层和 7 层均加以定义，PROFIBUS-PA 的数据传输沿用 PROFIBUS-DP 的协议，只是在上层增加了描述现场设备行为的 PA 行规。它的总线访问方式为：主站之间通信采用令牌传输，主站和从站之间采用主从方式。PROFIBUS 可以采用总线型、树型、星型等网络拓扑，总线上最多可挂接 127 个站点。PROFIBUS 行规的制定为遵循 PROFIBUS 协议的设备之间的互操作奠定了基础。通过对设备指定符合 PROFIBUS 行规的过程参数、工作参数、厂家特定参数，设备之间就可以实现互操作。

（4）CAN

CAN 是控制器局域网络（Controller Area Network）的简称。最早由德国 BOSCH 公司推出，它广泛用于离散控制领域，其总线规范已被 ISO 国际标准组织制定为国际标准，得到了 Intel、Motorola、NEC 等公司的支持。CAN 协议分为二层：物理层和数据链路层。CAN 的信号传输采用短帧结构，传输时间短，具有自动关闭功能，具有较强的抗干扰能力。CAN 支持多主工作方式，并采用了非破坏性总线仲裁技术，通过设置优先级来避免冲突。目前已有多家公司开发了符合 CAN 协议的通信芯片。

CAN 协议也遵循 ISO/OSI 模型，采用了其中的物理层、数据链路层与应用层。CAN 采用多主工作方式，节点之间不分主从，但节点之间有优先级之分，通信方式灵活，可实现点对点、一点对多点及广播方式传输数据，无需调度。CAN 采用的是非破坏性总线仲裁技术，按优先级发送，可以大大节省总线冲突仲裁时间，在重负荷下表现出良好的性能。CAN 采用短帧结构传输，每帧有效字节为 8 个，传输时间短，受干扰的概率低。而且每帧信息都有 CRC 校验和其他检错措施，保证数据出错率极低。当节点严重错误时，具有自动关闭功能，使总线上其他节点不受影响，所以 CAN 是所有总线中最为可靠的。CAN 总线可采用双绞线、同轴电缆或光纤作为传输介质。它的直接通信距离最远可达 10km，通信速率最高达 1Mb/s（通信距离为 40m 时），总线上可挂设备数主要取决于总线驱动电路，最多可达 110 个。但 CAN 不能用于防爆区。

（5）HART

HART 是 Highway Addressable Remote Transducer 的缩写，最早由 Rosemount 公司开发。其特点是在现有模拟信号传输线上实现数字信号通信，属于模拟系统向数字系统转变的过渡产品。其通信模型采用物理层、数据链路层和应用层三层，支持点对点主从应答方式和多点广播方式。由于它采用模拟数字信号混和，难以开发通用的通信接口芯片。HART 能利用总线供电，可满足本质安全防爆的要求，并可用于由手持编程器与管理系统主机作为主设备的双主设备系统。

HART 规定了一系列命令，按命令方式工作。它有 3 类命令，第 1 类称为通用命令，这是所有设备都理解、执行的命令；第 2 类称为一般行为命令，所提供的功能可以在许多现场设备（尽管不是全部）中实现，这类命令包括最常用的现场设备的功能库；第 3 类称为特殊设备命令，以便在某些设备中实现特殊功能，这类命令既可以在基金会中开放使用，又可以为开发此命令的公司所独有。在一个现场设备中通常可发现同时存在这 3 类命令。

HART 采用统一的设备描述语言 DDL。现场设备开发商采用这种标准语言来描述设备特性，由 HART 基金会负责登记管理这些设备描述并把它们编为设备描述字典，主设备运用 DDL 技术来理解这些设备的特性参数而不必为这些设备开发专用接口。但这种模拟数字混合信号制，导致难以开发出一种能满足各公司要求的通信接口芯片。HART 能利用总线供电，可满足本质防爆要求，并可组成由手持编程器与管理系统主机作为主设备的双主设备系统。

3. PROFIBUS-DP 现场总线

PROFIBUS-DP 是由欧洲标准 EN50170 和国际标准 IEC611158 定义的一种远程 I/O 通信协议。遵守这种标准的设备，即使由不同公司制造，也是兼容的。DP 表示分布式外围设备，即远程 I/O。PROFIBUS 表示过程现场总线。

（1）PROFIBUS 的协议结构

PROFIBUS 协议结构是根据 ISO7498 国际标准，以 OSI 作为参考模型的。PROFIBUS-DP 定义了第 1、2 层和用户接口。第 3 到 7 层未加描述。用户接口规定了用户及系统以及不同设备可调用的应用功能，并详细说明了各种不同 PROFIBUS-DP 设备的设备行为。PROFIBUS-FMS 定义了第 1、2、7 层，应用层包括现场总线信息规范（FMS）和低层接口（LLI）。FMS 包括了应用协议并向用户提供了可广泛选用的强有力的通信服务。LLI 协调不同的通信关系并提供不依赖设备的第 2 层访问接口。PROFIBUS-PA 的数据传输采用扩展的 PROFIBUS-DP 协议。另外，PA 还描述了现场设备行为的 PA 行规。根据 IEC1157-2 标准，PA 的传输技术可确保其本质安全性，而且可通过总线给现场设备供电。使用连接器可在 DP 上扩展 PA 网络。

（2）PROFIBUS 的传输技术

PROFIBUS 提供了三种数据传输型式：RS-485 传输、IEC1157-2 传输和光纤传输。

① RS-485 传输技术

RS-485 传输是 PROFIBUS 最常用的一种传输技术，通常称之为 H2。RS-485 传输技术用于 PROFIBUS-DP 与 PROFIBUS-FMS。

RS-485 传输技术基本特征是：网络拓扑为线性总线，两端有有源的总线终端电阻；传输速率为 9.6kb/s～12Mb/s；介质为屏蔽双绞电缆，也可取消屏蔽，取决于环境条件；不带中继时每分段可连接 32 个站，带中继时可多到 127 个站。

RS-485 传输设备安装要点：全部设备均与总线连接；每个分段上最多可接 32 个站（主站或从站）；每段的头和尾各有一个总线终端电阻，确保操作运行不发生误差；两个总线终端电阻必须一直有电源；当分段站超过 32 个时，必须使用中继器用以连接各总线段，串联的中继器一般不超过 4 个；传输速率可选用 9.6kb/s～12Mb/s，一旦设备投入运行，全部设备均需选用同一传输速率。电缆最大长度取决于传输速率。

采用 RS-485 传输技术的 PROFIBUS 网络最好使用 9 针 D 型插头。当连接各站时，应确保数据线不要拧绞，系统在高电磁发射环境下运行应使用带屏蔽的电缆，屏蔽可提高电磁兼容性（EMC）。如用屏蔽编织线和屏蔽箔，应在两端与保护接地连接，并通过尽可能的大面积屏蔽接线来复盖，以保持良好的传导性。

② IEC1157-2 传输技术

IEC1157-2 的传输技术用于 PROFIBUS-PA，能满足化工和石油化工业的要求。它可保持其本质安全性，并通过总线对现场设备供电。IEC1157-2 是一种位同步协议，可进行无电流的连续传输，通常称为 H1。

③ 光纤传输技术

PROFIBUS 系统在电磁干扰很大的环境下应用时，可使用光纤导体，以增加高速传输的距离。可使用两种光纤导体：一种是价格低廉的塑料纤维导体，供距离小于 50m 情况下使用；另一种是玻璃纤维导体，供距离小于 1km 情况下使用。

许多厂商提供专用总线插头可将 RS-485 信号转换成光纤导体信号或将光纤导体信号转换

成RS-485信号。

（3）PROFIBUS总线存取控制技术

PROFIBUS-DP、FMS、PA均采用一样的总线存取控制技术，它是通过OSI参考模型第2层（数据链路层）来实现的，它包括保证数据可靠性技术及传输协议和报文处理。在PROFIBUS中，第2层称之为现场总线数据链路层（FDL，Fieldbus Data Link）。介质存取控制（MAC，Medium Access Control）具体控制数据传输的程序，MAC必须确保在任何一个时刻只有一个站点发送数据。PROFIBUS协议的设计要满足介质存取控制的两个基本要求：

① 在复杂的自动化系统（主站）间的通信，必须保证在确切限定的时间间隔中，任何一个站点要有足够的时间来完成通信任务。

② 在复杂的程序控制器和简单的I/O设备（从站）间通信，应尽可能快速又简单地完成数据的实时传输。

因此PROFIBUS主站之间采用令牌传送方式，主站与从站之间采用主从方式。令牌传递程序保证每个主站在一个确切规定的时间内得到总线存取权（令牌），令牌在所有主站中循环一周的最长时间是事先规定的。在PROFIBUS中，令牌传递仅在各主站之间进行。主站得到总线存取令牌时可依照主-从通信关系表与所有从站通信，向从站发送或读取信息，也可依照主-主通信关系表与所有主站通信。所以可能有3种系统配置：纯主-从系统、纯主-主系统和混合系统。

在总线系统初建时，主站介质存取控制MAC的任务是制定总线上的站点分配并建立逻辑环。在总线运行期间，断电或损坏的主站必须从环中排除，新上电的主站必须加入逻辑环。

第2层的另一重要工作任务是保证数据的高度完整性。PROFIBUS在第2层按照非连接的模式操作，除提供点对点逻辑数据传输外，还提供多点通信，包括广播和选择广播功能。

（4）PROFIBUS-DP基本功能

PROFIBUS-DP用于现场设备级的高速数据传送，主站周期地读取从站的输入信息并周期地向从站发送输出信息。总线循环时间必须要比主站（PLC）程序循环时间短。除周期性用户数据传输外，PROFIBUS-DP还提供智能化设备所需的非周期性通信以进行组态、诊断和报警处理。

① PROFIBUS-DP基本特征

采用RS-485双绞线、双线电缆或光缆传输，传输速率从9.6kb/s～12Mb/s。各主站间令牌传递，主站与从站间为主-从传送。支持单主或多主系统，总线上最多站点（主-从设备）数为126。采用点对点（用户数据传送）或广播（控制指令）通信。循环主-从用户数据传送和非循环主-主数据传送。控制指令允许输入和输出同步。同步模式为输出同步；锁定模式为输入同步。

DP主站和DP从站间的循环用户有数据传送。各DP从站的动态激活和可激活。DP从站组态的检查。强大的诊断功能，三级诊断信息。输入或输出的同步。通过总线给DP从站赋予地址。通过总线对DP主站（DPM1）进行配置，每个DP从站的输入和输出数据最大为246字节。所有信息的传输按海明距离HD＝4进行。DP从站带看门狗定时器（Watchdog Timer）。对DP从站的输入/输出进行存取保护。DP主站上带可变定时器的用户数据传送监视。

每个PROFIBUS-DP系统包括3种类型设备：第一类DP主站（DPM1）、第二类DP主站

（DPM2）和 DP 从站。DPM1 是中央控制器，它在预定的周期内与分散的站（如 DP 从站）交换信息。典型的 DPM1 如 PLC、PC 等；DPM2 是编程器、组态设备或操作面板，在 DP 系统组态操作时使用，完成系统操作和监视目的；DP 从站是进行输入和输出信息采集和发送的外围设备，是带二进制值或模拟量输入输出的 I/O 设备、驱动器、阀门等。

经过扩展的 PROFIBUS-DP 诊断能对故障进行快速定位。诊断信息在总线上传输并由主站采集。诊断信息分 3 级：本站诊断操作，即本站设备的一般操作状态，如温度过高、压力过低；模块诊断操作，即一个站点的某具体 I/O 模块故障；通道诊断操作，即一个单独输入/输出位的故障。

② PROFIBUS-DP 允许构成单主站或多主站系统

在同一总线上最多可连接 126 个站点。系统配置的描述包括：站数、站地址、输入/输出地址、输入/输出数据格式、诊断信息格式及所使用的总线参数。

PROFIBUS-DP 单主站系统中，在总线系统运行阶段，只有一个活动主站。如图 7-21 所示为 PROFIBUS-DP 单主站系统，PLC 作为主站。

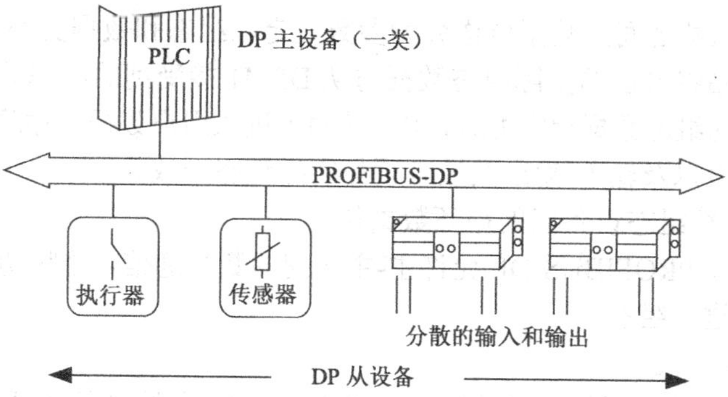

图 7-21　PROFIBUS-DP 单主站系统

PROFIBUS-DP 多主站系统中总线上连有多个主站。总线上的主站与各自从站构成相互独立的子系统。如图 7-22 所示，任何一个主站均可读取 DP 从站的输入/输出映像，但只有一个 DP 主站允许对 DP 从站写入数据。

③ PROFIBUS-DP 系统行为

PROFIBUS-DP 系统行为主要取决于 DPM1 的操作状态，这些状态由本地或总线的配置设备所控制，主要有运行、清除和停止 3 种状态。在运行状态下，DPM1 处于输入和输出数据的循环传输周期中，DPM1 从 DP 从站读取输入信息并向 DP 从站写入输出信息；在清除状态下，DPM1 读取 DP 从站的输入信息并使输出信息保持在故障安全状态；在停止状态下，DPM1 和 DP 从站之间没有数据传输。

DPM1 设备在一个预先设定的时间间隔内，以有选择的广播方式将其本地状态周期性地发送到每一个有关的 DP 从站。如果在 DPM1 的数据传输阶段中发生错误，DPM1 将所有相关的 DP 从站的输出数据立即转入清除状态，而 DP 从站将不再发送用户数据。在此之后，DPM1 转入清除状态。

④ DPM1 和 DP 从站间的循环数据传输

DPM1 和相关 DP 从站之间的用户数据传输是由 DPM1 按照确定的递归顺序自动进行的。在对总线系统进行组态时，用户对 DP 从站与 DPM1 的关系作出规定，确定哪些 DP

从站被纳入信息交换的循环周期，哪些被排斥在外。

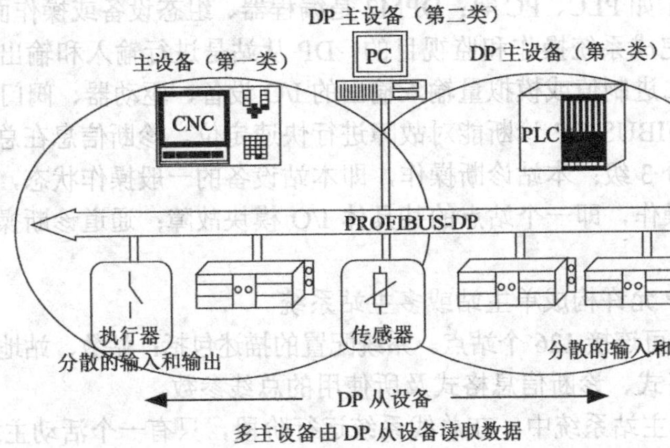

图 7-22 PROFIBUS-DP 多主站系统

DMPI 和 DP 从站之间的数据传送分为参数设定、组态和数据交换 3 个阶段。在参数设定阶段，每个从站将自己的实际组态数据与从 DPM1 接受到的组态数据进行比较。只有当实际数据与所需的组态数据相匹配时，DP 从站才进入用户数据传输阶段。因此，设备类型、数据格式、长度以及输入/输出数量必须与实际组态一致。

⑤ DPM1 和系统组态设备间的循环数据传输

除主-从功能外，PROFIBUS-DP 允许主-主之间的数据通信，这些功能使组态和诊断设备通过总线对系统进行组态。

⑥ 同步和锁定模式

除 DPM1 设备自动执行的用户数据循环传输外，DP 主站设备也可向单独的 DP 从站、一组从站或全体从站同时发送控制命令。这些命令是通过有选择的广播命令发送的。使用这一功能将打开 DP 从站的同级锁定模式，用于 DP 从站的事件控制同步。

主站发送同步命令后，所选的从站进入同步模式。在这种模式中，所编址的从站输出数据锁定在当前状态下。在这之后的用户数据传输周期中，从站存储接收到输出的数据，但它的输出状态保持不变；当接收到下一同步命令时，所存储的输出数据才发送到外围设备上。用户可通过非同步命令退出同步模式。

锁定控制命令使得编址的从站进入锁定模式。锁定模式将从站的输入数据锁定在当前状态下，直到主站发送下一个锁定命令时才可以更新。用户可以通过非锁定命令退出锁定模式。

⑦ 保护机制

对 DP 主站 DPM1 使用数据控制定时器对从站的数据传输进行监视。每个从站都采用独立的控制定时器，在规定的监视间隔时间内，如数据传输发生差错，定时器就会超时，一旦发生超时，用户就会得到这个信息。如果错误自动反应功能使能，DPM1 将脱离操作状态，并将所有关联从站的输出置于故障安全状态，并进入清除状态。

（5）PROFIBUS 控制系统的几种形式

根据现场设备是否具备 PROFIBUS 接口，控制系统的配置可分为总线接口型、单一总线型、混合型 3 种形式。

① 总线接口型：现场设备不具备 PROFIBUS 接口，采用分散式 I/O 作为总线接口与现设备连接。这种形式在应用现场总线技术初期容易推广。如果现场设备能分组，组内设备相对集中，这种模式会更好地发挥现场总线技术的优点。

② 单一总线型：现场设备都具备 PROFIBUS 接口。这是一种理想情况。可使用现场总线技术，实现完全的分布式结构，可充分获得这一先进技术所带来的利益。新建项目若能具有这种条件，就目前来看，这种方案设备成本会较高。

③ 混合型：现场设备部分具备 PROFIBUS 接口。这将是一种相当普遍的情况。这时应采用 PROFIBUS 现场设备加分散式 I/O 混合使用的办法。无论是旧设备改造还是新建项目，希望全部使用具备 PROFIBUS 接口现场设备的场合可能不多，分散式 I/O 可作为通用的现场总线接口，是一种灵活的集成方案。

根据实际需要及经费情况，通常有如下几种结构类型。

① 结构类型 1：以 PLC 或控制器做一类主站，不设监控站，但调试阶段配置一台编程设备。这种结构类型，PLC 或控制器完成总线通信管理、从站数据读写、从站远程参数化工作。

② 结构类型 2：以 PLC 或控制器做一类主站，监控站通过串口与 PLC 一对一的连接。这种结构类型，监控站不在 PROFIBUS 网上，不是二类主站，不能直接读取从站数据和完成远程参数化工作。监控站所需的从站数据只能从 PLC 控制器中读取。

③ 结构类型 3：以 PLC 或其他控制器做一类主站，监控站（二类主站）连接到 PROIBUS 总线上。这种结构类型，监控站在 PROFIBUS 网上作为二类主站，可完成远程编程、参数化及在线监控功能。

④ 结构类型 4：使用 PC 加 PROFIBUS 网卡做一类主站，监控站与一类主站一体化。这是一个低成本方案，但 PC 应选用具有高可靠性、能长时间连续运行的工业级 PC。对于这种结构类型，PC 故障将导致整个系统瘫痪。另外，通信厂商通常只提供一个模板的驱动程序，总线控制、从站控制程序、监控程序可能要由用户开发，因此应用开发工作量可能会较大。

⑤ 结构类型 5：坚固式 PC（Comopact Computer）+PROFIBUS 网卡 + SOFTPLC 的结构形式。如果上述方案中 PC 换成一台坚固式 PC，系统可靠性将大大增强，足以使用户信服。但这是一台监控站与一类主站一体化控制器工作站，要求它的软件完成如下功能：

- 支持编程，包括主站应用程序的开发、编辑、调试。
- 执行应用程序。
- 从站远程参数化设置。
- 主/从站故障报警及记录。
- 主持设备图形监控画面设计、数据库建立等监控程序的开发、调试。
- 设备在线图形监控、数据存储及统计、报表等功能。

近来出现一种称为 SOFTPLC 的软件产品，是将通用型 PC 改造成一台由软件（软逻辑）实现的 PLC。这种软件将 PLC 的编程（IEC1131）及应用程序运行功能，和操作员监控站的图形监控开发、在线监控功能集成到一台坚固式 PC 上，形成一个 PLC 与监控站一体的控制器工作站。

⑥ 结构类型 6：使用两级网络结构，这种方案充分考虑了未来扩展需要，比如要增加几条生产线即扩展出几条 DP 网络，车间监控要增加几个监控站等，都可以方便地进行扩展。采用两级网络结构形式，充分考虑了阴影部分的扩展余地。

4. CC-Link 现场总线

CC-Link 是 Control&Communication Link（控制与通信链路系统）的缩写，1996 年 11 月，由三菱电机为主导的多家公司推出，其增长势头迅猛，在亚洲占有较大份额。在其系统中，可以将控制和信息数据同时以 10Mb/s 的速率高速传送至现场网络，具有性能卓越、使用简单、应用广泛、节省成本等优点。其不仅解决了工业现场配线复杂的问题，同时具有优异的抗噪性能和兼容性。CC-Link 是一个以设备层为主的网络，同时也可覆盖较高层次的控制层和较低层次的传感层。2005 年 7 月 CC-Link 被中国国家标准委员会批准为中国国家标准指导性技术文件。

（1）CC-Link 系统的构成

CC-Link 系统只少 1 个主站，可以连接远程 I/O 站、远程设备站、本地站、备用主站、智能设备站等总计 64 个站。CC-Link 站的类型如表 7-4 所示。

表 7-4 CC-Link 站的类型

CC-Link 站的类型	内容
主站	控制 CC-Link 上全部站，并需要设定参数的站。每个系统中必须有 1 个主站。如 A/QnA/Q 系列 PLC 等
本地站	具有 CPU 模块，可以与主站及其他本地站进行通信的站。如 A/QnA/Q 系列 PLC 等
备用主站	主站出现故障时，接替作为主站，并作为主站继续进行数据链接的站。如 A/QnA/Q 系列 PLC 等
远程 I/O 站	只能处理位信息的站，如远程 I/O 模块、电磁阀等
远程设备站	可处理位信息及字信息的站，如 A/D、D/A 转换模块、变频器等
智能设备站	可处理位信息及字信息，而且也可完成不定期数据传送的站，如 A/QnA/Q 系列 PLC、人机界面等

CC-Link 系统可配备多种中继器，可在不降低通信速度的情况下，延长通信距离，最长可达 13.2km。例如，可使用光中继器，在保持 10Mb/s 通信速度的情况下，将总距离延长至 4 300m。另外，T 型中继器可完成 T 型连接，更适合现场的连接要求。

（2）CC-Link 的通信方式

① 循环通信方式：CC-Link 采用广播循环通信方式。在 CC-Link 系统中，主站、本地站的循环数据区与各个远程 I/O 站、远程设备站、智能设备站相对应，远程输入输出及远程寄存器的数据将被自动刷新。而且，因为主站向远程 I/O 站、远程设备站、智能设备站发出的信息也会传送到其他本地站，所以在本地站也可以了解远程站的动作状态。

② CC-Link 的链接元件：每一个 CC-Link 系统可以进行总计 4096 点的位，加上总计 512 点的字的数据的循环通信，通过这些链接元件以完成与远程 I/O、模拟量模块、人机界面、变频器等 FA（工业自动化）设备产品间高速的通信。

CC-Link 的链接元件有远程输入（RX）、远程输出（RY）、远程寄存器（RWw）和远程寄存器（RWr）四种，如表 7-5 所示。远程输入（RX）是从远程站向主站输入的开/关信号（位数据）；远程输出（RY）是从主站向远程站输出的开/关信号（位数据）；远程寄存器（RWw）是从主站向远程站输出的数字数据（字数据）；远程寄存器（RWr）是从远程站向主站输入的数字数据（字数据）。

表 7-5　链接元件一览表

项　目		规　格
整个 CC-Link 系统最大链接点数	远程输入（RX）	2048 点
	远程输出（RY）	2048 点
	远程寄存器（RWw）	256 点
	远程寄存器（RWr）	256 点
每个站的链接点数	远程输入（RX）	32 点
	远程输出（RY）	32 点
	远程寄存器（RWw）	4 点
	远程寄存器（RWr）	4 点

注：CC-Link 中的每个站可根据其站的类型，分别定义为 1 个、2 个、3 个或 4 个站，即通信量可为表 7-5 中“每个站的链接点数”的 1～4 倍。

③ 瞬时传送通信：在 CC-Link 中，除了自动刷新的循环通信之外，还可以使用不定期收发信息的瞬时传送通信方式。瞬时传送通信可以由主站、本地站、智能设备站发起，可以进行以下的处理：

- 某一 PLC 站读写另一 PLC 站的软元件数据。
- 主站 PLC 对智能设备站读写数据。
- 用 GX Developer 软件对另一 PLC 站的程序进行读写或监控。
- 上位 PC 等设备读写一台 PLC 站内的软元件数据。

（3）CC-Link 的特点

① 通信速度快：CC-Link 达到了行业中最高的通信速度（10Mb/s），可确保需高速响应的传感器输入和智能化设备间的大容量数据的通信。可以选择对系统最合适的通信速度及总的距离，如表 7-6 所示。

② 高速链接扫描：在只有主站及远程 I/O 站的系统中，通过设定为远程 I/O 网络模式的方法，可以缩短链接扫描时间。

表 7-6　CC-Link 通信速度和距离的关系

通信速度	10Mb/s	5Mb/s	2.5Mb/s	625kb/s	156kb/s
通信距离	≤100m	≤160m	≤400m	≤900m	≤1200m

注：可通过中继器延长通信距离。

表 7-7 为全部为远程 I/O 站的系统所使用的远程 I/O 网络模式和有各种站类型的系统所使用的远程网络模式（普通模式）的链接扫描时间的比较。

表 7-7　链接扫描时间的比较（通信速度为 10Mb/s 时）

站　数	链接扫描时间（ms）	
	远程 I/O 网络模式	远程网络模式（普通模式）
16	1.02	1.57
32	1.77	2.32
64	3.26	3.81

③ 备用主站功能：使用备用主站功能时，当主站发生了异常时，备用主站接替作为主站，使网络的数据链接继续进行。而且在备用主站运行过程中，原先的主站如果恢复正常，则将作为备用主站回到数据链路中。在这种情况下，如果运行中主站又发生异常时，则备用主站又将接替作为主站继续进行数据链接。

④ 自动刷新功能、预约站功能：以 PLC 作为 CC-Link 的主站为例，由主站模块管理整个网络的运行和数据刷新，主站模块与 PLC 的 CPU 的数据刷新可在主站参数中设置刷新参数，便可以将所有的网络通信数据和网络系统监视数据自动刷新到 PLC 的 CPU 中，不需要编写刷新程序，这样，也不必考虑 CC-Link 主站模块缓冲寄存区的结构和数据类型与缓冲区的对应关系，简化编程指令，减少程序运行步骤，缩短扫描周期，保证系统运行实时性。

预约站功能在系统的可扩展性上显示出极大的优越性，也给我们系统开发提供很大的方便。预约站功能指 CC-Link 在网络组态时，可以将现在不挂接到网络而计划将来挂接到 CC-Link 的设备，在网络组态时事先将这些设备的系统信息（站类型、占用数据量、站号等）在主站中登录，而且可以将相关程序编写好，这些预约站挂接到网络中后，便可以自动投入运行，不需要重新进行网络组态。而且在预约站没有挂接到网络中时 CC-Link 同样可以正常运行。

⑤ 完善的 RAS 功能：RAS 是 Reliability（可靠性）、Availability（有效性）、Serviceability（可维护性）的缩写。

备用主站功能、在线更换功能、通信自动恢复功能、网络监视功能、网络诊断功能提供了一个可以信赖的网络系统，帮助用户在最短时间内恢复网络系统。

⑥ 优异抗噪性能和兼容性

为了保证多厂家网络的良好的兼容性，一致性测试是非常重要的。通常只是对接口部分进行测试。而且，CC-Link 的一致性测试程序包含了噪音测试。因此，所有 CC-Link 兼容产品具有高水平的抗噪性能。正如我们所知，能做到这一点的只有 CC-Link。

除了产品本身具有卓越的抗噪性能以外，光缆中继器给网络系统提供了更加可靠、更加稳定的抗噪能力。

至今还未收到过关于噪音引起系统工作不正常的报告。

⑦ 互操作性和即插即用：CC-Link 提供给合作厂商描述每种类型产品的数据配置文档。这种文档称为内存映射表，用来定义控制信号和数据的存储单元（地址）。然后，合作厂商按照这种映射表的规定，进行 CC-Link 兼容性产品的开发工作。

以模拟量 I/O 映射表为例，在映射表中位数据 RX0 被定义为读准备好信号，字数据 RWr0 被定义为模拟量数据。由不同的 A 公司和 B 公司生产的同样类型的产品，在数据的配置上是完全一样的，用户根本不需要考虑在编程和使用上 A 公司与 B 公司的不同，另外，如果用户换用同类型的不同公司的产品，程序基本不用修改。即可实现“即插即用”连接设备。

⑧ 瞬时传送功能：CC-Link 的通信形式可分为 2 种方式，循环通信和瞬时传送。

循环通信意味着不停地进行数据交换。各种类型的数据交换即远程输入 RX，远程输出 RY 和远程寄存器 RWr、RWw。一个子站可传递的数据容量依赖于所占据的虚拟站数。占据一个子站意味着适合 32 位 RX 或 RY，并以每四个字进行重定向。如果一个装置占据两个虚拟站，那么它的数据容量就扩大了一倍。

除了循环通信，CC-Link 还提供主站、本地站及智能装置站之间传递信息的瞬时传送功能。信息从主站传递到子站，信息数据将以 150 字节为单位分割，并以每批 150 字节传递。若从子站传递到主站或其他子站，每批信息数据最大为 34 字节。瞬时传送需要由专用指令来完成。

本章小结

可编程控制器的组网与通信是近年来自动化领域颇受重视的新兴技术。本章主要介绍了通信的基础知识，通信网络，现场总线以及 PLC 与 PLC 以及 PLC 与 PC 之间的通信，包括系统配置、通信连接。

习　题

7.1 什么是并行传输？什么是串行传输？
7.2 RS-232C、RS-422 和 RS-485 各自的特点是什么？
7.3 常见的网络拓扑结构有哪些？
7.4 如何实现 PC 与 PLC 的通信？有几种互联方式？
7.5 试说明 FX 系列 PLC 与 PC 实现通信的原理。
7.6 通过对三菱的了解，说明 PLC 网络的特点。
7.7 PLC 网络中常用的通信方式有哪几种？
7.8 现场总线有哪些优点？
7.9 试比较 PROFIBUS-DP 和 CC-Link 两种现场总线，说明它们的特点。
7.10 PROFIBUS 控制系统有哪些形式？

第 8 章 可编程控制器控制系统的设计

本章内容提要

对 PLC 的基本工作原理和编程技术有了一定了解之后，就可以用 PLC 来构成一个实际的控制系统了。PLC 控制系统的设计主要包括系统设计、程序设计、施工设计和安装调试等四方面的内容。本章主要介绍 PLC 控制系统的设计步骤和内容、设计与实施过程中应该注意的事项，使读者初步掌握 PLC 控制系统的设计方法。要达到顺利完成 PLC 控制系统设计的要求，更重要的是不断地实践。

8.1 PLC 控制系统设计的基本原则与内容

8.1.1 PLC 控制系统设计的基本原则

在了解 PLC 的基本工作原理和指令系统之后，可以结合实际进行 PLC 设计，PLC 的设计包括硬件设计和软件设计两部分，PLC 设计的基本原则是：

（1）充分发挥 PLC 的控制功能，最大限度地满足被控制的生产机械或生产过程的控制要求。

充分发挥 PLC 的功能，最大限度地满足被控对象的控制要求，是设计 PLC 控制系统的首要前提，这也是设计中最重要的一条原则。这就要求设计人员在设计前必须分析生产工艺，掌握 PLC 控制对象的工作情况及控制要求并深入现场进行调查研究，收集控制现场的资料，收集相关先进的国内、国外资料。拟定控制方案，共同解决设计中的重点问题和疑难问题。

（2）在满足控制要求的前提下，力求使控制系统经济、简单，维修方便。

在满足控制要求的前提下，一方面要注意不断地扩大工程的效益，另一方面也要注意不断地降低工程的成本。这就要求设计者不仅应该使控制系统简单、经济，而且要使控制系统的使用和维护方便、成本低，不宜盲目追求自动化和高指标。

（3）保证控制系统安全可靠。

这就要求设计者在系统设计、元器件选择、软件编程上要全面考虑，以确保控制系统安全可靠。例如：应该保证 PLC 程序不仅在正常条件下运行，而且在非正常情况下（如突然掉电再上电、按钮按错等），也能正常工作。

（4）考虑到生产发展和工艺的改进，在选用 PLC 时，在 I/O 点数和内存容量上适当留有余地。

由于技术的不断发展，控制系统的要求也将会不断地提高，设计时要适当考虑到今后控制系统发展和完善的需要。这就要求在选择 PLC、输入/输出模块、I/O 点数和内存容量时，要适当留有裕量，以满足今后生产的发展和工艺的改进。

（5）软件设计主要是指编制程序，要求程序结构清楚，可读性强，程序简短，占用内存少，扫描周期短。

在编制程序之前，要充分考虑整个控制系统的架构，认真理顺各个控制部分的相互逻辑关系，设计出合理的流程图，力求程序结构清楚，使程序通俗易懂并占用内存少，缩短扫描周期，使 PLC 能高效工作。

8.1.2 PLC 控制系统设计与调试的步骤

如图 8-1 所示为 PLC 控制系统设计与调试的一般步骤。

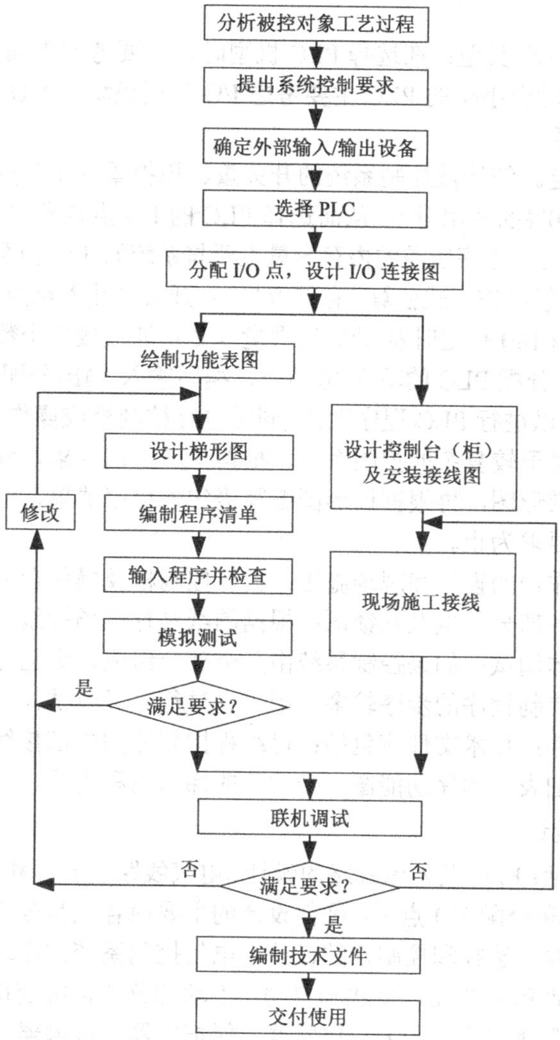

图 8-1 PLC 控制系统设计与调试的一般步骤

1. PLC 控制系统的设计内容

（1）根据设计任务书，进行工艺分析，并确定控制方案，它是设计的依据。

（2）选择输入设备（如按钮、开关、传感器等）和输出设备（如继电器、接触器、指示灯等执行机构）。

（3）选定 PLC 的型号（包括机型、容量、I/O 模块和电源等）。

（4）分配 PLC 的 I/O 点，绘制 PLC 的 I/O 硬件接线图。

（5）编制程序并调试。

（6）设计控制系统的操作台、电气控制柜等以及安装接线图。

（7）编写设计说明书和使用说明书。

2．设计步骤

（1）工艺分析：深入了解控制对象的工艺过程、工作特点、控制要求，并划分控制的各个阶段，归纳各个阶段的特点，和各阶段之间的转换条件，画出控制流程图或功能流程图。

（2）选择合适的 PLC 类型：在选择 PLC 机型时，主要考虑下面几点。

① 功能的选择。对于小型的 PLC 主要考虑 I/O 扩展模块、A/D 与 D/A 模块以及指令功能（如中断、PID 等）。

② I/O 点数的确定。统计被控制系统的开关量、模拟量的 I/O 点数，并考虑以后的扩充（一般加上 10%～20%的备用量），从而选择 PLC 的 I/O 点数和输出规格。

③ 内存的估算。用户程序所需的内存容量主要与系统的 I/O 点数、控制要求、程序结构长短等因素有关。一般可按下式估算：存储容量 = 开关量输入点数 ×10＋ 开关量输出点数 ×8＋ 模拟通道数 ×100＋ 定时器/计数器数量 ×2＋ 通信接口个数 ×300＋ 备用量。

（3）分配 I/O 点：分配 PLC 的输入/输出点，编写输入/输出分配表或画出输入/输出端子的接线图，接着就可以进行 PLC 程序设计，同时进行控制柜或操作台的设计和现场施工。

（4）程序设计：对于较复杂的控制系统，根据生产工艺要求，画出控制流程图或功能流程图，然后设计出梯形图，再根据梯形图编写语句表程序清单，对程序进行模拟调试和修改，直到满足控制要求为止。

（5）控制柜或操作台的设计和现场施工：设计控制柜及操作台的电器布置图及安装接线图；设计控制系统各部分的电气互锁图；根据图纸进行现场接线，并检查。

（6）应用系统整体调试：如果控制系统由几个部分组成，则应先作局部调试，然后再进行整体调试；如果控制程序的步序较多，则可先进行分段调试，然后连接起来总调。

（7）编制技术文件：技术文件应包括：可编程控制器的外部接线图等电气图纸，电器布置图，电器元件明细表，顺序功能图，带注释的梯形图和说明。

3．PLC 的硬件设计

PLC 硬件设计包括：PLC 及外围线路的设计、电气线路的设计和抗干扰措施的设计等。

选定 PLC 的机型和分配 I/O 点后，硬件设计的主要内容就是电气控制系统的原理图的设计，电气控制元器件的选择和控制柜的设计。电气控制系统的原理图包括主电路和控制电路。控制电路中包括 PLC 的 I/O 接线和自动、手动部分的详细连接等。电器元件的选择主要是根据控制要求选择按钮、开关、传感器、保护电器、接触器、指示灯、电磁阀等。

4．PLC 的软件设计

软件设计包括系统初始化程序、主程序、子程序、中断程序、故障应急措施和辅助程序的设计，小型开关量控制一般只有主程序。首先应根据总体要求和控制系统的具体情况，确定程序的基本结构，画出控制流程图或功能流程图，简单的可以用经验法设计，复杂的系统一般用顺序控制设计法设计。

5．软件硬件的调试

调试分模拟调试和联机调试。软件设计好后一般先作模拟调试。模拟调试可以通过仿真软件来代替 PLC 硬件在计算机上调试程序。如果有 PLC 的硬件，可以用小开关和按钮模拟 PLC 的实际输入信号（如起动、停止信号）或反馈信号（如限位开关的接通或断开），再通过输出模块上各输出位对应的指示灯，观察输出信号是否满足设计的要求。需要模拟量信号 I/O 时，可用电位器和万用表配合进行。在编程软件中可以用状态图或状态图表监视程序的运行或强制某些编程元件。

硬件部分的模拟调试主要是对控制柜或操作台的接线进行测试。可在操作台的接线端子上模拟 PLC 外部的开关量输入信号，或操作按钮的指令开关，观察对应 PLC 输入点的状态。用编程软件将输出点强制 ON/OFF，观察对应的控制柜内 PLC 负载（指示灯、接触器等）的动作是否正常，或对应的接线端子上的输出信号的状态变化是否正确。联机调试时，把编制好的程序下载到现场的 PLC 中。调试时，主电路一定要断电，只对控制电路进行联机调试。通过现场的联机调试，还会发现新的问题或对某些控制功能的改进。

8.2　PLC 的选择

随着 PLC 技术的发展，PLC 产品的种类也越来越多。不同型号的 PLC，其结构形式、性能、容量、指令系统、编程方式、价格等也各有不同，适用的场合也各有侧重。因此，合理选用 PLC，对于提高 PLC 控制系统的技术经济指标有着重要意义。

PLC 的选择主要应从 PLC 的机型、容量、I/O 模块、电源模块、特殊功能模块、通信联网能力等方面加以综合考虑。

8.2.1　PLC 机型的选择

PLC 机型选择的基本原则是在满足功能要求及保证可靠、维护方便的前提下，力争最佳的性能价格比。选择时主要考虑以下几点：

1. 合理的结构型式

PLC 主要有整体式和模块式两种结构型式。

整体式 PLC 的每一个 I/O 点的平均价格比模块式的便宜，且体积相对较小，一般用于系统工艺过程较为固定的小型控制系统中；而模块式 PLC 的功能扩展灵活方便，在 I/O 点数、输入点数与输出点数的比例、I/O 模块的种类等方面选择余地大，且维修方便，一般用于较复杂的控制系统。

2. 安装方式的选择

PLC 系统的安装方式分为集中式、远程 I/O 式以及多台 PLC 联网的分布式。

集中式不需要设置驱动远程 I/O 硬件，系统反应快、成本低；远程 I/O 式适用于大型系统，系统的装置分布范围很广，远程 I/O 可以分散安装在现场装置附近，连线短，但需要增设驱动器和远程 I/O 电源；多台 PLC 联网的分布式适用于多台设备分别独立控制，又要相互联系的场合，可以选用小型 PLC，但必须要附加通信模块。

3. 相应的功能要求

一般小型（低档）PLC 具有逻辑运算、定时、计数等功能，对于只需要开关量控制的设备都可满足。

对于以开关量控制为主，带少量模拟量控制的系统，可选用能带 A/D 和 D/A 转换单元，具有加减算术运算、数据传送功能的增强型低档 PLC。

对于控制较复杂，要求实现PID运算、闭环控制、通信联网等功能，可视控制规模大小及复杂程度，选用中档或高档PLC。但是中、高档PLC价格较贵，一般用于大规模过程控制和集散控制系统等场合。

4．响应速度要求

PLC是为工业自动化设计的通用控制器，不同档次PLC的响应速度一般都能满足其应用范围内的需要。如果要跨范围使用PLC，或者某些功能或信号有特殊的速度要求时，则应该慎重考虑PLC的响应速度，可选用具有高速I/O处理功能的PLC，或选用具有快速响应模块和中断输入模块的PLC等。

5．系统可靠性的要求

对于一般系统PLC的可靠性均能满足。对可靠性要求很高的系统，应考虑是否采用冗余系统或热备用系统。

6．机型尽量统一

一个企业，应尽量做到PLC的机型统一。主要考虑到以下三方面问题：

（1）机型统一，其模块可互为备用，便于备品备件的采购和管理。

（2）机型统一，其功能和使用方法类似，有利于技术力量的培训和技术水平的提高。

（3）机型统一，其外部设备通用，资源可共享，易于联网通信，配上位计算机后易于形成一个多级分布式控制系统。

8.2.2 PLC容量的选择

PLC的容量包括I/O点数和用户存储容量两个方面。

1．I/O点数的选择

PLC平均的I/O点的价格还比较高，因此应该合理选用PLC的I/O点的数量，在满足控制要求的前提下力争使用的I/O点最少，但必须留有一定的裕量。

通常I/O点数是根据被控对象的输入、输出信号的实际需要，再加上10%～15%的裕量来确定。

2．存储容量的选择

用户程序所需的存储容量大小不仅与PLC系统的功能有关，而且还与功能实现的方法、程序编写水平有关。一个有经验的程序员和一个初学者，在完成同一复杂功能时，其程序量可能相差25%之多，所以对于初学者应该在存储容量估算时多留裕量。

PLC的I/O点数的多少，在很大程序上反映了PLC系统的功能要求，因此可在I/O点数确定的基础上，按下式估算存储容量后，再加20%～30%的裕量。

存储容量（字节）= 开关量I/O点数 ×10＋模拟量I/O通道数 ×100

另外，在存储容量选择的同时，注意对存储器的类型的选择。

8.2.3 I/O模块的选择

一般I/O模块的价格占PLC价格的一半以上。PLC的I/O模块有开关量I/O模块、模拟量I/O模块及各种特殊功能模块等。不同的I/O模块，其电路及功能也不同，直接影响PLC的应用范围和价格，应当根据实际需要加以选择。

1．开关量 I/O 模块的选择

（1）开关量输入模块的选择

开关量输入模块是用来接收现场输入设备的开关信号，将信号转换为 PLC 内部接受的低电压信号，并实现 PLC 内、外信号的电气隔离。选择时主要应考虑以下几个方面：

① 输入信号的类型及电压等级

开关量输入模块有直流输入、交流输入和交流/直流输入三种类型。选择时主要根据现场输入信号和周围环境因素等。直流输入模块的延迟时间较短，还可以直接与接近开关、光电开关等电子输入设备连接；交流输入模块可靠性好，适合于有油雾、粉尘的恶劣环境下使用。

开关量输入模块的输入信号的电压等级有：直流 5V、12V、24V、48V、60V 等；交流 110V、220V 等。选择时主要根据现场输入设备与输入模块之间的距离来考虑。一般 5V、12V、24V 用于传输距离较近的场合，如 5V 输入模块最远不得超过 10 米。距离较远的应选用输入电压等级较高的模块。

② 输入接线方式

开关量输入模块主要有汇点式和分组式两种接线方式，如图 8-2 所示。

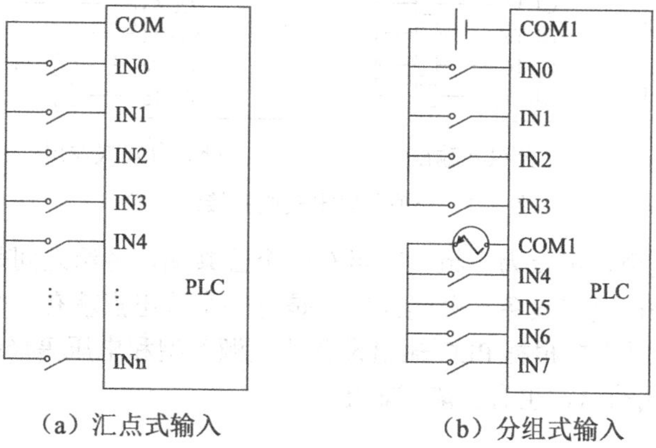

图 8-2　开关量输入模块的接线方式

汇点式的开关量输入模块所有输入点共用一个公共端（COM）；而分组式的开关量输入模块是将输入点分成若干组，每一组（几个输入点）有一个公共端，各组之间是分隔的。分组式的开关量输入模块价格较汇点式高，如果输入信号之间不需要分隔，一般选用汇点式。

③ 注意同时接通的输入点数量

对于选用高密度的输入模块（如 32 点、48 点等），应考虑该模块同时接通的点数一般不要超过输入点数的 60%。

④ 输入门槛电平

为了提高系统的可靠性，必须考虑输入门槛电平的大小。门槛电平越高，抗干扰能力越强，传输距离也越远，具体可参阅 PLC 说明书。

（2）开关量输出模块的选择

开关量输出模块是将 PLC 内部低电压信号转换成驱动外部输出设备的开关信号，并实现 PLC 内外信号的电气隔离。选择时主要应考虑以下几个方面：

① 输出方式

开关量输出模块有继电器输出、晶闸管输出和晶体管输出三种方式。

继电器输出的价格便宜，既可以用于驱动交流负载，又可以用于直流负载，而且适用的电压大小范围较宽、导通压降小，同时承受瞬时过电压和过电流的能力较强，但其属于有触点元件，动作速度较慢（驱动感性负载时，触点动作频率不得超过1Hz）、寿命较短、可靠性较差，只能适用于不频繁通断的场合。

对于频繁通断的负载，应该选用晶闸管输出或晶体管输出，它们属于无触点元件。但晶闸管输出只能用于交流负载，而晶体管输出只能用于直流负载。

② 输出接线方式

开关量输出模块主要有分组式和分隔式两种接线方式，如图 8-3 所示。

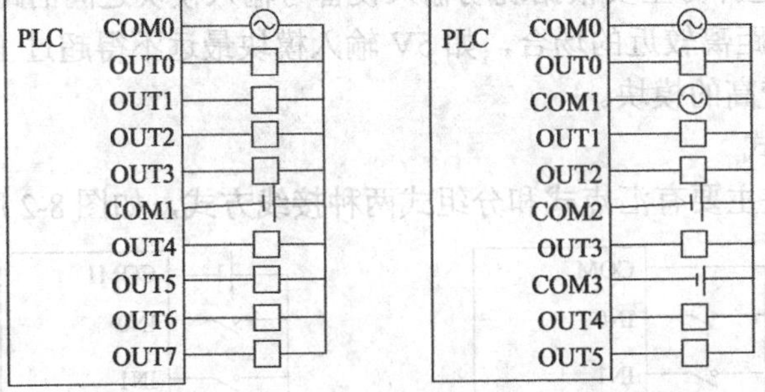

（a）分组式输出　　（b）分隔式输出

图 8-3 开关量输出模块的接线方式

分组式输出是几个输出点为一组，一组有一个公共端，各组之间是分隔的，可分别用于驱动不同电源的外部输出设备；分隔式输出是每一个输出点就有一个公共端，各输出点之间相互隔离。选择时主要根据 PLC 输出设备的电源类型和电压等级的多少而定。一般整体式 PLC 既有分组式输出，也有分隔式输出。

③ 驱动能力

开关量输出模块的输出电流（驱动能力）必须大于 PLC 外接输出设备的额定电流。用户应根据实际输出设备的电流大小来选择输出模块的输出电流。如果实际输出设备的电流较大，输出模块无法直接驱动，可增加中间放大环节。

④ 注意同时接通的输出点数量

选择开关量输出模块时，还应考虑能同时接通的输出点数量。同时接通输出设备的累计电流值必须小于公共端所允许通过的电流值，如一个 220V/2A 的 8 点输出模块，每个输出点可承受 2A 的电流，但输出公共端允许通过的电流并不是 16A（8 × 2A），通常要比此值小得多。一般来讲，同时接通的点数不要超出同一公共端输出点数的 60%。

⑤ 输出的最大电流与负载类型、环境温度等因素有关

开关量输出模块的技术指标，它与不同的负载类型密切相关，特别是输出的最大电流。另外，晶闸管的最大输出电流随环境温度升高会降低，在实际使用中也应注意。

2．模拟量 I/O 模块的选择

模拟量 I/O 模块的主要功能是数据转换，并与 PLC 内部总线相连，同时为了安全也有电气隔离功能。模拟量输入（A/D）模块是将现场由传感器检测而产生的连续的模拟量信

号转换成 PLC 内部可接受的数字量；模拟量输出（D/A）模块是将 PLC 内部的数字量转换为模拟量信号输出。

典型模拟量 I/O 模块的量程为–10～10V、0～10V、4～20mA 等，可根据实际需要选用，同时还应考虑其分辨率和转换精度等因素。

一些 PLC 制造厂家还提供特殊模拟量输入模块，可用来直接接收低电平信号（如 RTD、热电耦等信号）。

3．特殊功能模块的选择

目前，PLC 制造厂家相继推出了一些具有特殊功能的 I/O 模块，有的还推出了自带 CPU 的智能型 I/O 模块，如高速计数器、凸轮模拟器、位置控制模块、PID 控制模块、通信模块等。

8.2.4　电源模块及其他外设的选择

1．电源模块的选择

电源模块选择仅对于模块式结构的 PLC 而言，对于整体式 PLC 不存在电源的选择。

电源模块的选择主要考虑电源输出额定电流和电源输入电压。电源模块的输出额定电流必须大于 CPU 模块、I/O 模块和其他特殊模块等消耗电流的总和，同时还应考虑今后 I/O 模块的扩展等因素；电源输入电压一般根据现场的实际需要而定。

2．编程器的选择

对于小型控制系统或不需要在线编程的系统，一般选用价格便宜的简易编程器。对于由中、高档 PLC 构成的复杂系统或需要在线编程的 PLC 系统，可以选配功能强、编程方便的智能编程器，但智能编程器价格较贵。如果有现成的个人计算机，也可以选用 PLC 的编程软件，在个人计算机上实现编程器的功能。

3．写入器的选择

为了防止由于干扰或锂电池电压不足等原因破坏 RAM 中的用户程序，可选用 EPROM 写入器，通过它将用户程序固化在 EPROM 中。有些 PLC 或其编程器本身就具有 EPROM 写入的功能。

8.3　PLC 与输入输出设备的连接

PLC 常见的输入设备有按钮、行程开关、接近开关、转换开关、拨码器、各种传感器等，输出设备有继电器、接触器、电磁阀等。正确地连接输入和输出电路，是保证 PLC 安全可靠工作的前提。

8.3.1　PLC 与常用输入设备的连接

1．PLC 与主令电器类设备的连接

如图 8-4 所示是与按钮、行程开关、转换开关等主令电器类输入设备的接线示意图。图中的 PLC 为直流汇点式输入，即所有输入点共用一个公共端 COM，同时 COM 端内带有 DC 24V 电源。若是分组式输入，也可参照图 8-4 的方法进行分组连接。

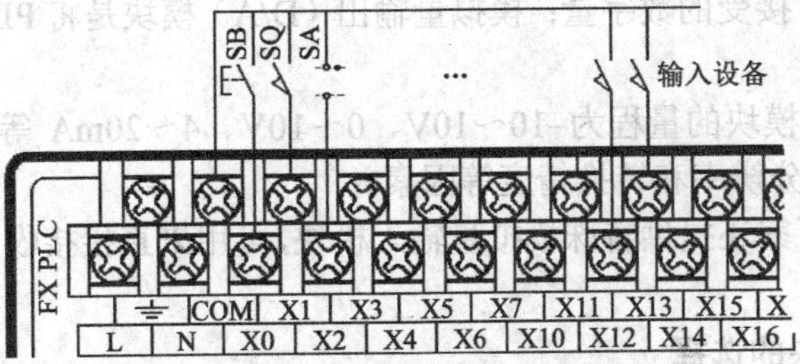

图 8-4　PLC 与主令电器类输入设备的连接

2. PLC 与拨码开关的连接

如果 PLC 控制系统中的某些数据需要经常修改，可使用多位拨码开关与 PLC 连接，在 PLC 外部进行数据设定。如图 8-5 所示为一位拨码开关的示意图，一位拨码开关能输入一位十进制数的 0～9，或一位十六进制数的 0～F。

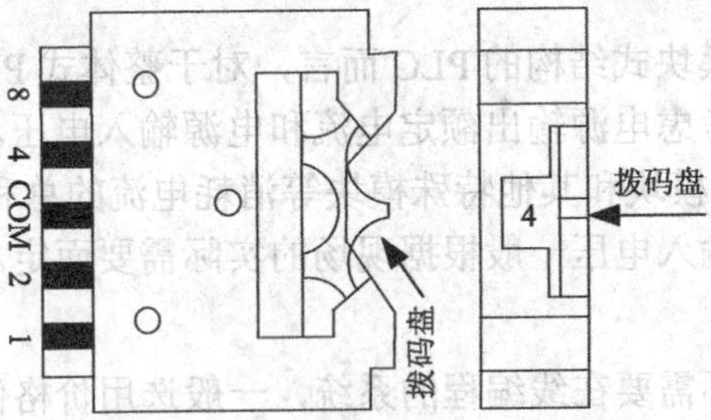

图 8-5　一位拨码开关的示意图

如图 8-6 所示 4 位拨码开关组装在一起，把各位拨码开关的 COM 端连在一起，接在 PLC 输入侧的 COM 端子上。每位拨码开关的 4 条数据线按一定顺序接在 PLC 的 4 个输入点上。由图可见，使用拨码开关要占用许多 PLC 输入点，所以不是十分必要的场合，一般不要采用这种方法。

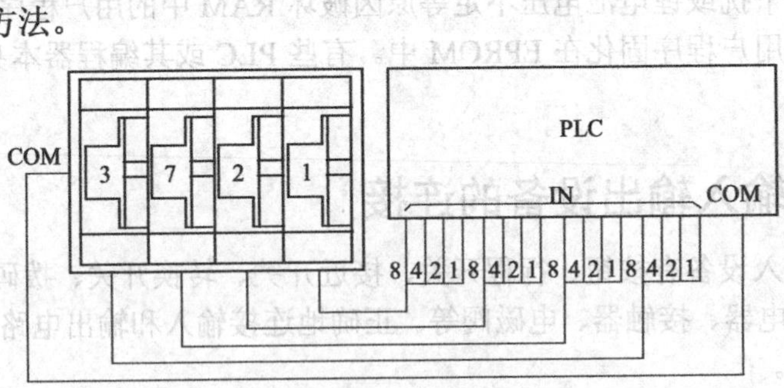

图 8-6　4 位拨码开关与 PLC 的连接

输入采用拨码开关时，可采用下节将介绍的分组输入法或矩阵输入法，以提高 PLC 输入点的利用率。

3. PLC 与旋转编码器的连接

旋转编码器是一种光电式旋转测量装置，它将被测的角位移直接转换成数字信号（高速脉冲信号）。因此可将旋转编码器的输出脉冲信号直接输入给 PLC，利用 PLC 的高速计数器对其脉冲信号进行计数，以获得测量结果。不同型号的旋转编码器，其输出脉冲的相数也不同，有的旋转编码器输出 A、B、Z 三相脉冲，有的只有 A、B 相两相，最简单的只有 A 相。

如图 8-7 所示是输出两相脉冲的旋转编码器与 FX 系列 PLC 的连接示意图。编码器有 4 条引线，其中 2 条是脉冲输出线，1 条是 COM 端线，1 条是电源线。编码器的电源可以是外接电源，也可直接使用 PLC 的 DC 24V 电源。电源“−”端要与编码器的 COM 端连接，“+”端与编码器的电源端连接。编码器的 COM 端与 PLC 输入 COM 端连接，A、B 两相脉冲输出线直接与 PLC 的输入端连接，连接时要注意 PLC 输入的响应时间。有的旋转编码器还有一条屏蔽线，使用时要将屏蔽线接地。

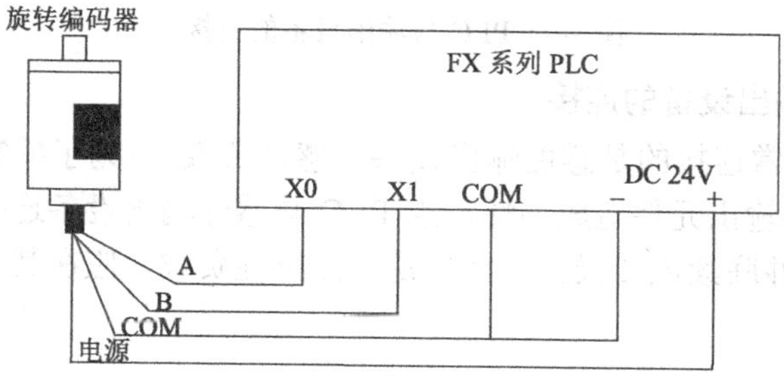

图 8-7　旋转编码器与 PLC 的连接

4．PLC 与传感器类设备的连接

传感器的种类很多，其输出方式也各不相同。当采用接近开关、光电开关等两线式传感器时，由于传感器的漏电流较大，可能出现错误的输入信号而导致 PLC 的误动作，此时可在 PLC 输入端并联旁路电阻 R，如图 8-8 所示。当漏电流不足 1mA 时可以不考虑其影响。

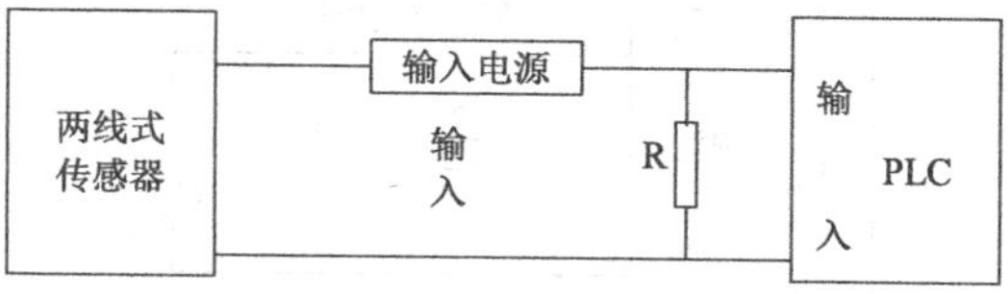

图 8-8　PLC 与两线式传感器的连接

旁路电阻 R 的估算公式如下：

$$R < \frac{R_C \times U_{OFF}}{I \times R_C - U_{OFF}} (k\Omega)$$

式中：I 为传感器的漏电流（mA），U_{OFF} 为 PLC 输入电压低电平的上限值（V），R_C 为 PLC 的输入阻抗（kΩ），R_C 的值根据输入点不同有差异。

8.3.2　PLC 与常用输出设备的连接

1．PLC 与输出设备的一般连接方法

PLC 与输出设备连接时，不同组（不同公共端）的输出点，其对应输出设备（负载）的电压类型、等级可以不同，但同组（相同公共端）的输出点，其电压类型和等级应该相同。要根据输出设备电压的类型和等级来决定是否分组连接。如图 8-9 所示以 FX2N 为例说明 PLC 与输出设备的连接方法。图中接法是输出设备具有相同电源的情况，所以各组的公共端连在一起，否则要分组连接。图中只画出 Y0～Y7 输出点与输出设备的连接，其他输出点的连接方法相似。

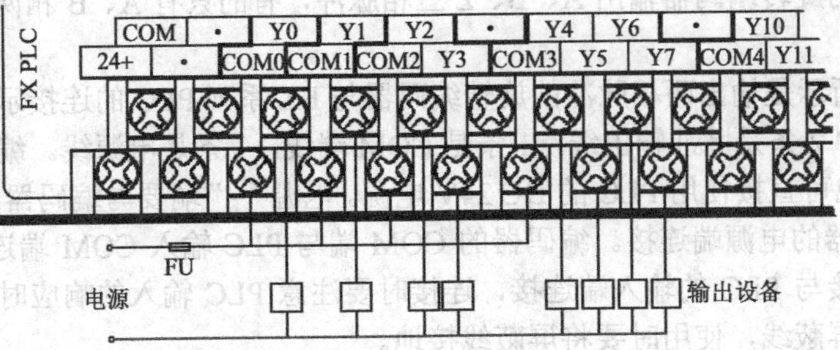

图 8-9　PLC 与输出设备的连接

2. PLC 与感性输出设备的连接

PLC 的输出端经常连接的是感性输出设备（感性负载），为了抑制感性电路断开时产生的电压使 PLC 内部输出元件造成损坏，当 PLC 与感性输出设备连接时，如果是直流感性负载，应在其两端并联续流二极管；如果是交流感性负载，应在其两端并联阻容吸收电路。如图 8-10 所示。

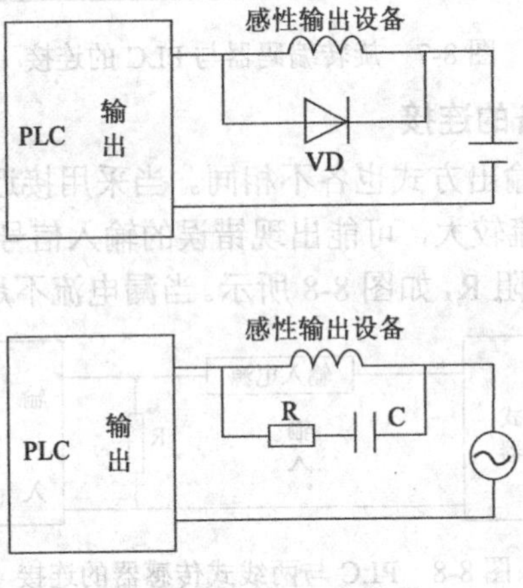

图 8-10　PLC 与感性输出设备的连接

图中，续流二极管可选用额定电流为 1A、额定电压大于电源电压的 3 倍；电阻值可取 50～120Ω，电容值可取 0.1～0.47μF，电容的额定电压应大于电源的峰值电压。接线时要注意续流二极管的极性。

3. PLC 与七段 LED 显示器的连接

PLC 可直接用开关量输出与七段 LED 显示器的连接，但如果 PLC 控制的是多位 LED 七段显示器，所需的输出点是很多的。

如图 8-11 所示电路中，采用具有锁存、译码、驱动功能的芯片 CD4513 驱动共阴极 LED 七段显示器，两只 CD4513 的数据输入端 A～D 共用 PLC 的 4 个输出端，其中 A 为最低位，D 为最高位。LE 是锁存使能输入端，在 LE 信号的上升沿将数据输入端输入的 BCD 数锁存在片内的寄存器中，并将该数译码后显示出来。如果输入的不是十进制数，显示器熄灭。LE 为高电平时，显示的数不受数据输入信号的影响。显然，N 个显示器占用的输出点数为 $P = 4 + N$。

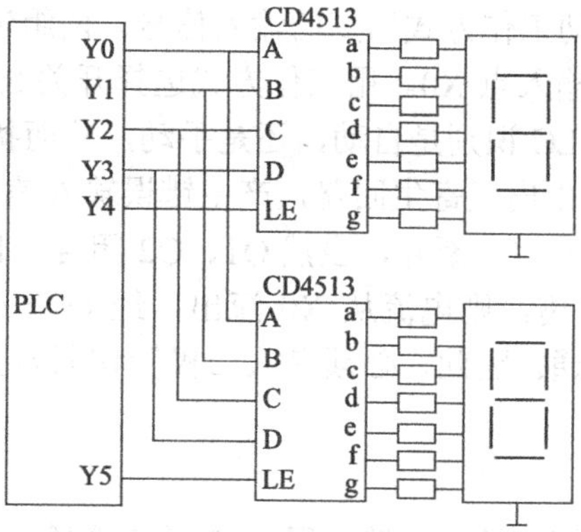

图 8-11　PLC 与两位七段 LED 显示器的连接

如果 PLC 使用继电器输出模块，应在与 CD4513 相连的 PLC 各输出端接一下拉电阻，以避免在输出继电器的触点断开时 CD4513 的输入端悬空。PLC 输出继电器的状态变化时，其触点可能抖动，因此应先送数据输出信号，待该信号稳定后，再用 LE 信号的上升沿将数据锁存进 CD4513。

4．PLC 与输出设备连接的其他注意事项

（1）除了 PLC 输入和输出共用同一电源外，输入公共端与输出公共端一般不能接在一起。

（2）PLC 的晶体管和晶闸管型输出都有较大的漏电流，尤其是晶闸管输出，将可能会出现输出设备的误动作。所以要在负载两端并联一个旁路电阻，旁路电阻 R 的阻值估算可由下式确定：

$$R < \frac{U_{ON}}{I}\ (\mathrm{k\Omega})$$

其中 U_{ON} 是负载的开启电压（V），I 是输出漏电流（mA）。

8.4　减少 I/O 点数的措施

PLC 在实际应用中常碰到这样两个问题：一是 PLC 的 I/O 点数不够，需要扩展，然而增加 I/O 点数将提高成本；二是已选定的 PLC 可扩展的 I/O 点数有限，无法再增加。因此，在满足系统控制要求的前提下，合理使用 I/O 点数，尽量减少所需的 I/O 点数是很有意义的。下面将介绍几种常用的减少 I/O 点数的措施。

8.4.1　减少输入点数的措施

1．分组输入

一般系统都存在多种工作方式，但系统同时又只选择其中一种工作方式运行，也就是说，各种工作方式的程序不可能同时执行。因此，可将系统输入信号按其对应的工作方式不同分成若干组，PLC 运行时只会用到其中的一组信号，所以各组输入可共用 PLC 的输入点，这样就使所需的输入点减少。

如图 8-12 所示，系统有自动和手动两种工作方式，其中 S1～S8 为自动工作方式用到的输入信号、Q1～Q8 为手动工作方式用到的输入信号。两组输入信号共用 PLC 的输入点 X0～X7，如 S1 与 Q1 共用输入点 X0。用工作方式选择开关 SA 来切换自动和手动信号的输入电路，并通过 X10 让 PLC 识别是自动，还是手动，从而执行自动程序或手动程序。

图中的二极管是为了防止出现寄生回路，产生错误输入信号而设置的。例如当 SA 扳到“自动”位置，若 S1 闭合，S2 断开，虽然 Q1、Q2 闭合，也应该是 X0 有输入，而 X1 无输入，但如果无二极管隔离，则电流从 X0 流出，经 Q2→Q1→S1→COM 形成寄生回路，从而使得 X1 错误地接通。因此，必须串入二极管切断寄生回路，避免错误输入信号的产生。

2．矩阵输入

如图 8-13 所示为 3×3 矩阵输入电路，用 PLC 的三个输出点 Y0、Y1、Y2 和三个输入点 X0、X1、X2 来实现 9 个开关量输入设备的输入。图中，输出 Y0、Y1、Y2 的公共端 COM 与输入继电器的公共端 COM 连在一起。当 Y0、Y1、Y2 轮流导通时，则输入端 X0、X1、X2 也轮流得到不同的三组输入设备的状态，即 Y0 接通时读入 Q1、Q2、Q3 的通断状态，Y1 接通时读入 Q4、Q5、Q6 的通断状态，Y2 接通时读入 Q7、Q8、Q9 的通断状态。

当 Y0 接通时，如果 Q1 闭合，则电流从 X0 端流出，经过 D1→Q1→Y0 端，再经过 Y0 的触点，从输出公共端 COM 流出，最后流回输入 COM 端，从而使输入继电器 X0 接通。在梯形图程序中应该用 Y0 常开触点和 X0 常开触点的串联，来表示 Q1 提供的输入信号。

图中二极管也是起切断寄生回路的作用。

采用矩阵输入方法除了要按图 8-12 的硬件连接外，还必须编写对应的 PLC 程序。由于矩阵输入的信号是分时被读入 PLC 的，所以读入的输入信号为一系列断续的脉冲信号，在使用时应注意这个问题。另外，应保证输入信号的宽度要大于 Y0、Y1、Y2 轮流导通一遍的时间，否则可能会丢失输入信号。

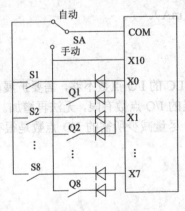

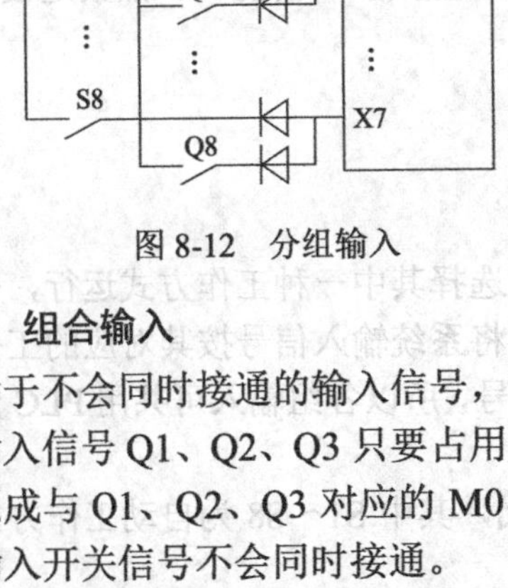

图 8-12　分组输入

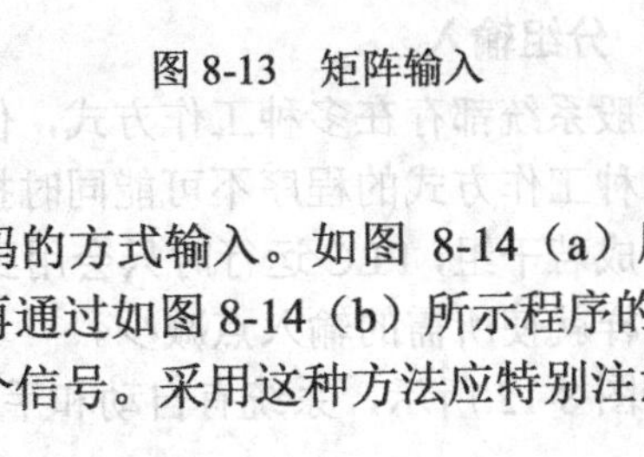

图 8-13　矩阵输入

3．组合输入

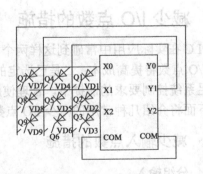

对于不会同时接通的输入信号，可采用组合编码的方式输入。如图 8-14（a）所示，三个输入信号 Q1、Q2、Q3 只要占用两个输入点，再通过如图 8-14（b）所示程序的译码，又还原成与 Q1、Q2、Q3 对应的 M0、M1、M2 三个信号。采用这种方法应特别注意要保证各输入开关信号不会同时接通。

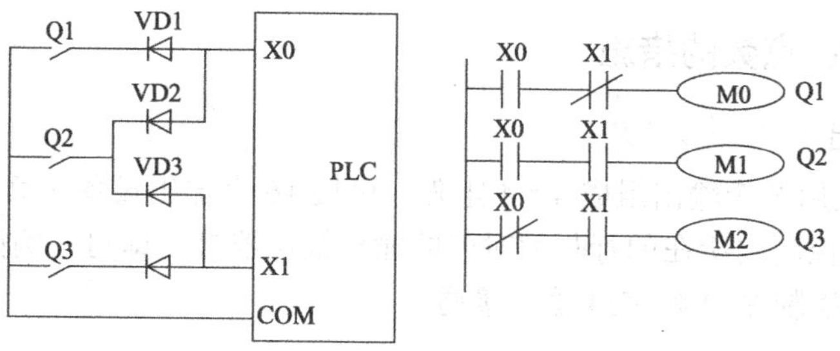

（a）硬件连接图　　（b）梯形图程序

图 8-14　组合输入

4．输入设备多功能化

在传统的继电器电路中，一个主令电器（开关、按钮等）只产生一种功能的信号。而在 PLC 系统中，可借助于 PLC 强大的逻辑处理功能，来实现一个输入设备在不同条件下，产生的信号作用不同。下面通过一个简单的例子来说明。

如图 8-15 所示的梯形图只用一个按钮通过 X0 输入去控制输出 Y0 的通与断。

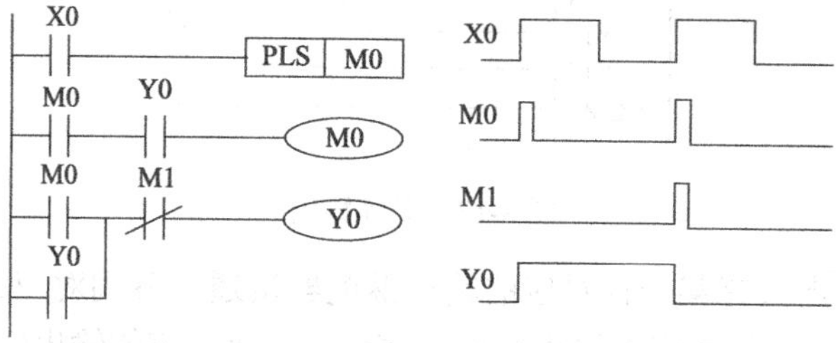

图 8-15　用一个按钮控制的起动、保持、停止电路

图中，当 Y0 断开时，按下按钮，X0 接通，M0 通电，使 Y0 通电并自锁；再按一下按钮，M0 通电，由于此时 Y0 已通电，所以 M1 也通电，其常闭触点使 Y0 断开。即按一下按钮，X0 接通一下，Y0 通电；再按一下按钮，X0 又接通一下，Y0 断电。改变了传统继电器控制中要用两个按钮（起动按钮和停止按钮）的作法，从而减少了 PLC 的输入点数。

同样道理，我们可以用这种思路来实现一个输入具有三种或三种以上的功能。

5．合并输入

将某些功能相同的开关量输入设备合并输入。如果是几个常闭触点，则串联输入；如果是几个常开触点，则并联输入。因此，几个输入设备就可共用 PLC 的一个输入点。

6．某些输入设备可不进 PLC

系统中有些输入信号功能简单、涉及面很窄，如某些手动按钮、电动机过载保护的热继电器触点等，有时就没有必要作为 PLC 的输入，将它们放在外部电路中同样可以满足要求，如图 8-16 所示。

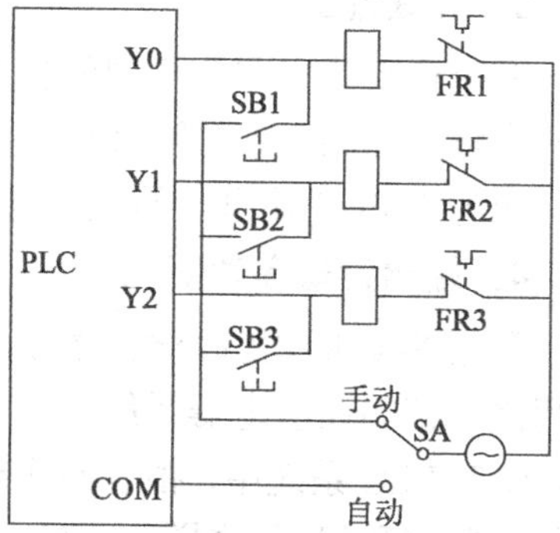

图 8-16　输入信号设在 PLC 外部

8.4.2 减少输出点数的措施

1. 矩阵输出

图 8-17 中采用 8 个输出组成 4×4 矩阵，可接 16 个输出设备（负载）。要使某个负载接通工作，只要控制它所在的行与列对应的输出继电器接通即可，例如：要使负载 KM1 通电工作，必须控制 Y10 和 Y14 输出接通。

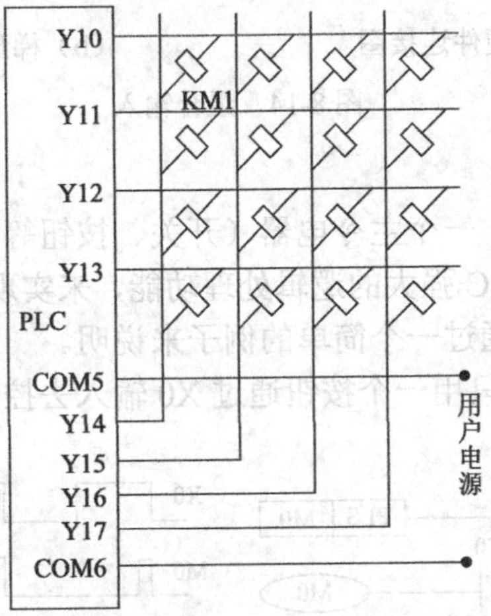

图 8-17 矩阵输出

应该特别注意：当只有某一行对应的输出继电器接通，各列对应的输出继电器才可任意接通，或者当只有某一列对应的输出继电器接通，各行对应的输出继电器才可任意接通，否则将会出现错误接通负载。因此，采用矩阵输出时，必须要将同一时间段接通的负载安排在同一行或同一列中，否则无法控制。

2. 分组输出

当两组输出设备或负载不会同时工作时，可通过外部转换开关或通过受 PLC 控制的电器触点进行切换，所以 PLC 的每个输出点可以控制两个不同时工作的负载。如图 8-18 所示，KM1、KM3、KM5 与 KM2、KM4、KM6 两组不会同时接通，用转换开关 SA 进行切换。

3. 并联输出

两个通断状态完全相同的负载，可并联后共用 PLC 的一个输出点。但要注意 PLC 输出点同时驱动多个负载时，应考虑 PLC 输出点的驱动能力是否足够。

4. 输出设备多功能化

利用 PLC 的逻辑处理功能，一个输出设备可实现多种用途。例如在继电器系统中，一个指示灯指示一种状态，而在 PLC 系统中，很容易实现用一个输出点控制指示灯的常亮和闪烁，这样一个指示灯就可指示两种状态，既节省了指示灯，又减少了输出点数。

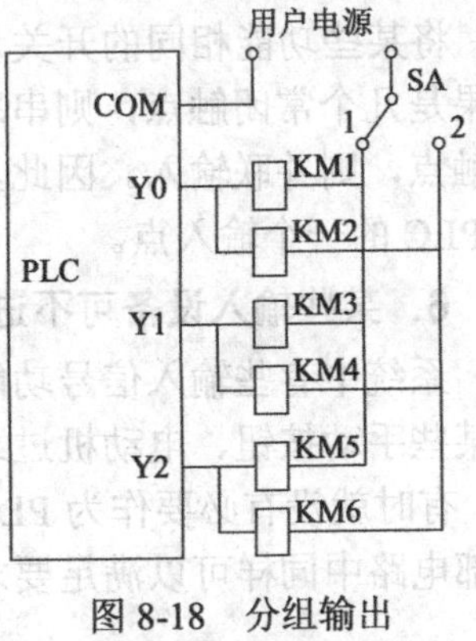

图 8-18 分组输出

5. 某些输出设备可不进 PLC

系统中某些相对独立、比较简单的控制部分，可直接采用 PLC 外部硬件电路实现控制。以上一些常用的减少 I/O 点数的措施，仅供读者参考，实际应用中应该根据具体情况，灵活使用。同时应该注意不要过份去减少 PLC 的 I/O 点数，而使外部附加电路变得复杂，从而影响系统的可靠性。

8.5　PLC 在开关量控制系统中的应用

由于 PLC 的高可靠性及应用的简便性，使其广泛应用于各种生产机械和生产过程的自动控制中，特别是在开关量控制系统中的应用，更显出它的优越性。本节通过 PLC 在机械手中的应用实例，来说明 PLC 在开关量控制系统中的应用设计。

8.5.1　机械手及其控制要求

如图 8-19 所示是一台工件传送的气动机械手的动作示意图，其作用是将工件从 A 点传递到 B 点。气动机械手的升降和左右移行动作分别由两个具有双线圈的两位电磁阀驱动气缸来完成，其中上升与下降对应电磁阀的线圈分别为 YV1 与 YV2，左行、右行对应电磁阀的线圈分别为 YV3 与 YV4。一旦电磁阀线圈通电，就一直保持现有的动作，直到相对的另一线圈通电为止。气动机械手的夹紧、松开动作由只有一个线圈的两位电磁阀驱动的气缸完成，线圈 YV5 断电夹住工件，线圈 YV5 通电，松开工件，以防止停电时的工件跌落。机械手的工作臂都设有上、下限位和左、右限位的位置开关 SQ1、SQ2 和 SQ3、SQ4，夹持装置不带限位开关，它通过一定的延时来表示其夹持动作的完成。机械手在最上面、最左边除松开的电磁线圈 YV5 通电外其他线圈全部断电的状态为机械手的原位。

机械手的操作面板分布情况如图 8-20 所示，机械手具有手动、单步、单周期、连续和回原位五种工作方式，用开关 SA 进行选择。手动工作方式时，用各操作按钮（SB5、SB6、SB7、SB8、SB9、SB10、SB11）来点动执行相应的各动作；单步工作方式时，每按一次起动按钮 SB3，向前执行一步动作；单周期工作方式时，机械手在原位，按下起动按钮 SB3，自动地执行一个工作周期的动作，最后返回原位（如果在动作过程中按下停止按钮 SB4，机械手停在该工序上，再按下起动按钮 SB3，则又从该工序继续工作，最后停在原位）；连续工作方式时，机械手在原位，按下起动按钮 SB3，机械手就连续重复地进行工作（如果按下停止按钮 SB4，机械手运行到原位后停止）；返回原位工作方式时，按下回原位按钮 SB11，机械手自动回到原位状态。

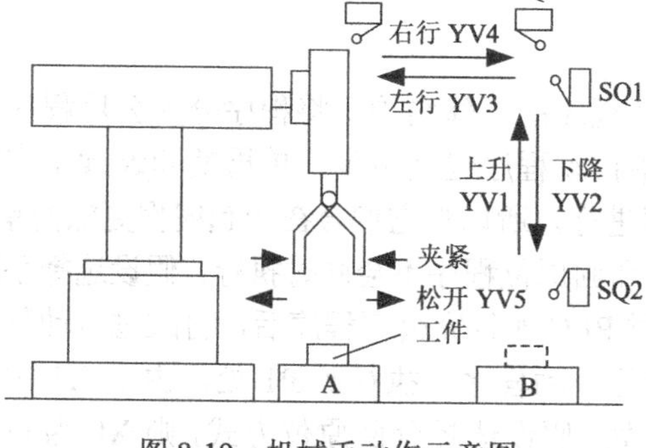

图 8-19　机械手动作示意图

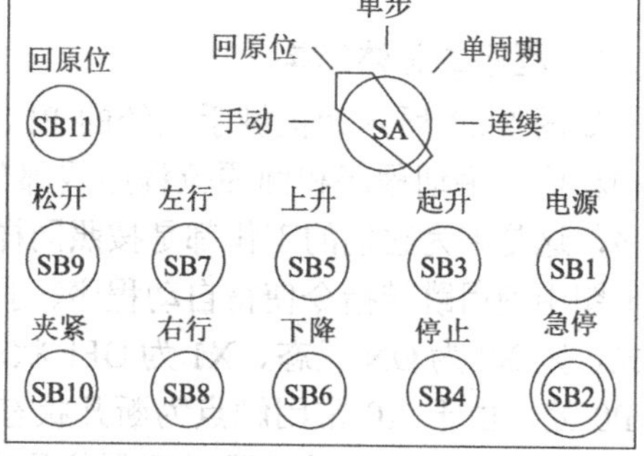

图 8-20　机械手操作面板示意图

8.5.2 PLC 的 I/O 分配

如图 8-21 所示为 PLC 的 I/O 接线图，选用 FX2N-48MR 的 PLC，系统共有 18 个输入设备和 5 个输出设备分别占用 PLC 的 18 个输入点和 5 个输出点，请读者考虑是否可以用 8.4 节介绍的方法来减少占用 PLC 的 I/O 点数。为了保证在紧急情况下（包括 PLC 发生故障时），能可靠地切断 PLC 的负载电源，设置了交流接触器 KM。在 PLC 开始运行时按下电源按钮 SB1，使 KM 线圈通电并自锁，KM 的主触点接通，给输出设备提供电源；出现紧急情况时，按下急停按钮 SB2，KM 触点断开电源。

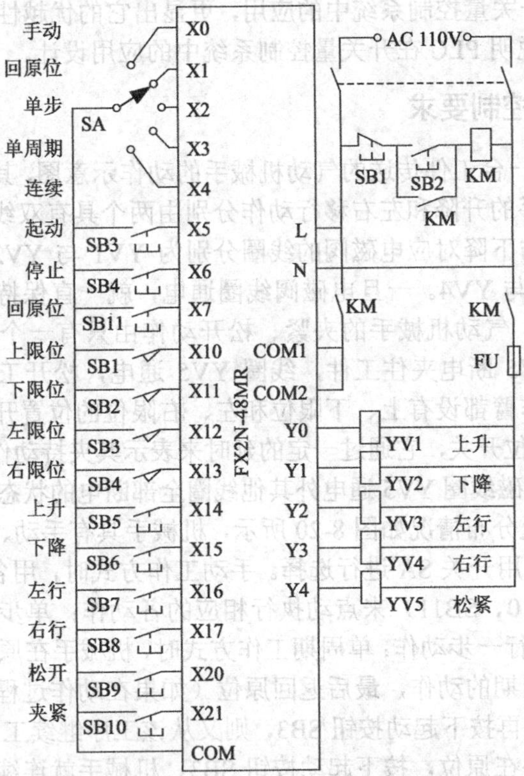

图 8-21 机械手控制系统 PLC 的 I/O 接线图

8.5.3 PLC 程序设计

1. 程序的总体结构

如图 8-22 所示为机械手系统的 PLC 梯形图程序的总体结构，将程序分为公用程序、自动程序、手动程序和回原位程序四部分，其中自动程序包括单步、单周期和连续工作的程序，这是因为它们的工作都是按照同样的顺序进行，所以将它们合在一起编程更加简单。梯形图中使用跳转指令使得自动程序、手动程序和回原位程序不会同时执行。假设选择手动方式，则 X0 为 ON 状态、X1 为 OFF 状态，此时 PLC 执行完公用程序后，将跳过自动程序到 P0 处，由于 X0 常闭触点为断开状态，故执行手动程序，执行到 P1 处，由于 X1 常闭触点为闭合状态，所以又跳过回原位程序到 P2 处；假设选择分回原位方式，则 X0 为 OFF

状态、X1 为 ON 状态，跳过自动程序和手动程序执行回原位程序；假设选择单步或单周期或连续方式，则 X0、X1 均为 OFF 状态，此时执行完自动程序后，跳过手动程序和回原位程序。

2. 各部分程序的设计

（1）公用程序：公用程序如图 8-23 所示，左限位开关 X12、上限位开关 X10 的常开触点和表示机械手松开的 Y4 的常开触点的串联电路接通时，辅助继电器 M0 变为 ON 状态，表示机械手在原位。

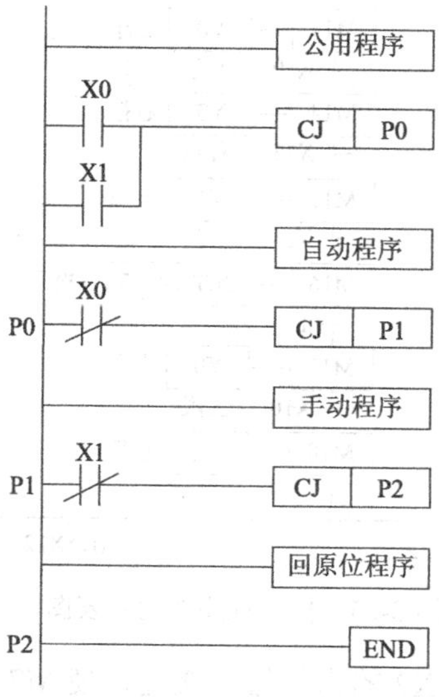

图 8-22　机械手系统 PLC 梯形图的总体结构

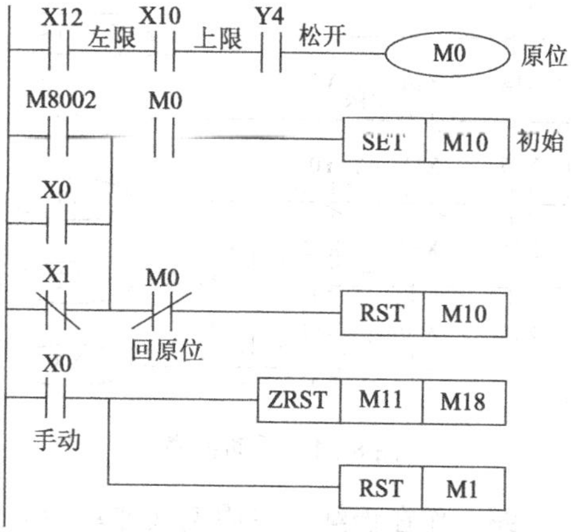

图 8-23　公用程序

公用程序用于自动程序和手动程序相互切换的处理，当系统处于手动工作方式时，必须将除初始步以外的各步对应的辅助继电器（M11～M18）复位，同时将表示连续工作状态的 M1 复位，否则当系统从自动工作方式切换到手动工作方式，然后又返回自动工作方式时，可能会出现同时有两个活动步的异常情况，引起错误的动作。

当机械手处于原点状态（M0 为 ON），在开始执行用户程序（M8002 为 ON）、系统处于手动状态或回原点状态（X0 或 X1 为 ON）时，初始步对应的 M10 将被置位，为进入单步、单周期和连续工作方式作好准备。如果此时 M0 为 OFF 状态，M10 将被复位，初始步为不活动步，系统不能在单步、单周期和连续工作方式下工作。

（2）手动程序：手动程序如图 8-24 所示，手动工作时用 X14～X21 对应的 6 个按钮控制机械手的上升、下降、左行、右行、松开和夹紧。为了保证系统的安全运行，在手动程序中设置了一些必要的联锁，例如上升与下降之间、左行与右行之间的互锁；上升、下降、左行、右行的限位；上限位开关 X10 的常开触点与控制左、右行的 Y2 和 Y3 的线圈串联，使得机械手升到最高位置才能左右移动，以防止机械手在较低位置运行时与别的物体碰撞。

（3）自动程序：如图 8-25 所示为机械手系统自动程序的功能表图。使用通用指令的编程方式设计出的自动程序如图 8-26 所示，也可采用其他编程方式编程，在此不再赘述。

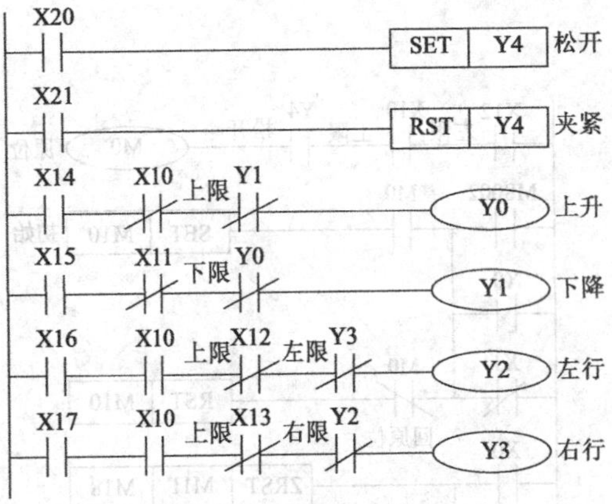

图 8-24 手动程序

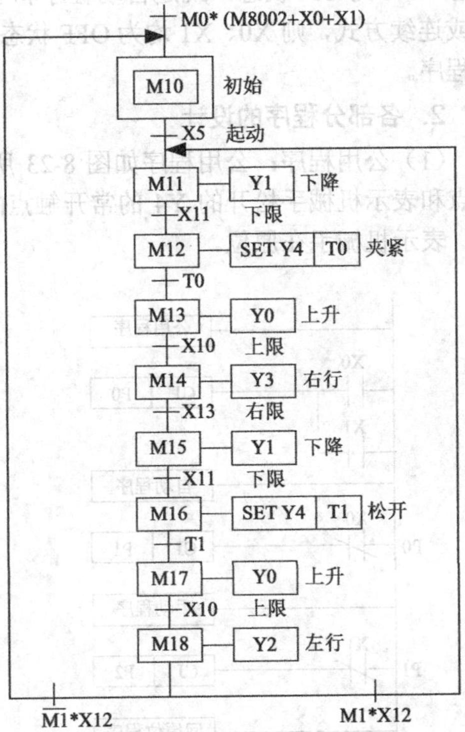

图 8-25 自动程序的功能表图

系统工作在连续、单周期（非单步）工作方式时，X2 的常闭触点接通，使 M2（转换允许）处于 ON 状态，串联在各步电路中的 M2 的常开触点接通，允许步与步之间的转换。

假设选择的是单周期工作方式，此时 X3 为 ON 状态，X1 和 X2 的常闭触点闭合，M2 为 ON 状态，允许转换。在初始步时按下起动按钮 X5，在 M11 的电路中，M10、X5、M2 的常开触点和 X12 的常闭触点均接通，使 M11 为 ON 状态，系统进入下降步，Y1 为 ON 状态，机械手下降；机械手碰到下限位开关 X11 时，M12 变为 ON 状态，转换到夹紧步，Y4 被复位，工件被夹紧；同时 T0 得电，2s 以后 T0 的定时时间到，其常开触点接通，使系统进入上升步。系统将这样一步一步地往下工作，当机械手在步 M18 返回最左边时，X4 为 ON 状态，因为此时不是连续工作方式，M1 处于 OFF 状态，转换条件 $\overline{M1}$ · X12 满足，系统返回并停留在初始步 M10。

在连续工作方式时，X4 为 ON 状态，在初始状态按下起动按钮 X5，与单周期工作方式时相同，M11 变为 ON 状态，机械手下降，与此同时，控制连续工作的 M1 为 ON 状态，往后的工作过程与单周期工作方式相同。当机械手在步 M18 返回最左边时，X12 为 ON 状态，因为 M1 为 ON 状态，转换条件 M7 · X4 满足，系统将返回步 M11，反复连续地工作下去。按下停止按钮 X6 后，M1 变为 OFF 状态，但是系统不会立即停止工作，在完成当前工作周期的全部动作后，在步 M18 返回最左边，左限位开关 X12 为 ON 状态，转换条件 $\overline{M1}$ · X12 满足，系统才返回并停留在初始步。

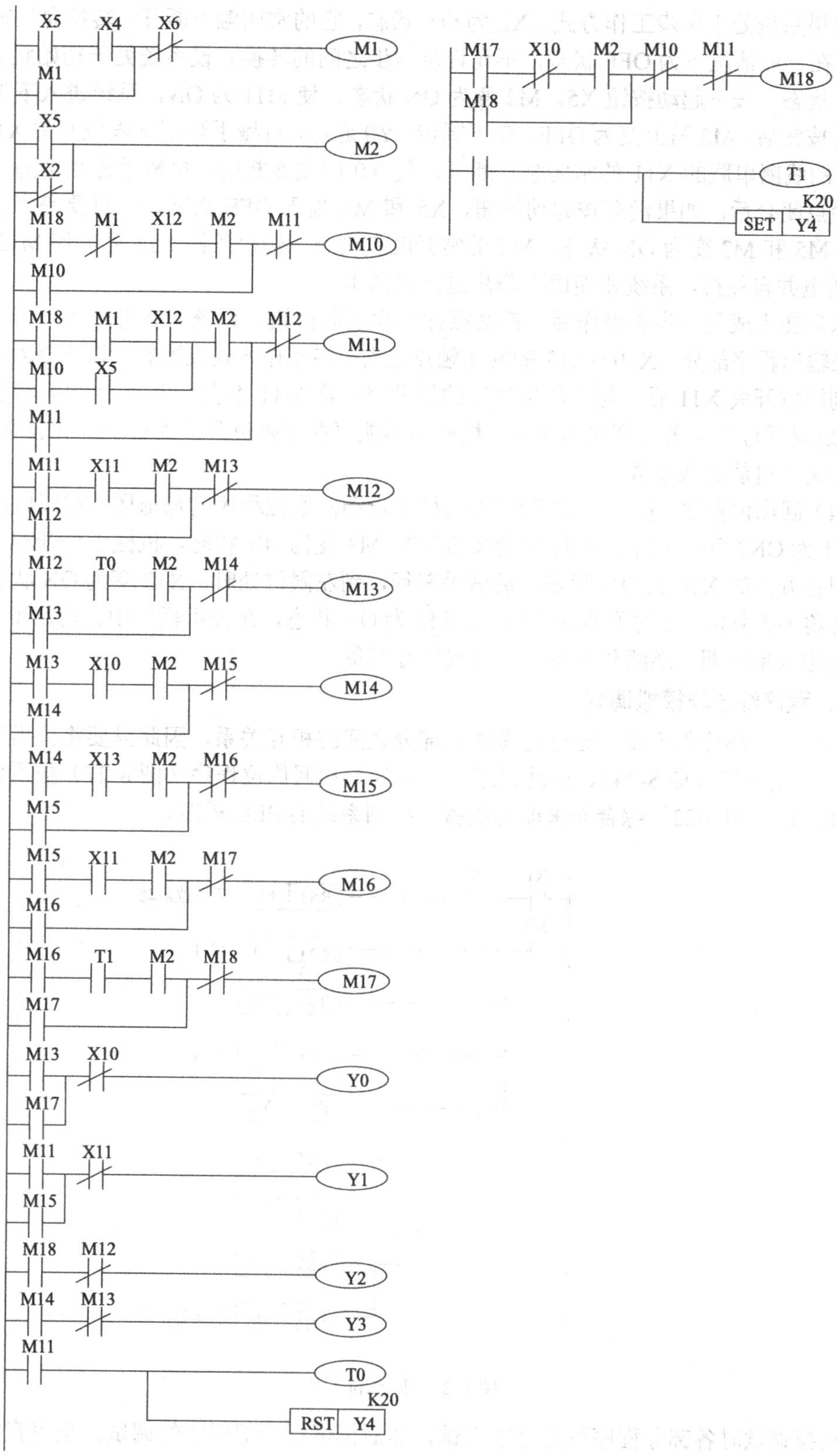
X5 X4 X6 M1
M1
X5 M2
X2
M18 M1 X12 M2 M11 M10
M10
M18 M1 X12 M2 M12 M11
M10 X5
M11
M11 X11 M2 M13 M12
M12
M12 T0 M2 M14 M13
M13
M13 X10 M2 M15 M14
M14
M14 X13 M2 M16 M15
M15
M15 X11 M2 M17 M16
M16
M16 T1 M2 M18 M17
M17
M13 X10 Y0
M17
M11 X11 Y1
M15
M18 M12 Y2
M14 M13 Y3
M11 T0
K20
RST Y4
M17 X10 M2 M10 M11 M18
M18
T1
K20
SET Y4

图 8-26　自动程序

如果系统处于单步工作方式，X2 为 ON 状态，它的常闭触点断开，转换允许辅助继电器 M2 在一般情况下为 OFF 状态，不允许步与步之间的转换。设系统处于初始状态，M10 为 ON 状态，按下起动按钮 X5，M2 变为 ON 状态，使 M11 为 ON，系统进入下降步。放开起动按钮后，M2 马上变为 OFF。在下降步，Y0 通电，机械手降到下限位开关 X11 处时，与 Y0 的线圈串联的 X11 的常闭触点断开，使 Y0 的线圈断电，机械手停止下降。X11 的常开触点闭合后，如果没有按起动按钮，X5 和 M2 处于 OFF 状态，一直要等到按下起动按钮，M5 和 M2 变为 ON 状态，M2 的常开触点接通，转换条件 X11 才能使 M12 接通，M12 通电并自保持，系统才能由下降步进入夹紧步。

以后在完成某一步的操作后，都必须按一次起动按钮，系统才能进入下一步。

在输出程序部分，X10～X13 的常闭触点是为单步工作方式设置的。以下降为例，当小车碰到限位开关 X11 后，与下降步对应的辅助继电器 M11 不会马上变为 OFF 状态，如果 Y0 的线圈不与 X11 的常闭触点串联，机械手不能停在下限位开关 X11 处，还会继续下降，这种情况下可能造成事故。

（4）回原位程序：如图 8-27 所示为机械手自动回原位程序的梯形图。在回原位工作方式（X1 为 ON）下，按下回原位起动按钮 X7，M3 变为 ON 状态，机械手松开和上升，升到上限位开关时 X10 为 ON 状态，机械手左行，到左限位处时，X12 变为 ON 状态，左行停止并将 M3 复位。这时原点条件满足，M0 为 ON 状态，在公用程序中，初始步 M0 被置位，为进入单周期、连续和单步工作方式作好准备。

3．程序综合与模拟调试

由于在分部分程序设计时已经考虑各部分之间的相互关系，因此只要将公用程序（图 8-23）、手动程序（图 8-24）、自动程序（图 8-26）和回原位程序（图 8-27）按照机械手程序总体结构（图 8-22）综合起来即为机械手控制系统的 PLC 程序。

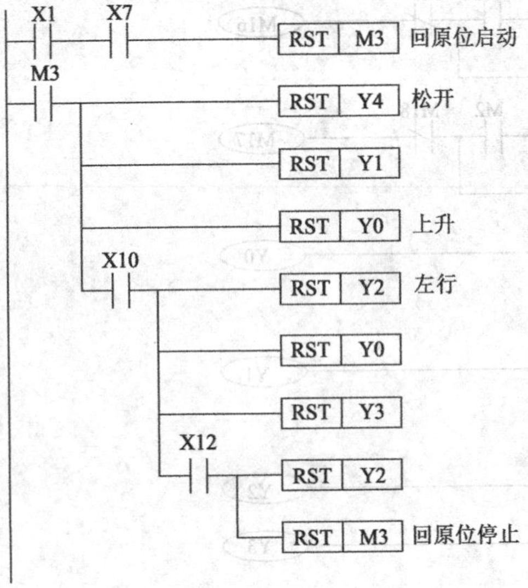

图 8-27 回原位程序

模拟调试时各部分程序可先分别调试，然后再进行全部程序的调试，也可直接进行全部程序的调试。

8.6　提高 PLC 控制系统可靠性的措施

虽然 PLC 具有很高的可靠性，并且有很强的抗干扰能力，但在过于恶劣的环境或安装使用不当等情况下，都有可能引起 PLC 内部信息的破坏而导致控制混乱，甚至造成内部元件损坏。为了提高 PLC 系统运行的可靠性，使用时应注意以下几个方面的问题。

8.6.1　适合的工作环境

1. 环境温度适宜

各生产厂家对 PLC 的环境温度都有一定的规定。通常 PLC 允许的环境温度约在 0～55℃。因此，安装时不要把发热量大的元件放在 PLC 的下方；PLC 四周要有足够的通风散热空间；不要把 PLC 安装在阳光直接照射或离暖气、加热器、大功率电源等发热器件很近的场所；安装 PLC 的控制柜最好有通风的百叶窗，如果控制柜温度太高，应该在柜内安装风扇强迫通风。

2. 环境湿度适宜

PLC 工作环境的空气相对湿度一般要求小于 85%，以保证 PLC 的绝缘性能。湿度太大也会影响模拟量输入/输出装置的精度。因此，不能将 PLC 安装在结露、雨淋的场所。

3. 注意环境污染

不宜把 PLC 安装在有大量污染物（如灰尘、油烟、铁粉等）、腐蚀性气体和可燃性气体的场所，尤其是有腐蚀性气体的地方，易造成元件及印刷线路板的腐蚀。如果只能安装在这种场所，在温度允许的条件下，可以将 PLC 封闭；或将 PLC 安装在密闭性较高的控制室内，并安装空气净化装置。

4. 远离振动和冲击源

安装 PLC 的控制柜应当远离有强烈振动和冲击场所，尤其是连续、频繁的振动。必要时可以采取相应措施来减轻振动和冲击的影响，以免造成接线或插件的松动。

5. 远离强干扰源

PLC 应远离强干扰源，如大功率晶闸管装置、高频设备和大型动力设备等，同时 PLC 还应该远离强电磁场和强放射源，以及易产生强静电的地方。

8.6.2　合理的安装与布线

1. 注意电源安装

电源是干扰进入 PLC 的主要途径。PLC 系统的电源有两类：外部电源和内部电源。

外部电源是用来驱动 PLC 输出设备（负载）和提供输入信号的，又称用户电源，同一台 PLC 的外部电源可能有多规格。外部电源的容量与性能由输出设备和 PLC 的输入电路决定。由于 PLC 的 I/O 电路都具有滤波、隔离功能，所以外部电源对 PLC 性能影响不大。因此，对外部电源的要求不高。

内部电源是 PLC 的工作电源，即 PLC 内部电路的工作电源。它的性能好坏直接影响到 PLC 的可靠性。因此，为了保证 PLC 的正常工作，对内部电源有较高的要求。一般 PLC 的内部电源都采用开关式稳压电源或原边带低通滤波器的稳压电源。

在干扰较强或可靠性要求较高的场合，应该用带屏蔽层的隔离变压器，对PLC系统供电。还可以在隔离变压器两侧串接LC滤波电路。同时，在安装时还应注意以下问题。

（1）隔离变压器与PLC和I/O电源之间最好采用双绞线连接，以控制串模干扰。

（2）系统的动力线应足够粗，以降低大容量设备起动时引起的线路压降。

（3）PLC输入电路用外接直流电源时，最好采用稳压电源，以保证正确的输入信号。否则可能使PLC接收到错误的信号。

2．远离高压

PLC不能在高压电器和高压电源线附近安装，更不能与高压电器安装在同一个控制柜内。在柜内PLC应远离高压电源线，二者间距离应大于200mm。

3．合理的布线

（1）I/O线、动力线及其他控制线应分开走线，尽量不要在同一线槽中布线。

（2）交流线与直流线、输入线与输出线最好分开走线。

（3）开关量与模拟量的I/O线最好分开走线，对于传送模拟量信号的I/O线最好用屏蔽线，且屏蔽线的屏敝层应一端接地。

（4）PLC的基本单元与扩展单元之间电缆传送的信号小、频率高，很容易受干扰，不能与其他的连线敷埋在同一线槽内。

（5）PLC的I/O回路配线，必须使用压接端子或单股线，不宜用多股绞合线直接与PLC的接线端连接，否则容易出现火花。

（6）与PLC安装在同一控制柜内，虽不是由PLC控制的感性元件，也应并联RC或二极管消弧电路。

8.6.3 正确的接地

良好的接地是PLC安全可靠运行的重要条件。为了抑制干扰，PLC一般最好单独接地，与其他设备分别使用各自的接地装置，如图8-28（a）所示；也可以采用公共接地，如图8-28（b）所示；但禁止使用如图8-28（c）所示的串联接地方式，因为这种接地方式会产生PLC与设备之间的电位差。

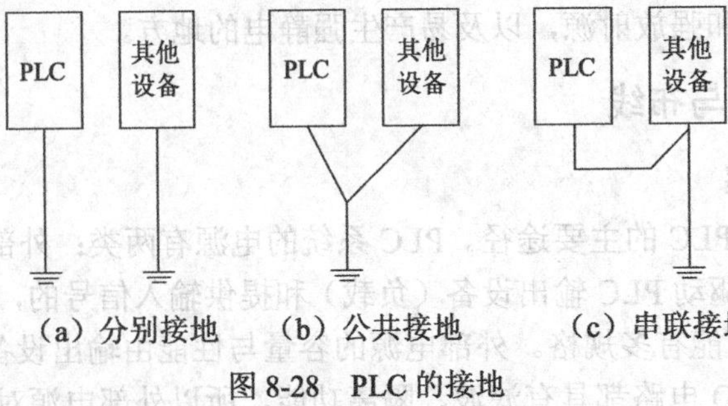

（a）分别接地　（b）公共接地　（c）串联接地

图8-28 PLC的接地

PLC的接地线应尽量短，使接地点尽量靠近PLC。同时，接地电阻要小于100Ω，接地线的截面应大于2mm²。

另外，PLC的CPU单元必须接地，若使用了I/O扩展单元等，则CPU单元应与它们具有共同的接地体，而且从任一单元的保护接地端到地的电阻都不能大于100Ω。

8.6.4　必须的安全保护环节

1. 短路保护

当 PLC 输出设备短路时，为了避免 PLC 内部输出元件损坏，应该在 PLC 外部输出回路中装上熔断器，进行短路保护。最好在每个负载的回路中都装上熔断器。

2. 互锁与联锁措施

除了在程序中保证电路的互锁关系，PLC 外部接线中还应该采取硬件的互锁措施，以确保系统安全可靠地运行，如电动机正、反转控制，要利用接触器 KM1、KM2 常闭触点在 PLC 外部进行互锁。在不同电机或电器之间有联锁要求时，最好也在 PLC 外部进行硬件联锁。采用 PLC 外部的硬件进行互锁与联锁，这是 PLC 控制系统中常用的做法。

3. 失压保护与紧急停车措施

PLC 外部负载的供电线路应具有失压保护措施，当临时断电再恢复供电时，不按下启动按钮 PLC 的外部负载就不能自行启动。这种接线方法的另一个作用是，当特殊情况下需要紧急停机时，按下停止按钮就可以切断负载电源，而与 PLC 毫无关系。

8.6.5　必要的软件措施

有时硬件措施不一定完全消除干扰的影响，采用一定的软件措施加以配合，对提高 PLC 控制系统的抗干扰能力和可靠性可以起到很好的作用。

1. 消除开关量输入信号抖动

在实际应用中，有些开关输入信号接通时，由于外界的干扰而出现时通时断的抖动现象。这种现象在继电器系统中由于继电器的电磁惯性一般不会造成什么影响，但在 PLC 系统中，由于 PLC 扫描工作的速度快，扫描周期比实际继电器的动作时间短得多，所以抖动信号就可能被 PLC 检测到，从而造成错误的结果。因此，必须对某些抖动信号进行处理，以保证系统正常工作。

如图 8-29（a）所示，输入 X0 抖动会引起输出 Y0 发生抖动，可采用计数器或定时器，经过适当编程，以消除这种干扰。

如图 8-29（b）所示为消除输入信号抖动的梯形图程序。当抖动干扰 X0 断开时间间隔 $\Delta t < K \times 0.1s$ 时，计数器 C0 不会动作，输出继电器 Y0 保持接通，干扰不会影响正常工作；只有当 X0 抖动断开时间 $\Delta t \geqslant K \times 0.1S$ 时，计数器 C0 计满 K 次动作，C0 常闭断开，输出继电器 Y0 才断开。K 为计数常数，实际调试时可根据干扰情况而定。

2. 故障的检测与诊断

PLC 具有很完善的自诊断功能，如出现故障，借助自诊断程序可以方便地找到出现故障的部件，更换后就可以恢复正常工作。故障处理的方法可参看 FX 系统手册的故障处理指南。实践证明，外部设备的故障率远高于 PLC，而这些设备故障时，PLC 不会自动停机，可使故障范围扩大。PLC 外部输入、输出设备的故障率远远高于 PLC 本身的故障率，而这些设备出现故障后，PLC 一般不能觉察出来，可能使故障扩大，直至强电保护装置动作后才停机，有时甚至会造成设备和人身事故。停机后，查找故障也要花费很多时间。为了及时发现故障，在没有酿成事故之前使 PLC 自动停机和报警，也为了方便查找故障，提高维修效率，可用PLC程序实现故障的自诊断和自处理。为了及时发现故障，可用梯形图程序实现故障的自诊断和自处理。排除后就可以恢复正常工作。

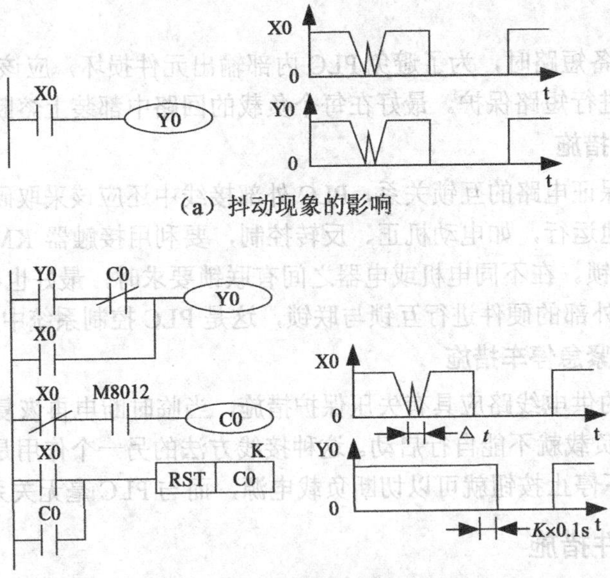

（a）抖动现象的影响

（b）消除抖动的方法

图8-29 输入信号抖动的影响及消除

现代的PLC拥有大量的软件资源，如FX2N系列PLC有几千点辅助继电器、几百点定时器和计数器，有相当大的裕量，可以把这些资源利用起来，用于故障检测。

（1）超时检测：机械设备在各工步的所需时间基本不变，因此可以用时间为参考，在可编程控制器发出信号，相应的外部执行机构开始动作时起动一个定时器开始计时，定时器的设定值比正常情况下该动作的持续时间长20%左右。如某执行机构在正常情况下运行10s后，使限位开关动作，发出动作结束的信号。在该执行机构开始动作时起动设定值为12s的定时器定时，若12s后还没有收到动作结束的信号，由定时器的常开触点发出故障信号，该信号停止正常的程序，起动报警和故障显示程序，使操作人员和维修人员能迅速判别故障的种类，及时采取排除故障的措施。

（2）逻辑错误检测：在系统正常运行时，PLC的输入、输出信号和内部的信号（如存储器位的状态）相互之间存在着确定的关系，如出现异常的逻辑信号，则说明出了故障。因此可以编制一些常见故障的异常逻辑关系，一旦异常逻辑关系为ON状态，就应按故障处理。如机械运动过程中先后有两个限位开关动作，这两个信号不会同时接通。若它们同时接通，说明至少有一个限位开关被卡死，应停机进行处理。在梯形图中，用这两个限位开关对应的存储器的位的常开触点串联，来驱动一个表示限位开关故障的存储器的位就可以进行检测。

3. 消除预知干扰

某些干扰是可以预知的，如PLC的输出命令使执行机构（如大功率电动机、电磁阀等电感性负载）动作，常常会伴随产生火花、电弧等干扰信号，它们产生的干扰信号可能使PLC接收错误的信息。在容易产生这些干扰的时间内，可用软件封锁PLC的某些输入信号，在干扰信号消失后，再恢复PLC的被封锁的这些输入信号。

8.7　PLC 控制系统的维护和故障诊断

8.7.1　PLC 控制系统的维护

PLC 的日常维护和保养比较简单，主要是更换保险丝和锂电池，基本没有其他易损元器件。由于存放用户程序的随机存储器（RAM）、计数器和具有保持功能的辅助继电器等均用锂电池保护，锂电池的寿命大约为 5 年，当锂电池的电压逐渐降低到一定程度时，PLC 基本单元上电池电压跌落到指示灯亮，提示用户注意有锂电池所支持的程序还可保留一周左右，必须更换电池，这是日常维护的主要内容。

调换锂电池的步骤为：

（1）在拆装前，应先让 PLC 通电 15s 以上（这样可使作为存储器备用电源的电容器充电，在锂电池断开后，该电容可对 PLC 做短暂供电，以保护 RAM 中的信息不丢失）。

（2）断开 PLC 的交流电源。

（3）打开基本单元的电池盖板。

（4）取下旧电池，装上新电池。

（5）盖上电池盖板。

注意更换电池时间要尽量短，一般不允许超过 3 分钟。如果时间过长，RAM 中的程序将消失。

此外，应注意更换保险丝时要采用指定型号的产品。

I/O 模块的更换，若需替换一个模块，用户应确认被安装的模块是同类型。有些 I/O 系统允许带电更换模块，而有些则需切断电源。若替换后可解决问题，但在相对较短时间后又发生故障，那么用户应检查能产生电压的感性负载，也许需要从外部抑制其电流尖峰。如果保险丝在更换后易被烧断，则有可能是模块的输出电流超限，或输出设备被短路。

PLC 日常维护检修的一般内容如表 8-1 所示。

表 8-1　PLC 维护检修项目、内容

序　号	检 修 项 目	检 修 内 容
1	供电电源	在电源端子处测电压变化是否在标准范围内
2	外部环境	环境温度（控制柜内）是否在规定范围 环境湿度（控制柜内）是否在规定范围 积尘情况（一般不能积尘）
3	输入输出电源	在输入、输出端子处测电压变化是否在标准范围内
4	安装状态	各单元是否可靠固定、有无松动 连接电缆的连接器是否完全插入旋紧 外部配件的螺钉是否松动
5	寿命元件	锂电池寿命等

8.7.2　PLC 的故障诊断

PLC 控制系统主要由输入部分、CPU、采样部分、输出控制和通信部分组成，如图 8-30 所示。输入部分包括控制面板和输入模板；采样部分包括采样控制模板、AD 转换模板和传感器；CPU 作为系统的核心，完成接收数据，处理数据，输出控制信号；输出部分有的系统用到 DA 模板，将输出信号转换为模拟量信号，经过功放驱动执行器；大多数系统直接将输出信号给输出模板，由输出模板驱动执行器工作；通信部分由通信模板和上位机组成。

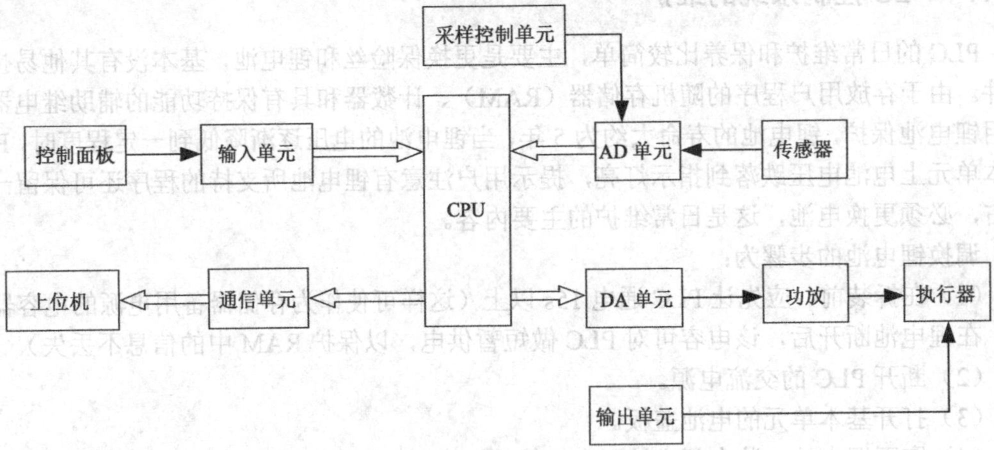

图 8-30　PLC 控制系统的一般结构

因为 PLC 本身的故障可能性极小，系统的故障主要来自外围的元部件，所以它的故障可分为如下几种：

（1）输入故障，即操作人员的操作失误。

（2）传感器故障。

（3）执行器故障。

（4）PLC 软件故障。

这些故障，都可以用合适的故障诊断方法进行分析和用软件进行实时监测，对故障进行预报和处理。

PLC 的故障诊断是一个十分重要的问题，是保证 PLC 控制系统正常、可靠运行的关键。本文对常用的故障诊断方法进行了探讨。在实际工作过程中，应充分考虑到对 PLC 的各种不利因素，定期进行检查和日常维护，以保证 PLC 控制系统安全、可靠地运行。

1. PLC 控制系统故障的宏观诊断

故障的宏观诊断就是根据经验，参照发生故障的环境和现象来确定故障的部位和原因。PLC 控制系统的故障宏观诊断方法如下：

（1）是否为使用不当引起的故障，如属于这类故障，则根据使用情况可初步判断出故障类型、发生部位。常见的使用不当包括供电电源故障、端子接线故障、模板安装故障、现场操作故障等。

（2）如果不是使用故障，则可能是偶然性故障或系统运行时间较长所引发的故障。对于这类故障可按 PLC 的故障分布，依次检查、判断故障。首先检查与实际过程相连的传感器、检测开关、执行机构和负载是否有故障；然后检查 PLC 的 I/O 模板是否有故障；最后检查 PLC 的 CPU 是否有故障。

（3）在检查 PLC 本身故障时，可参考 PLC 的 CPU 模板和电源模板上的指示灯。

（4）采取上述步骤还检查不出故障部位和原因，则可能是系统设计错误，此时要重新检查系统设计，包括硬件设计和软件设计。

2. PLC 控制系统的故障自诊断

故障自诊断是系统可维修性设计的重要方面，是提高系统可靠性必须考虑的重要问题。自诊断主要采用软件方法判断故障部分和原因。不同控制系统自诊断的内容不同。PLC 有很强的自诊断能力，当 PLC 出现自身故障或外围设备故障，都可用 PLC 上具有诊断指示功能的发光二极管的亮、灭来查找。

（1）总体诊断

根据总体检查流程图找出故障点的大方向，逐渐细化，以找出具体故障，如图 8-31 所示。

（2）电源故障诊断

电源灯不亮，需对供电系统进行诊断。如果电源灯不亮，首先检查是否有电，如果有电，则下一步就检查电源电压是否合适，不合适就调整电压，若电源电压合适，则下一步就是检查熔丝是否烧坏，如果烧坏就更换熔丝检查电源，如果没有烧坏，下一步就是检查接线是否有误，若接线无误，则应更换电源部件。

（3）运行故障诊断

电源正常，运行指示灯不亮，说明系统已因某种异常而终止了正常运行。检查流程如图 8-32 所示。

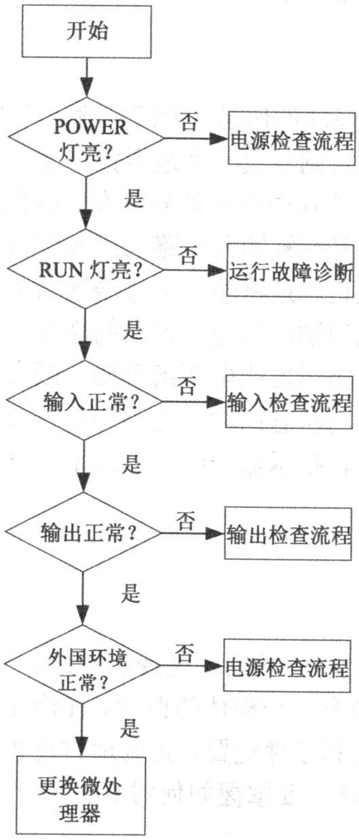

图 8-31　总体诊断流程图

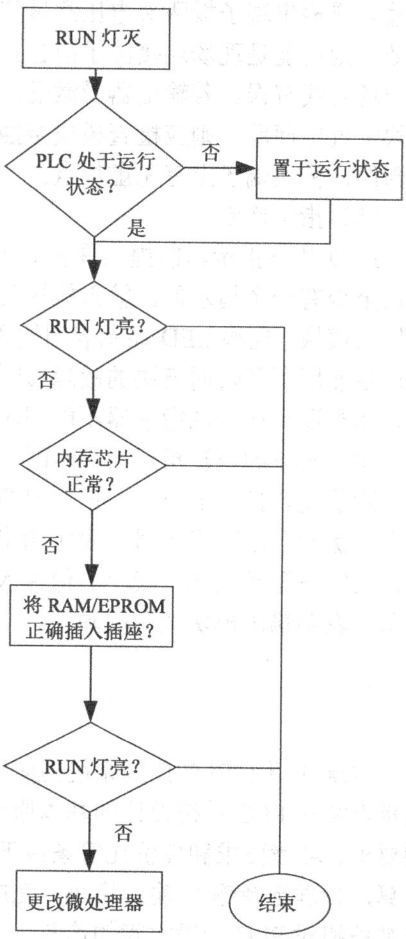

图 8-32　运行故障诊断流程图

（4）输入输出故障诊断

输人输出是 PLC 与外部设备进行信息交流的通道，其是否正常工作，除了和输入输出单元有关外，还与连接配线、接线端子、保险丝等元件状态有关。

出现输入故障时，首先检查 LED 电源指示器是否响应现场元件（如按钮、行程开关等）。如果输入器件被激励（即现场元件已动作），而指示器不亮，则下一步就应检查输入端子的端电压是否达到正确的电压值。若电压值正确，则可替换输入模块。若一个 LED 逻辑指示器变暗，而且根据编程器件监视器、处理器未识别输入，则输入模块可能存在故障。如果替换的模块并未解决问题且连接正确，则可能是 I/O 机架或通信电缆出了问题。

出现输出故障时，首先应察看输出设备是否响应 LED 状态指示器。若输出触点通电，模块指示器变亮，输出设备不响应。那么，首先应检查保险丝或替换模块。若保险丝完好，替换的模块未能解决问题，则应检查现场接线。若根据编程设备监视器显示一个输出器被命令接通，但指示器关闭，则应替换模块。

在诊断输入/输出故障时，最佳方法是区分究竟是模块自身的问题，还是现场连接上的问题。如果有电源指示器和逻辑指示器，模块故障易于发现。通常，先是更换模块，或测量输入或输出端子板两端电压测量值是否正确，模块不响应，则应更换模块。若更换后仍无效，则可能是现场连接出了问题。输出设备截止，输出端间电压达到某一预定值，就表明现场连线有误。若输出器受激励，且 LED 指示器不亮，则应替换模块。如果不能从 I/O 模块中查出问题，则应检查模块接插件是否接触不良或未对准。最后，检查接插件端子有无断线，模块端子上有无虚焊点。

（5）指示诊断

LED 状态指示器能提供许多关于现场设备、连接和 I/O 模块的信息。大部分输入/输出模块至少有一个指示器。输入模块常设电源指示器，输出模块则常设一个逻辑指示器。对于输入模块，电源 LED 显示表明输入设备处于受激励状态，模块中有一信号存在。该指示器单独使用不能表明模块的故障。逻辑 LED 显示表明输入信号已被输入电路的逻辑部分识别，如果逻辑和电源指示器不能同时显示，则表明模块不能正确地将输入信号传递给处理器。输出模块的逻辑指示器显示时，表明模块的逻辑电路已识别出从处理器来的命令并接通。除了逻辑指示器外，一些输出模块还有一只保险丝熔断指示器或电源指示器，或二者兼有。保险丝熔断指示器只表明输出电路中的保护性保险丝的状态；输出电源指示器显示时，表明电源已加在负载上。像输入模块的电源指示器和逻辑指示器一样，如果不能同时显示，表明输出模块就有故障了。

本 章 小 结

本章介绍了 PLC 控制系统的应用设计，关键是系统总体设计，核心则是控制程序设计。要重点掌握 PLC 系统设计的基本原则和设计的一般流程，要有一个整体的概念。在满足控制要求、环境要求和性价比等条件下，合理选择 PLC 的机型和硬件配置，正确地进行内存估算，合理选择输入/输出模块，完成 PLC 的硬件与软件设计。要掌握如何对 PLC 进行系统维护和对 PLC 一般故障的诊断。

习　题

8.1 可编程控制器系统设计一般分为几步？

8.2 PLC 减少输入、输出点数的方法有几种？

8.3 如何选择合适的 PLC 类型？

8.4 PLC 的开关量输入单元一般有哪几种输入方式？它们分别适用于什么场合？

8.5 PLC 的开关量输出单元一般有哪几种输出方式？各有什么特点？

8.6 PLC 输入输出有哪几种接线方式？为什么？

8.7 某系统有自动和手动两种工作方式。现场的输入设备有：6 个行程开关（SQ1～SQ6）和 2 个按钮（SB1～SB2）仅供自动时使用；6 个按钮（SB3～SB8）仅供手动时使用；3 个行程开关（SQ7～SQ9）为自动、手动共用。是否可以使用一台输入只有 12 点的 PLC？若可以，试画出 PLC 的输入接线图。

8.8 用一个按钮（X1）来控制三个输出（Y1、Y2、Y3）。当 Y1、Y2、Y3 都为 OFF 时，按一下 X1，Y1 为 ON 状态，再按一下 X1，Y1、Y2 为 ON 状态，再按一下 X1，Y1、Y2、Y3 都为 ON 状态，再按 X1，Y1、Y2、Y3 都为 OFF 状态。再操作 X1，输出又按以上顺序动作。试用两种不同的程序设计方法设计其梯形图程序。

8.9 I/O 接线时应注意哪些事项？PLC 如何接地？

8.10 PLC 对安装环境有何要求？PLC 的安装方法有几种？

8.11 如何提高 PLC 控制系统的可靠性？

8.12 设计一个可用于四支比赛队伍的抢答器。系统至少需要 4 个抢答按钮、1 个复位按钮和 4 个指示灯。试画出 PLC 的 I/O 接线图、设计出梯形图并加以调试。

8.13 设计一个十字路口交通指挥信号灯控制系统，其示意图如图 8-33 所示。具体控制要求是：设置一个控制开关，当它闭合时，信号灯系统开始工作；当它断开时，信号灯全部熄灭。信号灯工作循环如图 8-33（b）所示。试画出 PLC 的 I/O 接线图、设计出梯形图并加以调试。

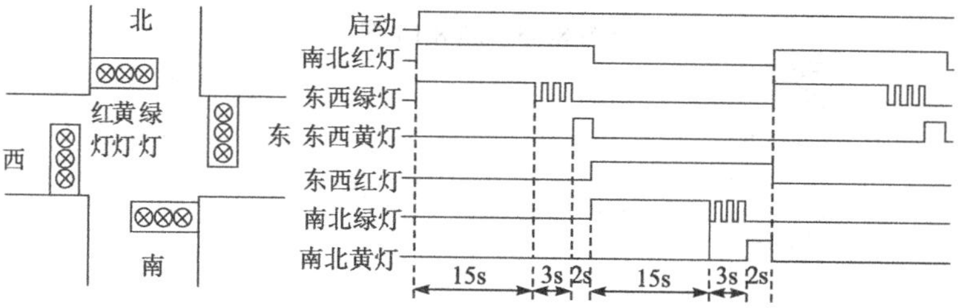

（a）示意图　　（b）时序图

图 8-33　题 8.13 图

8.14 设计一个汽车库自动门控制系统，其示意图如图 8-34 所示。具体控制要求是：当汽车到达车库门前，超声波开关接收到来车的信号，门电动机正转，门上升，当门升到顶点碰到上限开关，门停止上升，汽车驶入车库后，光电开关发出信号，门电动机反转，门下降，当下降到下限开关后门电动机停止。试画出 PLC 的 I/O 接线图、设计出梯形图程序并加以调试。

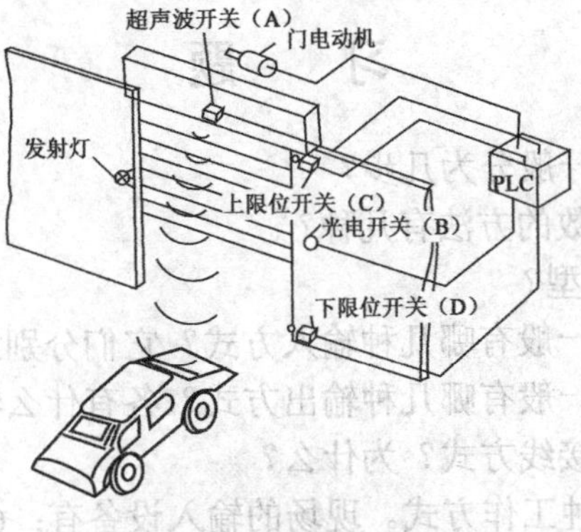

图 8-34 题 8.14 图

8.15 如图 8-35 所示为一台机械手用来分选大、小球的工作示意图。系统设有手动、单周期、单步、连续和回原位 5 种工作方式，机械手在最上面、最左边且电磁吸盘断电时，称为系统处于原点状态（或称初始状态）。手动时应设有左行、右行、上升、下降、吸合、释放六个操作按钮；回原点工作方式时应设有回原位起动按钮；单周期、单步、连续工作方式时应设有起动和停止按钮。系统还应该设有起动和急停按钮。图中 SQ 为用来检测大小球的光电开关，SQ 为 ON 状态时为小球，SQ 为 OFF 状态时为大球。根据以上要要求，试为该大、小球分选系统设计一套 PLC 控制系统。

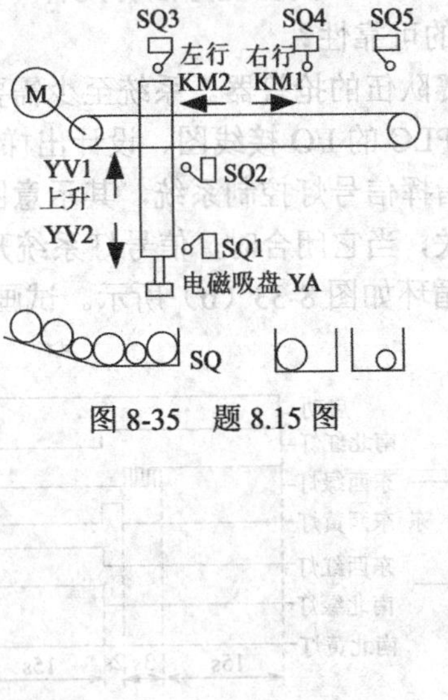

图 8-35 题 8.15 图

第 9 章 PLC 控制系统的实验和实训

本章内容提要

掌握 PLC 技术的关键在于动手实践，因此本章从 PLC 应用实践指导的角度出发，主要介绍 PLC 的基本实验、提高实验、实训设计等综合内容。

9.1 FXGP_WIN-C 编程软件的使用

9.1.1 概述

1. FXGP_WIN-C 编程软件的功能

FX 系列 PLC 实际利用计算机编程时，使用 FXGP_WIN-C（FX Group Program _Windows-China）编程软件，意为“Windows 操作系统下中文提示 FX 系列 PLC 编程设计软件”。

该软件可以利用梯形图和指令语句表两种方式编制 FX 系列 PLC 的用户程序，梯形图和指令语句表二者可相互转换，编制操作过程中有中文提示，使用比较方便。该软件可以脱机独立编制 PLC 用户程序，再经传输电缆，对 PLC 主机写出或者读入用户程序，并且能对运行中的 PLC 主机进行监控。也可将其存储为文件，用打印机打印出来。

2. 编程系统的构成与配置

（1）编程界面

启动 FXGP_WIN-C 软件，单击工具栏 1 中的“新文件”按钮（见界面介绍），选择 PLC 型号（FX2N）并确定，显示图 9-1 所示梯形图编程界面，界面显示左右母线、编程区、光标位置、菜单栏、工具栏 1、工具栏 2、功能图、功能键、状态栏以及标题栏等。

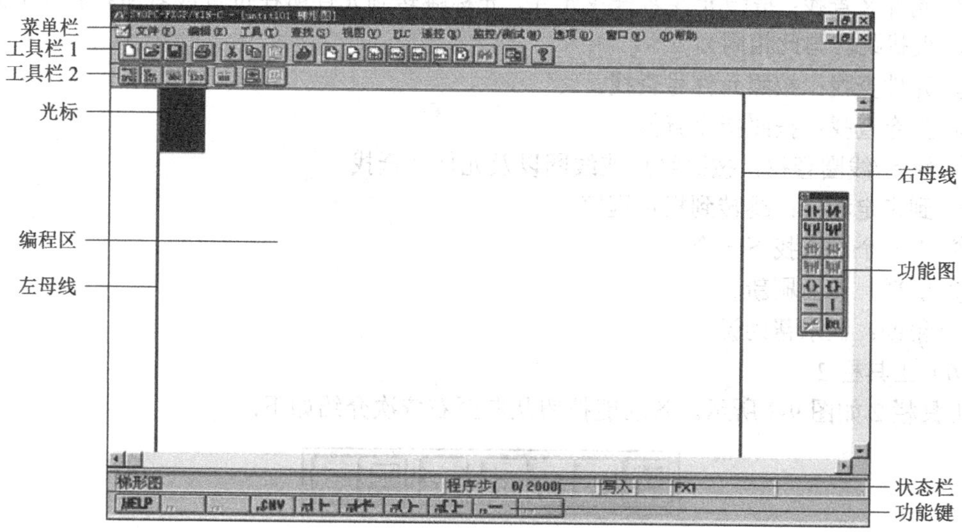

图 9-1　梯形图编程界面

（2）编程区

左右母线之间为编程区，用于编制梯形图过程中放置元件、指令等。

（3）光标

光标当前位置是放置或删除元件、指令的位置，利用键盘的上下左右四方向键移动光标，也可单击移动光标。

（4）菜单栏

点击（点击是指用鼠标左键单击，下同）各菜单按钮，显示其下层菜单项，选则菜单项并确认以后，将实现菜单项所描述功能。当鼠标指针指向工具栏 1 或工具栏 2 的各个按钮时，均有中文提示该按钮作用。有关的菜单后面将有详细介绍。

（5）工具栏 1

工具栏 1 如图 9-2 所示。各工具按钮从左至右依次介绍如下：

图 9-2　工具栏 1

① 新文件：编制新的程序文件，也可用于清屏。

② 打开：打开原有的 PLC 用户程序文件（扩展名为. PMW 性能监视器文件）。

③ 保存：保存正在编制或修改的程序文件。

④ 打印：经打印机打印输出梯形图或者指令语句表。

⑤ 剪切：剪切部分程序并保存到剪切板。

⑥ 拷贝：将选中的内容复制到剪切板。

⑦ 粘贴：将剪切板的内容粘贴到光标处。

⑧ 转换：将梯形图转换成指令语句表。

⑨ 到顶：光标跳到最顶端。

⑩ 到底：光标跳到最底端。

⑪ 元件名查找：按照元件名查找元件，光标跳转到元件所在位置或者所在行（下面的⑫～⑭ 查找跳转与此相同）。

⑫ 元件查找：按照元件号查找。

⑬ 指令查找：按照指令查找。

⑭ 触点/线圈查找：按照触点或线圈以及元件名查找。

⑮ 到指定程序：跳转到指定程序。

⑯ 下一个：查找下一个。

⑰ 刷新：界面刷新。

⑱ 帮助：显示帮助说明。

（6）工具栏 2

工具栏 2 如图 9-3 所示。各功能按钮从左至右依次介绍如下：

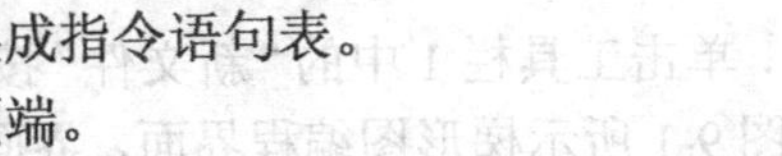

图 9-3　工具栏 2

① 梯形图视图：显示梯形图编程界面。
② 指令表视图：显示指令语句表编程界面。
③ 注释视图：显示注释界面。
④ 寄存器视图：显示寄存器视图界面。
⑤ 注释显示设置：显示注释显示设置界面。
⑥ 开始监控：监控 PLC 运行状态。
⑦ 停止监控：停止监控 PLC 运行状态。

（7）功能图

功能图如图 9-4 所示。点击图内对象，可在光标处放置元件和指令。

第一行：放置常开触点；放置常闭触点。
第二行：向上并联常开触点；向上并联常闭触点。
第五行：放置线圈；放置指令。
第六行：放置水平线段；放置垂直线段于光标左下方。
第七行：对左方触点组的逻辑关系取反；删除光标左下方的垂直线段。

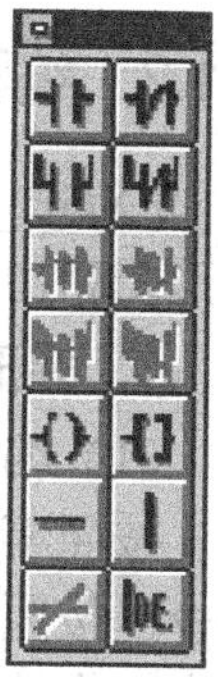

图 9-4　功能图

（8）状态栏

状态栏简要显示步序、写入/插入等编程状态。写入/插入状态由【Insert】键转换。

（9）功能键

功能键又称快捷键、热键，是指计算机键盘最上端的【F1】～【F10】各个按键，分别代表一个功能，可快速放置元件、指令。

功能键分为梯形图编辑功能键和指令语句表编辑功能键。

① 梯形图功能键如图 9-5 所示。

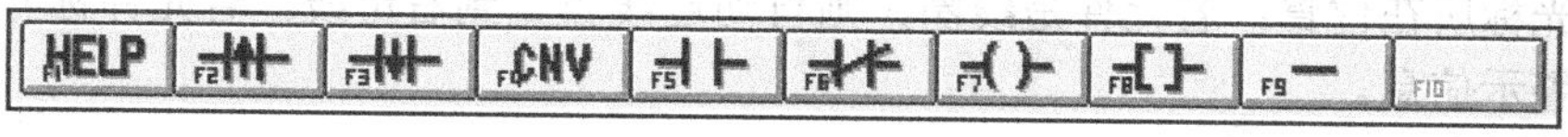

图 9-5　梯形图功能键

F1：帮助。
F2：放置前沿有效的常开触点。
F3：放置后沿有效的常开触点。
F4：梯形图转换（转换成步序及指令语句表）。
F5：放置常开触点。
F6：放置常闭触点。
F7：放置线圈。
F8：放置指令。
F9：放置水平线段。

② 语句表功能键如图 9-6 所示。

图 9-6　语句表功能键

F1：帮助。
F5：输入 LD 指令。
F6：输入 AND 指令。
F7：输入 OR 指令。
F8：输入 ANB 指令。
F9：输入 OUT 指令。

9.1.2 编程方法

FXGP_WIN-C 编程软件，可编制 FX 系列 PLC 的梯形图和指令语句表两种用户程序，梯形图和指令语句表二者能够相互转换。编制过程中可以对程序进行编辑修改。

1. 梯形图编程

（1）编程方法

按照事先绘制的梯形图，在图 9-1 所示梯形图编程界面下，在编程区逐一放置元件和指令。按照调用元件的不同方式，梯形图编程可分为工具菜单法、功能图法、功能键法和键盘指令法。

① 工具菜单法

在菜单栏“工具”菜单中有“触点”“线圈”“功能”“连线”等菜单项，“触点”菜单中有常开触点、常闭触点等菜单项；“连线”菜单中有水平线段、垂直线段、垂直线段删除等菜单项，可分别放置各种元件、指令和连线。

• 放置元件

点击菜单栏的“工具”菜单，选择元件后，弹出元件标号对话框，利用鼠标左键或者【Tab】键将光标切换到对话框内，填写标号按回车键或点击“确认”按钮，若元件是触点，则放置到光标所在位置；若元件是线圈，则自动连线放置到右母线。若元件标号错误，会弹出错误警示信息。

• 放置指令

选择“工具”菜单的“功能”命令后，弹出“输入指令”对话框，填写指令助记符并确认，则将该指令放置到光标所在位置。

• 连线操作

利用“工具”菜单中“连线”命令下的水平线段、垂直线段、垂直线删除等选项，在光标处放置或删除线段。

② 功能图法

• 放置元件

点击“功能图”中的元件符号，弹出“输入元件”对话框，其他同上。

• 放置指令

点击“功能图”的指令符号，弹出“输入指令”对话框后，其他同上。

• 连线操作

点击“功能图”的相关按钮即可。

③ 功能键法

参照编程界面最下面一行的“功能键”符号，按键盘最上排的【F6】～【F9】功能键，放置元件或指令，其他与上述方法相同。

④ 键盘指令法

如果对键盘操作比较熟练，对指令语句助记符也比较熟悉，可在梯形图编程界面下，利用键盘直接输入助记符指令，连接放置元件和指令。

（2）编辑修改梯形图以及转换存盘

① 修改元件、指令

在“写入”状态下，移动光标到欲修改的对象，重复上述放置方法，新的元件、指令会覆盖原有的元件、指令。

② 插入元件

在“插入”状态下，移动光标到欲插入位置，放置插入新元件，原有元件向右侧移动。

③ 删除元件或者指令

移动光标到欲删除的对象，按键盘的【Delete】键，即可将对象删除。

④ 行删除

移动光标到欲删除的行，点击菜单栏中的“编辑”菜单，选择“行删除”命令，即可删除光标所在行右侧的所有内容。

⑤ 行插入

移动光标到欲插入行处，点击菜单栏的“编辑”菜单，选择“行插入”命令，即可在光标处插入一个空行。

⑥ 撤销键入

点击菜单栏中的“编辑”菜单，选择“撤销键入”命令，可撤销最后一步操作，恢复删除的元件或指令。

⑦ 选择一个或多个逻辑行

按住键盘【Shift】键，鼠标左键点击元件，可选择一个逻辑行，再次点击其他行的元件，可选择多个逻辑行。

⑧ 鼠标右键菜单

选择对象以后，点击鼠标右键弹出快捷菜单，菜单项为“撤销键入”、“剪切”、“复制”、“粘贴”等，其作用与菜单栏的“编辑”菜单项相同，可对对象进行相应的编辑，其中的“剪切”有删除作用。充分利用快捷菜单能够提高编程速度。

⑨ 将梯形图转换成指令语句表

梯形图编制完成以后，点击工具栏 1 的“转换”按钮，将梯形图转换成指令语句表，以备向 PLC 主机写入指令程序。如果梯形图有严重错误，转换过程中会弹出错误提示。梯形图编制过程中也可进行转换。点击工具栏 2 的“指令表视图”按钮，可查看转换完成的指令语句表。

⑩ 修改原有程序文件

点击工具栏 1 的“打开”按钮，选择路径和文件名（PLC 用户程序文件扩展名为.PMW，系性能监视器文件），打开原有程序文件按照上述方法编辑修改。

⑪ 视图显示比例

菜单栏“视图”菜单下有“显示比例”菜单项，显示比例由 50%～150%分为多级，选择的显示比例越大，图形显示越大，但是对图形的观察范围越小，一般选择能够显示出梯形图左右母线的比例为宜。

⑫ 存盘

编制完成的梯形图和指令语句表程序，需保存到硬盘或软盘中以备将来调用。方法是：

点击工具栏1的“存盘”按钮，弹出存盘设置对话框，选择路径、输入文件名（扩展名为 .PMW）确认存盘。文件名长度不得超过八个英文字符（或者四个中文字符）。编辑过程中应经常进行转换和存盘操作，一则便于及时发现编程错误，二则防止中途掉电造成数据丢失。

存盘完成后，将在相应目录下生成文件名相同，但是扩展名不同的四个文件，其中文件类型为“性能监视器文件”的为用户程序主文件，其他为辅助文件。

⑬ 重新命名存盘

正在编辑的原有文件，可以改变路径和文件名存为另一个文件，而不改变原有文件。方法是：点击菜单栏“文件”菜单，选择“另存为”命令，弹出存盘设置对话框，选择路径、输入文件名确认存盘。

2. 指令语句表编程

点击编程界面工具栏2的“指令表视图”按钮，显示如图9-7所示指令语句表编程界面，根据事先设计的指令语句表，逐步编制指令语句表程序。

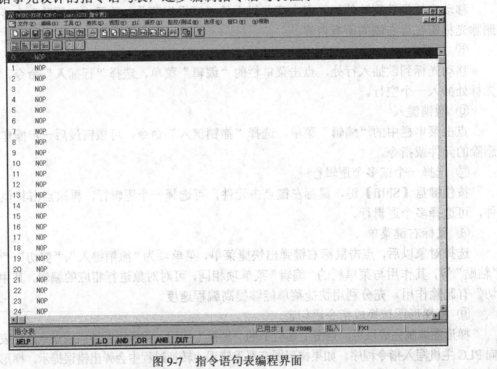

图9-7 指令语句表编程界面

（1）输入助记符和操作数

利用键盘或者功能键，按照程序顺序，逐步输入助记符以及操作数并回车确认，完成指令语句表编程。

（2）修改某一步指令

在“覆盖”状态下，移动光标到该步，输入新指令覆盖旧指令。

（3）删除某一步指令

移动光标到该步，按键盘【Delete】键，即删除该步指令。

（4）插入一步指令

在“插入”状态下，移动光标到欲插入指令的位置，输入指令即可插入。

（5）插入空行

移动光标到欲插入空行处，点击菜单栏“编辑”菜单，选择“NOP 插入”命令，选择插入步序号范围，即可插入多步 NOP 空行。

（6）将指令语句表转换成梯形图

每当输入一个对线圈操作的指令，完成一个逻辑行，指令语句表将自动转换成梯形图。

存盘操作如同梯形图编程。

3．读入、写出程序与监控

读入程序是将 PLC 主机中的用户程序读入到计算机；写出程序是将计算机内的用户程序写出至 PLC 主机。

写出或者读入程序时，用编程电缆连接计算机和 PLC 主机，将 PLC 主机电源打开，并将编程通信口一旁的转换开关置于 STOP 一侧（下侧）。程序传输完毕转入 PLC 运行时，再将此开关置于 RUN 一侧（上侧）。

（1）读入程序

点击编程界面菜单栏中的 PLC 菜单，选择“传送”→“读入”命令，系统将 PLC 主机中的用户程序读入到计算机，读入过程有进度提示，直至读入完成，界面显示读入的用户程序梯形图。

（2）写出程序

写出程序首先需要“清除原有程序”，点击编程界面菜单栏的 PLC 菜单，选择“PLC 存储器清除”命令，弹出“PLC 内存清除”对话框，选择“PLC 存储空间”复选框，确认，然后再执行“写出”步骤。

点击编程界面菜单栏的 PLC 菜单，选择“传送”→“写出”命令，弹出“PC 程序写入”对话框，选择“范围设置”单选钮，给定程序步序范围并确认，计算机将编制好的程序指令语句写出到 PLC 主机，写出过程有进度提示，直至写出完成。

如果明确 PLC 内存用户程序的步序数，写出程序设置范围大于原有步序数，将原有程序覆盖掉即可，省略清除程序过程。

需要注意，不得带电连接或撤除编程电缆，应在计算机和 PLC 主机开机前连接编程电缆，关机后才能撤除编程电缆。

（3）监控

监控是指计算机与 PLC 主机联机，PLC 主机运行时，通过计算机屏幕监控 PLC 主机的运行状态。

监控方法：点击工具栏 2 中的“开始监控”按钮，可见当前 PLC 主机内接通的元件显示为绿色，通电的定时器、计数器的参数也会发生变化。点击工具栏 2 中的“停止监控”按钮，即可停止监控。

如需退出编程及监控状态，点击编程界面右上角的“×”按钮即可。需要指出的是，退出程序之前，应该进行存盘操作。

以上简要介绍了 FXGP_WIN-C 编程软件的最基本应用，其他方面更深入的内容，还请大家参照上述方法，利用软件的中文提示和帮助程序，举一反三，逐步摸索，不断学习，全面掌握该编程软件的使用方法。

9.2 PLC 基本实验

可编程序控制器课程是一门实践性很强的课程，要学好可编程序控制器，除了在课堂上的书本中作基本的传授外，通过实验手段进行自动控制系统的模拟设计与程序调试，进一步验证、巩固和深化控制器原理知识与硬软件设计知识是必不可少的；通过实验还可以加强对常见工控设备的认识和了解。这些实验就是基于这样一个出发点，从工程实践出发，由易到难，循序渐进，在典型应用的基础上，逐步解决实际问题。

本章全部实验均是以目前使用较普遍的日本三菱公司的 FX2N 小型 PLC 为实训样机，用梯形图编程，这些程序也适用于三菱 FX 系列其他型号的 PLC。需要说明的是：每个实验按要求设计的控制程序既不是唯一的，也不一定是最优的，读者可根据对指令的理解和掌握，重新进行编程。

9.2.1 基本逻辑指令编程实验

一、实验目的

1．熟悉 FX2N PLC 的组成，电路接线和开机步骤。
2．熟悉三菱 FXGP_WIN-C 编程软件的使用方法。
3．掌握基本逻辑指令 LD、LDI、AND、ANI、OR、ORI 的使用方法。
4．学会用基本逻辑指令实现顺控系统的编程。
5．学会 PLC 程序调试的基本步骤及方法。
6．学会用 PLC 改造继电器典型电路的方法。

二、实验设备

1．PC 1 台。
2．三菱 FX2N-48MT PLC 1 台。
3．连接电缆 1 根。
4．按钮操作板 1 块。

三、预习内容

1．熟悉三菱 FXGP_WIN-C 编程软件的使用方法，请详细阅读本书附录的全部内容。
2．熟悉三菱 FX2N-48MT PLC 的基本位设备：X、Y、M。
3．熟悉三菱基本逻辑指令 LD、LDI、AND、ANI、OR、ORI 的使用方法。
4．熟悉典型继电器电路的工作原理。
5．预习本次实验内容，在理论上分析运行结果，预先写出程序的调试步骤。

四、实验步骤

1．了解 FX2N-48MT PLC 的组成，熟悉 PLC 的电源、输入信号端 X 和公共端 COM、输出信号端 Y 和公共端 COM1～COM5；PLC 的编程口及 PC 的串行通信口、编程电缆的连接；PLC 上扩展单元插口以及 EEPROM 插口的连接方法；RUN/STOP 开关及各类指示灯的作用等。

2．电路连接好后经指导教师检查无误，并将 RUN/STOP 开关置于 STOP 后，方可接入 220V 交流电源。

3．在 PC 上启动三菱 FXGP_WIN-C 编程软件，新建工程，进入编程环境。

4．根据实验内容，在 FXGP_WIN-C 编程环境下输入梯形图程序，转换后，下载到 PLC 中。

5．程序运行调试并修改。

6．完成实验报告。

五、实验内容

1．走廊灯两地控制程序（基础题）

（1）控制要求：走廊灯两地控制：楼上开关、楼下开关均能控制走廊灯的亮灭。

（2）输入/输出信号定义：

输入：X0—楼上开关（非自复式开关）　　　　输出：Y0—走廊灯

X1—楼下开关（非自复式开关）

（3）参考程序（梯形图）如图 9-8 所示。

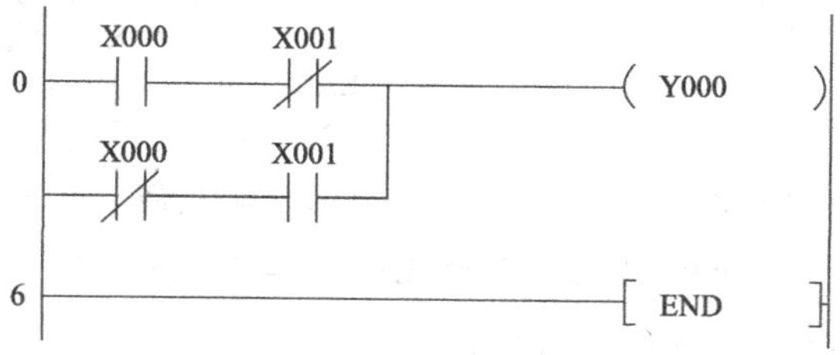

图 9-8　两地控制 PLC 程序

（4）程序分析：根据梯形图可以看出，当 X0 和 X1 中任一输入点状态变化时，均能影响到输出点 Y0 的状态。

（5）思考：

① 上机运行以上程序，写出运行结果。

② 编程实现走廊灯三地控制：走廊东侧开关、走廊中间开关、走廊西侧开关均能控制走廊灯的亮灭。

2．电动机的点动＋连动程序（基础题）

（1）系统控制要求：

① 电动机的点动控制：按下点动启动按钮，电动机启动运行；松开点动启动按钮，电动机停止运行。

② 电动机的连动控制：按下连动启动按钮，电动机启动运行；松开连动启动按钮，电动机仍然继续运行；只有当按下停止按钮时，电动机才停止运行。

③ 保护：系统中有失压、欠压保护，过载保护。

④ PLC 的带载能力有限，不可以直接驱动电动机，而是通过中间继电器 KA 控制接触器线圈再控制电动机，要求绘制 PLC 的电气原理图。

（2）输入/输出信号定义：

输入：X0—点动控制按钮　　　　输出：Y0—电动机运行

X1—连动控制按钮

X2—停车按钮

X3—FR 过载保护

（3）PLC 电气原理图绘制：

① 主电路：从电源到电动机的大电流电路，与继电器电路相同，如图 9-9（a）所示。

② 控制电路：PLC 到中间继电器 KA 到接触器线圈电路，取代继电器电路中的控制电路，如图 9-9（b）所示。

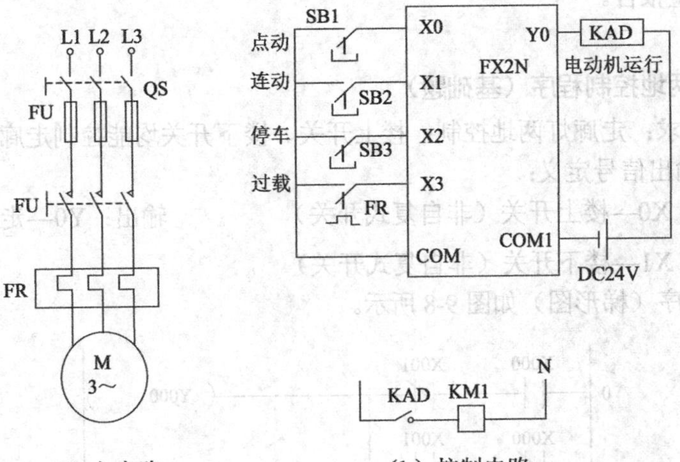

（a）主电路　　（b）控制电路

图 9-9　点动 + 连动电路 PLC 电气原理图

（4）参考程序（梯形图）如图 9-10 所示。

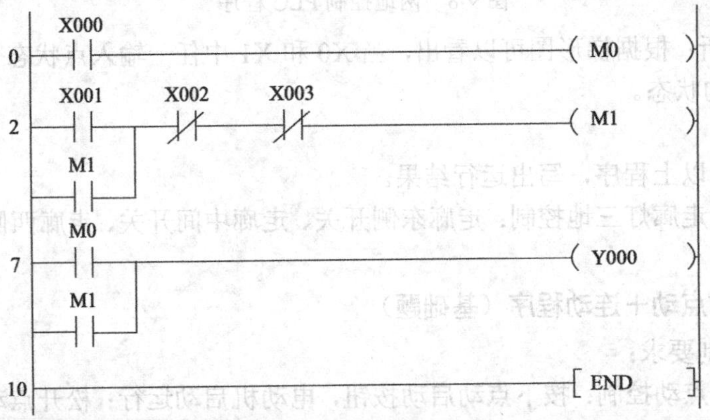

图 9-10　点动+连动程序

（5）程序分析：本例主要说明了 PLC 中辅助继电器 M 的用途，因为 PLC 的工作原理与继电器控制系统的工作原理不一样，它没有继电器控制系统中的先断后合的概念，故点动控制与连动控制状态必须分别用 M0、M1 保存，M0、M1 均能分别影响到输出点 Y0 的状态。

（6）思考：

① 上机运行以上程序，写出运行结果。

② 写出以上程序的逻辑表达式。

3．电动机正、反转控制程序（基础题）

（1）控制要求：电动机能正/反转、停车；正/反转可任意切换；有自锁、互锁环节。

（2）输入/输出信号定义：

输入：X0—正转启动按钮　　　　输出：Y0—电动机正转

X1—反转启动按钮　　　　Y1—电动机反转

X2—停车按钮

X3—FR 过载保护

（3）PLC 电气原理图绘制：

① 主电路：从电源到电动机的大电流电路，与继电器电路相同如图 9-11（a）所示。

② 控制电路：PLC 到中间继电器 KA 到接触器线圈电路，取代继电器电路中的控制电路，在硬件图上有互锁环节，如图 9-11（b）所示。

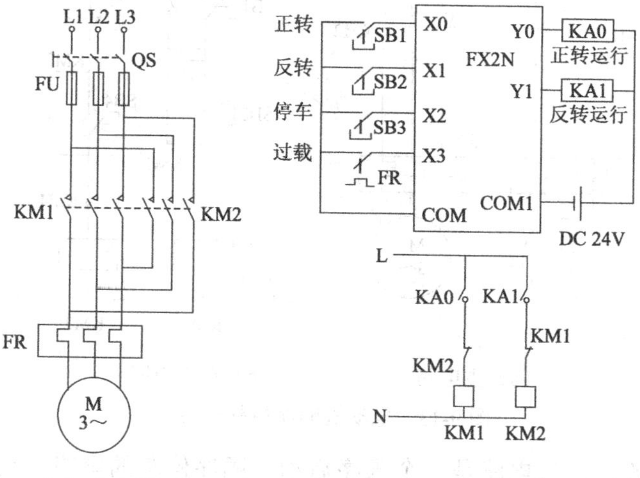

（a）主电路　　（b）控制电路

图 9-11　正反转电路 PLC 电气原理图

（4）参考程序（梯形图）如图 9-12 所示。

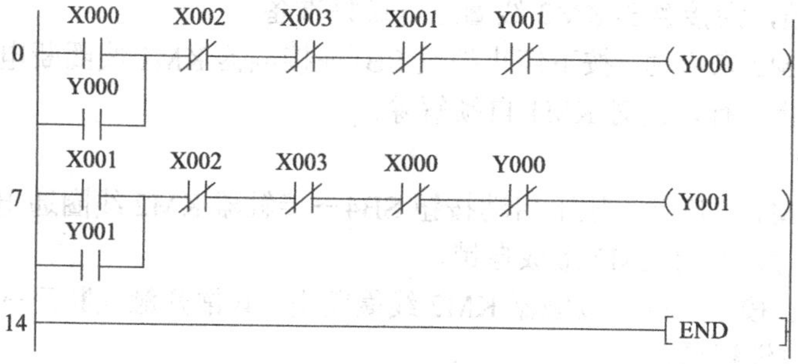

图 9-12　正反转程序

（5）程序分析：在反转输出 Y1、停止按钮 X2 断开的情况下，按下正转输入按钮 X0，此时正转输出 Y0 接通并自锁，电机正转。反转的情况类似。该程序可实现电动机的正—停—反控制。

（6）思考：

① 上机运行以上程序，写出运行结果。

② 写出以上程序的逻辑表达式。

4．将继电器控制系统改为 PLC 控制系统

（1）控制要求：将图 9-13 中的继电器控制系统改为 PLC 控制系统。

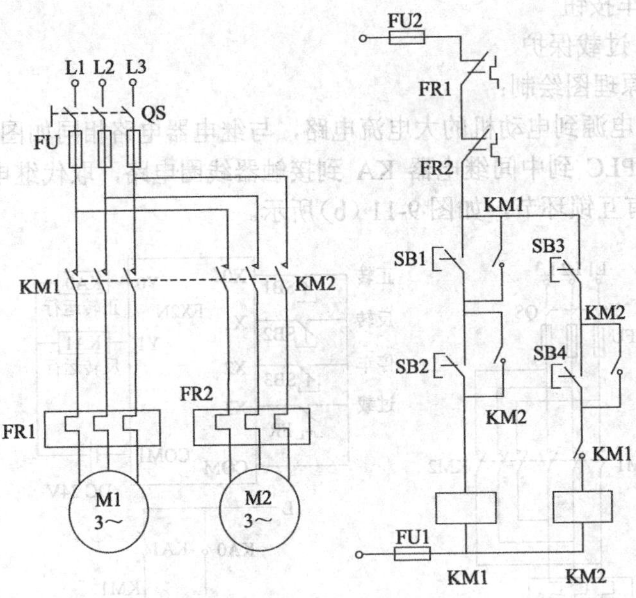

（a）主电路　　（b）控制电路

图 9-13　电动机顺序控制电路

（2）电路工作原理：该电路是一个顺序启动，顺序停车的电路。启动顺序：电动机M1 启动→电动机 M2 启动；停车顺序：电动机 M2 停车→电动机 M1 停车。

① 电动机 M1。

启动：按下启动按钮 SB2→接触器 KM1 线圈通电，其常开触点闭合→电动机 M1 运行，同时 KM1 形成自锁，为接触器 KM2 线圈通电做好准备。

停车：电动机 M2 未启动，按下停止按钮 SB1→接触器 KM1 线圈断电，其常开触点断开→电动机 M1 停止运行，同时 KM1 自锁解除。

② 电动机 M2。

启动：电动机 M1 已启动→压下启动按钮 SB4→接触器 KM2 线圈通电，其常开触点闭合→电动机 M2 运行，同时 KM2 形成自锁。

停车：按下停止按钮 SB3→接触器 KM2 线圈断电，其常开触点断开→电动机 M2 停止运行，同时 KM2 自锁解除。

③ 保护环节。

电动机 M1 与 M2 均设有过载保护 FR1、FR2，任意一台电动机过载，两台电动机均停止运行。主电路上还设有短路保护。

（3）输入/输出信号定义：

输入：X0—M1 启动按钮 SB2
X1—M1 停车按钮 SB1
X2—M2 启动按钮 SB4
X3—M2 停车按钮 SB3
X4—M1 过载保护 FR1
X5—M2 过载保护 FR2

输出：Y0—电动机 M1 运行
Y1—电动机 M2 运行

（4）PLC 电气原理图绘制：

① 主电路：从电源到电动机的大电流电路，与继电器电路相同如图 9-14（a）所示。

② 控制电路：PLC 到中间继电器 KA 到接触器 KM 线圈电路，取代继电器电路中的控制电路，如图 9-14（b）所示。

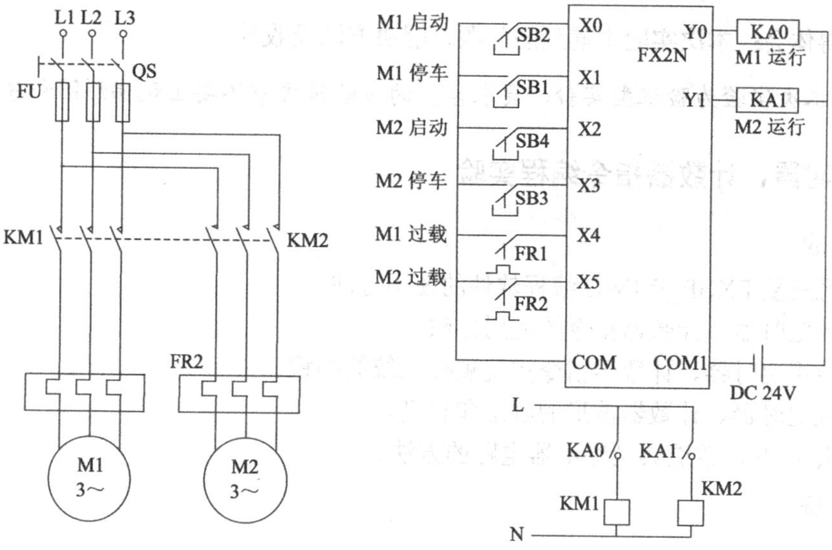

图 9-14 正反转电路 PLC 电气原理图

（5）参考程序（梯形图）如图 9-15 所示。

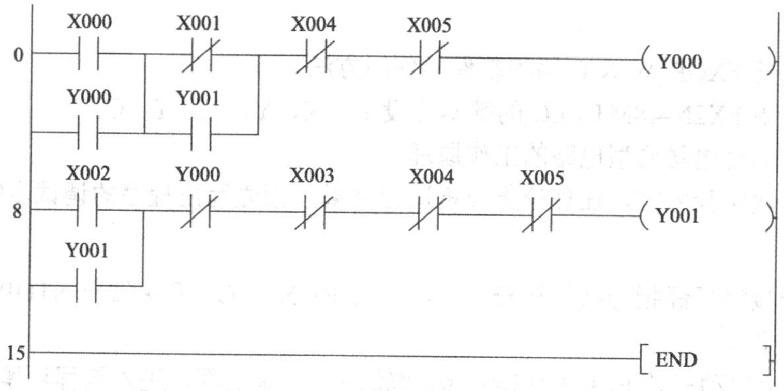

图 9-15 电动机顺序控制电路 PLC 程序

（6）程序分析：该程序与继电器原理图较相似，分析略。

六、实验报告

本次实验为学生第一次实验，实验类型为验证型实验，要求学生在实验过程中重点熟悉编程环境、如何编写程序、下载程序、调试程序、观察结果、修改程序。

本次实验报告的主要内容有：

1．实验目的：本次实验主要达到的要求及目的。

2．实验设备：本次实验的主要设备。

3．预习内容：预习本次实验内容后，写出理论分析程序运行结果及程序调试步骤。

4．实验具体步骤：如何联机、编写程序、下载程序、调试程序、观察结果、修改程序。

5．实验程序上机验证：写出运行后得到的结果，并分析与预习中的结果是否相同，完成思考题。

6．心得体会：本次实验中遇到的问题、解决方法及收获。

注意：本次实验为验证型实验，要求学生的实验报告中不要出现梯形图程序。

9.2.2 定时器、计数器指令编程实验

一、实验目的

1．熟悉三菱 FXGP_WIN-C 编程软件的使用方法。

2．掌握定时器、计数器指令的使用方法。

3．学会用定时器、计数器指令实现顺控系统的编程。

4．掌握定时器、计数器波形的画法和含义。

5．学会用 PLC 改造典型继电器电路的方法。

二、实验设备

1．PC 1 台。

2．三菱 FX2N-48MT PLC 1 台。

3．连接电缆 1 根。

4．按钮操作板 1 块。

三、预习内容

1．熟悉三菱 FXGP_WIN-C 编程软件的使用方法。

2．熟悉三菱 FX2N-48MT PLC 的基本位设备：X、Y、M、T、C。

3．熟悉时间继电器典型电路的工作原理。

4．预习本次实验内容，在理论上分析运行结果，预先写出程序的调试步骤。

四、实验步骤

1．电路连接好后经指导教师检查无误，并将 RUN/STOP 开关置于 STOP 后，方可接入 220V 交流电源。

2．在 PC 上启动三菱 FXGP_WIN-C 编程软件，新建工程，进入编程环境。

3．根据实验内容，在 FXGP_WIN-C 编程环境下输入梯形图程序，转换后，下载到 PLC 中。

4．程序运行调试并修改。

5．完成实验报告。

五、实验内容

1．通电延时控制程序（基础题）

（1）控制要求：编制输入/输出信号波形图如下的程序。

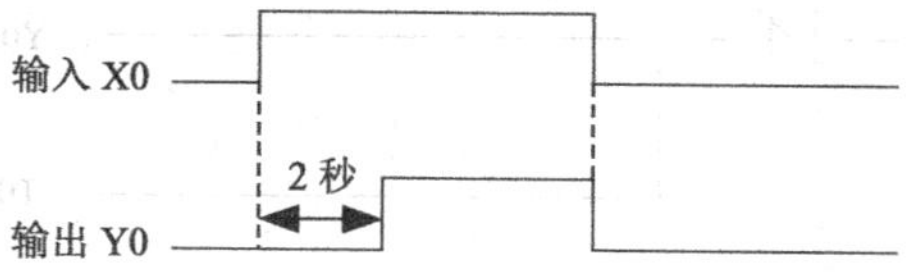

（2）参考程序（梯形图）如图 9-16 所示。

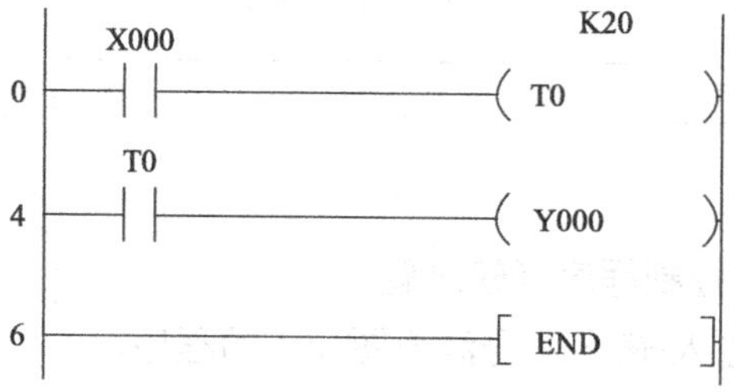

图 9-16 通电延时控制程序

（3）程序分析：当 X0 接通时，定时器 T0 线圈通电，T0 开始延时；当 2 秒延时时间到后，T0 的常开触点闭合使得 Y0 接通；断开 X0，则 T0 线圈断电，T0 常开触点被复位，Y0 断开。

2．断电延时控制程序（较难题）

（1）控制要求：编制输入/输出信号波形图如下的程序。

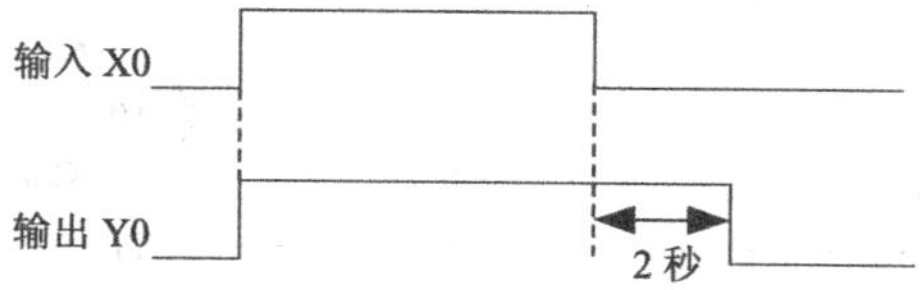

（2）参考程序（梯形图）如图 9-17 所示。

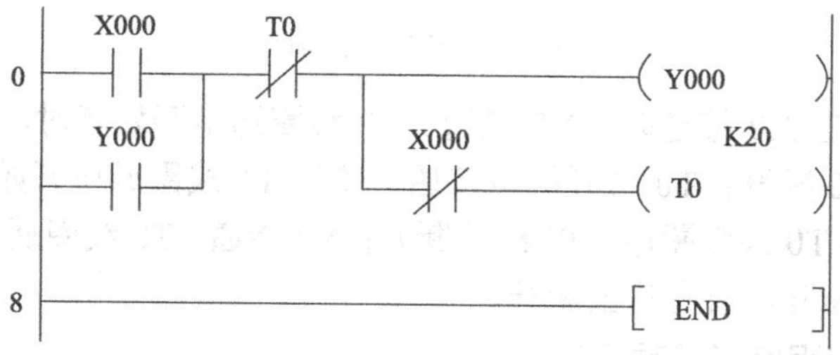

图 9-17 断电延时控制程序

（3）程序分析：当 X0 接通时，Y0 线圈接通并自锁，同时 T0 线圈断电；当 X0 断开时，T0 线圈通电，T0 开始延时，延时时间到后，T0 常闭触点断开使得 Y0 断开。

（4）思考：运行下图所示程序，分析运行结果，根据输入信号的波形画出输出信号的波形图。

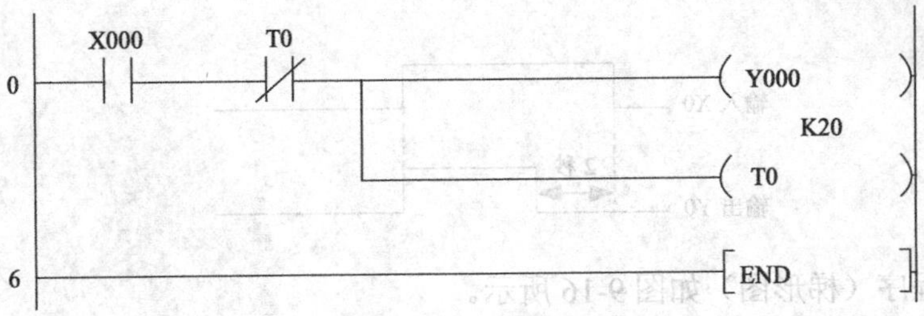

图 9-18　示例程序

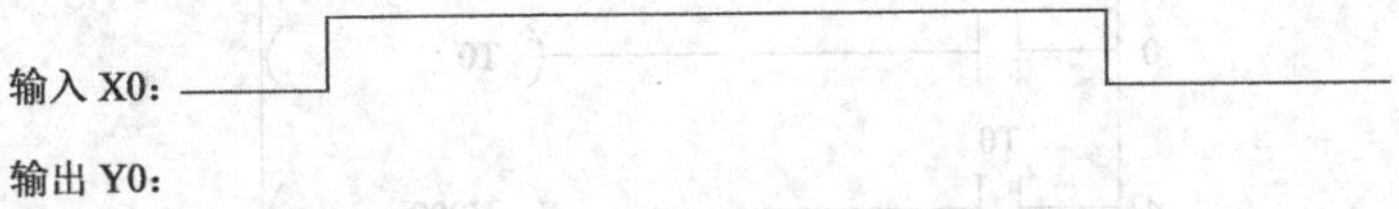

3．方波（2s）发生器控制程序（较难题）

（1）控制要求：编制输入/输出信号波形图如下的程序。

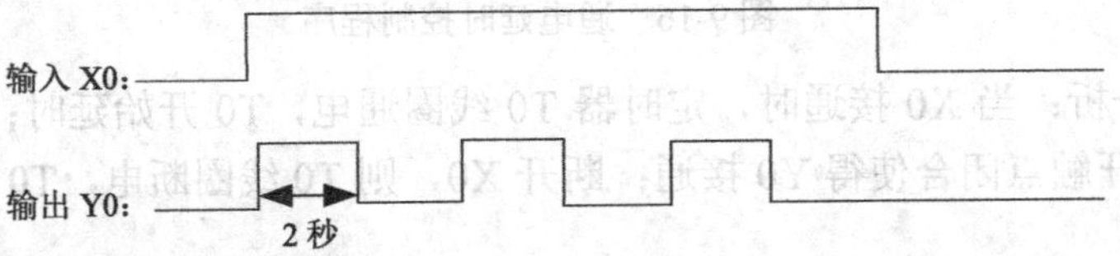

（2）参考程序（梯形图）如图 9-19 所示。

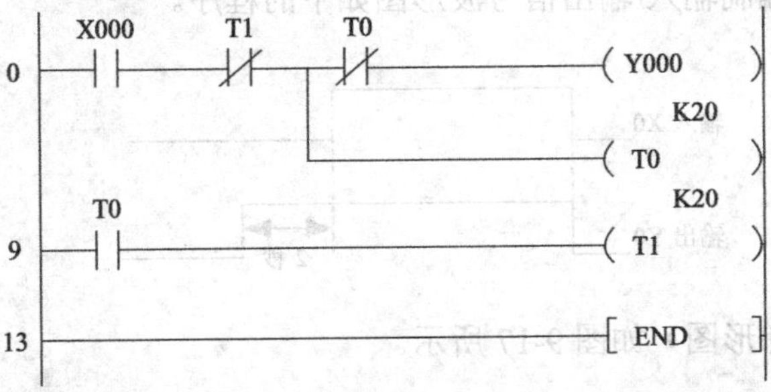

图 9-19　方波发生器控制程序

（3）程序分析：当 X0 接通时，Y0 接通、T0 线圈通电开始延时，延时时间到后，T0 常闭触点断开使得 Y0 断开；T0 常开触点接通，使得 T1 线圈通电开始延时，延时时间到后，T1 常闭触点使得 T0 线圈断电，T1 线圈断开；Y0 接通、T0 线圈通电开始延时，……，产生方波，直到 X0 断开，所有输出断开。

4．按钮记数控制程序（较难题）

（1）控制要求：按钮 X0 按下 3 次，信号灯 Y0 亮，再按下 3 次，信号灯灭。

（2）参考程序（梯形图）如图 9-20 所示。

（3）程序分析：X0 每按下一次，C0 计数值增加 1，当 C0 计数值为 3 时，Y0 接通，并且此后 C1 开始对 X0 的上升沿进行计数，当 C1 计数值为 3 时，C0 被复位，C0 的常闭触点也将 C1 进行复位，开始下一次的计数。

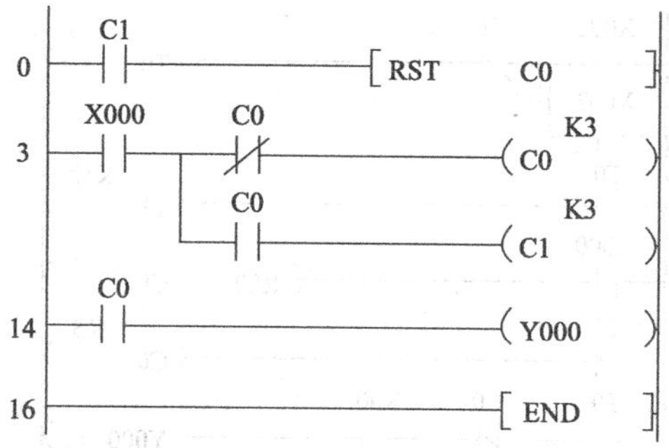

图 9-20　按钮计数控制程序

（4）思考：

① 上机运行程序，分析运行结果，根据输入信号的波形画出输出信号的波形图。

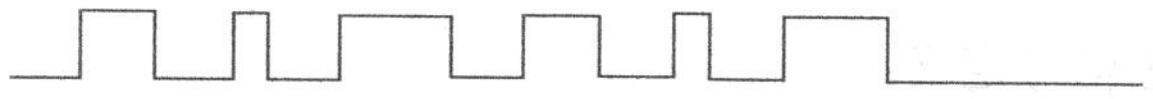

② 若要求按按钮时长按 0.5 秒计一次，而单次按下时，按一下，计一次，程序应作如何修改？

③ 若要求按按钮时采用两个按钮输入，一个按钮按下，计数器的计数值加一次，而另一个按钮按下，计数器的计数值减一次，程序应作如何修改？

5. 汽车转弯灯控制程序（较难题）

（1）控制要求：汽车驾驶台上有一个转换开关。当开关扳向左边时，左灯闪亮（亮灭各一秒）；当开关扳向右边时，右灯闪亮（亮灭各一秒）；当开关扳向中间时，关左、右灯。若司机忘了关灯，则过 10 秒钟自动停止闪亮。

（2）输入/输出信号定义：

输入：X0—开关打在中间
X1—开关打在左边
X2—开关打在右边

输出：Y0—左灯
Y1—右灯

（3）参考程序（梯形图）如图 9-21 所示。

（4）程序分析：当 X1（或者 X2）接通时，T0 与 T1 构成一振荡器，T0 的触点波形为周期为 2 秒，占空比为 50%的方波，根据接通的触点是 X1 还是 X2，控制 Y0（左灯）或 Y1（右灯）闪光。计数器 C0 对 T1 的上升沿进行计数，当计数值为 5 时（时间为 10 秒），C0 常闭触点断开，Y0（或 Y1）不再闪光。司机将 X0 接通后，C0 被复位，可以进行下一次的计数工作。

（5）思考：

① 分析上述程序，Y0，Y1 会不会同时通电，为什么？

② 画出 Y0、Y1 的波形图。

6. 长定时控制程序（较难题）

（1）控制要求：按下启动按钮 SB1，长定时器开始定时，此时即使松开启动按钮 SB1，长定时器仍然继续定时，4 小时后，指示灯 HL0 亮；此时，只有按下停止按钮 SB2，指示灯 HL0 才会熄灭。

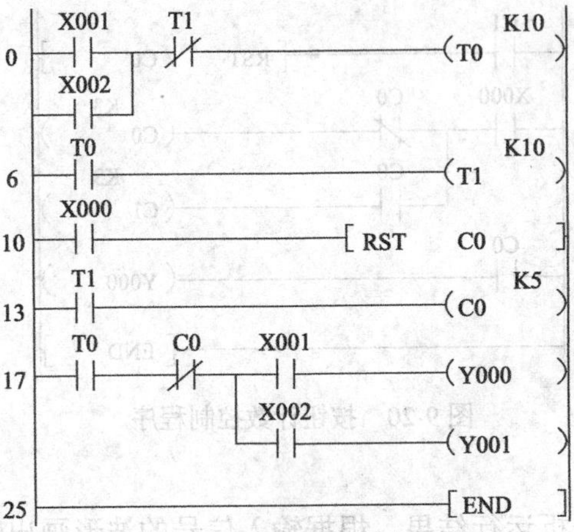

图 9-21 汽车转弯灯控制程序

（2）输入/输出信号定义：

输入：X0—启动按钮 SB1　　　　输出：Y0—指示灯

X1—停止按钮 SB2

（3）参考程序（梯形图）如图 9-22 所示。

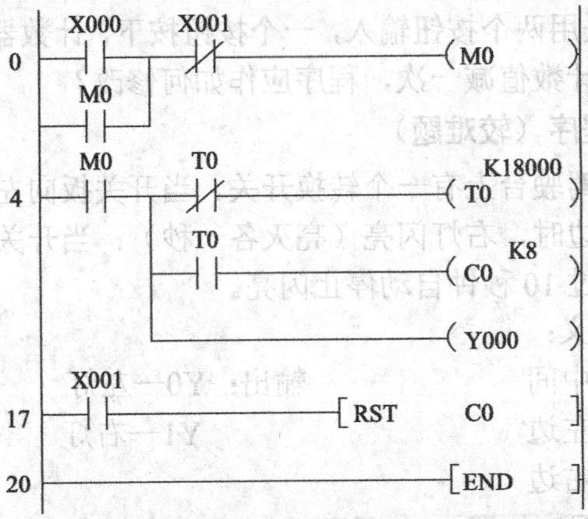

图 9-22 长定时控制程序

（4）程序分析：当 X0 接通时，M0 通电并自锁，T0 延时 0.5 小时，T0 常开触点接通一个扫描周期，计数器 C0 对 T0 的上升沿进行计数，同时 T0 常闭触点断开一个扫描周期，使 T0 复位，实现下一次计时，C0 计满 8 次即 $0.8 \times 5 = 4$ 小时后，C0 常开触点控制 Y0 指示灯亮。当 X1 接通时，M0 断电，T0、C0、Y0 均断电。

（5）思考：

① 上机运行该程序时，将 T0 的设定值改为 K50，写出运行结果，为什么具体实验时要将 T0 的设定值改小？

② T0 的设定值不变，改变 C0 的设定值，可实现最长多少时间的定时？

六、实验报告

本次实验为验证型实验，要求学生在实验过程中重点熟悉编程环境、掌握定时器、计数器的基本应用，以及波形图的画法和含义。

本次实验报告的主要内容有：

1．实验目的：本次实验主要达到的要求及目的。

2．实验设备：本次实验的主要设备。

3．预习内容：预习本次实验内容后，写出理论分析程序运行结果及程序调试步骤。

4．实验具体步骤：如何联机、编写程序、下载程序、调试程序、观察结果、修改程序。

5．实验程序上机验证：写出运行后得到的结果，并分析与预习中的结果是否相同，做思考题。

6．心得体会：本次实验中遇到的问题、解决方法及收获。

注意：本次实验为验证型实验，要求学生的实验报告中不要出现梯形图程序。

9.2.3　置位、复位及脉冲指令编程实验

一、实验日的

1．进一步熟悉三菱 FXGP_WIN-C 编程软件的使用方法。

2．掌握置位、复位及脉冲指令的使用方法。

3．学会用置位、复位及脉冲指令实现顺控系统的编程。

4．掌握置位、复位及脉冲指令波形的画法和含义。

二、实验设备

1．PC 1 台。

2．三菱 FX2N-48MT PLC 1 台。

3．连接电缆 1 根。

4．按钮操作板 1 块。

三、预习内容

1．熟悉三菱 FXGP_WIN-C 编程软件的使用方法。

2．熟悉三菱 FX2N-48MT PLC 的基本位设备：X、Y、M、T、C。

3．熟悉置位、复位及脉冲指令的编程方法。

四、实验步骤

1．电路连接好后经指导教师检查无误，并将 RUN/STOP 开关置于 STOP 后，方可接入 220V 交流电源。

2．在 PC 上启动三菱 FXGP-Developer 编程软件，新建工程，进入编程环境。

3．根据实验内容，在 FXGP-Developer 编程环境下输入梯形图程序，转换后，下载到 PLC 中。

4．程序运行调试并修改。

5．完成实验报告。

五、实验内容

1．模拟 R-S 触发器编程（对输出线圈操作）（基础题）

（1）控制要求：编制输入/输出信号波形图如下的程序。

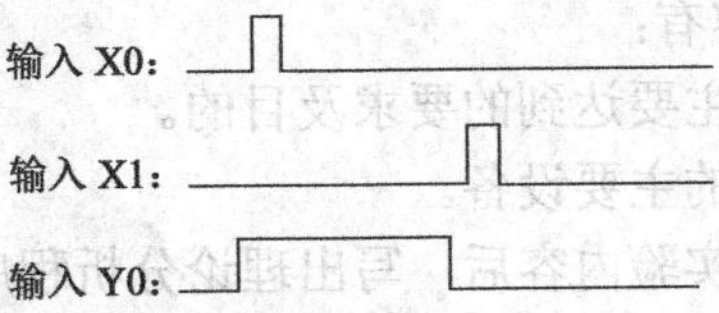

（2）参考程序（梯形图）如图 9-23 所示。

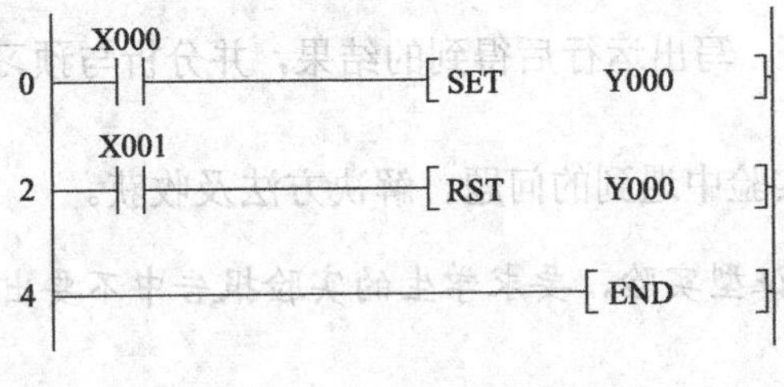

图 9-23　R-S 触发器控制程序

（3）程序分析：在 X1 断开的情况下，X0 接通，Y0 被置位；X1 接通，则 Y0 被复位。此程序功能与自锁电路相同。

2. “与”、“或”控制逻辑（基础题）

（1）控制要求：X0、X1 为输入点，Y0～Y2 为输出点，分别用 SET、RST 指令实现“与”、“或”、“异或”控制逻辑，分别控制 3 个执行机构（PLC 的 3 个输出）。

（2）参考程序（梯形图）如图 9-24 所示。

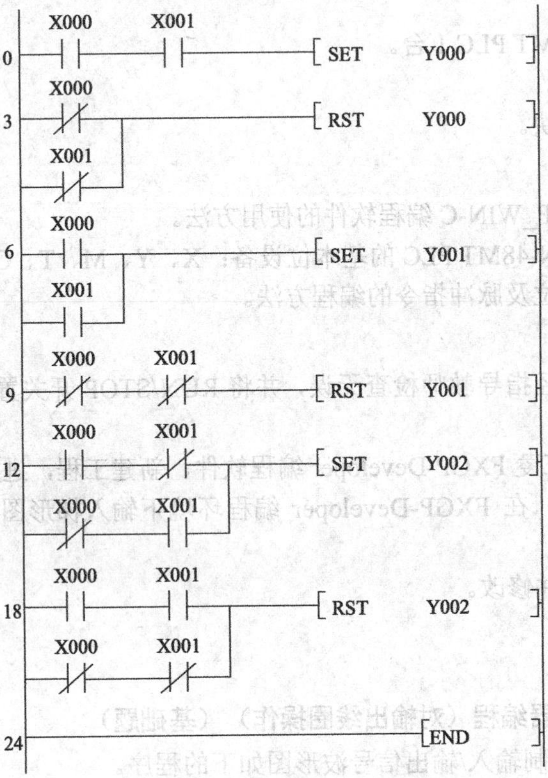

图 9-24　与、或逻辑控制程序

（3）程序分析：当 X0 和 X1 同时接通时，Y0 被置位；如果 X0、X1 中任意一个断开，则 Y0 被复位。当 X0 和 X1 中任意一个接通时，Y1 被置位；如果 X0、X1 同时断开，则 Y1 被复位。当 X0 和 X1 中任意一个接通，另一个断开时，Y2 被置位；如果 X0、X1 同时接通或同时断开，则 Y2 被复位。

3. 上升沿微分、下降沿微分指令基本应用（基础题）

（1）控制要求：输入点 X0 按下时，输出点 Y0 接通一个扫描周期；输入点 X0 由按下转为松开时，输出点 Y1 接通一个扫描周期。

（2）参考程序（梯形图）如图 9-25 所示。

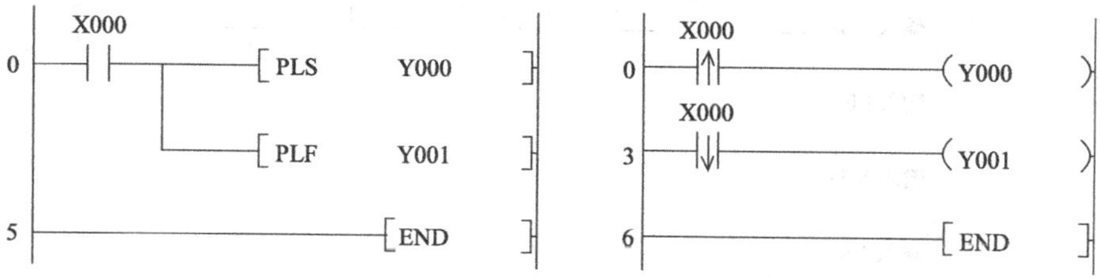

图 9-25 脉冲控制程序

（3）程序分析：用两种方式实现了 X0 按下时，Y0 接通一个扫描周期；X0 由按下转为松开时，Y1 接通一个扫描周期。

（4）思考：上机运行以上程序，分析运行结果，根据输入信号的波形画出输出信号的波形图。

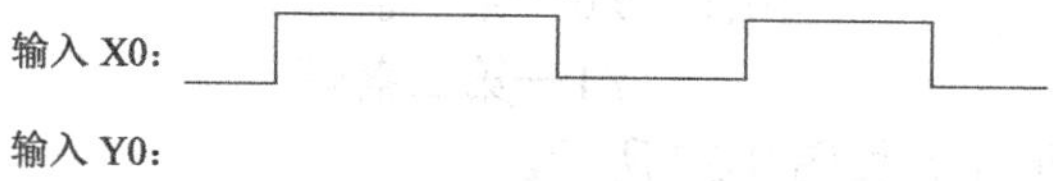

4. 单按钮单路启/停（跟斗开关）输出控制程序

（1）控制要求：用一只按钮控制一盏灯，第一次按下时灯亮，第二次按下时灯灭，……，奇数次灯亮，偶数次灯灭。

（2）输入/输出信号定义：

输入：X0—按钮　　　　　输出：Y0—灯

（3）参考程序（梯形图）如图 9-26 所示。

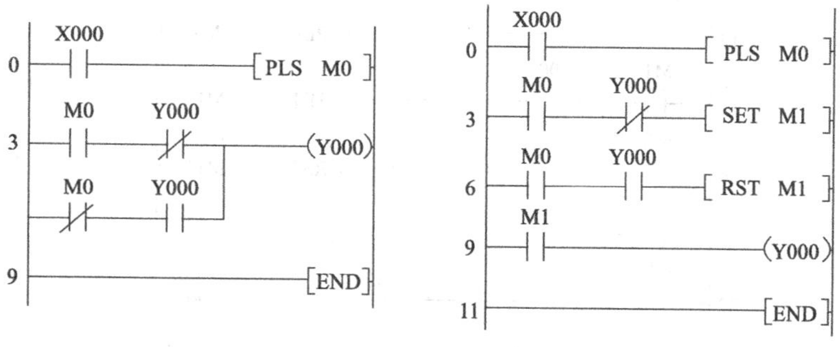

（a）　　　　　　　　　　（b）

图 9-26 跟斗开关控制程序

（4）程序分析：

（a）图程序：当 X0 上升沿到来时，M0 产生一个宽度为一个时钟周期的脉冲；如果此时 Y0 断开，则 Y0 被接通；如果此时 Y0 接通，则 Y0 被复位，实现程序的要求。

（b）图程序：当 X0 上升沿到来时，M0 产生一个宽度为一个时钟周期的脉冲；如果此时 Y0 断开，则 M1 被置位；如果此时 Y0 接通，则 M1 被复位（即将 Y0 的状态取反之后存放在 M1 中），然后再将 M1 状态通过 Y0 输出，实现程序的要求。

（5）思考：

① 上机运行以上程序，分析运行结果，根据输入信号的波形画出输出信号的波形图。

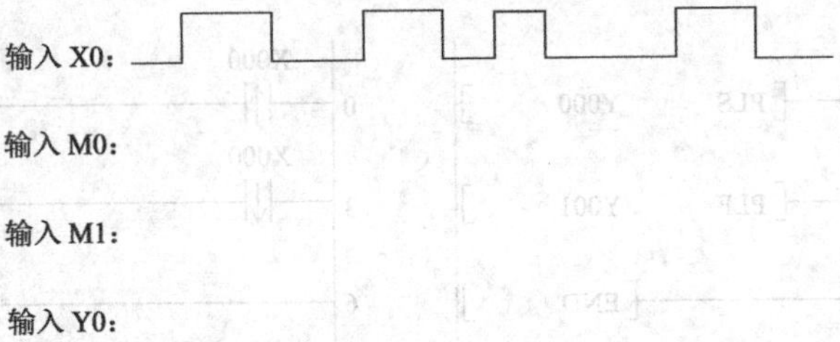

② 以上程序为几分频电路？在此基础上，试编程实现一个四分频电路。

5. 单按钮双路交替启/停输出控制程序

（1）控制要求：用一只按钮控制两盏灯，第一次按下时第一盏灯亮，第二次按下时第一盏灯灭，同时第二盏灯亮，第三次按下时两盏灯灭，……，以此规律循环下去。

（2）输入/输出信号定义：

输入：X0—按钮　　　　输出：Y0—第一盏灯

　　　　　　　　　　　　　　Y1—第二盏灯

（3）参考程序（梯形图）如图 9-27 所示。

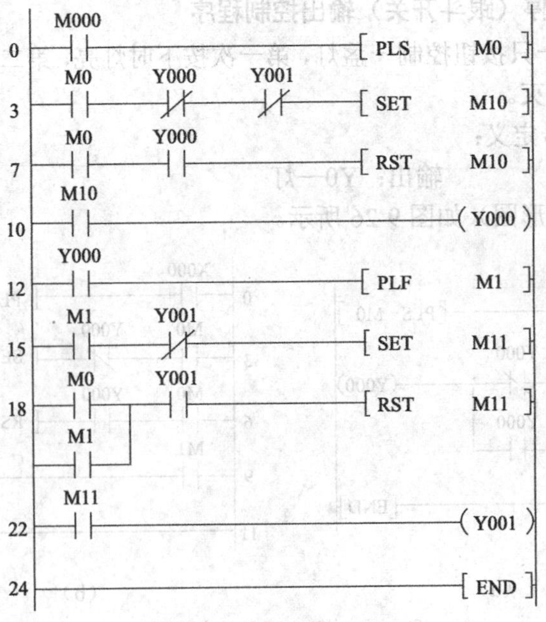

图 9-27　双路启/停控制程序

（4）程序分析：当 X0 上升沿到来时，M0 产生一个宽度为一个时钟周期的脉冲；如果此时 Y0 和 Y1 均断开，则 M10 被置位，Y0 接通；当 M0 的下一个脉冲到来时，M10 被复位，Y0 被复位，Y0 的下降沿使得 M1 上产生一个宽度为一个时钟周期的脉冲，此脉冲将 M11 置位，通过 Y1 输出；当 M0 的再下一个脉冲到来时，M11 被复位，Y1 断开。

（5）思考：上机运行以上程序，分析运行结果，根据输入信号的波形画出输出信号的波形图。

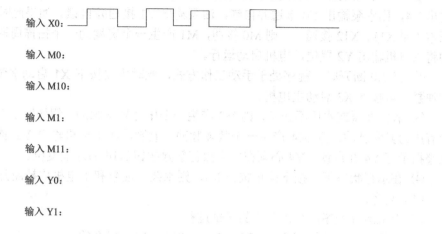

6．对大型电动机的启/停控制

（1）控制要求：

① 应用 SET，RST 指令对电动机的启动，停车进行编程。

② 大型电动机工作方式：可以手动、自动选择，无论手动、自动均需润滑油泵、冷却水泵启动，且油压、水压正常。

③ 手动启动：工作方式选择手动→按下冷却水泵启动按钮→水泵电机运行→按下润滑油泵启动按钮→油泵电机运行→按下系统启动按钮→主电机运行。

④ 自动启动：工作方式选择自动→按下系统启动按钮→水泵电机运行、油泵电机运行→水压、油压正常→主电机运行。

⑤ 系统正常停车：按下系统停车按钮→水泵电机、油泵电机、主电机均立即停车。

⑥ 故障报警及停车：事故信号、润滑油压力不正常、冷却水压力不正常、电动机过载有任一项产生→报警指示灯亮→水泵电机、油泵电机、主电机均立即停车。

⑦ 故障报警解除：故障排除后→按下故障报警解除按钮→报警指示灯灭→允许系统正常启动。

（2）输入/输出信号定义：

输入：X0—手动/自动转换（转换开关）X0 = ON 自动方式、X0 = OFF 手动方式

X1—水泵启动按钮

X2—油泵启动按钮

X3—系统启动按钮

X4—系统停车按钮

X10—事故信号（事故时 ON）

X11—润滑油压（正常时 ON）

输出：

Y0—水泵电机运行

Y1—油泵电机运行

Y2—主电机运行

Y4—报警指示灯

X12—冷却水压（正常时 ON）

X13—主电机过载（过载时 ON）

X14—故障报警解除

（3）参考程序（梯形图）如图 9-28 所示。

（4）程序分析：

① 当 X0 接通时，程序处于自动工作方式。此时按下启动按钮 X3，如果无报警信号输出 Y4，则水泵输出 Y0 接通并自锁，油泵输出 Y1 接通并自锁。如果此时油压、水压均正常（即 X11、X12 接通），则 M0 接通，M1 产生一个宽度为一个扫描周期的脉冲，此脉冲将主电机输出 Y2 置位，电机启动运行。

② 当 X0 断开时，程序处于手动工作方式，此时需要按下 X1 启动水泵，按下 X2 启动油泵，再按下 X3 启动主电机。

③ 假如油压或水压不正常，则 M3 产生一个压力异常脉冲，假如发生事故、电机过载或有压力异常脉冲，则 M4 产生一个故障脉冲，此脉冲将主电机输出 Y2 复位，同时接通报警指示灯 Y4 并自锁，Y4 必须在按下报警解除按钮 X14 后才能复位。

④ 在运行状态下，按下停止按钮 X4，则水泵、油泵和主电机均被断开。

（5）思考：

① 上机运行程序，写出程序的调试过程。

② 分析程序中是如何使用 SET、RST、PLS、PLF 指令的？

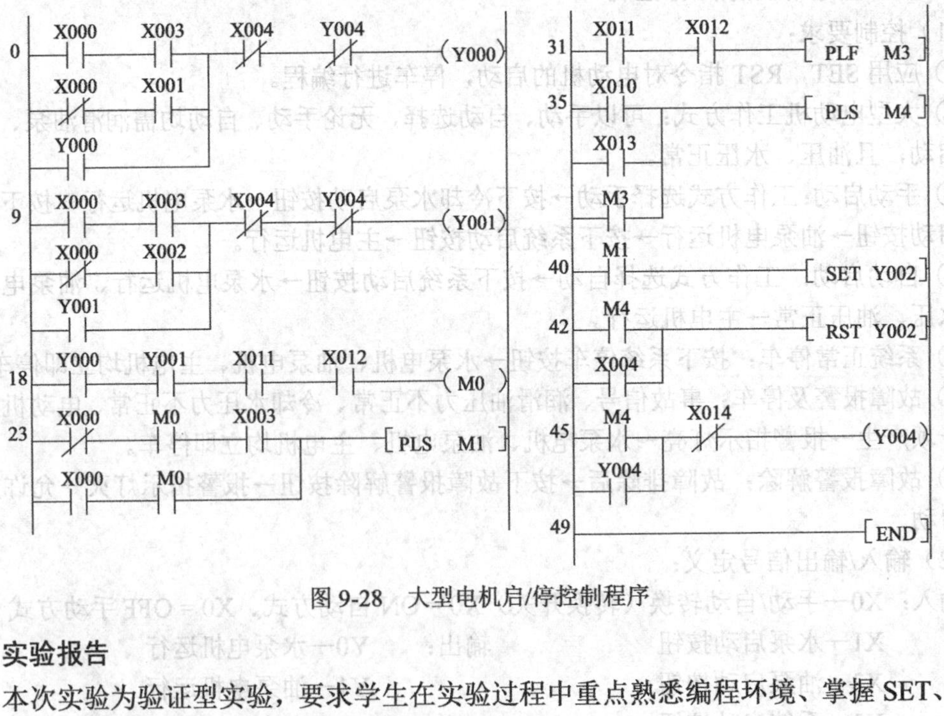

图 9-28　大型电机启/停控制程序

六、实验报告

本次实验为验证型实验，要求学生在实验过程中重点熟悉编程环境、掌握 SET、RST、PLS、PLF 指令的基本应用，以及波形图的画法和含义。

本次实验报告的内容主要是：

1．实验目的：本次实验主要达到的要求及目的。

2．实验设备：本次实验的主要设备。

3．预习内容：预习本次实验内容后，写出理论分析程序运行结果及程序调试步骤。

4．实验具体步骤：重点写程序的调试过程。

5．实验程序上机验证：写出运行后得到的结果，并分析与预习中的结果是否相同，做思考题。

6．心得体会：本次实验中遇到的问题、解决方法及收获。

注意：本次实验为验证型实验，要求学生的实验报告中不要出现梯形图程序。

9.2.4　基本逻辑指令综合设计实验

一、实验目的

1．在掌握逻辑指令的基本应用基础上，通过综合设计实验的训练，达到提高综合分析问题、解决问题能力的目的。

2．通过程序的调试，进一步掌握 PLC 的编程技巧和编程调试方法。

3．以工程应用为出发点，强化学生的工程意识。

二、实验设备

1．PC 1 台。

2．三菱 FX2N PLC 1 台。

3．连接电缆 1 根。

4．按钮操作板 1 块。

三、预习内容

1．熟悉三菱 FXGP_WIN-C 编程软件的使用方法。

2．熟悉三菱 FX2N PLC 的基本位设备：X、Y、M、T、C。

3．熟悉基本逻辑指令的编程方法。

4．熟悉典型继电器控制电路。

5．了解 PLC 设计控制系统的基本方法和步骤。

6．本次实验为综合设计型实验，要求学生在实验前根据具体内容完成以下任务：

（1）确定输入/输出信号。

（2）分析控制要求，画 PLC 电气原理图（按实验内容要求）。

（3）编写 PLC（梯形图）程序。

（4）写出程序调试步骤。

（5）写出程序运行结果。

四、实验步骤

1．电路连接好后经指导教师检查无误，并将 RUN/STOP 开关置于 STOP 后，方可接入 220V 交流电源。

2．在 PC 上启动三菱 FXGP_WIN-C 编程软件，新建工程，进入编程环境。

3．根据实验内容，在 FXGP_WIN-C 编程环境下输入梯形图程序，转换后，下载到 PLC 中。

4．程序运行调试并修改。

5．完成实验报告。

五、实验内容

1．小车往复运动控制程序

本程序以检测为原则，实现 PLC 顺控系统设计。

（1）控制要求：小车在初始状态时停在中间，限位开关 X0 = ON；按下启动按钮 X3，小车按图 9-29 所示顺序往复运动，按下停止按钮 X4，小车停在初始位置（中间）。

（2）设计指导：

① 该程序为电动机正、反转控制的具体工程应用，学生可参考本书实验一中的相关内容。

② 该程序的关键问题：按下停止按钮时，小车并不是立即停止，而是要回到原位（中间位置）才停，所以要对停止信号加自锁保持，小车回到原位后再清除停止信号。

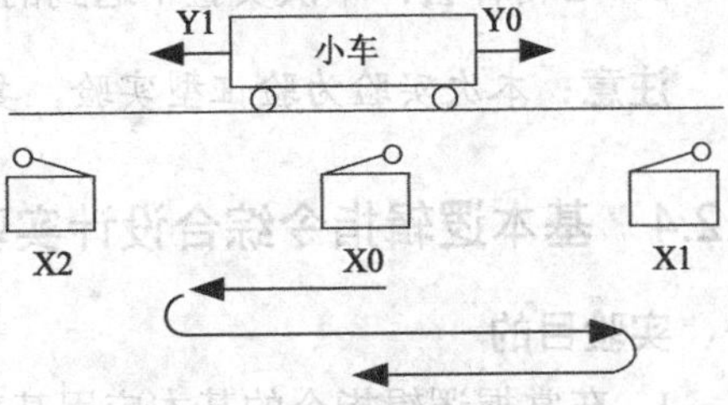

图 9-29 小车往复运动示意图

2．电动机 Y-△降压启动控制程序

本程序是用 PLC 改造典型继电器电路的应用

（1）控制要求：图 9-30 所示为笼型异步电动机 Y-Δ 降压起动继电接触器控制系统图，写出系统工作流程，设计用 PLC 改造后的电气原理图和控制程序。

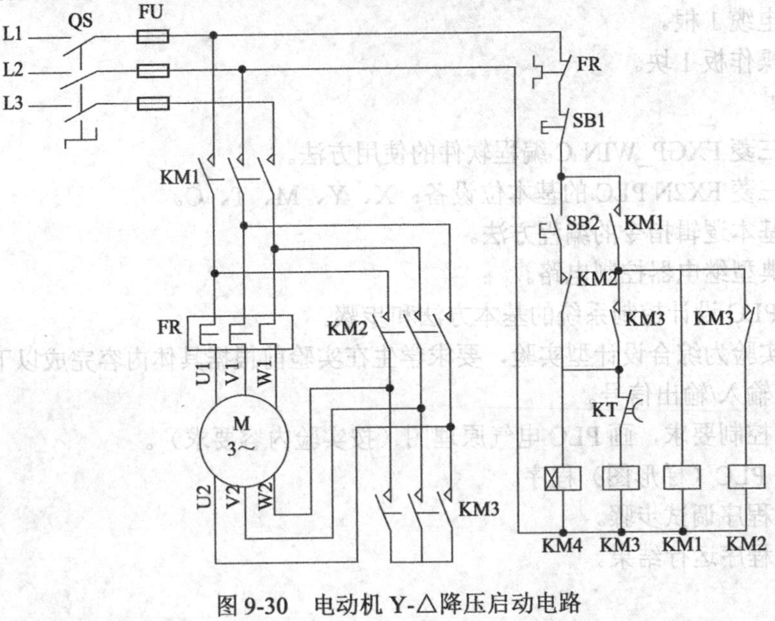

图 9-30 电动机 Y-△降压启动电路

（2）设计指导：

① 该程序为电动机降压启动控制的具体工程应用，学生应先分析图 9-30 后，确定输入/输出信号，画 PLC 电气原理图，可参考本书实验一中的相关内容进行设计。

② 该程序的关键问题：程序中要考虑 PLC 的工作方式与继电器控制系统不同，PLC 没有先断后合的概念，所以在实际工程应用中，PLC 编程时要人为加入切换延时，即电动机 Y 形接法运行一段时间后，切除 Y 形接法的接触器线圈后延时一点时间（几十毫秒）后，再接通电动机△形接法的接触器线圈，使电动机全压运行。

3．四台电动机顺序启动、顺序停车控制程序

本程序以时间为原则，设计 PLC 顺序控制系统

（1）控制要求：

① 四台电动机 M1、M2、M3、M4 分别由 KM1、KM2、KM3、KM4 单独控制。

② 四台电动机的启动：按下启动按钮 SB1，四台电动机顺序启动，启动顺序为：M1→M2→M3→M4，启动间隔时间为 10s。

③ 四台电动机的停车：按下停车按钮 SB2，四台电动机顺序停车，停车顺序为：M4→M3→M2→M1，启动间隔时间为 5s。

④ 设计用 PLC 控制的电气原理图和控制程序。

（2）设计指导：

① 该程序为多台电动机顺序控制的工程应用，学生应先确定输入/输出信号，画 PLC 电气原理图，可参考本书实验一中的相关内容进行设计。

② 该程序的关键问题：多个定时器的串联使用，停车信号的自锁及清除，难点在于顺序停车程序的设计。学生可参考本书实验二中的相关内容进行设计。

4．根据输入/输出波形设计控制程序：

本程序训练学生分析波形图，设计控制程序。

（1）控制要求：用 SET、RST、PLS、PLF 指令编程实现 9-31 所示的波形。

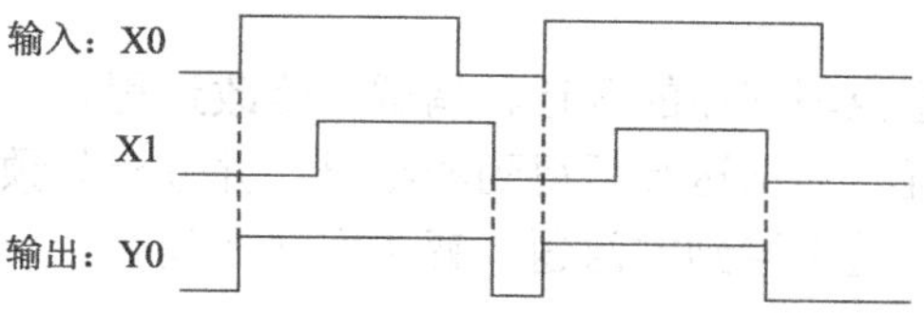

图 9-31　输入输出波形

（2）设计指导：该程序为 SET、RST、PLS、PLF 的综合应用，学生可参考 9.2.3 中的相关内容进行设计。

5．两种液体进行混合控制程序设计

本程序为综合全部基本逻辑指令的工程应用，工作装置如图 9-32 所示。

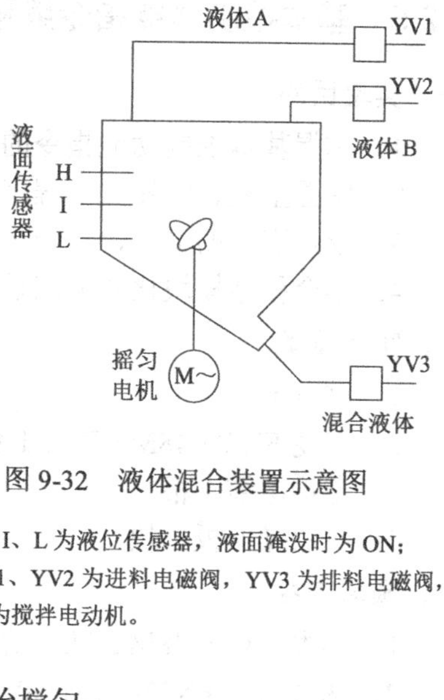

图 9-32　液体混合装置示意图

H、I、L 为液位传感器，液面淹没时为 ON；YV1、YV2 为进料电磁阀，YV3 为排料电磁阀，M 为搅拌电动机。

（1）控制要求：

① 初始状态：容器是空的，三个阀门均关闭（YV1 = YV2 = YV3 = OFF），液位传感器输出触点断开（H = I = L = OFF），电机停止（M = OFF）。

② 启动操作：

- 按一下启动按钮 SB1，阀门 YV1 打开（YV1 = ON），液体 A 流入容器。
- 当液面到达 I 时，I=ON，使阀门 YV1 关闭（YV1 = OFF），阀门 YV2 打开（YV2 = ON），液体 B 流入容器。
- 当液面到达 H 时，H = ON，使阀门 YV2 关闭（YV2 = OFF），启动电机 M（M = ON）开始搅匀。

- 经过 60s，搅匀后，M 停止搅拌（M = OFF），阀门 YV3 打开（YV3 = ON），开始放出混合液体。
- 当液面低于 L 时，L 由 ON 变为 OFF，再过 2 秒后，使阀门 YV3 关闭（YV3 = OFF），容器放空。工作结束。

③ 停止操作：在工作过程中，按一下停止按钮 SB2，系统立即停止工作。

④ 设计用 PLC 控制的电气原理图和控制程序。

（2）设计指导：

① 该程序为一具体工程应用，学生应先分析图 9-32 及控制要求后，确定输入/输出信号，画 PLC 电气原理图，可参考本书实验一中的相关内容进行设计。

② 该程序的关键问题：传感器信号的采集及处理，各项动作过程的连接，学生可参考本书 9.2.2、9.2.3 中的相关内容进行设计。

六、实验报告

本次实验为综合设计型实验，要求学生在实验前加强预习，实验过程中重点是运行、调试及修改自己设计的程序。本次实验报告的主要内容有：

1. 实验目的：本次实验主要达到的要求及目的。
2. 实验设备：本次实验的主要设备。
3. 预习内容：预习本次实验内容后，按实验内容画出 PLC 电气原理图、PLC 梯形图程序以及程序调试步骤。
4. 实验具体步骤：重点写程序的运行、调试、修改过程。
5. 实验程序上机验证：写出运行后得到的结果，并分析与预习中的结果是否相同？
6. 心得体会：本次实验中遇到的问题、解决方法及收获。

注意：本次实验为综合设计型实验，要求学生的实验报告中必须画出 PLC 电气原理图、并写出最终的梯形图程序。

9.2.5 基本控制功能指令编程实验

一、实验目的

1. 掌握基本控制功能指令的编程方法。
2. 掌握主控、跳转、子程序调用、中断、循环、刷新警戒定时器指令的编程方法。
3. 通过程序的调试，进一步牢固掌握控制程序流程类指令，及它们之间的异同点。
4. 学会程序模块化式的编程方法。

二、实验设备

1. PC 1 台。
2. 三菱 FX2N-48MT PLC 1 台。
3. 连接电缆 1 根。
4. 按钮操作板 1 块。

三、预习内容

1. 熟悉 FX2N-48MT PLC 功能指令的执行方式，操作数的种类。
2. 熟悉三菱 FX2N-48MT PLC 的程序流程类指令的基本格式。

3．熟悉软件流程图的画法及含义。

四、实验步骤

1．电路连接好后经指导教师检查无误，并将 RUN/STOP 开关置于 STOP 后，方可接入 220V 交流电源。

2．在 PC 上启动三菱 FXGP_WIN-C 编程软件，新建工程，进入编程环境。

3．根据实验内容，在 FXGP_WIN-C 编程环境下输入梯形图程序，转换后，下载到 PLC 中。

4．程序运行调试并修改。

5．完成实验报告。

五、实验内容：

1．应用主控指令对分支程序 A 和 B 进行控制编程

（1）控制要求：A 程序段为每秒一次闪光输出，而 B 程序段为每 2 秒一次闪光输出。要求按钮 X0 导通时执行 A 程序段，A 灯每秒一次闪光，按钮 X0 断开时，执行 B 程序段，B 灯每 2 秒一次闪光。

（2）输入/输出信号定义：

输入：X0—按钮　　　　输出：Y0—A 灯

　　　　　　　　　　　　　　Y1—B 灯

（3）参考程序（梯形图）如图 9-33 所示。

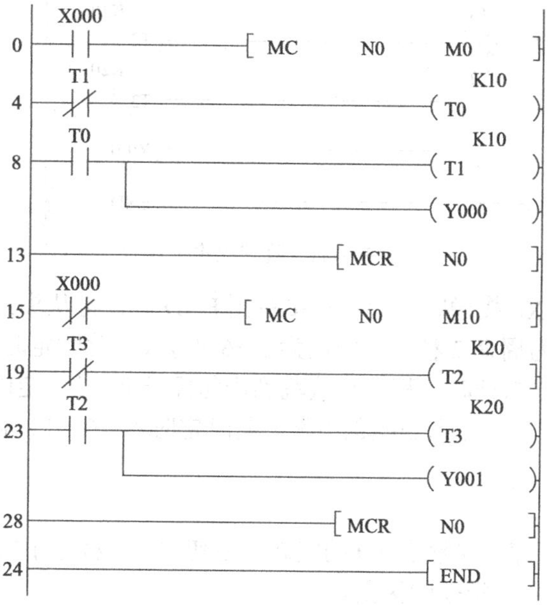

图 9-33　主控程序

（4）程序分析：

当 X0 接通时，定时器 T0、T1 正常工作，构成振荡器，T0 触点波形（通过 Y0 输出）为周期 2 秒、占空比 50%的方波，此时 T2、T3 均被复位，Y1 输出保持断开。当 X0 断开时，定时器 T2、T3 正常工作，构成振荡器，T2 触点波形（通过 Y1 输出）为周期 4 秒、占空比 50%的方波，此时 T0、T1 均被复位，Y0 输出保持断开。

（5）思考：上机运行以上程序，观察当 X0 的状态发生变化时，程序中的输出点的状态是否会保存。

2．应用跳转指令对分支程序 A 和 B 进行控制编程

在主控指令的基础上修改.

（1）控制要求：A 程序段为每秒一次闪光输出，而 B 程序段为每 2 秒一次闪光输出。要求按钮 X0 导通时执行 A 程序段，A 灯每秒一次闪光，按钮 X0 断开时，执行 B 程序段，B 灯每 2 秒一次闪光。

（2）输入/输出信号定义：

输入：X0—按钮　　　　　　　　输出：Y0—A 灯

　　　　　　　　　　　　　　　　　　Y1—B 灯

（3）参考程序（梯形图）如图 9-34 所示。

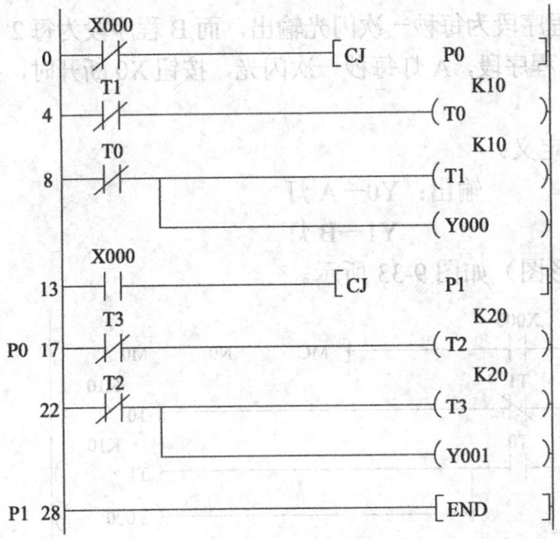

图 9-34　跳转程序

（4）程序分析：当 X0 接通时，程序直接跳到 END 处，再从头开始执行，定时器 T0、T1 被扫描，Y0 的波形为周期 2 秒、占空比为 50%的方波，此时定时器 T2、T3 未被扫描，保持以前的状态。当 X0 断开时，程序直接跳到语句标号 P0 处，定时器 T2、T3 被扫描，Y1 的波形为周期 4 秒、占空比为 50%的方波，此时定时器 T0、T1 未被扫描，保持以前的状态。

（5）思考：

① 上机运行以上程序，观察当 X0 的状态发生变化时，程序中的输出点的状态是否会保存，比较跳转指令与主控指令的区别。

② 说明标号 P1 的作用，将标号 P1 放在程序开始处，上机运行，观察会出现什么现象，并说明原因。

3．应用子程序调用编程

注意子程序调用后各类线圈状态的变化规律。

（1）程序运行过程：

① 不调用子程序：X0＝OFF，X1＝OFF，X2＝OFF，则 Y0 按一秒闪光，Y1＝OFF，

Y2=OFF，Y5=OFF，Y6=OFF。

② 仅调用子程序 P1：先使 X1 = ON，X2 = OFF，并点动 X0 = ON（第一次调用子程序 P1），则 Y0 仍按一秒闪光，Y1 = ON；再使 X1 = OFF，再观察 Y1 的状态，Y1 仍为 ON；再点动 X0 = ON（第二次调用子程序 P1），则 Y0 仍按一秒闪光，而 Y1 = OFF。（说明：子程序被调用后线圈的状态将被锁存，一直到下一次调用时才能改变）。

③ 连续调用子程序 P1→又在子程序 P1 中调用子程序 P2(子程序嵌套)：先使 X2 = ON，X1 = OFF，然后使 X0 = ON（连续调用子程序 P1 及子程序 P2），则输出 Y0 仍按一秒闪光，Y5、Y6 和 Y2 按 2 秒闪光。

④ 三菱 FX 系列中，将“CALL P1”指令改为“CALL (P) P1”指令，然后使 X2 = ON，反复点动 X0 = ON，观察 Y6 和 Y2 状态的变化，并注意定时器 T192（或 T193）的定时与 X0 = ON 的关系。T192 一旦定时启动，即使 X0 = OFF 仍然继续定时，直到设定值为止，但其触头接通对子程序外的梯形图立即起控制作用，对本子程序内的梯形图只有再次被调用时才起控制作用。

（2）参考程序（梯形图）如图 9-35 所示。

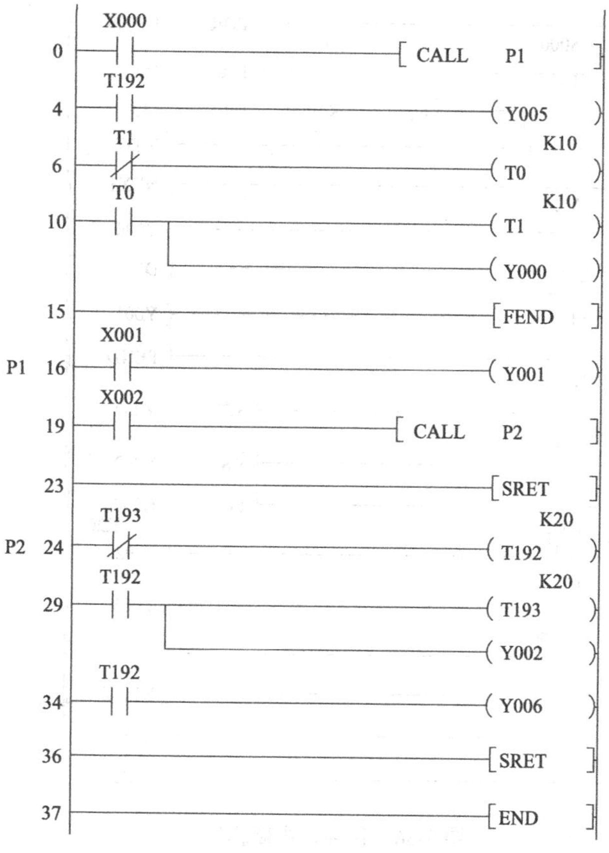

图 9-35 子程序调用程序

（3）思考：上机运行以上程序，回答以下问题：

① 程序调试过程中程序中加 P 和不加 P 对运行结果的影响。

② 定时器的限制和使用规律，用 T0、T1 代替 T192、T193 再运行程序，观察运行结果。

4．应用中断、循环、刷新警戒定时器指令编程

注意中断服务子程序中定时器对输出线圈的控制作用（比较Y1和Y3的亮灭情况）。

（1）程序运行过程：

① 仅执行循环程序：X10 = OFF，监控M0、M1、M2及D0，并注意（D0）= +32 767 +1 →（D0）= –32 768，观察Y0亮灭与（D0）值的关系。

② 第一次中断：先使X11 = ON，并点动X3，则Y2先亮，而Y1后亮，Y3不亮。Y3的状态必须等到再一次中断时才能发生变化。

③ 第二次中断：在X11 = ON时，再次点动X3，则Y2、Y1亮，然后Y3亮。

④ X11由ON状态变为OFF状态，再次中断时，Y2 = OFF、Y1 = OFF、Y3 = OFF。

注意：即使T192的设定值K = 0，Y3在X11 = ON的第一次中断中也不会接通。

（2）参考程序（梯形图）如图9-36所示。

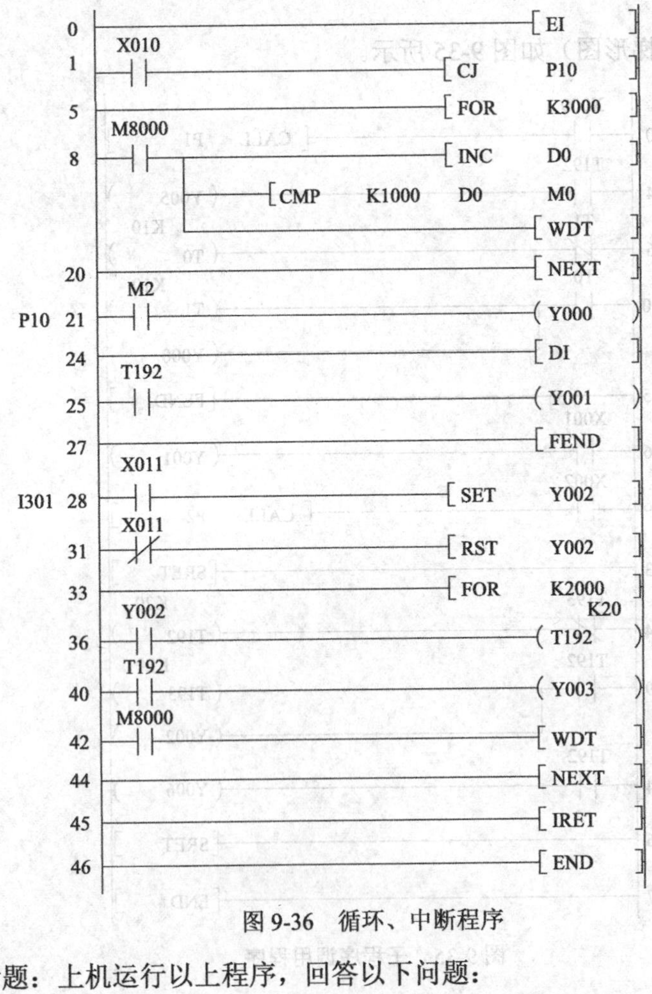

图9-36 循环、中断程序

（3）思考题：上机运行以上程序，回答以下问题：

① 程序调试过程中程序修改和参数的变化对运行结果的影响。

② 在循环程序中，加入WDT指令的目的是什么？

③ 请说明指针I301的含义。

六、实验报告

本次实验为验证型实验，要求学生在实验过程中重点熟悉编程环境、掌握控制程序流程类指令的基本应用，以及它们之间的异同点。

本次实验报告的主要内容有：

1．实验目的：本次实验主要达到的要求及目的。

2．实验设备：本次实验的主要设备。

3．预习内容：预习本次实验内容后，写出理论分析程序运行结果及程序调试步骤。

4．实验具体步骤：重点写程序的调试过程。

5．实验程序上机验证：写出运行后得到的结果，并分析与预习中的结果是否相同，做思考题。

6．心得体会：本次实验中遇到的问题、解决方法及收获。

注意：本次实验为验证型实验，要求学生的实验报告中不要出现梯形图程序。

9.2.6　算术运算和数据处理指令编程实验（设计型实验）

一、实验目的

1．掌握功能指令的编程方法特别是加 P、加 D 的应用。

2．掌握算术运算、数据处理、传送与比较、循环与转移指令的编程方法。

3．通过程序的调试，进一步牢固掌握常用功能指令的特点。

4．学会用常用功能指令编程的方法。

二、实验设备

1．PC 1 台。

2．三菱 FX2N-48MT PLC 1 台。

3．连接电缆 1 根。

4．按钮操作板 1 块。

三、预习内容

1．熟悉 FX2N-48MT PLC 功能指令的执行方式，操作数的种类。

2．熟悉三菱 FX2N-48MT PLC 的常用功能指令的格式。

3．本次实验为综合设计型实验，要求学生在实验前根据具体内容完成以下任务：

（1）确定输入/输出信号。

（2）分析控制要求，画 PLC 电气原理图（按实验内容要求）。

（3）编写 PLC（梯形图）程序。

（4）写出程序调试步骤。

（5）写出程序运行结果。

四、实验步骤

1．电路连接好后经指导教师检查无误，并将 RUN/STOP 开关置于 STOP 后，方可接入 220V 交流电源。

2．在 PC 上启动三菱 FXGP_WIN-C 编程软件，新建工程，进入编程环境。

3．根据实验内容，在 FXGP_WIN-C 编程环境下输入梯形图程序，转换后，下载到 PLC 中。

4．程序运行调试并修改。

5．完成实验报告。

五、实验内容

1．算数运算指令编程

（1）自行编程分别计算+32 767 + 1 = ？、−32 768 −1 = ？及 15/4 = ？

控制要求：分别用 16 位的加、减指令，及自增 1、自减 1 指令编程，要求运行后观察标志位的状态，并分析原因。

（2）自行编程计算 3000 × 20 = ？、15/4 = ？

控制要求：编写并运行程序，观察运行结果，指出乘积、商及余数所存在的单元及内容。

注意：以上两个题目可以分别编程，也可以合在一起编程。

2．数据处理指令编程

（1）自行编程分别计算：K20 与 K11 = ?、K20 或 K11 = ?、K20 异或 K11 = ？

控制要求：编写并运行程序，写出运行结果。

（2）自行编程：从 X0～X17 传送一个数到 D0，若为正数则不处理，若为负数则取补后再传送到 D0。

注意：以上两个题目可以分别编程，也可以合在一起编程。

3．数据传送指令编程

（1）数据块传送。

控制要求：应用 BIN、BMOV 指令将 K2X0（12）、K2X10（56）、K2X20（78）组成的数分别传给 D0～D2。编写并运行程序，写出运行结果。

（2）多点传送。

控制要求：应用 BIN、FMOV 指令将 K2X0 组成的数 12 分别传给 D10～D12。编写并运行程序，写出运行结果。

（3）移位传送。

控制要求：应用 SMOV 指令将 D0 = 12、D1 = 56 组成的新数 5612 传给 D1。编写并运行程序，写出运行结果。

注意：以上三个题目可以分别编程，也可以合在一起编程。

4．移位指令编程

（1）循环移位指令编程。

控制要求：应用循环右移指令 ROR 编写 8 盏灯循环点亮程序。Y0～Y7 分别控制 8 盏灯，按启动按钮 X0 后，Y0 亮 1s→Y0 灭、Y1 亮 1s→Y1 灭、Y2 亮 1s→……→Y7 灭、Y0 亮周而复始运行，按停止按钮 X1 后，灯全灭。编写并运行程序，写出运行结果。

（2）位移位指令编程。

控制要求：应用位左移指令 SFTL 编写 8 盏灯点亮程序。Y10～Y17 分别控制 8 盏灯，按启动按钮 X10 后，Y17 亮→1s 后→Y16 亮→1s 后→Y15 亮→……→Y10 亮即全亮结束；

按停止按钮 X11 后，灯全灭。编写并运行程序，写出运行结果。

注意：以上两个题目可以分别编程，也可以合在一起编程。

六、实验报告

本次实验为设计型实验，要求学生在实验前加强预习，实验过程中重点是运行、调试及修改自己设计的程序。本次实验报告的主要内容有：

1. 实验目的：本次实验主要达到的要求及目的。
2. 实验设备：本次实验的主要设备。
3. 预习内容：预习本次实验内容后，按实验内容编写 PLC 梯形图程序以及程序调试步骤。
4. 实验具体步骤：重点写程序的运行、调试、修改的过程。
5. 实验程序上机验证：写出运行后得到的结果，并分析与预习中的结果是否相同
6. 心得体会：本次实验中遇到的问题、解决方法及收获。

注意：本次实验为设计型实验，要求学生的实验报告中必须写出最终的梯形图程序。

9.2.7　应用功能指令编程实验

一、实验目的

1. 掌握常用应用功能指令的编程方法。
2. 通过程序的调试，进一步牢固掌握常用应用功能指令的特点。
3. 学会用常用应用功能指令编程的方法。

二、实验设备

1. PC 1 台。
2. 三菱 FX2N-48MT PLC 1 台。
3. 连接电缆 1 根。
4. 按钮操作板 1 块。

三、预习内容

1. 熟悉 FX2N-48MT PLC 功能指令的执行方式，操作数的种类。
2. 熟悉三菱 FX2N-48MT PLC 的常用应用功能指令的格式。

四、实验步骤

1. 电路连接好后经指导教师检查无误，并将 RUN/STOP 开关置于 STOP 后，方可接入 220V 交流电源。
2. 在 PC 上启动三菱 FXGP_WIN-C 编程软件，新建工程，进入编程环境。
3. 根据实验内容，在 FXGP_WIN-C 编程环境下输入梯形图程序，转换后，下载到 PLC 中。
4. 程序运行调试并修改。
5. 完成实验报告。

五、实验内容

1. 交替输出指令（ALT）编程

（1）要求：上机运行图 9-37 所示程序，根据输入信号，画出输出信号的波形图。

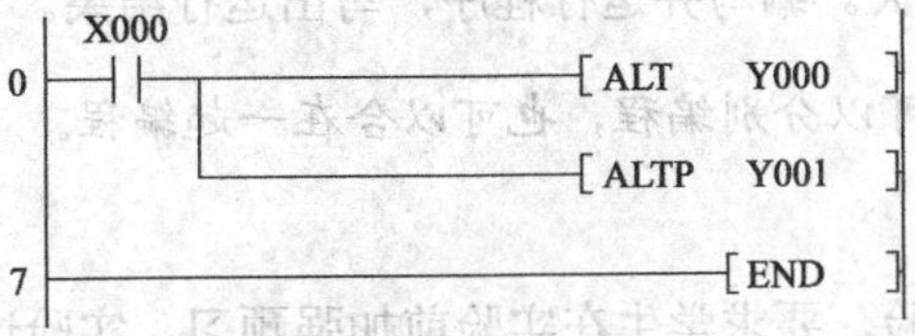

图 9-37 二分频程序

（2）输入信号 X0 波形如下，画出输出信号 Y0、Y1 的波形。

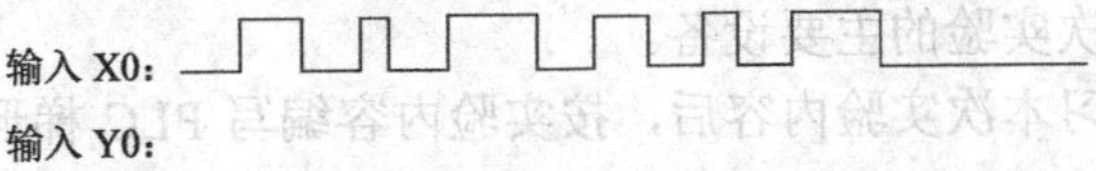

（3）思考：Y0，Y1 的输出效果为什么不同，哪一种输出可用于工程实践？

2．专用定时器（STMR）指令基本编程

（1）要求：上机运行图 9-38 所示程序，根据输入信号，画出输出信号的波形图。

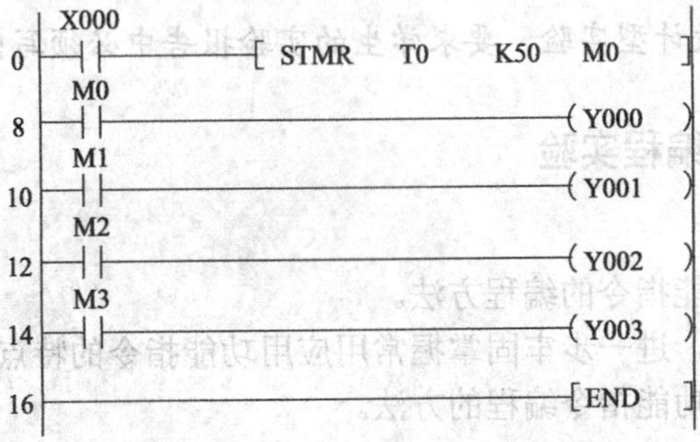

图 9-38 专用定时器指令程序

（2）输入信号 X0 波形如下，画出输出信号 Y0、Y1、Y2、Y3 的波形。

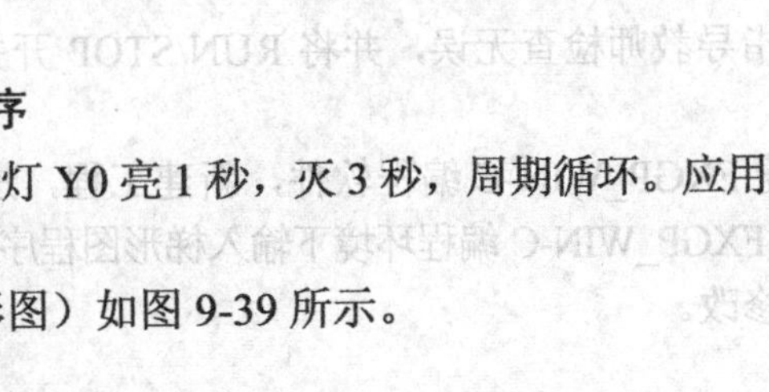

3．闪光显示控制程序

（1）控制要求：指示灯 Y0 亮 1 秒，灭 3 秒，周期循环。应用交替输出指令、专用定时器指令编程实现。

（2）参考程序（梯形图）如图 9-39 所示。

（3）思考：

① 上机运行以上程序，画出 M0、M1、M3、Y0 的波形。

② 分析定时器 T0 的作用，并画出它的线圈通电波形。

③ 不用 M8013 及 ALT 指令，用 T10、T11 自编程序实现 M1 的波形。

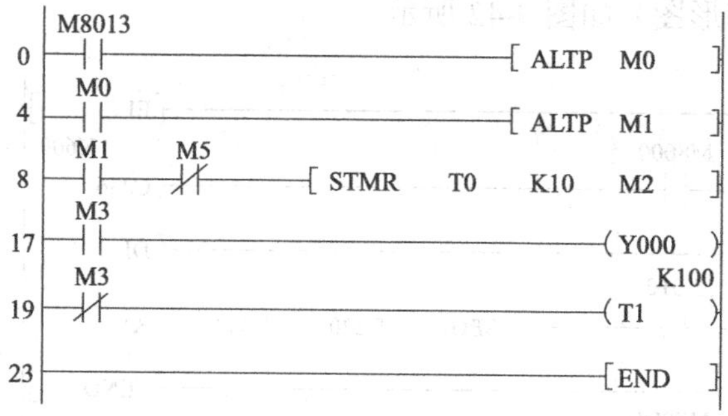

图 9-39 闪光程序

4．高速计数器指令编程

（1）控制要求：用高速计数器指令编程控制某执行机构 Y0 的行程。

（2）参考程序（梯形图）如图 9-40 所示。

（3）程序分析：

① M8236 = OFF：加计数。M8236 = ON：减计数。

② 从 X1 输入脉冲信号（程序中未直接表现）。

③ 加计数时，C236 = 5 时，Y0 = ON；C236 = 10 时，Y0 = OFF，减计数时，C236 = 5 时，Y0 = ON，使用 RST 指令可使 C236 复位，但不能使 Y0 复位。

（4）思考：怎样知道脉冲从 X1 端输入。

5．数据输入控制程序

（1）控制要求：应用十键输入指令输入数据编程，要求：X0～X11 为数据输入按键（0～9）；Y17～Y0 按二进制数显示。

（2）参考程序（梯形图）如图 9-41 所示。

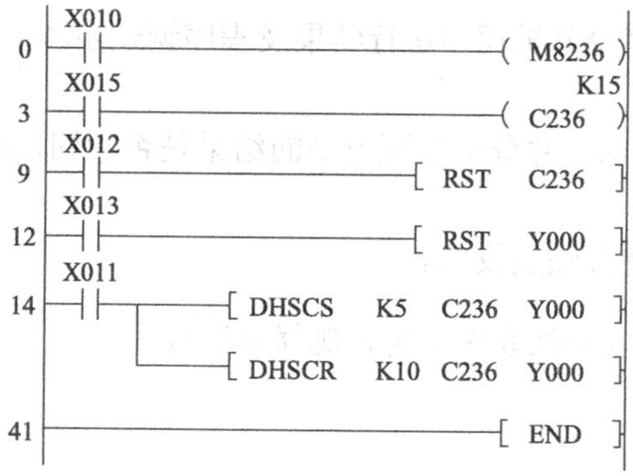

图 9-40 高速计数器程序

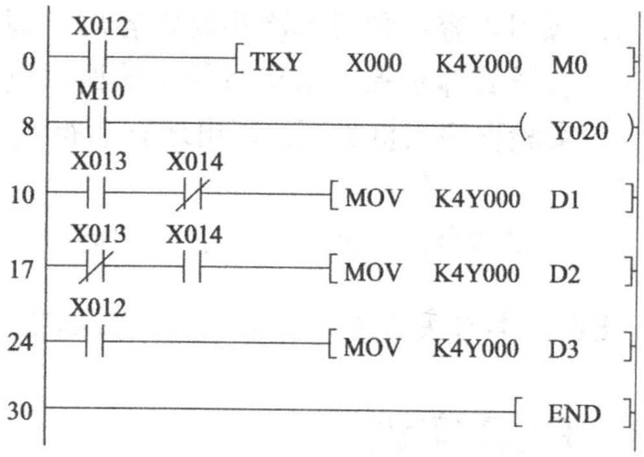

图 9-41 数据输入程序

（3）程序分析：监控 D3 单元可知当前输入的十进制数，通过按键 X13、X14 等可输入多个不同的十进制数。

（4）思考：自编程实现，通过 INC 指令，来实现将输入多个十进制数送到指定的 D 中。

6．应用 BCD 码显示指令编制高速计数器当前计数值的显示程序

（1）控制要求：从 X1 输入计数脉冲，采用定时中断方式 I6□□编程，观察数码显示或监控 D220 的值。

（2）参考程序（梯形图）如图 9-42 所示。

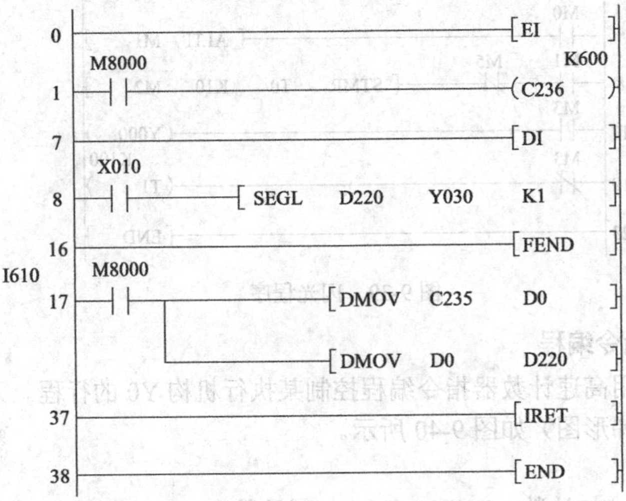

图 9-42 BCD 码显示程序

（3）思考：I610 的含义是什么？该程序运行后的显示效果如何？如何提高显示频率？

六、实验报告

本次实验为验证型实验，要求学生在实验过程中重点熟悉编程环境、掌握常用的应用功能指令的编程方法。

本次实验报告的主要内容有：

1．实验目的：本次实验主要达到的要求及目的。

2．实验设备：本次实验的主要设备。

3．预习内容：预习本次实验内容后，写出理论分析程序运行结果及程序调试步骤。

4．实验具体步骤：重点写程序的调试过程。

5．实验程序上机验证：写出运行后得到的结果，并分析与预习中的结果是否相同，做思考题。

6．心得体会：本次实验中遇到的问题、解决方法及收获。

注意：本次实验为验证型实验，要求学生的实验报告中不要出现梯形图程序。

9.3 PLC 实训

9.3.1 步进顺控 SFC 语言编程实训

一、实训目的

1．掌握步进顺控 SFC 语言的编程方法。

2．通过程序的调试，进一步牢固掌握步进顺控 SFC 语言的特点。

3．学习用步进顺控 SFC 语言编程的方法。

二、实验设备

1. PC 1 台。
2. 三菱 FX2N-48MT PLC 1 台。
3. 连接电缆 1 根。
4. 按钮操作板 1 块。

三、预习内容

1. 熟悉 FX2N-48MT PLC 步进顺控 SFC 语言的格式及编程元件。
2. 熟悉三菱 FX2N-48MT PLC 的步进顺控 SFC 语言的编程方法。

四、实验步骤

1. 电路连接好后经指导教师检查无误，并将 RUN/STOP 开关置于 STOP 后，方可接入 220V 交流电源。
2. 在 PC 上启动三菱 FXGP_WIN-C 编程软件，新建工程，进入编程环境。
3. 根据实验内容，在 FXGP_WIN-C 编程环境下输入梯形图程序，转换后，下载到 PLC 中。
4. 程序运行调试并修改。
5. 完成实验报告。

五、实验内容

1. 大、小球分类传送控制程序

使用传送机将大、小球分类传送至指定场地存放。

（1）控制要求：图 9-43 为使用传送机将大、小球分类后分别传送的系统。

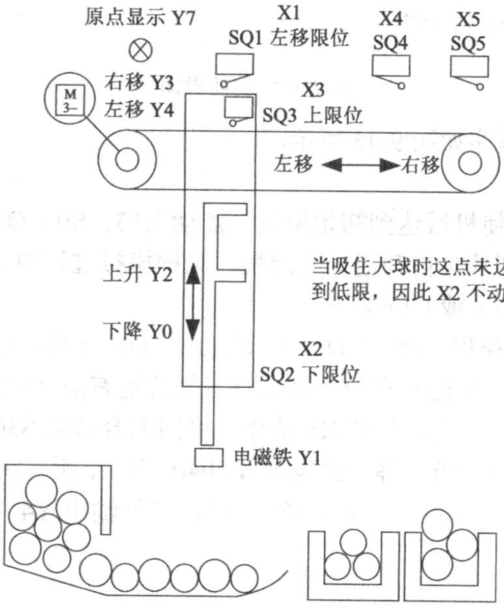

图 9-43 简化的传送机工作示意图

左上为原点，动作顺序为下降、吸收、上升、右行、下降、释放、上升、左行。另外，机械臂下降，电磁铁吸住大球时，下限开关 SQ2 断开，吸住小球时，SQ2 接通。

（2）参考的功能表图如图 9-44 所示。

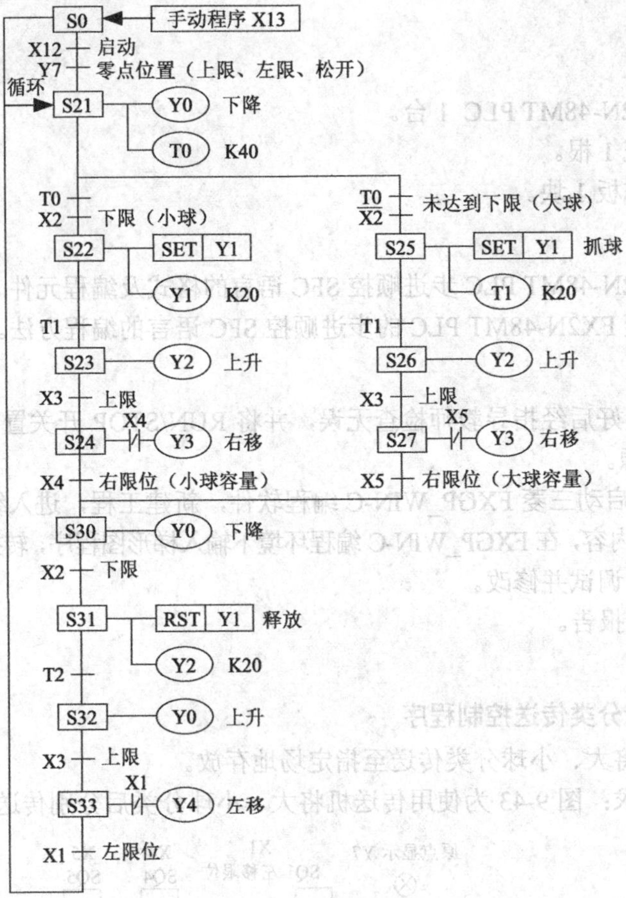

图 9-44 功能表图

（3）参考的梯形图程序如图 9-45 所示。

（4）程序分析：

① 本例中，用手动使机械达到初始位置。点动 X13，S0 = ON，再点动 X12，则系统工作起动，实现单个循环的半自动运行的流程。流程模拟过程中，X1～X5 的状态根据传送机的运动过程设置成 ON 或 OFF 状态。

② 根据球的大小选择程序流，小球时按下 X12 = ON 之后，立即使 X2 = ON，Y2 = ON 之后立即使 X2 = OFF，左侧流程有效；大球时右侧流程有效（X2 = OFF）。

③ 小球时若 X4 动作，大球时若 X5 动作，将向汇合状态 S30 转移。

④ 按下 X10 = ON 驱动特殊辅助继电器 M8040 将禁止所有状态的转移。

⑤ 在状态 S24、S27、S33 时，右行输出 Y3，左行输出 Y4 中用有关触点串联，可作连锁保护。

（5）思考：

① 分别用 SFC 语言、梯形图上机实验，分析两种方法的异同。

② 参照以上程序设计：增加自动控制程序。

控制要求：传送机选择自动工作方式 X20 后，将重复做送球工作，当按下停止按钮时，传送机要做完当前循环，回到原点后才能停止。

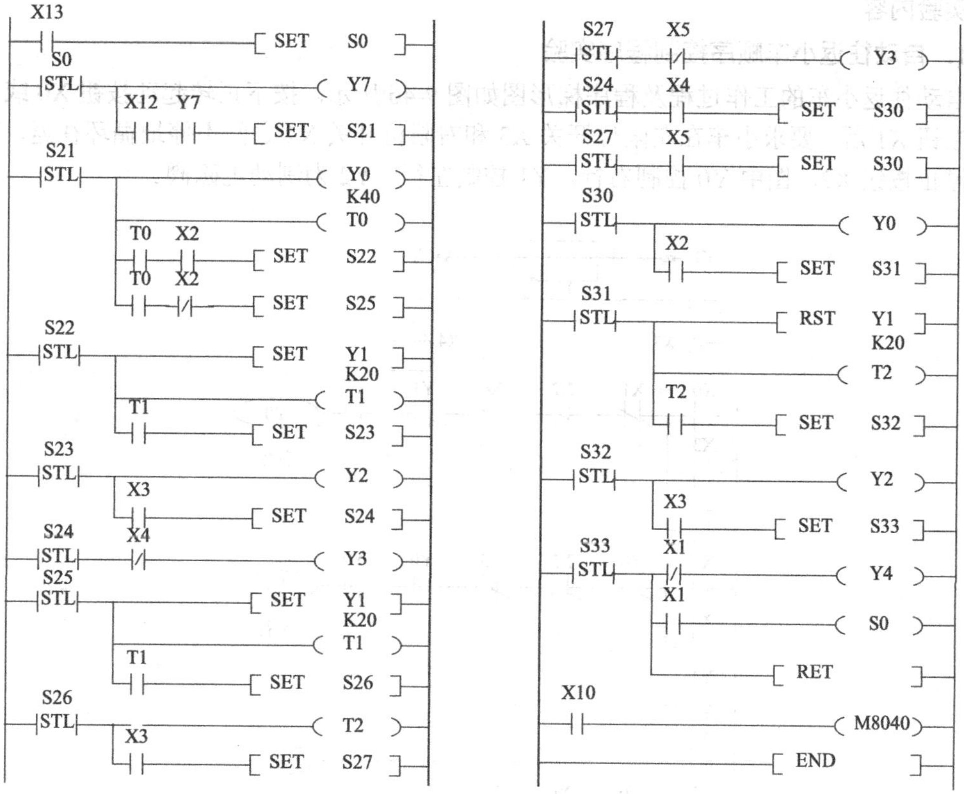

图 9-45　梯形图程序

六、实验报告

本次实验为验证型实验，要求学生在实验过程中重点熟悉编程环境、掌握 SFC 语言指令的编程方法。本次实验报告的主要内容有：

1．实验目的：本次实验主要达到的要求及目的。

2．实验设备：本次实验的主要设备。

3．预习内容：预习本次实验内容后，写出理论分析程序运行结果及程序调试步骤。

4．实验具体步骤：重点写程序的调试过程。

5．实验程序上机验证：写出运行后得到的结果，并分析与预习中的结果是否相同，做思考题。

6．心得体会：本次实验中遇到的问题、解决方法及收获。

注意：本次实训为设计验证型实验，要求学生的实验报告中仅出现自己设计的程序。

9.3.2　自动往返小车控制程序的设计与调试实验

一、实验目的

1．进一步熟悉 FX 系列 PLC 的基本指令。

2．学会用经验设计法编制一般顺序控制的梯形图程序。

3．进一步掌握编程器或编程软件的使用方法和程序调试方法。

二、实验内容

1．自动往返小车顺序控制程序实验

自动往返小车的工作过程及程序梯形图如图 9-46 所示。按下正转起动按钮 X0 或反转起动按钮 X1 后，要求小车在左限位开关 X3 和右限位开关 X4 之间不停地循环往返，直到按下停止按钮 X2。图中 Y0 控制右行，Y1 控制左行。Y2 为制动电磁阀。

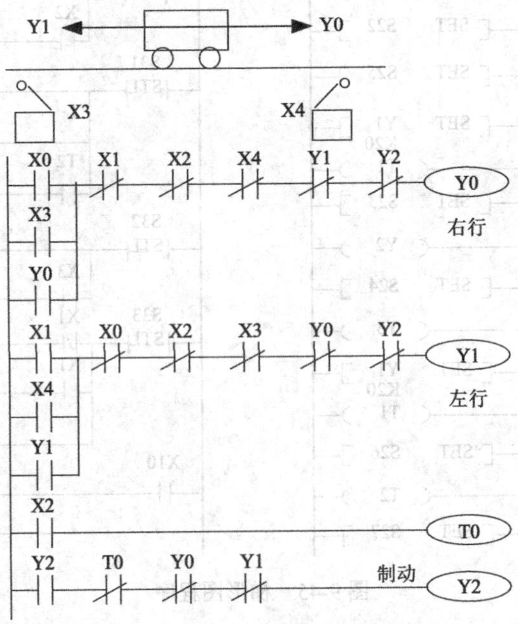

图 9-46 自动往返小车顺序控制程序梯形图

将图 9-44 所示的程序写入 PLC，检查无误后开始运行。用实验板上的钮子开关模拟起动、停止按钮信号和限位开关信号，通过观测与 Y0、Y1、Y2 对应的 LED，检查小车的工作情况。注意按以下步骤操作，检查程序是否正确：

（1）用接在 X0 的钮子开关模拟右行起动按钮信号，即将开关接通后立即断开，观测控制右行的输出继电器 Y0 是否处于 ON 状态。

（2）用接在 X4 的钮子开关模拟右限位开关信号，即将开关接通后立即断开，观测控制右行的输出继电器 Y0 是否处于 OFF 状态，控制左行的输出继电器 Y1 是否处于 ON 状态。

（3）用接在 X3 的钮子开关模拟左限位开关信号，即将开关接通后立即断开，观测控制左行的输出继电器 Y1 是否处于 OFF 状态，控制右行的输出继电器 Y0 是否处于 ON 状态。

（4）重复第（2）步和第（3）步的操作。

（5）用接在 X2 的钮子开关模拟停止按钮信号，即将开关接通后立即断开，观测 Y0 或 Y1 是否处于 OFF 状态，控制制动的输出继电器 Y2 是否处于 ON 状态。

（6）观测 6 秒后 Y2 是否自动变为 OFF 状态。

如果发现 PLC 的输入输出关系不符合上述要求，检查程序，改正错误。

2．较复杂的自动小车往返运动控制程序实验

在图 9-46 所示系统的基础上，增加延时功能，即小车碰到限位开关 X4 后停止运行，延时 5 秒后自动左行；小车碰到限位开关 X3 后停止左行，延时 3 秒后自动右行。

编制上述动作的控制程序并写入 PLC，运行并调试程序，观察运行结果。

三、预习要求

仔细阅读实验指导书，根据要求设计出有延时功能的自动往返小车的控制程序梯形图。掌握互锁、按钮互锁等保护环节的硬、软件设计方法。

四、实验报告要求

（1）写出程序调试过程中出现的故障，并分析故障产生的原因及排除方法，记录调试结果。

（2）整理出较复杂程序的梯形图程序和运行结果。

（3）整理出上述程序的调试步骤。

9.3.3　冲床顺序控制程序的编制与调试实验

一、实验目的

1．掌握顺序控制程序设计中功能表图的设计方法。

2．进一步掌握 PLC 顺序控制程序的设计与调试方法。

二、实验内容

冲床控制系统运动示意图如图 9-47 所示。

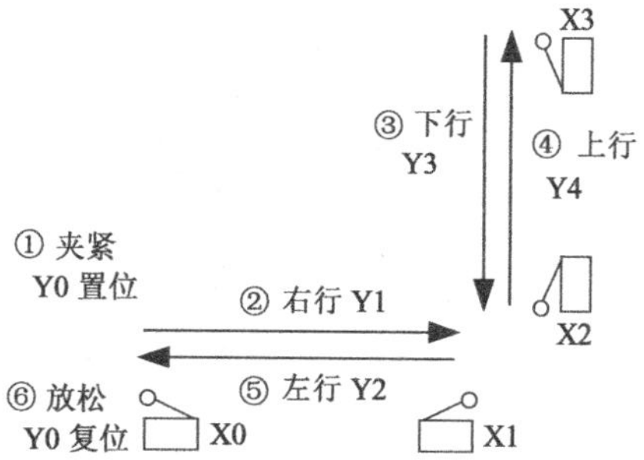

图 9-47　冲床控制系统示意图

在初始状态时，机械手在最左边，X0 接通；冲头在最上面，X3 接通；机械手松开，Y0 断开。按下起动按钮 X4，Y0 接通，工件被夹紧并保持，1 秒钟后，Y1 接通，机械手右行并碰到行程开关 X1，以后将顺序完成以下动作：冲头下行，冲头上行，机械手左行，机械手松开，系统最后返回初始状态。各限位开关提供的信号是相应步之间的转换条件。

在预习时画出控制系统的功能表图，编制出相应的顺序控制梯形图。

调试时根据功能表图，用实验箱上的按钮或开关模拟各限位开关以提供转换条件，注意各开关接通后应马上断开。观察步的活动状态的进展是否符合功能表图的规定，某一步是活动步时该步应接通的负载是否接通，相应的转换条件满足时是否能转换到后续步。从初始步开始，直到完成一次工作循环，返回初始状态为止。

三、预习要求

1．复习教材中有关功能表图和顺序控制程序的编程方式部分。

2．仔细阅读本实验指导书。

3．根据冲床的工作过程和控制要求画出系统的功能表图，设计出相应的梯形图。

四、实验报告要求

1．写出程序调试过程中出现的故障现象、原因、排除方法及调试结果。

2．整理出调试后满足要求的功能表图和带注释的梯形图。

3．总结顺序控制程序的设计和调试方法。

附录 A　FX 系列 PLC 功能指令一览表

分类	FNC NO.	指令助记符	功能说明	对应不同型号的 PLC				
				FX0S	FX0N	FX1S	FX1N	FX2N FX2NC
程序流程	00	CJ	条件跳转	✓	✓	✓	✓	✓
	01	CALL	子程序调用	×	×	✓	✓	✓
	02	SRET	子程序返回	×	×	✓	✓	✓
	03	IRET	中断返回	✓	✓	✓	✓	✓
	04	EI	开中断	✓	✓	✓	✓	✓
	05	DI	关中断	✓	✓	✓	✓	✓
	06	FEND	主程序结束	✓	✓	✓	✓	✓
	07	WDT	监视定时器刷新	✓	✓	✓	✓	✓
	08	FOR	循环的起点与次数	✓	✓	✓	✓	✓
	09	NEXT	循环的终点	✓	✓	✓	✓	✓
传送与比较	10	CMP	比较	✓	✓	✓	✓	✓
	11	ZCP	区间比较	✓	✓	✓	✓	✓
	12	MOV	传送	✓	✓	✓	✓	✓
	13	SMOV	位传送	×	×	×	×	✓
	14	CML	取反传送	×	×	×	×	✓
	15	BMOV	成批传送	×	✓	✓	✓	✓
	16	FMOV	多点传送	×	×	×	×	✓
	17	XCH	交换	×	×	×	×	✓
	18	BCD	二进制转换成 BCD 码	✓	✓	✓	✓	✓
	19	BIN	BCD 码转换成二进制	✓	✓	✓	✓	✓
算术与逻辑运算	20	ADD	二进制加法运算	✓	✓	✓	✓	✓
	21	SUB	二进制减法运算	✓	✓	✓	✓	✓
	22	MUL	二进制乘法运算	✓	✓	✓	✓	✓
	23	DIV	二进制除法运算	✓	✓	✓	✓	✓
	24	INC	二进制加 1 运算	✓	✓	✓	✓	✓
	25	DEC	二进制减 1 运算	✓	✓	✓	✓	✓
	26	WAND	字逻辑与	✓	✓	✓	✓	✓
	27	WOR	字逻辑或	✓	✓	✓	✓	✓
	28	WXOR	字逻辑异或	✓	✓	✓	✓	✓
	29	NEG	求二进制补码	×	×	×	×	✓

续上表

分类	FNC NO.	指令助记符	功能说明	对应不同型号的PLC				
				FX0S	FX0N	FX1S	FX1N	FX2N FX2NC
循环与移位	30	ROR	循环右移	×	×	×	×	✓
	31	ROL	循环左移	×	×	×	×	✓
	32	RCR	带进位右移	×	×	×	×	✓
	33	RCL	带进位左移	×	×	×	×	✓
	34	SFTR	位右移	✓	✓	✓	✓	✓
	35	SFTL	位左移	✓	✓	✓	✓	✓
	36	WSFR	字右移	×	×	×	×	✓
	37	WSFL	字左移	×	×	×	×	✓
	38	SFWR	FIFO（先入先出）写入	×	×	✓	✓	✓
	39	SFRD	FIFO（先入先出）读出	×	×	✓	✓	✓
数据处理	40	ZRST	区间复位	✓	✓	✓	✓	✓
	41	DECO	解码	✓	✓	✓	✓	✓
	42	ENCO	编码	✓	✓	✓	✓	✓
	43	SUM	统计 ON 位数	×	×	×	×	✓
	44	BON	查询位某状态	×	×	×	×	✓
	45	MEAN	求平均值	×	×	×	×	✓
	46	ANS	报警器置位	×	×	×	×	✓
	47	ANR	报警器复位	×	×	×	×	✓
	48	SQR	求平方根	×	×	×	×	✓
	49	FLT	整数与浮点数转换	×	×	×	×	✓
高速处理	50	REF	输入输出刷新	✓	✓	✓	✓	✓
	51	REFF	输入滤波时间调整	×	×	×	×	✓
	52	MTR	矩阵输入	×	×	✓	✓	✓
	53	HSCS	比较置位（高速计数用）	×	✓	✓	✓	✓
	54	HSCR	比较复位（高速计数用）	×	✓	✓	✓	✓
	55	HSZ	区间比较（高速计数用）	×	×	×	×	✓
	56	SPD	脉冲密度	×	×	✓	✓	✓
	57	PLSY	指定频率脉冲输出	✓	✓	✓	✓	✓
	58	PWM	脉宽调制输出	✓	✓	✓	✓	✓
	59	PLSR	带加减速脉冲输出	×	×	✓	✓	✓
方便指令	60	IST	状态初始化	✓	✓	✓	✓	✓
	61	SER	数据查找	×	×	×	×	✓
	62	ABSD	凸轮控制（绝对式）	×	×	✓	✓	✓
	63	INCD	凸轮控制（增量式）	×	×	✓	✓	✓

续上表

分类	FNC NO.	指令助记符	功 能 说 明	对应不同型号的 PLC				
				FX0S	FX0N	FX1S	FX1N	FX2N FX2NC
方便指令	64	TTMR	示教定时器	×	×	×	×	✓
	65	STMR	特殊定时器	×	×	×	×	✓
	66	ALT	交替输出	✓	✓	✓	✓	✓
	67	RAMP	斜波信号	✓	✓	✓	✓	✓
	68	ROTC	旋转工作台控制	×	×	×	×	✓
	69	SORT	列表数据排序	×	×	×	×	✓
外部 I/O 设备	70	TKY	10 键输入	×	×	×	×	✓
	71	HKY	16 键输入	×	×	×	×	✓
	72	DSW	BCD 数字开关输入	×	×	✓	✓	✓
	73	SEGD	七段码译码	×	×	×	×	✓
	74	SEGL	七段码分时显示	×	×	✓	✓	✓
	75	ARWS	方向开关	×	×	×	×	✓
	76	ASC	ASCI 码转换	×	×	×	×	✓
	77	PR	ASCI 码打印输出	×	×	×	×	✓
	78	FROM	BFM 读出	×	✓	×	✓	✓
	79	TO	BFM 写入	×	✓	×	✓	✓
外围设备	80	RS	串行数据传送	×	✓	✓	✓	✓
	81	PRUN	八进制位传送（#）	×	×	✓	✓	✓
	82	ASCI	十六进制数转换成 ASCII 码	×	✓	✓	✓	✓
	83	HEX	ASCII 码转换成十六进制数	×	✓	✓	✓	✓
	84	CCD	校验	×	✓	✓	✓	✓
	85	VRRD	电位器变量输入	×	×	✓	✓	✓
	86	VRSC	电位器变量区间	×	×	✓	✓	✓
	87	–	–					
	88	PID	PID 运算	×	×	✓	✓	✓
	89	–	–					
浮点数运算	110	ECMP	二进制浮点数比较	×	×	×	×	✓
	111	EZCP	二进制浮点数区间比较	×	×	×	×	✓
	118	EBCD	二进制浮点数→十进制浮点数	×	×	×	×	✓
	119	EBIN	十进制浮点数→二进制浮点数	×	×	×	×	✓
	120	EADD	二进制浮点数加法	×	×	×	×	✓
	121	EUSB	二进制浮点数减法	×	×	×	×	✓
	122	EMUL	二进制浮点数乘法	×	×	×	×	✓
	123	EDIV	二进制浮点数除法	×	×	×	×	✓

续上表

分类	FNC NO.	指令助记符	功能说明	对应不同型号的PLC				
				FX0S	FX0N	FX1S	FX1N	FX2N FX2NC
浮点数运算	127	ESQR	二进制浮点数开平方	×	×	×	×	✓
	129	INT	二进制浮点数→二进制整数	×	×	×	×	✓
	130	SIN	二进制浮点数 Sin 运算	×	×	×	×	✓
	131	COS	二进制浮点数 Cos 运算	×	×	×	×	✓
	132	TAN	二进制浮点数 Tan 运算	×	×	×	×	✓
	147	SWAP	高低字节交换	×	×	×	×	✓
定位	155	ABS	ABS 当前值读取	×	×	✓	✓	×
	156	ZRN	原点回归	×	×	✓	✓	×
	157	PLSY	可变速的脉冲输出	×	×	✓	✓	×
	158	DRVI	相对位置控制	×	×	✓	✓	×
	159	DRVA	绝对位置控制	×	×	✓	✓	×
时钟运算	160	TCMP	时钟数据比较	×	×	✓	✓	✓
	161	TZCP	时钟数据区间比较	×	×	✓	✓	✓
	162	TADD	时钟数据加法	×	×	✓	✓	✓
	163	TSUB	时钟数据减法	×	×	✓	✓	✓
	166	TRD	时钟数据读出	×	×	✓	✓	✓
	167	TWR	时钟数据写入	×	×	✓	✓	✓
	169	HOUR	计时仪	×	×	✓	✓	
外围设备	170	GRY	二进制数→格雷码	×	×	×	×	✓
	171	GBIN	格雷码→二进制数	×	×	×	×	✓
	176	RD3A	模拟量模块（FX0N-3A）读出	×	✓	×	✓	×
	177	WR3A	模拟量模块（FX0N-3A）写入	×	✓	×	✓	×
触点比较	224	LD=	（S1）=（S2）时起始触点接通	×	×	✓	✓	✓
	225	LD>	（S1）>（S2）时起始触点接通	×	×	✓	✓	✓
	226	LD<	（S1）<（S2）时起始触点接通	×	×	✓	✓	✓
	228	LD<>	（S1）<>（S2）时起始触点接通	×	×	✓	✓	✓
	229	LD≤	（S1）≤（S2）时起始触点接通	×	×	✓	✓	✓
	230	LD≥	（S1）≥（S2）时起始触点接通	×	×	✓	✓	✓
	232	AND=	（S1）=（S2）时串联触点接通	×	×	✓	✓	✓
	233	AND>	（S1）>（S2）时串联触点接通	×	×	✓	✓	✓
	234	AND<	（S1）<（S2）时串联触点接通	×	×	✓	✓	✓
	236	AND<>	（S1）<>（S2）时串联触点接通	×	×	✓	✓	✓
	237	AND≦	（S1）≦（S2）时串联触点接通	×	×	✓	✓	✓
	238	AND≧	（S1）≧（S2）时串联触点接通	×	×	✓	✓	✓

续上表

分类	FNC NO.	指令助记符	功能说明	对应不同型号的PLC				
				FX0S	FX0N	FX1S	FX1N	FX2N FX2NC
触点比较	240	OR=	（S1）=（S2）时并联触点接通	×	×	✓	✓	✓
	241	OR>	（S1）>（S2）时并联触点接通	×	×	✓	✓	✓
	242	OR<	（S1）<（S2）时并联触点接通	×	×	✓	✓	✓
	244	OR<>	（S1）<>（S2）时并联触点接通	×	×	✓	✓	✓
	245	OR≤	（S1）≤（S2）时并联触点接通	×	×	✓	✓	✓
	246	OR≥	（S1）≥（S2）时并联触点接通	×	×	✓	✓	✓

参 考 文 献

[1] 俞国亮．PLC原理与应用．北京：清华大学出版社，2005．
[2] 邹金惠．可编程控制器及其系统．重庆：重庆大学出版社，2002．
[3] 王兆义．可编程控制器教程．2版．北京：机械工业出版社，2006．
[4] 李建兴．可编程序控制器及其应用．北京：机械工业出版社，1999．
[5] 邱公伟．可编程控制器网络通信及应用．北京：清华大学出版社，2000．
[6] 邹益仁，等．现场总线控制系统的设计和开发．北京：国防工业出版社，2003．
[7] 廖常初．可编程序控制器的编程方法与工程应用．重庆：重庆大学出版社，2001．
[8] 陈在平，等．可编程序控制器技术与应用系统设计．北京：机械工业出版社，2002．
[9] 宫淑贞，等．可编程控制器原理及应用．北京：人民邮电出版社，2002．
[10] 方承远．电气控制原理与设计．北京：机械工业出版社，2000．
[11] 马小军．建筑电气控制技术．北京：机械工业出版社，2003．
[12] MITSUBISHI ELECTRIC CORPORATION．FX-PCS/WIN-C 软件手册．1997．
[13] MITSUBISHI ELECTRIC CORPORATION．FX 系列编程手册．2001．
[14] MITSUBISHI ELECTRIC CORPORATION．FX2N 编程手册．2000．
[15] MITSUBISHI ELECTRIC CORPORATION．FX 系列用户手册．2001．
[16] MITSUBISHI ELECTRIC CORPORATION．Q 系列用户手册．2002．
[17] MITSUBISHI ELECTRIC CORPORATION．CC-Link 用户手册．2003．
[18] OMRON．SYSMAC CPM1A 可编程序控制器．2000．
[19] 欧姆龙（上海）有限公司．选型手册：可编程序控制器部分．2002．
[20] SIEMENS．SIMATIC S7-200 可编程序控制器．2001．